철근콘크리트공학

김광우·원치문·윤경구·도영수 공저

(주)북스힐

머리말

인류역사에서 가장 오래된 공학은 토목공학이다. 피라미드를 짓고 라일강 유역에 관개시설을 하던 이집트시절부터 지금까지 인류의 역사 속에 도로, 공항, 항만, 철도, 댐 등 사회 기반시설(Infrastructure)의 설치와 관리에 토목은 뿌리를 내리고 있다. 그 모든 시설의 재료가 옛날에는 흙(土)과 나무(木) 이었지만 이제는 대부분 콘크리트가 그 역할을 대신 하고 있다. 여기에 뼈대가 되는 철근을 넣어 구조물을 만들기 시작하면서 철근콘크리트는 흙과 나무의 대용이 아니라 개선된 새로운 재료로 사용되기 시작한지 100년이 지났다.

이제 콘크리트는 고강도화, 경량화, 고성능화 되어 가는 추세에 있고, 마천루 같은 건물, 백여 미터가 넘는 높은 교량, 하늘을 날 듯 날렵한 모양의 아치 구조물들이 우리 손에 의해 철근콘크리트로 만들어지면서 예술성마저 강조되고 있다. 이렇듯 우리 나라의 철근콘크리트 건설기술은 국제적으로도 손색이 없이 훌륭하지만 기본이 충실치 못하여 신뢰도에 문제가 제기되고있다. 이러한 현실에서 우리 나라는 이번에 철근콘크리트 구조설계기준 전면적으로 개편하였다. 따라서 개편된 시방 규정에 맞추어 이번에 현대판 철근콘크리트 대학 교재를 새로이 출판하게 되었다.

더구나 철근콘크리트공학을 강의해 오시던 박제선 교수님과 제자들이 함께 그분의 정년퇴임에 즈음하여 후진들을 위해 철근콘크리트 교재를 펴내게 된 것을 매우 뜻깊게 생각한다. 그리고 집필진들은 대부분 철근콘크리트 과목을 2년제나 4년제 대학에서 직접 강의하던 분들이라 그들의 강의 노트로부터 많은 내용들을 그대로 교제에 옮겨 이론적인 부분을 보다 상세히 그리고 간략히 설명하려고 했다. 따라서 이 책을 이용해 공부하는 학생들에게는 철근콘크리트 공학의 이해 및 기사시험 준비에 큰 도움이 될 것이라 믿는다.

끝으로 바쁜 가운데도 각 분야별로 훌륭한 내용의 원고를 집필해 준 우리 집필자 여러분들께 깊이 감사하며, 의욕적으로 교재 출판에 나서주신 (주)북스힐 출판사에게 감사를 드린다.

2007. 3.

저 자

차 례

1장 서 론 1

1·1 철근콘크리트의 정의 1
1·2 기초개념 2

2장 재료 및 설계방법 5

2·1 콘크리트 5
2·2 철 근 19
2·3 설계법의 변천 22
2·4 각종 설계법의 특징 24
연습문제 28

3장 강도 설계법에 의한 보의 휨 해석 29

3·1 휨을 받는 보의 거동 29
3·2 휨 파괴와 균형 보 31
3·3 강도설계법 기본개념 32
3·4 단철근 직사각형 보의 설계 36
3·5 복철근 직사각형 보의 설계 46
연습문제 67

4장 전단설계 69

4·1 서 론 69
4·2 휨응력과 전단응력 70
4·3 균질 탄성 보에서의 사인장응력 74
4·4 전단철근이 없는 보의 거동 77
4·5 전단철근의 설계 81
4·6 특수한 경우의 전단설계 94
4·7 비틀림 설계 107
연습문제 124

5장 정착과 이음 127

5·1 서 론 127
5·2 부착에 영향을 미치는 요인 129
5·3 부착응력 130
5·4 정착 부착 132
5·5 철근의 정착 133
5·6 철근의 이음 151
5·7 철근 가공 154
5·8 철근 배치 157
연습문제 160

6장 사용성 161

6·1 서 론 161
6·2 균 열 162
6·3 처 짐 169
6·4 피 로 177
연습문제 180

7장 기 둥 183

7·1 서 론 183
7·2 기둥의 종류 184
7·3 기둥의 거동 및 시방서 규정 185
7·4 단주설계 192
7·5 장주설계 205
연습문제 214

8장 슬래브 217

8·1 개 요 217
8·2 1방향 슬래브 220
8·3 2방향 슬래브 230
연습문제 262

9장 기초판 263

9·1 서 론 263
9·2 기초의 형태 264
9·3 토압분포 266
9·4 설계일반 271
9·5 기초판 설계 272
9·6 기둥, 벽체 또는 받침대 저면에서 힘의 전달 277
연습문제 298

10장 옹 벽 301

10·1 서 론 301
10·2 옹벽의 종류 301
10·3 옹벽에 작용하는 토압 303
10·4 옹벽의 안정 308
10·5 구조세목 317
10·6 캔틸레버 옹벽의 설계 318
10·7 부벽식 옹벽설계 328
연습문제 333

11장 프리스트레스트 콘크리트 335

11·1 프리스트레스트 콘크리트 335
11·2 프리스트레싱 방법 337
11·3 프리스트레스트 콘크리트 재료 340
11·4 PC의 기본개념 342
11·5 프리스트레스트 콘크리트의 특징 349
11·6 프리스트레스의 손실 350

부록 A 허용응력 설계법 357

부록 B 설계보조자료 389

부록 C SI 단위 및 단위의 환산표 397

1장 서 론

1·1 철근콘크리트의 정의

철근콘크리트(RC : reinforced concrete)란 압축에 강하고 인장에 약한 콘크리트에 압축과 인장에 모두 강한 철근을 삽입하여 두 재료가 일체로 외력에 저항할 수 있도록 한 복합체이다. 콘크리트란 시멘트, 물, 골재, 혼화재료 등을 사용하여 체계적으로 배합한 혼합물을 필요한 모양과 크기의 거푸집 속에서 경화시켜 만든 재료를 말한다. 콘크리트는 대부분 잔골재와 굵은골재로 구성되어 있고 시멘트와 물은 골재 입자를 고체 덩어리로 결합시키는데 화학적 상호작용을 한다. 철근은 Reinforcing bar라하며 강철(Steel)로 만든 가늘고 긴 봉으로 대부분 표면을 콘크리트와 잘 부착되게 하기 위해 요철로 만들었다. 철근은 인장에 약한 콘크리트를 보강하기 위해서 주로 사용하지만 때로는 단면을 축소시키기 위해서 압축 측에 보강하는 경우도 있다. 경우에 따라서는 철근대신에 구조용 강재를 삽입한 철골콘크리트가 사용되기도 하고 고강도 철근과 콘크리트를 사용하여 콘크리트에 프리스트레스를 도입하는 프리스트레스 콘크리트(pre-stressed concrete)도 많이 사용된다.

1·2 기초개념

1·2·1 철근과 콘크리트의 상호작용

콘크리트는 시멘트, 물, 모래, 자갈 등으로 이루어진 복합재료로써 비균등질 (non homogeneous)이고 비탄성적(non elastic)이며, 크리프(creep: 일정한 지속하중에 대한 변형의 증가 현상) 및 건조수축이 나타나며, 압축강도는 비교적 크지만 인장강도는 매우 약하다. 이에 비해 철근은 탄성한도 이하의 응력에 대해서는 거의 완전한 탄성체이며 파단시 신장률이 대단히 크다.

이와 같이 역학적 성질이 다른 두 재료를 효율적으로 외력에 견디게 하기 위해서는 콘크리트가 압축을 부담하게 하고 철근이 인장을 부담케 한다. 또한 철근과 콘크리트두 재료가 각각 충분한 강도를 발휘하며 일체적으로 작용하기 위해서는 두 재료간에 부착강도가 충분히 커야 한다. 실험에 의하면 철근콘크리트는 여러 가지 요인에 대해서 몹시 복잡한 거동을 보이며 이는 콘크리트의 성질이 철근과 크게 다르며 복잡하다는데 기인한다.

1·2·2 철근콘크리트 성립의 이유

콘크리트에 철근이 삽입되어 효율적으로 외력에 저항할 수 있는 이유는 다음과 같다.

① 콘크리트와 철근의 열팽창계수는 거의 같다 (열팽창계수 : 콘크리트 10～13×10^{-6}/℃, 철근 12×10^{-6}/℃). 따라서 두 재료의 온도 변화에 의한 응력 차이는 무시할 수 있다.

② 시멘트의 수화반응에 의하여 생성되는 수산화칼슘 $Ca(OH)_2$ 등에 의하여 콘크리트는 강알칼리성(pH 12～13)을 갖기 때문에 치밀한 콘크리트 중의 철근은 부식되지 않는다.

③ 철근과 콘크리트 사이의 부착강도는 두 재료 사이의 활동을 방지하기에 충분히 크다. 따라서, 두 재료는 일체로 작용한다.

1·2·3 철근콘크리트의 장 · 단점

철근콘크리트는 구조재료로서 아래와 같은 장 · 단점을 가지고 있다.

1 장 점

① 거푸집에 콘크리트를 타설 함으로써 구조물의 형상과 치수에 크게 제약받지 않는다.

② 구조물을 일체적으로 만들 수 있어 전체적으로 큰 강성을 얻는다.

③ 콘크리트는 압축을 철근은 인장을 감당하게 함으로써 구조물을 경제적으로 만들 수 있다.

④ 내구성이 좋다.

⑤ 내화성이 좋다.

⑥ 강 구조물에 비해 진동이 적고 소음이 덜 난다.

2 단 점

① 단면적에 비해 중량이 비교적 크다.

② 콘크리트는 취성재료이므로 부재의 모서리 등이 부분적인 파손이 일어나기 쉽다.

③ 콘크리트에 여러 가지 이유로 말미암아 균열이 발생한다.

④ 구조물을 완성한 후에 내부 결함의 유무를 검사하기가 어렵다.

⑤ 완성된 구조물을 개조하거나 보강하는 경우 그 방법이 어렵고 비용이 많이 든다.

⑥ 시공이 조잡해지기 쉽다.

2장 재료 및 설계방법

2·1 콘크리트

2·1·1 시멘트와 물

시멘트는 물과 수화반응하여 점착력과 응집력을 가지고 고형물질을 결합시키는 재료이다. 철근 콘크리트에 사용되는 시멘트는 물을 만나면 응결(setting)하고 경화(hardening)하는 이른바 수경성 시멘트(hydraulic cement)이다. 이때 시멘트는 경화체(硬化體)를 형성하기 위하여 화학적으로 물과 결합한다. 즉 수화반응(hydration)을 일으킨다.

이 수화작용은 시멘트 입자의 표면으로부터 속으로 진행되며, 굳어지면서 반응속도는 차차 떨어지고 고체화해 간다. 이것이 응결과 경화의 과정이다. 시멘트 풀 속에 있는 물은 시멘트 입자들의 표면에서 용해되어 체적과 강성이 점차적으로 증가하여 겔(gel)을 형성한다. 그래서 시멘트는 물을 가한 후 24시간이면 시멘트 풀의 경화가 촉진된다. 수화반응은 시멘트 입자 속 깊이까지 계속해서 굳어지면서 반응의 속도는 감소되고 고체덩어리로 된다.

H. Rüsch에 의하면 시멘트가 완전히 수화반응을 하는 데 필요한 물의 양은 시멘트 중

량의 약 25%에 달한다고 한다. 그러나 수화(水化)를 위해서는 물이 시멘트 입자에 도달할 수 있어야 하고 유동성(mobility)을 가져야 하므로 10~15%정도의 물이 더 요구된다고 한다. 그래서 시멘트의 수화를 위해서 필요한 물의 양은 최소 35~40%정도이고 작업성을 얻기 위해서는 이보다 더 큰 양이 필요하다. 여기서 수화에 쓰이고 남은 물은 증발하여 시멘트풀 속에 공극을 남기고 이 공극은 경화한 콘크리트의 강도를 감소시킨다. 따라서, 물-시멘트비가 증가하면 시멘트의 강도는 감소한다.

구조물용 콘크리트를 비빌 때 사용하는 물은 사람이 마실 수 있을 정도로 깨끗한 것이라야 한다. 기름, 산, 염류, 유기물 등을 유해량 이상 함유해서는 안 된다. 또, 철근 콘크리트에서는 해수를 사용해서도 안 된다.

철근 콘크리트에 쓰이는 수경성 시멘트는 포틀랜드 시멘트(portland cement)이다. 포틀랜드 시멘트는 KS L 5201에 그 품질이 규정되어 있으며, 가장 보편적으로 쓰이는 시멘트는 보통 포틀랜드 시멘트(ordinary portland cement)이다. 보통 포틀랜드 시멘트로 만든 콘크리트는 콘크리트를 친 후 7일 정도 지나면 거푸집을 제거할 수 있는 강도에 달한다. 즉, 7일 정도 지나면 공사하중이나 자중을 지탱할 수 있는 강도에 달한다. 설계강도는 재령 28일에 얻어진다. 따라서 급속한 공사를 위해서는 조강 포틀랜드 시멘트가 사용된다. 이 시멘트는 재령 1~3일에서 보통 포틀랜드 시멘트의 재령 28일 강도를 낸다.

2·1·2 골 재

골재(aggregate)는 보통 콘크리트 체적의 70~75%를 차지한다. 따라서 골재는 콘크리트의 모체가 되며 그 품질이나 특성이 콘크리트 성질에 매우 중요한 영향을 미친다. 통칭으로 골재란 시멘트와 물에 혼합하는 모래, 부순모래, 자갈, 부순 자갈, 부순 돌, 기타 이와 비슷한 재료를 모두 말하며 이를 골재 또는 천연골재 (mineral aggregate)라고 한다. 반면에 플라이 애쉬(fly ash), 점토 등을 팽창·소성 시킨 인공 경량골재나 슬래그와 같은 골재는 인공골재(artifical aggregate)라 한다.

크기별로 구분하여 모래와 같이 고운 입자를 잔골재(fine aggregate), 자갈과 같이 큰 입자를 굵은골재(coarse aggregate)라고 한다. 콘크리트 구조설계기준에서에는 굵은골재를 5mm(No. 4)체에 중량비로 85%이상 잔류하는 골재로, 잔골재를 5mm 체에 85%이상 통과 하는 골재라고 정의한다. 이것은 자연 상태 또는 가공 후의 골재에 적용하는 정의이고, 시방배합을 정할 경우에는 5mm체를 다 통과하고 0.08mm(No. 200)체에 다 남는 골재를 잔골재로, 5mm체에 다 남는 골재를 굵은골재로 본다.

수화에 쓰이고 남은 물과 기포는 강도에 기여하지 못한다. 또한, 일반적으로 골재가 치밀하게 잘 채워질수록 콘크리트의 강도, 내구성, 경제성이 좋다고 한다. 골재가 치밀하게 채워진다는 것은 굵고 잔골재의 알이 고르게 섞여서 빈틈이 최소로 될 경우를 말하며, 이 때 시멘트 풀은 가장 적게 소요될 것이다. 이것은 골재를 치밀하게 채우는데 골재의 입도가 중요한 요소로 되는 이유이며 골재의 입자크기, 즉 입도 상태를 좋게 하려는 의도이다. 이러한 목적을 위하여 골재의 입도가 콘크리트 표준 시방서에 규정되어 있으며, 골재의 품질에 대해서도 규정하고 있다.

중량으로 90% 이상 통과하는 체(sieve)중에서 최소치수의 체눈의 공칭치수로 나타낸 굵은골재의 치수를 굵은골재의 최대치수라고 한다. 철근 콘크리트에 있어서 굵은골재의 공칭최대치수는, 거푸집 양 측면 사이의 최소거리의 1/5, 슬래브 두께의 1/3, 개별 철근, 다발 철근, 프리스트레싱 긴장재 또는 덕트 사이 최소 순간격의 3/4을 초과하지 않아야 한다. 굵은골재의 최대치수는 철근을 적절히 감싸주고 콘크리트가 벌집 (honny comb) 모양의 공극을 최소화하기 위해 제한하고 있다. 굵은골재의 최대치수는 일반적인 경우 25mm, 단면이 큰 경우는 40mm를 표준으로 한다.

2·1·3 혼화재료

콘크리트의 성질을 개선할 목적으로 첨가하는 재료를 혼화재료(admixture)라 한다. 사용량이 비교적 적어서 그 부피를 배합설계에서 무시할 수 있는 재료를 혼화제, 그 사용량이 비교적 많아 그 부피를 배합설계에서 고려해야하는 재료를 혼화재라고 구분한다. 혼화재료는 크게 유동화제, AE제 (air entraining agent) 등과 같이 작업성(workability)과 강도를 향상시키기 위한 재료, 촉진제, 방수제 등과 같이 굳지 않은 콘크리트나 경화된 콘크리트의 근본 특성을 개선하기 위한 재료가 있다. 최근에는 여러 가지 다양하게 경제적인 혼화재료가 개발되면서 그 용도 및 사용처도 점차 증가되고 있다.

또한 콘크리트의 취약점인 인장강도, 휨강도 등을 개선하고 압축강도를 높이며 내화학성, 내 약품성 등을 높이기 위해 시멘트를 전부 또는 일부를 대체하여 사용하는 폴리머 등이 있다. 이 폴리머 첨가 콘크리트는 최근 특수 콘크리트의 한 종류로 자리를 잡고 그 용도가 확대되어 가고 있다.

2·1·4 콘크리트의 배합

콘크리트의 배합은 적절한 강도, 작업성, 경제성을 고려하여 최적의 배합비율을 결정해야 한다. 강도만을 고려한다면 적당한 입도 분포를 가진 골재와 낮은 물-시멘트비(w/c)

비로써 공기기포를 작게 하여 높은 강도를 얻을 수 있다. 그러나 물이 너무 적으면 작업성이 불량하고, 작업성을 고려하여 정해진 물의 양에 시멘트를 많이 넣어 작업성을 좋게 하면 고가의 시멘트가 많이 사용되므로 경제성이 좋지 않다. 따라서 적당한 비율로 적절한 강도, 작업성, 경제성을 고려하여 혼·배합하는 것이 중요하다. 또한 실험에 의하면 w/c는 콘크리트의 압축강도에 절대적 영향을 미치나 인장강도에는 영향이 훨씬 적다. 이는 인장강도가 공극비 이외에도 잔골재와 굵은골재 사이의 부착강도에 의존하기 때문이다.

콘크리트는 용이하게 다룰 수 있는 작업성을 가지는 범위 내에서 가장 적은 수량으로 비벼 강도, 내구성 기타 소요 성질을 개선하도록 하여야 한다. 배합 선정시에는 다음과 같은 콘크리트가 되도록 정해야 한다.

첫째, 균일한 콘크리트를 만들기 위하여 타설할 수 있는 가장 된 반죽질기, 즉 최소 슬럼프의 콘크리트

둘째, 경제적으로 콘크리트를 타설하는데 지장이 없는 한도 내에서 될 수 있는 한 최대치수의 골재를 사용한 콘크리트

셋째, 풍화 기타 파괴적인 작용에 대해 충분히 저항할 수 있는 내구적인 콘크리트

넷째, 재하되는 하중에 대하여 파괴의 위험없이 저항할 수 있는 강도를 가진 콘크리트

콘크리트의 배합은 주어진 재료를 가장 경제적으로 사용하여 소정의 강도, 내구성 및 수밀성을 가지도록 선정하지 않으면 안된다. 가장 적합한 조합을 찾는데 지침이 되는 기본적인 관계는 이미 확립되어 있으나 그 최종결정은 시험배합을 통하여 결정하여야 하고 이를 다시 현장실정에 맞도록 수정하여야 한다.

2·1·5 압축강도

경화한 콘크리트의 가장 중요한 성질은 압축강도(f_c')로써 이는 콘크리트 품질의 척도이다. 압축강도는 w/c에 의해서 지배되나 휨 인장강도는 w/c가 압축강도에 미치는 영향보다 아주 적게 영향을 받는다. 이는 휨 인장강도는 모르터와 골재 사이의 부착강도에 의해서 좌우되기 때문이다. 한편 압축강도는 재령과 더불어 증진하며 처음 1주 동안 약 70% 정도의 강도발현을 보이고 2주 후에는 85~90%의 강도 발현을 보인다. 이처럼 초기에는 매우 빠른 속도로 강도가 증진되고 그 이후는 증진이 매우 완만하다. 이것은 수화작용이 초기에 왕성하나 응결·경화 후에는 수화작용이 매우 완만하기 때문이다.

콘크리트 공시체 제작시 압축강도용 공시체는 ϕ150×300mm 원주형을 기준으로 하되 ϕ100×200mm 공시체를 사용할 경우 강도보정계수 0.97을 사용해야 한다. 그림 2.1은 재령 28일의 콘크리트 압축강도 시험시에 응력 - 변형률 ($f-\varepsilon$) 곡선이다. 강도가 낮은 것일수록 취성이 작아서 평평하고 강도가 큰 것일수록 취성이 커서 뾰족하다. 하지만 $f-\varepsilon$ 곡선의 특성은 압축강도의 반 정도까지 직선이며 그 이후부터 서서히 구부러지기 시작하여 최대 응력 근처에서 다시 하강한다. 최대 응력 근처의 변형률은 대부분 0.002 정도이고 파괴시의 변형률은 0.003~0.004를 보인다. 휨 시험도 위와 비슷한 응력-변형률 곡선을 보인다.

그림 2·2에서 알 수 있는 바와 같이 최대 응력의 40~50%정도까지는 직선이고 탄성재료로 볼 수 있다. 그리고 원점에서 이 곡선에 그은 접선이 이루는 각을 θ_1이라고 할 때, 이것으로 정의되는 탄성계수는 초기접선계수(initial tangent modulus of elasticity)라고 한다. 응력－변형률 곡선 상의 임의점 A점에서 이 곡선에 그은 접선이 이루는 각을 θ_2라 할 때, 이것으로 정의되는 탄성계수를 접선탄성계수(tangent modulus of elasticity)라 한다. 이 탄성구간에서는 Hook의 법칙이 성립하며 탄성계수 E는 이 직선의 기울기 또는 정확하게 하여 비선형으로 한다면 최대 응력의 1/2지점까지의 현의 기울기(θ_3)로 할 수 있다. 이를 할선탄성계수(secont modulus of elastic)라하며 별도의 언급이 없을 때 콘크리트에서는 이를 탄성계수로 취급한다.

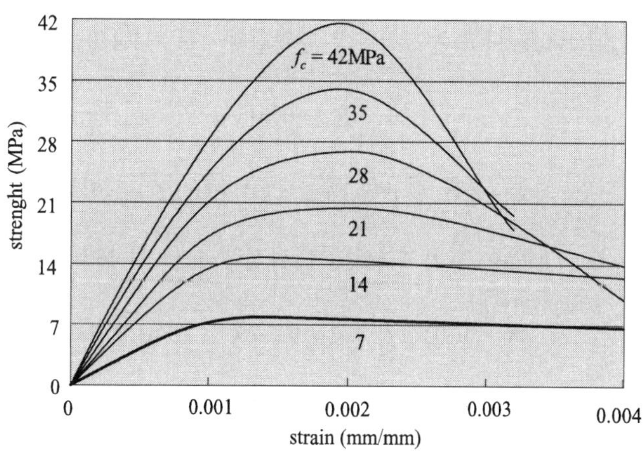

그림 2·1 재령 28일의 콘크리트 압축강도 시험시의 응력－변형률 곡선

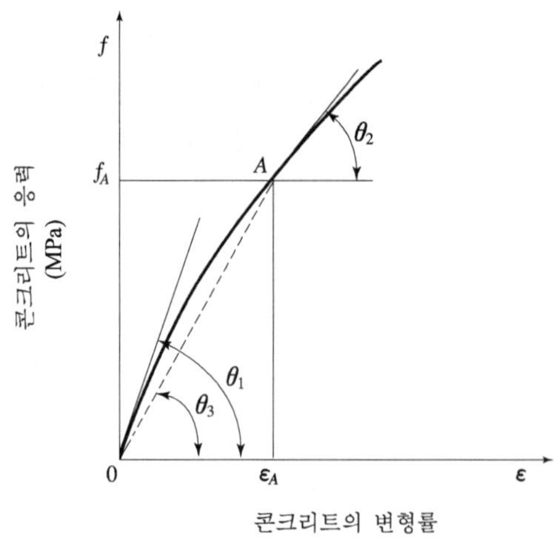

그림 2·2 콘크리트의 응력－변형률 곡선

$$E_c = \frac{f_A}{\varepsilon_A} = \tan\theta_3 \tag{2·1}$$

콘크리트의 탄성계수는 여러 가지 요인중 특히 강도와 비중의 영향을 가장 많이 받는다. 시방서에서는 콘크리트의 탄성계수를 콘크리트의 단위중량(W_c)과 설계강도(f_{ck})의 관계로부터 다음과 같이 제시하고 있다.

$f_{ck} \leq 30$ MPa이고 콘크리트의 단위질량 $w_c = 1{,}450 \sim 2{,}500 \text{kg/m}^3$인 경우

$$E_c = 0.043\, w^{1.5}\sqrt{f_{ck}} \ \text{(MPa)}$$

다만, 보통골재를 사용한 경우 $= 4{,}700\sqrt{f_{ck}}$ (MPa) ($w_c = 2{,}300$ kg/m^3) (2·2)

$f_{ck} \geq 30$ MPa이고 콘크리트의 단위질량 $w_c = 1{,}450 \sim 2{,}500 \text{kg/m}^3$인 경우

$$E_c = 0.03\, w^{1.5}\sqrt{f_{ck}} + 7{,}700 \ \text{(MPa)}$$

다만, 보통골재를 ($w_c = 2{,}300$ kg/m^3)

$$E_c = 3{,}300\sqrt{f_{ck}} + 7{,}700 \ \text{(MPa)} \ (w_c = 2{,}300 \text{ kg/m}^3) \tag{2·2}$$

2·1·6 크리프(Creep)

크리프란 일정한 응력이 장기간 지속되고 있을 때 콘크리트의 변형이 증가하는 현상을 말한다. 그림 2·3은 동일한 콘크리트로 만든 여러 개의 공시체에 동일 하중으로 재하기간을 달리 했을 때의 응력-변형률 곡선이다. 콘크리트의 내부붕괴를 의미하는 것으로 생각되는 곡선의 하강은 재하속도가 느린 경우보다 빠른 쪽이 더 크다. 이러한 현상의 주된 이유는 크리프 때문이다

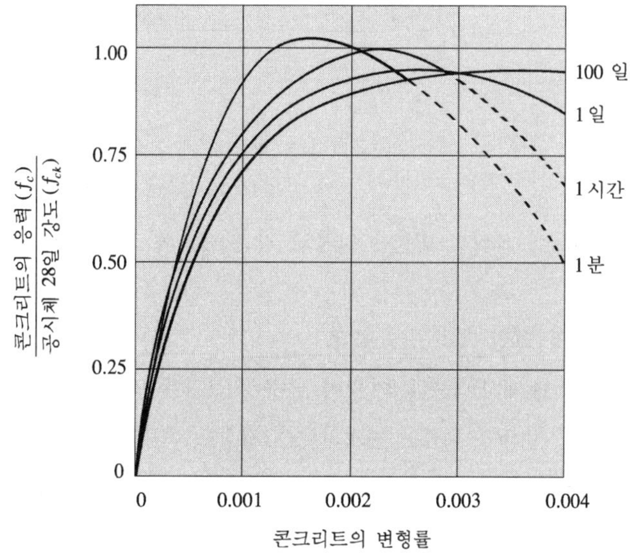

그림 2·3 재하기간을 달리 했을 때의 응력−변형률 곡선

그림 2·4는 크리프의 진행과정을 보여주는 것으로 재령28일 만에 4.2 MPa의 일정응력으로 공시체를 재하한 경우이다. ε_e는 재하 후 바로 일어난 변형률로 순간 변형률 또는 탄성 변형률이라 하고 ε_c는 크리프 변형률이다. 실선은 일정기간동안 계속 재하했을 경우이고 점선은 중간에 하중을 제거했다가 다시 재하한 경우이다. 실선의 경우 처음 ε_e에 비해 200일 후의 ε_c는 약 2배 이상 임을 보였다. 점선은 중간에 하중을 제거했을 때 거의 초기 탄성변형만큼의 변형($\varepsilon_e{}'$)이 회복되고 시간이 감에 따라 약간의 크리프 변형률($\varepsilon_{c,\,recovery}$)도 회복되었다가 다시 재하하면 최종 변형률은 실선의 경우보다 작음을 보인다. 콘크리트의 크리프 변형률은 콘크리트 응력(f_c)의 1/2 이하의 응력에서는 가해진 응력에 비례하고 동일한 응력 하에서는 고강도 콘크리트가 저강도 콘크리트보다 작은 크리프 변형률을 보인다.

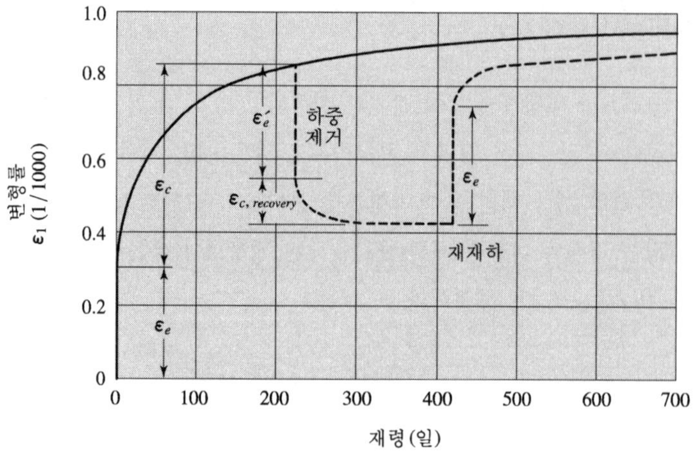

그림 2·4 콘크리트의 크리프 변형률

콘크리트의 크리프 변형은 다음과 같은 요인에 의존한다.

① w/c가 크면 크리프는 크다.
② 하중을 재하할 때의 재령이 클수록 크리프는 작게 일어난다.
다시 말하면 고강도 콘크리트는 저강도 콘크리트보다 크리프가 작다.
③ 주위의 온도가 높을수록 습도가 낮을수록 (건조고온) 크리프 변형은 커진다.

또한, 크리프 변형은 낮은 응력상태에서는 작용응력에 비례한다. 바꾸어 말하면 크리프 변형률은 탄성 변형률에 비례한다. 이를 Davis-Glanville 법칙이라 한다.

$$\varepsilon_c = \varphi \varepsilon_{e'} \tag{2·4}$$

$$\therefore \varphi = \frac{\varepsilon_c}{\varepsilon_e}, \quad (\varphi : \text{크리프계수}) \tag{2·5}$$

$$\varepsilon_c = \varphi \varepsilon_e = \varphi \frac{f_c}{E_c} \tag{2·6}$$

여기서, φ = 1.5~3.0의 범위로 옥외 2.0, 옥내 3.0이고, 수중에 있는 콘크리트는 크리프 계수는 매우 작아 1.0 이하로 본다.

예제 2·1

f_{ck}=21 MPa인 무근 콘크리트 기둥(길이 10 m)이 야외에서 장기적으로 수직하중에 의해 응력 10 MPa을 받고 있다. 이 기둥은 크리프로 인해 길이가 얼마나 줄어들겠는가.

풀이

이 콘크리트의 탄성계수는 w_c=2,300 kg/m^{3}로 가정하면

$$E_c = 4,700\sqrt{21} = 21,500\ \text{MPa}$$

크리프 변형율은 식 (2.6)에 의해

$$\varepsilon_c = 2.0\frac{10}{21,500} = 0.00093$$

기둥 길이가 10 m = 10,000 mm 이므로 줄어든 길이는

10,000× 0.0009 = 9 mm 이다.

2·1·7 건조수축과 온도변화

콘크리트가 습기를 흡수하면 팽창하고 건조하면 수축한다. 이것은 시멘트 풀이 팽창하고 수축하기 때문이다. 즉, 시멘트 풀은 주위의 습도가 높을 때는 수분을 흡수하여 팽창하고, 주위의 습도가 낮을 때는 수분을 방출하여 수축한다. 따라서 콘크리트 속의 자유로이 움직일 수 있는 눌이 적을수록, 공극이 적을수록 건조수축은 작게 일어난다. 콘크리트는 수화에 필요한 양보다 많은 물을 사용한다. 따라서 수화하고 남은 물은 공극에 머물러 있다가 대기가 건조하면 방출된다. 이때 건조수축이 일어난다. 따라서 w/c가 크면 건조수축은 커진다. 또한 몰탈(mortar)은 콘크리트의 2배 정도의 건조수축을 나타낸다. 이는 단위 시멘트 량이 많으면 건조수축이 커짐을 의미한다. 따라서 건조수축은 단위수량과 단위 시멘트 량에 좌우된다. 콘크리트의 건조수축을 적게 하려면 단위수량을 되도록 적게 하는 것이 가장 중요하고 부배합(富配合)을 피해야 하며, 아울러 상당한 기간 동안 세심한 주의를 기울여 양생하는 것이 필요하다.

건조수축은 구조물에 해롭다. 콘크리트 부재는 외부에서부터 내부로 향하여 건조해 들어가기 때문에 표면에는 인장응력이 일어나고 내부 철근에는 압축응력이 발생한다. 또한 내부 압축응력과 외부 인장응력의 차이로 인해서 건조수축 균열이 발생할 수 도 있다. 보통 콘크리트의 최종 건조수축량은 0.0002~0.0007의 범위이다.

그림 2·5(a), (b)에서와 같이 철근을 넣으면 콘크리트의 수축을 방해하여 부재의 길이

는 덜 수축한다. 따라서 철근에 압축변형 ε_{sc}가 일어나고 콘크리트에는 인장 변형 ε_{ct}가 일어난다. 그러므로 콘크리트가 본래 수축되어야할 량 ε_{sh}는 아래 그림에 보듯이 $\varepsilon_{sh} = \varepsilon_{ct} + \varepsilon_{sc}$ 이고, $\varepsilon_{ct} = \dfrac{f_{ct}}{E_c}$, $\varepsilon_{sc} = \dfrac{f_{cs}}{E_s}$ 이다. 콘크리트 단면에 작용하는 인장력과 철근에 작용하는 압축력은 상쇄됨으로 $f_{ct}\,A_c = f_{sc}\,A_s$이다. 따라서

$$f_{ct} = \frac{A_s}{A_c} f_{sc} = \frac{\varepsilon_{sh} E_s}{n + \dfrac{A_s}{A_c}} \tag{2·7}$$

여기서 f_{ct}는 각각 콘크리트에 일어나는 인장응력과 f_{sc}는 철근에 일어나는 압축응력이고, A_c와 A_s는 콘크리트와 철근의 단면적이다. 이것으로부터 $E_s / E_c = n$으로 놓으면

$$\varepsilon_{sh} = \frac{f_{sc}}{E_s}\left(\frac{nA_s}{A_c} + 1\right) \tag{2·8}$$

따라서 철근에 일어나는 압축응력은 다음과 같다.

$$f_{sc} = \frac{\varepsilon_{sh} E_s}{1 + \dfrac{nA_s}{A_c}} \tag{2·9}$$

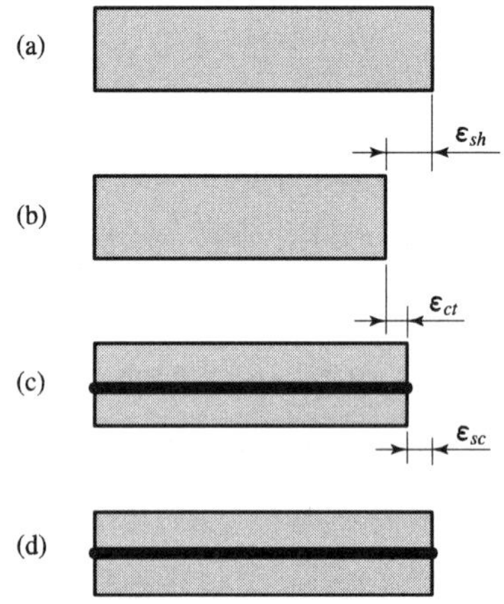

그림 2·5 철근콘크리트 부재의 건조수축

또한 온도에 대한 콘크리트 부재의 변형은 온도가 올라가면 팽창하고 내려가면 수축한다. 온도에 의한 수축이 건조수축과 동시에 일어나면 심한 균열이 유발되며 부정정구조물에서 온도변화로 인한 변형은 부재에 해로운 영향을 미친다. 즉 라멘, 아치 등의 부정

정 구조물에서는 온도변화로 인한 신축 때문에 온도응력이 크게 일어난다. 시방서에는 콘크리트 및 철근의 열팽창 계수를 1℃에 대하여 1×10^{-5}으로 보도록 규정하고 있으며 또한, 일반적으로 정정구조물에서는 건조수축이나 온도변화에 의한 응력을 무시해도 좋으나, 부정정 구조물에서는 그들의 영향을 설계에 고려해야 한다.

2·1·8 인장강도

콘크리트의 인장강도, 휨강도, 전단강도 등은 압축강도에 비해서 매우 작다. 따라서 콘크리트를 유용하게 사용하기 위해서는 콘크리트의 기타강도보다는 압축강도를 이용하는 설계가 바람직하다. 하지만 철근콘크리트 보의 전단 및 비틀림 저항은 콘크리트의 인장강도에 의하여 주로 좌우되므로 인장강도를 고찰해 볼 필요가 있다.

콘크리트의 순수한 인장강도를 결정하는 시험은 매우 어렵다. 수년 동안 인장의 특성을 파괴계수(modulus of rupture, $f_r = 0.63\sqrt{f_{ck}}$)에 의하여 측정해 왔다. 최근에는 콘크리트 인장강도의 한 측정방법으로써 소위 쪼갬 인장강도 시험(splitting tensile strength test) 이 확립되었다(KS F 2423). 이 시험방법은 압축강도시험용과 같은 $\phi150\times300$mm ($\phi100\times200$) 콘크리트 공시체를 압축시험기 사이에 수평으로 뉘워 놓고 위아래의 두 평면에 따라 균일하게 압축력을 가해 공시체를 쪼개는 시험방법이다. 휨강도(flexural strength)는 콘크리트 보를 단순지지로 놓고 중앙에 또는 지간을 3등분 하는 2점에 집중하중을 가해 강도를 구한다(KS F 2608). 하지만 전단강도(shearing strength)는 아직 표준화된 것이 없다.

콘크리트의 인장강도나 휨강도 등을 압축강도에 비해 비율로 나타낸 것은 표 2·1과 같다. 보통 콘크리트의 경우 이들 강도는 압축강도가 증가함에 따라 증가하지만 고강도 일수록 그 증가 비는 작아진다. 그 외에도 콘크리트 강도로서 정착부 등의 국부적 응력에 저항하는 지압강도 (bearing strength), 반복하중에 저항하는 피로 강도 등이 있다.

표 2·1 압축강도와 기타 강도의 비

강도비 / 콘크리트	$\frac{tesnile\,strength}{compressive\,strength}$	$\frac{flexural\,strength}{compressive\,strength}$	$\frac{shearing\,strength}{compressive\,strength}$
보통콘크리트	1/9～1/13	1/5～1/7	1/4～1/7
경량콘크리트	1/9～1/15	1/6～1/10	1/6～1/10

2·1·9 조합응력을 받는 콘크리트 강도

콘크리트가 차지하고 있는 많은 구조물의 경우 여러 방향에서 많은 응력이 동시에 작용하는 경우가 많다. 이와 같은 조합응력이 아무리 복잡하게 작용하더라도 한 개의 정육면체에 서로 직교하는 3개의 주응력으로 분류할 수가 있다. 이 3개의 주응력은 인장력 아니면 전단력이다. 만약 이들 중에서 하나가 0이면 2축 응력상태이고 2개가 0이면 1축 응력상태이다. 2축 응력상태는 시험에 의해서 잘 확립되었으며 상관도 형식으로 나타낼 수 있다.

그림 2·6은 f_{cu}를 사용하여 무차원화 하여 수직방향(f_v)과 수평방향 (f_h)의 응력관계를 보인다. 이 그림은 압축응력이 각각 수직방향에서 작용할 때 그 강도는 1축 압축강도보다 약 20% 증가함을 보여준다. 그러나 압축과 인장이 결합될 때는 압축강도는 거의 직선적으로 감소한다. 즉, 1축 인장강도의 반 정도의 가로방향 인장은 세로방향 압축강도를 1축 압축강도의 반 정도로 감소시킨다.

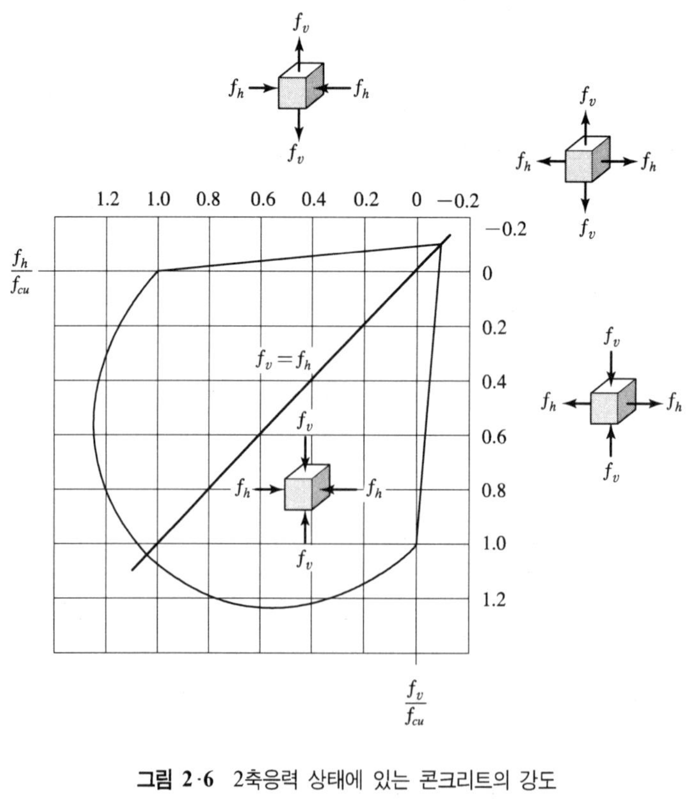

그림 2·6 2축응력 상태에 있는 콘크리트의 강도

2축 응력상태는 근사적 방법으로 설명하기 위해서 Mohr-Coulomb의 이론이 이용된다. 이것은 Mohr이론의 특별한 경우로써 재료의 파괴를 유발하는 응력의 조합을 나타내는 영역에 접하는 Mohr 응력원(그림 2·7)과 같은 파괴영역으로 정의된다.

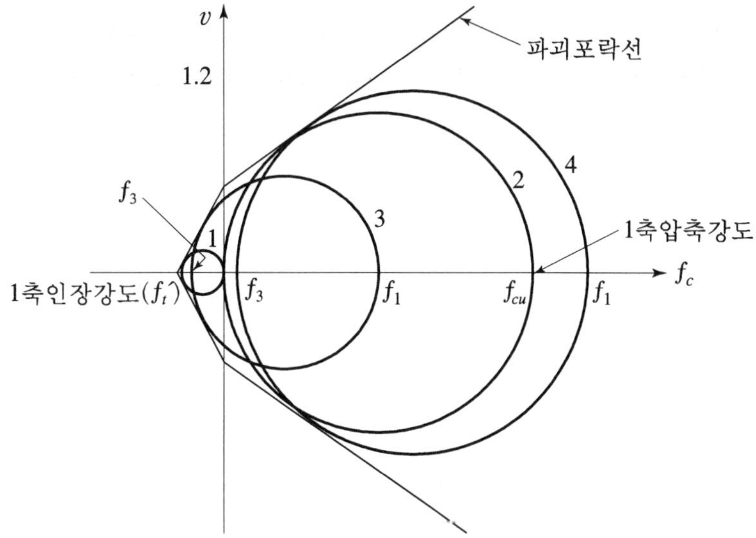

그림 2·7 콘크리트의 3축 응력상태

원 1은 단순인장상태의 파괴이며 원 2는 단순압축상태의 파괴이다. 원 3과 원 4가 조합응력 상태의 파괴를 나타내며 원 3은 인장이 압축에 직각으로 작용할 때이며 원 4는 최소주응력 f_3이 최대주응력 f_1에 직각으로 작용하며 f_1, f_3 모두 압축응력이다.

이 이론은 세 개의 주응력 가운데 중간 것은 강도에 영향이 없다는 전제에선 보통의 Mohr이론과 같은 결점을 가지고 있다. 특히 빈번히 있는 2축 응력의 경우 두 주응력이 같은 부호라면 강도상 2축의 영향은 없다는 것이 예측된다. 하지만 앞에서 다룬 2축 응력상태의 상관도에서는 2축 압축의 강도가 f_1/f_2의 비에 따라 1축 압축강도보다 8~23% 증가함을 보였다. 이와 같이 조합응력상태에서는 콘크리트의 강도를 합리적으로 계산할 수 없고, 콘크리트 구조물의 위치에 따라 작용하는 응력을 계산하는 것도 거의 불가능하다. 그래서 계속적으로 시험에 의존하는 것이 하나의 중요한 이유이다.

2·1·10 설계기준강도와 배합강도

설계기준강도(f_{ck})란 구조물을 설계할 때 기준으로 하는 압축강도를 말하며 배합강도

(f_{cr})란 콘크리트의 배합설계시 목표로 하는 압축강도를 말한다. 목표로 하는 배합강도에 맞추어 배합을 하였다 하더라도 그리고 동일한 재료와 동일한 배합방법을 사용하였음에도 불구하고 여러 가지 요인에 의해서 콘크리트는 품질이 어느 정도 차이가 나므로 그림 2·8과 같은 분포를 가진다. 그러므로 콘크리트 공사기간 중 그 품질이 어느 정도 변하는 것을 피할 수가 없다. 따라서 설계기준강도를 확보하여 구조물을 안전하게 하기 위해서는 설계기준강도를 얼마간 웃도는 강도를 얻도록 배합을 정하여 콘크리트를 제조해야 하는 것이다. 이것이 그림 2·8과 같이 배합강도를 설계기준강도보다 크게 해야 하는 이유이다.

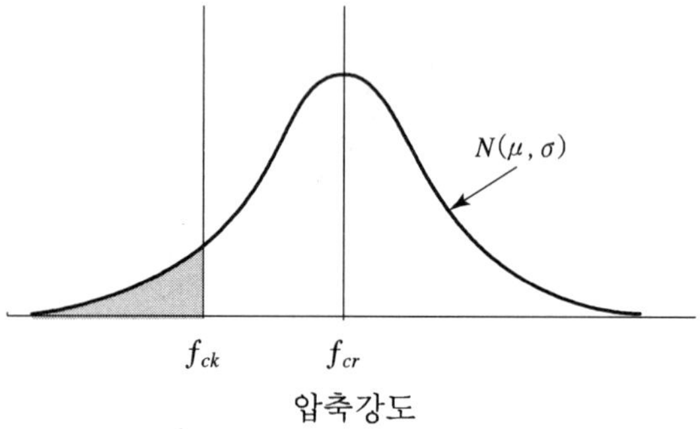

그림 2·8 압축강도 정규분포도에서 f_{ck}와 f_{cr}의 관계

이에 대해서 시방서에는 다음과 같이 규정하고 있다.

① 콘크리트 배합선택의 기초로 사용되는 배합강도 f_{cr}은 규정에 따라 계산된 표준편차(s)를 이용하여 다음 두식에 의해 계산된 두 값 중 큰 값보다 커야한다.

$$f_{cr} = f_{ck} + 1.34s \qquad (2\cdot10)$$

$$f_{cr} = (f_{ck} - 3.5) + 2.33s \qquad (2\cdot11)$$

② 배합강도 f_{cr}은 요건에 맞는 표준편차의 계산을 위한 현장강도 기록 자료가 없을 경우 또는 압축강도의 시험 횟수가 14회 이하인 경우 다음 표에 따라 결정하여야 한다.

표 2·2 시험횟수가 14회 이하이거나 기록이 없는 경우의 배합강도

설계기준강도 f_{ck} (MPa)	배합강도 f_{cr} (MPa)
21 미만	f_{ck} + 7
21 이상 35이하	f_{ck} + 8.5
35 초과	f_{ck} + 10

상기의 표준 편차는 30회 이상의 시험을 통해 구한 것이어야 하며 시험회수가 29회 이하인 경우의 표준편차는 다음의 보정계수를 사용해야 한다.

표 2·3 시험이 29회 이하일 때 표준편차에 대한 보정계수

시험 회수[1]	표준편차의 보정계수[2]
15	1.16
20	1.08
25	1.03
30 또는 그 이상	1.00

[1] 위 표에 명시되지 않은 시험 횟수는 직선 보간 한다.

[2] 배합강도를 결정하기 위해 사용되는 표준편차의 보정계수

이렇게 하여 만든 콘크리트의 강도는 다음의 두 조건이 충족되면 만족한 것으로 간주한다.

① 3번의 연속강도 시험의 결과 그 평균값이 f_{ck}이상 일때,

② 개개의 강도 시험값(3개 공시체의 평균)이 f_{ck} 보다 3.5 MPa 이상 낮지 않을 때.

상기의 조건 중의 하나라도 충족되지 않으면 뒤따르는 강도시험 결과의 평균값을 증가시키는 조치를 취해야 한다.

2·2 철근

콘크리트를 보강할 목적으로 콘크리트속에 묻어 넣은 강재를 철근(reinforcing bar)이라 하며 주로 강봉이 사용된다. 철근은 고강도 재료로서 철근의 인장강도나 압축강도에 사

용되는 항복강도는 보통 구조용 콘크리트 압축강도의 10배에 해당한다. 반면에 철근은 비싸므로 이 두재료를 결합하여 콘크리트는 압축응력에 저항하도록 하고 철근은 인장응력에 저항하도록 결합하여 사용하는 것이 이상적이다. 이렇게 철근은 주로 인장응력에 저항하도록 설계하나 때로는 단면을 축소할 목적으로 압축측에도 사용하고, 사인장응력에 저항하도록 사인장철근으로 사용되기도 하며 균열과 파괴에 대해서 안전하도록 최소 철근으로도 사용된다.

2·2·1 철근의 종류

철근은 표면의 요철의 유무에 따라 원형철근과 이형 철근으로 구분한다. 즉, 그림 2·9와 같이 표면에 마디와 리브(rib) 등의 돌기가 있는 강봉을 이형철근이라 하고, 이러한 돌기가 없이 매끈한 강봉을 원형철근이라 한다. 표 2·4는 KS D 3504에 규정되어있는 철근의 종류와 항복점 및 인장강도를 나타낸 것이고 표 2·5는 이형철근의 공칭치수를 나타낸 것이다.

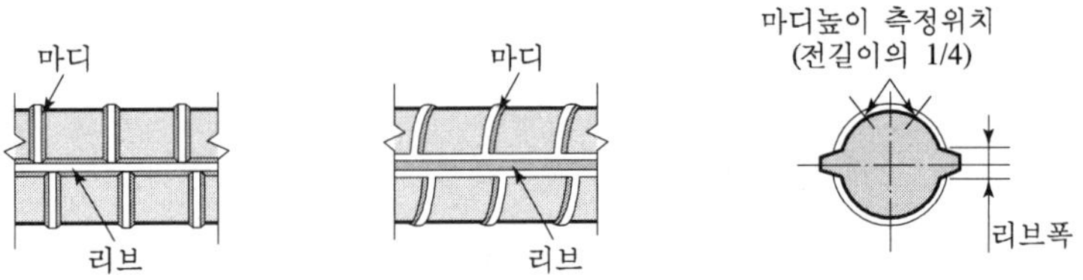

그림 2·9 이형철근의 마디와 리브

철근의 성질은 항복점과 탄성계수로 대표된다. 항복점은 인장의 경우나 압축의 경우나 거의 동일하며 탄성계수는 200,000 MPa이 사용된다.

표 2·4 철근의 종류 및 기계적 성질 (KS D 3504)

종 류	기 호	항복강도 또는 0.2% 내력 (MPa)	인장강도 (MPa)
원형철근	SR 240	240 이상	390~530
	SR 300	300 이상	450~610
이형철근	SD 300A	300 이상	450~610
	SD 300B	300~400	450 이상
	SD 350	350~450	500 이상
	SD 400	400~520	570 이상
	SD 500	500~640	630 이상

표 2·5 이형철근의 제원

호 칭	공칭지름 (mm)	공칭 단면적 (cm^2)	공칭둘레 (cm)	단위중량 (kgf/m)
D 6	6.35	0.3167	2.0	0.249
D10	9.53	0.7133	3.0	0.560
D13	12.7	1.267	4.0	0.995
D16	15.9	1.986	5.0	1.56
D19	19.1	2.865	6.0	2.25
D22	22.2	3.871	7.0	3.04
D25	25.4	5.067	8.0	3.98
D29	28.6	6.424	9.0	5.04
D32	31.8	7.942	10.0	6.23
D35	34.9	9.566	11.0	7.51
D38	38.1	11.40	12.0	8.95
D41	41.3	13.40	13.0	10.50
D51	50.8	20.27	16.0	15.9

그림 2·10에서 보듯이 철근의 응력-변형률 곡선의 모양(a), 특히 처음 부분(b)은 철근 콘크리트에 있어서 중요한 의미를 가진다. 예를 들어 항복강도가 280 MPa인 저탄소강은 항복고원이 뒤따르는 탄성부분을 보이고 있다. 이러한 철근의 항복점은 항복고원이 형성되는 곳의 응력이다. 응력이 다시 증가하기 시작하면 속도는 느리지만 변형은 더욱 진행되어 이는바로 변형률 경화를 가져온다. 인장강도에 도달하게 되면 곡선은 수평으로 되고, 파괴가 일어날 때까지 하강한다.

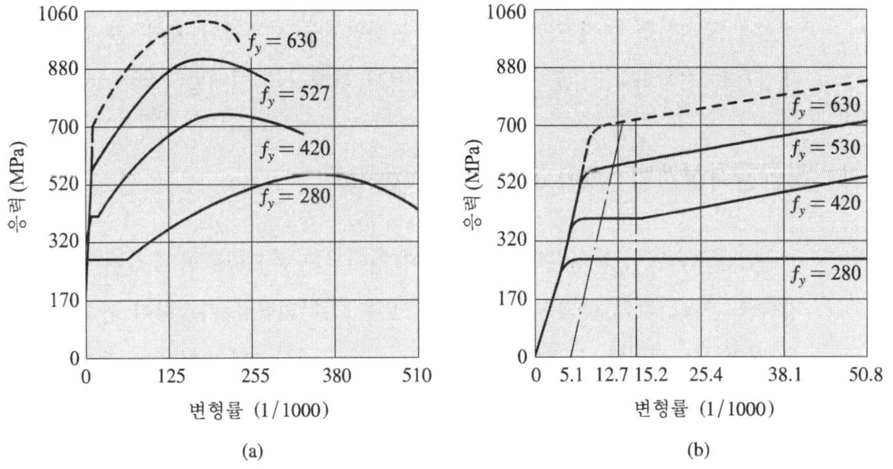

그림 2·10 철근의 응력-변형률 곡선

이에 반해 f_y=630 MPa인 고탄소강은 몹시 짧은 항복고원을 나타내거나 또한 일정한 응력에서 항복이 계속되는 일 없이 즉시 변형률경화에 들어간다. 또한 강봉과 비교해서 prestressing용 철근은 뚜렷한 항복고원을 갖지 않는다. 항복은 점차적으로 진행되어 비탄성범위에서 곡선은 파괴시의 전신장 ε_s'에 유사한 인장강도 f_{pu}에 도달할 때까지 평탄하게 증가한다. 불연속적인 항복이 이들 철근에서는 관찰되지 않기 때문에 항복강도는 다소 임의적으로 꼬임선과 강선에 대해서는 전신장 1%에서의 응력으로 고강봉에 대해서는 영구변형의 0.2%에서의 응력으로 정의한다.

철근은 콘크리트와 마찬가지로 피로를 받는다. 금속재료의 피로는 반복응력이 작용한 후 하나 또는 그 이상의 미세한 균열을 형성한다. 이러한 피로응력은 응력이 집중되는 곳 또는 결손부분 등에서 일어나며 응력의 반복횟수와 함께 점차적으로 커진다. 그리하여 외력에 견딜 수 없을 정도까지 단면이 감소하여 철근은 취성적으로 별안간 파괴한다. 철근의 피로강도는 파괴를 유발함이 없이 200만회 이상 반복 작용할 수 있는 응력이고, 철근의 등급과는 무관계한 것이 밝혀졌다.

2·3 설계법의 변천

철근콘크리트는 비탄성재료인 콘크리트와 항복점까지는 탄성거동을 하는 철근이 일체로 되어 작용하기 때문에, 하중의 각 단계에서 콘크리트 및 철근에 발생하는 응력은 정확히 예측하는 것은 아주 어려우며 실제 설계에서 이를 반영하기가 어렵다. 따라서 철근콘크리트의 설계이론(1887년)이 발표된 이래 지금까지 계산의 편이성, 안전성, 그리고 합리성을 고려하여 여러 가지의 설계법이 제안되고 사용되어 왔다. 큰 흐름은 허용응력 설계법으로 시작하고, 강도 설계법을 거쳐서 한계상태 설계법에 이르는 변화가 있었다.

2·3·1 허용응력설계법 (working stress design)

철근콘크리트 설계이론의 개발초기에 있어서는 콘크리트의 소성변형을 고려하고, 보의 압축측 콘크리트의 응력분포를 포물선 또는 사다리꼴로 가정하여 휨강도의 계산을 행하는 것이 시도되었다. 그러나, 그 방법은 계산이 번잡하였기 때문에 수학적인 단순화를 목적으로 하여 콘크리트 및 철근을 탄성체로 가정하는 허용응력 설계법이 제안되 넓게 쓰여지게 되었다. 우리나라에서는 철근콘크리트가 도입된 초창기때부터 허용응력 설계법이 실용되어 왔는데, 현재까지도 부분적으로는 사용되고 있다. 허용응력 설계법은 그림 2·11에 나타낸 휨부재의 각 하중단계에서의 응력상태 중 제3단계(작용 응력 상태)에 근거하고 있다. 그러나, 극한시(제 4단계)의 응력상태는 단지 제3단계를 비례적으로 확대한 것은 아니다. 콘크리트의 압축응력 분포형태 등이 서로 다르기 때문에 허용응력 설계법에서는 부재의 파괴 안전도를 확인할 수 없다는 결점이 있다.

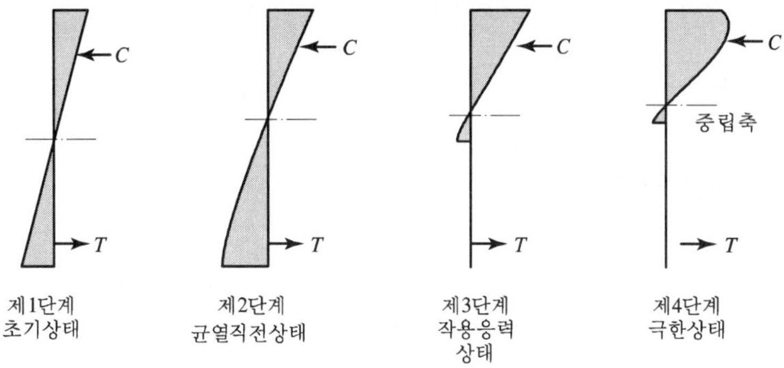

그림 2·11 철근콘크리트 휨부재에서의 콘크리트 응력분포
(C : 콘크리트의 전 압축력, T : 철근의 전 인장력)

2·3·2 강도설계법 (strength design)

구조물의 설계에 있어서 파괴 안전도의 확인은 빼놓을 수 없는 가장 중요한 사항이다. 그 때문에 콘크리트의 소성을 고려하고 그림 2·11의 제 4단계에 근거한 강도 설계법이 세계 대다수의 국가에서 허용응력 설계법을 대체하여 채용되었다. 우리나라에서도, 1996년 6월에 개정된 콘크리트 표준시방서에서는 콘크리트 구조물의 설계는 강도설계법을 원칙으로 하도록 명시하였으며, 허용응력 설계법은 특별한 경우에 한하여 적용 할 수 있도록 부록에 수록되었다.

2·3·3 한계상태설계법 (limit state design)

한계상태 설계법은 1964년 유럽 콘크리트 위원회(CEB)가 제창한 것으로서, 사용한계상태에서는 그림 2·11의 제3단계를 기준으로 하고, 극한 한계상태에서는 제4단계의 응력상태를 표준으로 하는데, 전자는 주로 균열, 처짐등에 관해서, 후자는 내력에 관하여 안전성을 검토하는 것이다. 또 허용응력 설계법 및 강도설계법에서는 안전율을 각 허용응력 및 하중계수로서 고려하고, 기타 불확정 요소(계산 방법의 불확실성이나 시공오차 등)

를 모두 이것에 포함시키는 대략적인 것으로 되어있으나, 한계상태 설계법에서는 하중에 대한 안전율, 재료강도에 대한 안전율, 계산방법에 대한 안전율등으로 세분화한, 소위 부분안전계수를 채택해서 합리성을 높이고 있다.

2·4 각종 설계법의 특징

허용응력 설계법, 강도설계법 및 한계상태 설계법의 특징을 열거하면 다음과 같다.

2·4·1 허용응력설계법

① 작용하중시에서의 콘크리트 및 철근의 응력은 그림 2·12에 나타낸 것과 같이 탄성역에 근거하고 있다. 따라서, 철근 콘크리트도 일반 탄성복합재료와 거의 마찬가지로 취급될수 있기때문에 탄성설계법(elastic design)이라고도 불리고 있다.

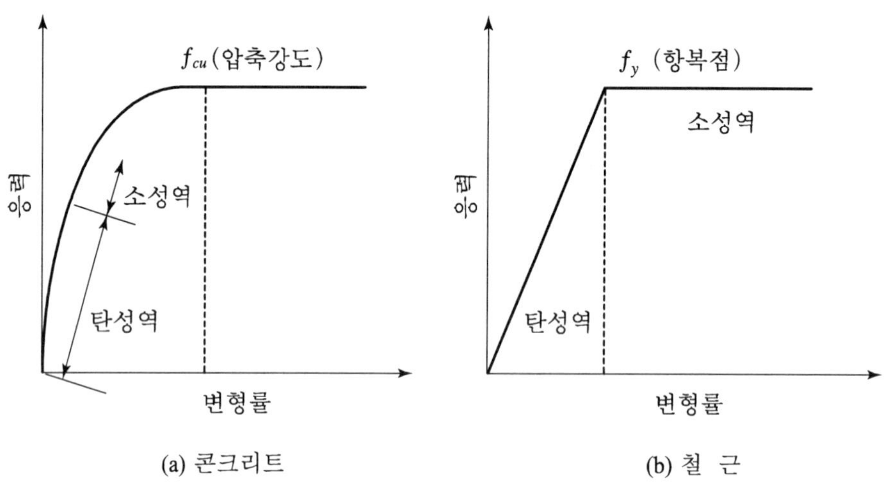

(a) 콘크리트 (b) 철근

그림 2·12 콘크리트 및 철근의 응력-변형률 곡선

② 작용하중에 따라 콘크리트 및 철근에 생기는 응력을 탄성이론에 따라서 계산하고, 재료강도를 안전율로 나누어 구한 허용응력 보다도 작다는 것을 확인하는 것이므로, 이 방법에 의하여 작용하중 시에서의 응력이 재료강도에 대하여 얼마쯤의 여유를 가질 수 있을지를 아는 것이 가능하다. 그러나, 그림 2·11에 나타낸 것과 같이,

제4단계(극한시)의 응력상태는 제 3단계(허용응력 설계법이 기준으로 하고 있는 응력상태)를 단지 비례적으로 확대한 것이 아니라, 중립축 위치는 상승되고 콘크리트의 압축응력 분포도 삼각형으로부터 장방형에 가까운 형상으로 변화하여, 양자의 응력상태는 완전히 서로 틀리므로 허용응력 설계법에 의해서 파괴 안전도를 확인하는 것은 불가능하다.

③ 허용응력 설계법은 탄성이론에 근거하고 있기 때문에 계산식의 유도가 상당히 용이하고 또한 명쾌하다. 그래서, 허용응력을 정하기 위한 안전율을 콘크리트에 대하여는 3 정도, 철근에 대하여는 1.7~2 정도로 하고, 현장제조의 콘크리트와 공장제품으로서의 강재에 대한 신뢰도의 차이를 설계에 반영시키는것과 함께, 부재의 파괴가 철근의 항복에 의해 일어나도록 배려되어 있다. 또한, 철근의 허용응력은 그 강도만을 기준으로 하는 것이 아니고 부식에 대하여 유해한 균열폭이나 내피로성을 고려하여 정하는 것이기 때문에, 철근의 허용응력도을 적절히 선정하는 것에 의해 간단히 부재의 내구성이나 내피로성을 만족하도록 설계할 수가 있다.

2·4·2 강도설계법

① 강도설계법은 그림 2·12의 재료의 소성역을 포함하는 전응력 범위를 고려하고 그림 2·11의 제4단계의 응력상태를 기준으로 하는 것이기 때문에 소성설계법(plastic design)이라고도 불리고 있다.

② 삭용하숭에 하중계수(안전율)를 곱하여 구한 설계 하중치를 사용, 부재단면에 작용하는 단면력(휨 모멘트, 전단력 등)을 계산하고, 그것이 재료강도를 사용하여 산정한 단면내력보다 작은 가를 확인한다. 하중계수는 고정하중과 활하중 등, 하중의 종류에 따라 안전도를 변화시킨 것으로써 하중계수의 도입에 따라 소요의 파괴 안전도를 가지는 부재를 설계하는 것이 가능하기 때문에 이 방법을 하중계수 설계법(load factor design)이라고도 한다.

③ 강도설계법에 따른 부재의 극한내력을 구하는 것은 가능하지만, 작용하중 하에서의 정보는 전혀 얻을 수 없다. 그러므로 작용하중에 의한 처짐, 균열 폭, 응력 등이 필요한 경우는 별도로 계산할 필요가 있다.

2·4·3 한계상태설계법

① 허용응력 설계법은 작용응력 상태에 대하여, 강도설계법은 극한 상태에 대하여 각

각 안전도를 검토하는데, 안전율은 전자의 경우 허용응력도에, 후자의 경우는 설계하중치에 포함되어 있다. 이것에 대하여, 한계상태 설계법에서는

ⓐ 여러 가지의 한계상태에 대하여 안전성을 검토한다.

ⓑ 안전계수를 하중, 재료강도, 계산방법, 시공오차, 구조물의 파괴에 따른 사회적 영향의 크기 등으로 세분화하고, 소위 부분안전계수를 설정하고 있다.

② 안전성을 검토하는 한계상태로서, 일반적으로는 극한한계상태와 사용한계상태를 고려한다. 또 큰하중을 반복하여 받게되는 경우, 즉 교량이나 파랑의 반복작용을 받는 해양 구조물 등에는 피로한계상태에 대하여도 고려한다.

사용한계상태에 있어서는 주로 균열폭(내구성), 처짐 등에 관하여 고려한다. 극한한계상태에서는 내력에 관하여 안전성을 고려한다. 피로한계상태는 극한 한계상태의 일종이지만, 재료가 탄성상태로부터 돌연 취성적인 파괴를 일으키기(그림 2·11의 제3단계가 극한시의 응력상태로 된다) 때문에, 일반적인 극한한계상태와는 별개로 취급하고 있다.

③ 부분안전계수로서 하중계수 γ_f (강도설계법에서의 하중계수와는 별개의 것임) 및 재료계수 γ_m(콘크리트와 철근에서 다른 값으로 한다)을 설정하여, 하중 및 재료강도에 대한 안전성을 확보하고, 구조해석계수 γ_a및 부재계수 γ_b를 설정하여 구조해석방법이나 부재내력에서의 계산법의 불확실성, 시공오차등을 고려하고, 다시 구조계수 γ_i를 설정, 구조물의 중요도에 따라서 파괴안전도를 할증하는 것이 가능하도록 배려하고 있다.

④ 한계상태 설계법에 있어서는 하중 및 재료강도의 특성치를 이용한다. 하중작용의 특성치는 구조물의 시공중 및 설계내용 기간중에 생기는 최대하중(작은쪽이 불리한 경우는 최소치)의 기대치로 한다. 재료강도의 특성치는 통계적으로 그 값을 하회하는 것은 거의 없다고 생각되어지는 재료강도의 크기이고, 콘크리트의 경우는 설계기준강도와 같은 값이다. 따라서, 설계하중 및 재료의 설계강도는 다음과 같이 된다.

설계하중 = (하중작용의 특성치) × (하중계수)

설계강도 = (재료강도의 특성치) / (재료계수)

표 2·3은 각종설계법의 특징을 나타낸 것이다.

표 2·3 각종설계법의 특징

설계법	하 중	재료 강도	재료의 역학상태
허용 응력 설계법	작용하중 (상시, 지진시 등)	허용응력도(상시, 지진시 등에 의하여 변화된다) 콘크리트 : (설계기준강도) / (안전율) 철근 : (항복점) / (안전율) 균열제한, 피로제한	콘크리트 : 탄성역 철　　근 : 탄성역
강도 설계법	(작용하중)×(하중계수) (하중계수는 사하중, 활하중 등에 따라 구분된다)	콘크리트 : 설계기준강도 철　　근 : 항복점	콘크리트 : 소성역 철　　근 : 탄성역 또는 소성역
한계 상태 설계법	(작용하중*의 특성치) × 하중계수	(재료강도의 특성치)/ (재료계수)	극한한계 상태 : 강도설계법과 동일 사용한계 상태 : 허용응력설계법과 동일 피로한계 상태 : 콘크리트, 철근 함께 탄성역

(주) * 구조물이나 부재에 변형 또는 응력을 일으키는 전체의 작용으로 수축, 온도변화, 프리스트레스 등을 포함한다.

연습문제

2·1 철근과 콘크리트의 상호작용에 대해 설명하시오.

2·2 철근콘크리트의 장 · 단점에 대해 설명하시오.

2·3 콘크리트의 양생에 대해 조사하시오.

2·4 건조수축이 콘크리트에 미치는 영향에 대해 설명하시오.

2·5 다음 콘크리트의 탄성계수를 추정하시오.

a) f_{ck} = 21 MPa, w_c = 2,200 kg/m^3

b) f_{ck} = 30 MPa, w_c = 2,300 kg/m^3

c) f_{ck} = 45 MPa, w_c = 2,400 kg/m^3

2·6 다음의 경우 콘크리트의 배합강도(f_{cr})를 구하시오.

a) f_{ck} = 21 MPa, s = 2.65 MPa, 시험회수 30회 이상

b) f_{ck} = 27 MPa, s = 2.81 MPa, 시험회수 18회

c) f_{ck} = 32 MPa, s = 자료 없음

2·7 허용응력설계법과 강도설계법의 차이점에 대해 설명하시오.

2·8 단면이 500×600 mm이고, 지간이 6 m인 철근콘크리트 부재가 있다. 철근은 단면도심에 대하여 대칭으로 배치되어 있으며 단면적은 A_s=2,000 mm^{2}이다. 콘크리트의 건조수축으로 인한 콘크리트의 수축응력을 계산하여라. 콘크리트의 건조수축률은 $\varepsilon_{sh}=2\times 10^{-5}$, 콘크리트와 탄성계수는 $E_c = 2.2\times10^4$ MPa, 철근의 탄성계수는 $E_s = 2.0\times10^5$ MPa 이다. 이 부재의 변형은 구속되어 있지 않다.

3장

강도 설계법에 의한

보의 휨 해석

3·1 휨을 받는 보의 거동

콘크리트 부재의 상당수는 휨을 받는 조건에 놓이게 된다. 이 경우 콘크리트는 인장에 약하기 때문에 인장 측 단면의 콘크리트에 균열이 발생하게 되므로 철근을 보강해야만 한다. 이 철근은 인장 측에서 역학적으로 휨모멘트에 저항하는 우력 모멘트를 증가시키고, 결과적으로 철근은 인장력에 저항하고 콘크리트는 압축력에 저항하는 역활을 하게 된다.

하중을 받는 보의 휨 거동을 보면, 낮은 하중 하에서 휨 모멘트가 작을 때 보는 탄성거동을 하고 휨 응력도 직선적으로 분포한다. 이때의 응력 분포를 단계로 보고, 이 단계에서는 재료의 역학적인 개념이 그대로 적용될 수 있다. 이 단계를 지나 하중이 더 증가하면 인장측 단면의 응력이 콘크리트의 인장강도를 넘어 균열이 발생한다. 따라서 콘크리트는 응력에 저항하는 능력을 손실하고 철근이 모든 인장력에 저항하게되는 II 단계에 도달한다.

여기서 하중이 계속 증가하면 콘크리트의 압축측 응력 분포는 곡선으로 변하고 인장철근의 응력도 증가하여 항복이 일어나기 시작하며 동시에 콘크리트의 응력은 극한 강도에 이르게 된다. 이 단계를 Ⅲ 단계라 하며 이 단계의 끝에서는 결국 파괴상태에 도달하게 되며 이를 극한강도상태 (ultimate strength state)라고 한다.

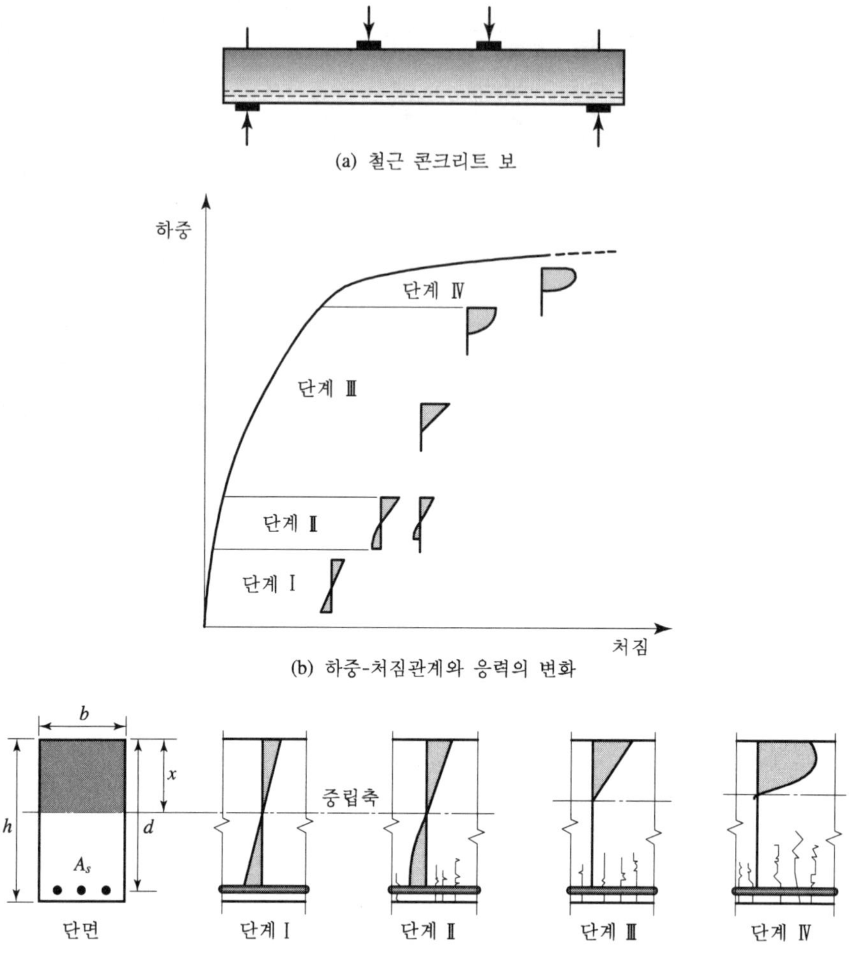

(a) 철근 콘크리트 보

(b) 하중-처짐관계와 응력의 변화

(c) 각 단계에 따른 콘크리트 응력의 분포

그림 3·1 철근콘크리트 보의 하중–처짐 곡선과 응력 상태의 관계

그림 3·1은 응력상태를 단계별로 나타낸 것이다. 과거의 허용응력 설계법 (working stress design)은 단계 Ⅲ에 바탕을 둔 것이다. 즉, 콘크리트는 탄성거동을 한다고 생각하고 콘크리트가 부담하는 압축응력분포를 직선적으로 가정하여 설계하는 방법이다. Ⅰ 단계와 Ⅱ 단계에서의 보의 처짐은 극히 작다. 단계 Ⅲ 에서의 처짐은 비교적 크며 이 단

계의 최후 상태에서 철근은 항복한다. 이때 보가 부담하는 비중은 극한 내력에 어느 정도 가까운 값이 된다. 그리고 Ⅳ 단계에서는 하중의 증가가 그리 크지 않은 반면 처짐의 증가는 매우 크다. 실제로 하중이 지속적으로 증가될 경우 Ⅰ과 Ⅲ 단계는 짧은 시간밖에 지속되지 않고 Ⅲ 상태가 되며 하중이 크게 증가하고 처짐도 상당히 증가하는 과정임을 알 수 있다. 이 단계에서 인장응력은 전부 철근이, 압축응력은 전부 콘크리트가 부담하며 중립축은 압축 측으로 이동하기 시작하고 콘크리트의 응력이 매우 커짐을 그림 3·1(b)는 잘 보여주고 있다.

구조물의 안전도는 그것의 내하력인 극한강도에 의하여 결정된다. 그러나 이전에는 Ⅳ 단계 상태를 이론적으로 다루기가 매우 어려워서 Ⅲ 마지막 상태에서 인장철근이 항복한 경우가 파괴상태와 일치한다는 생각에 근거하여 파괴에 대한 안전도를 다루었다. 그러나 많은 실험 연구를 통해 극한강도상태(Ⅳ 단계)의 이론을 어느 정도 이해하게 되었고, 이를 적용한 설계법이 더 합리적이고 현실성이 있는 것임을 보여 주었다. 따라서 이 이론에 바탕을 둔 설계법을 강도설계법(strength design method)이라 하며 이를 미국을 위시하여 국내에서도 주로 사용하고 있다.

3·2 휨 파괴와 균형 보

철근 콘크리트 보의 파괴는 가해진 하중에 의한 응력이 콘크리트의 압축 강도를 넘어서거나 인장 철근이 항복을 일으킬 때부터 일어난나. 실험에 의하면 콘크리트 보의 휨 압축파괴는 최대 변형률이 0.0025~0.004에 달했을 때 일어난다. 따라서 시방서에서는 콘크리트의 압축 연단에서 변형률의 극한치를 0.003으로 규정하고 있다. 즉, 보에서 콘크리트의 변형률이 0.003 이상이 되면 콘크리트 부분은 파괴된 것으로 가정한다.

철근 콘크리트 보의 파괴 상태는 철근의 삽입(보강) 량에 따라 크게 저보강 보(Under-reinforced beam), 과보강 보(Over-reinforced beam) 그리고 균형 보(Balanced beam) 3가지로 구분한다. 이는 또한 각각 과소 철근(過小 鐵筋) 보, 과다 철근(過多 鐵筋) 보 그리고 평형(平衡) 보라고도 한다. 각 보에 대한 파괴 양상을 보면 다음과 같다.

우선 저 보강보는 단면에 비하여 적은 양의 철근이 보강되어 있으므로 하중에 의해 휨을 받으면서 인장 철근이 먼저 항복하고 인장부의 콘크리트에 균열이 발생하면서 처짐이 증가한다. 이어서 압축부의 콘크리트도 변형률이 극한에 이르러 보의 파괴가 일어난다. 이러한 파괴는 철근이 항복한 후 연성을 가지고 늘어나기 때문에 서서히 일어나므로 파괴의 징후를 미리 알 수 있다.

반면에 보의 단면에 비해 상대적으로 많은 양의 철근이 보강된 과보강 보의 경우는 인장 철근이 항복하기 전 압축부의 콘크리트 단면에서 파괴를 일으킨다. 이 압축부 콘크리트의 파괴는 우력 균형의 상실을 가져와 곧 붕괴로 이어진다. 특히 콘크리트는 연성 재료가 아니기 때문에 파괴는 일시적으로 갑자기 일어나게 되므로 파괴 전 징후를 예측하기가 어렵다. 따라서 특수한 경우를 제외하고는 철근을 과보강 하는 것은 바람직하지 않다.

그러므로 철근콘크리트 보의 설계시에는 철근비(reinforcement ratio)를 어떤 한계 값 이하로 하여 연성파괴(ductile failure)가 되도록 하는 것이 좋다. 이 한계가되는 철근비를 균형철근비 또는 평형 철근비(balanced reinforcement ratio)라고 한다. 이 비율로 철근이 보강되었을 때 보는 인장철근의 항복과 압축콘크리트의 파괴가 동시에 일어난다. 그리고 이 때 콘크리트의 압축 변형률은 0.003에 도달하는 것으로 가정한다. 이러한 균형보의 응력과 변형률 분포 상태는 그림 3·2와 같다. 이와 같은 균형상태가 되도록 하는 것이 철근과 콘크리트를 가장 효과적으로 사용하는 방법이나, 보다 안전한 이용을 위해 실제 설계기준에서는 최대 철근비를 균형 철근비의 75% 이하로 사용하도록 제한하고 있다.

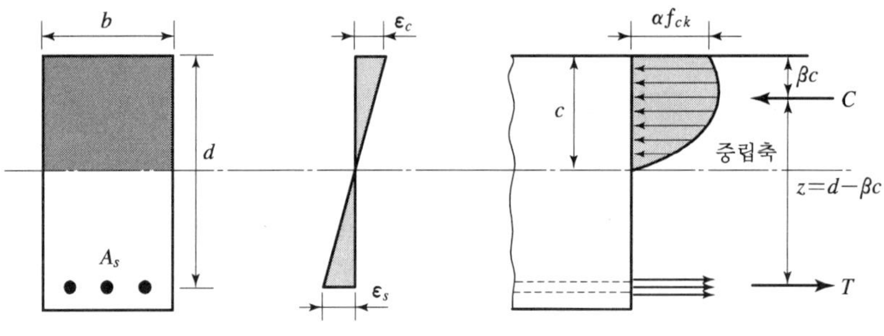

그림 3·2 균형 보의 응력과 변형률 상태

3·3 강도설계법 기본개념

철근콘크리트 부재의 강도를 산정하는데 가장 중요한 것은 각 재료가 가지고 있는 실제 강도를 정확히 파악하는 일이다. 강도란 재료가 어떤 하중에 견디는 극한의 내력으로서 응력단위로 표시되며, 각 재료는 자체적 다양성 및 결함 등으로 인하여 강도가 낮아지는 등 여러 가지 이유 때문에 불확실하다. 철근의 경우 공장으로부터 출하시 제품별 강도가 주어지며 콘크리트는 사용재료 자체의 많은 변동과 배합 및 양생에 따른 강도발현 변화, 대체적으로 일정한 제품을 생산하지만, 강도 및 작용하중 측정 및 예측오차의 많은 불확실성 때문에 설계시에는 공칭강도(norminal strength)를 사용하게 된다.

철근콘크리트의 강도설계법(强度設計法)은 부재의 파괴(failure)상태 또는 그에 가까운 상태에 이를 때까지의 강도에 근거하여 부재를 설계하는 방법이다. 부재가 파괴되기 직전까지의 강도를 극한강도(極限强度)라 하며, 따라서 이 설계법 이전에는 극한강도설계법(ultimate strength design)이라고 하였으나 현재는 강도설계법이라 부르며 부재의 탄성한계 내에서의 거동에 근거하여 설계를 하던 허용응력설계법과 구분된다.

우리나라 시방서나 ACI code에서는 콘크리트와 철근의 응력-변형률 곡선을 그림 3·3 및 3·4와 같이 보고, 휨부재의 변형률과 응력분포가 그림 3·5와 같이 된다고 생각하고 부재의 강도를 계산한다. 이렇게 구한 극한강도를 공칭강도(norminal strength)라 한다.

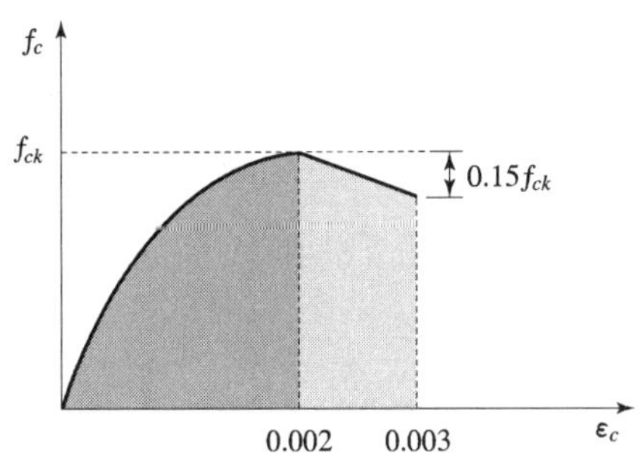

그림 3·3 콘크리트의 응력－변형률 곡선

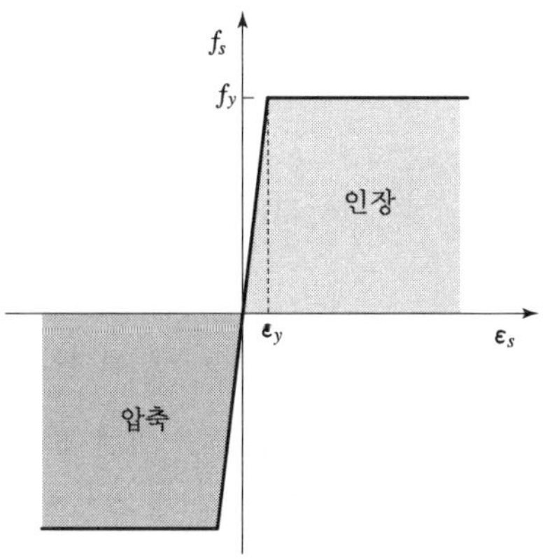

그림 3·4 철근의 응력－변형율 곡선

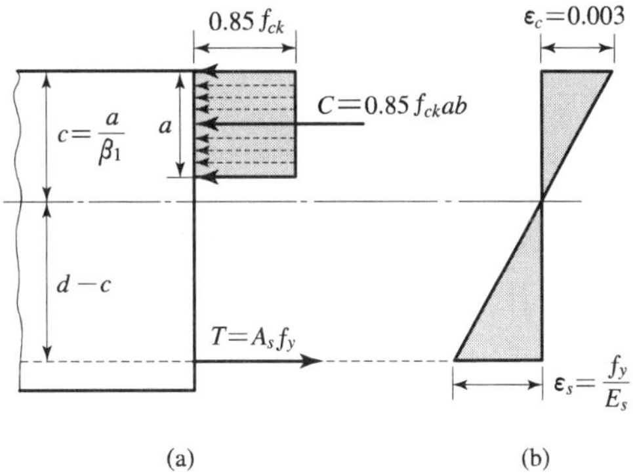

그림 3·5 직사각형 보의 응력과 변형률 분포

구조물(부재)의 가장 중요한 성질은 그 부재의 실제 강도이다. 실제 강도는 그 구조물의 사용기간 동안 작용할 것으로 예상되는 모든 하중에 대하여 견딜 수 있도록 충분히 커야한다. 그러나 앞서 말한 공칭강도는 실제구조 부재의 참된 강도와 다를지 모른다. 그것은 대부분 재료에 근본적으로 내재해있는 변동성(variation) 때문이다. 작용하는 하중 역시 어떤 범위의 오차를 가지고 예측할 수 있을 뿐이지 작용하중의 참된 크기는 알기가 어렵다.

그러므로 어떤 부재가 안전하기 위해서는 그 공칭강도 Sn을 예측 불가능한 강도결함을 고려하여 1보다 작은 수인 감소계수 ϕ에 의하여 낮게 고려하고, 기준하중 L은 예측 불가능한 하중 증가를 고려하여 1보다 큰 하중계수 γ에 의하여 증가시켜 주어야 한다. 즉 강도와 하중은 늘 불확실성을 내재하고 있으므로 그에 따른 보정을 해주어야 한다는 것이다. 따라서 다음의 관계가 성립되도록 하여야 한다.

$$\phi S_n \geq \sum \gamma_i L_i \tag{3·1}$$

여기서 ϕ = 강도감소계수 (strength reduction factor 또는 resistance factor)

S_n = 공칭강도(nominal strength or nominal resistance)

γ_i = L_i의 불확실성에 따라 정해지는 하중계수 (load factor)

L_i = 하중 효과 (load effect) ,

여기서 i는 하중종류 (예; 고정하중, 활하중, 풍하중)등을 나타내는 첨자

강도설계에서의 기본개념은 다음 관계를 만족하도록 설계를 하는 것이다.

$$\begin{aligned} M_d &\geq M_u, \qquad \phi M_n = M_d \\ P_d &\geq P_u, \qquad \phi P_n = P_d \\ V_d &\geq V_u, \qquad \phi V_n = V_d \end{aligned} \tag{3·2}$$

M_u, P_u, V_u는 극한하중에 의해 계산된 휨 모멘트, 축방향력, 전단력의 소요치이고, M_d, P_d, V_d는 각각의 설계강도이며, M_n, P_n, V_n는 각각의 공칭강도이다. ϕ는 1보다 작은 강도감소계수로서 강도의 종류, 부재의 중요성 및 기타 조건에 의해 정해지는 값이다.

공용하중(供用荷重: service load)이란 하중계수를 곱하기 전의 하중으로써 작용하중 또는 실하중이라고 한다. 만일 단위면적당 공용 고정하중(dead load)을 D, 단위면적당 공용 활하중(live load)을 L이라 하고, 또 이들 하중에 대한 하중계수를 각각 γ_d, γ_l이라

하면 식 (3·1)의 우변은 다음과 같이 된다.

$$\sum \gamma_i L_i = \gamma_d D + \gamma_l L = U \tag{3·3}$$

그러면 식 (3·1)은 다음과 같이 고쳐 쓸 수 있다.

$$\phi S_n \geq U \tag{3·4}$$

ϕS_n을 설계강도(design strength), U를 소요강도(required strength) 라고 한다. 즉 설계강도를 소요강도보다 크게 되도록 설계하는 것이 강도설계법이다. 소요강도는 공용하중에 하중계수를 곱해서 구하기 때문에 이 설계법을 하중계수 설계법(load factor design method) 이라고도 한다. 우리나라 시방서에서는 소요강도 U를 설계 단면력으로 부르고 있다.

이상에서 알 수 있는바와 같이 강도감소계수(ϕ) 및 하중계수(γ)는 안전을 위한 계수이다. ϕ는 응력의 종류, 부재의 중요도, 시공법 등에 따라 변화하는 1보다 작은 값으로써 부재의 공칭강도에 곱해주는 안전계수이다. γ는 하중의 종류와 조합에 따라 변화하는 1보다 큰 값으로서 공용하중에 곱해주는 계수이다.

표 3·1 강도감소계수 값

부재 또는 하중의 종류		강도감소계수
휨부재, 휨과 축방향 인장을 겸해 받는 부재		ϕ = 0.85
축방향 인장부재		ϕ = 0.85
축방향 압축부재, 축방향 압축과 휨을 겸해 받는 부재	나선철근 부재	ϕ = 0.75
	기타의 부재	ϕ = 0.70
전단, 비틀림		ϕ = 0.80
콘크리트의 지압		ϕ = 0.70
무근콘크리트		ϕ = 0.65

ϕ의 값은 시방서에 표 3·1과 같이 규정하였으며, 중요한 하중 조합에 대한 하중계수는 표 3·2와 같이 시방서에 제시되어있다. 이 값들은 선진국의 확률론적 구조해석에 대한 연구에서 각 부재 및 하중조건에 대한 통계치로부터 얻어진 자료를 국내 실정에 적합하도록 적절히 조정한 것이다. 이는 부재의 강도가 설계강도 이하가 될 확률을 10^{-2}, 그리고 부재에 가해지는 하중이 공용하중을 초과할 확률을 10^{-3}까지로 보고 정한 값이다. 따라서 구조물(부재)의 파괴확률이 10^{-5} 이하가 되도록 설정한 것이라고 볼 수 있다.

표 3·2 중요한 하중조합의 계수

하중의 조건	계수하중 (factored load)	
	콘크리트 구조설계기준	ACI 318−83
고정하중(D)과 활하중(L)이 작용하는 경우	$1.4D+1.7L$	$1.4D+1.7L$
고정하중(D), 활하중(L) 및 풍하중(W)이 작용하는 경우	$0.75(1.4D+1.7L+1.7W)$ $0.9D+1.3W$($L=0$일 때)	$0.75(1.4D+1.7L+1.7W)$
고정하중(D), 활하중(L) 및 지진하중(E)이 작용하는 경우	$0.75(1.4D+1.7L+1.8E)$ $0.9D+1.4E$($L=0$일 때)	$0.75(1.4D+1.7L+1.87E)$
고정하중(D)과 활하중(L) 그리고 횡토압과 횡방향 지하수압(H)이 작용하는 경우	$1.4D+1.7L+1.8H$ $0.9D+1.8H$	$1.4D+1.7L+1.7H$ $0.9D+1.7H$
고정하중(D), 활하중(L) 및 유체압력(F)이 작용하는 경우	$1.4D+1.7L+1.5F$ $0.9D+1.5F$	$1.4D+1.7L+1.4F$ $0.9D+1.4F$
고정하중(D)과 활하중(L) 그리고 부동침하, 크리프, 건조수축 또는 온도변화 등이 작용하는 경우	$0.75(1\cdot4D+1.7L+1.5T)$ $1.4D+1.5T$ ($L=0$)	$1.4D+1.4T$ $0.75(1.4D+1.4T+1.7L)$

(주) ① T : 부등침하, 크리프, 건조수축, 습도변화, 온도변화 등으로 인한 팽창 또는 수축변형으로 유발된 단면력

② 두 개의 하중조합 가운데 가장 불리한 외력을 일으키는 조합을 사용하여 설계단면력(소요강도) U를 계산한다.

③ 지하구조물과 같은 고정하중이 지배적인 구조물은 위의 식 중 $1.4D$항의 D대신에 $1.1D$를 적용(예: $1.4D\rightarrow1.4\times1.1D=1.54D$)

3·4 단철근 직사각형 보의 설계

철근콘크리트 휨부재의 대표적인 형태는 보(beam)이다. 철근콘크리트 보는 하중 증가에 따라 균열발생 이전의 탄성단계에서 균열이 일어난 이후에도 어느 정도 지속되는 탄성단계를 거쳐, 다음 단계인 초과하중 단계로 옮아가는 거동을 한다. 이때 초과하중 단계에서는 콘크리트뿐만 아니라 철근도 탄성 범위를 벗어난다.

초과하중 단계에 적당한 강도를 가지도록 설계된 부재는 공용하중 하에서의 주어진 조건들을 만족시켜야 한다. 즉 처짐이 시방서의 제한 규정을 만족시켜야하고, 균열 역시 시

방서의 규정이내로 폭이 좁고 인장측에 고르게 분포되어야 한다. 그리고 강도설계법에 의해 균열폭이나 처짐을 직접 계산할 수 있으며 이 방법이 최근의 설계기준의 주류로 되어있다.

3·4·1 설계 휨강도

압축과 인장이 균형을 이루고 있는 그림 3·6에서 보의 압축측에 작용하는 포물선 분포의 총 압축력 C는, $C=\alpha f_{ck}bc_b=0.85f_{ck}ab$ 이고 이는 $f_y \cdot As=T$ 와 같다. 여기서, αf_{ck}는 불균등한 응력에 대한 평균 응력이다. 압축력 C의 작용점은 압축측 상단에서 중립축까지의 거리 c_b의 함수 βc_b로 가정할 수 있다.

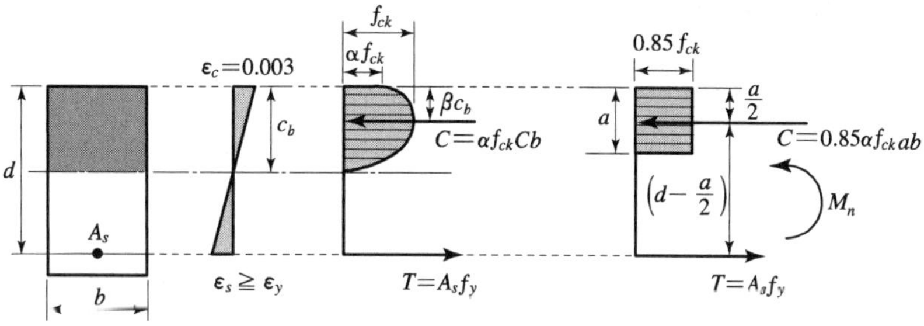

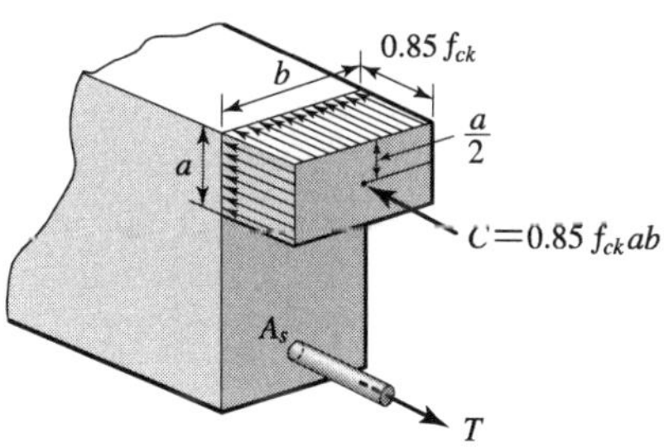

그림 3·6 철근콘크리트 보의 거동 및 등가 응력 분포

그리고 α와 β 값은 많은 실험을 통하여

① $f_{ck} \leq 28$ MPa 이면 $\alpha=0.72$, $\beta=0.425$

② 28 MPa $< f_{ck} \leq 56$ MPa 이면

α는 f_{ck}가 7MPa 증가함에 따라 0.04, β는 0.025만큼씩 감소한다.

즉, $\alpha=0.72-0.04(\frac{f_{ck}-28}{7})$

$\beta=0.425-0.025(\frac{f_{ck}-28}{7})$

③ $f_{ck} > 56$ MPa이면

$\alpha = 0.56$, $\beta = 0.325$로 일정.

이러한 α, β의 감소는 고강도 콘크리트일수록 더욱 취성이 증가한다는 사실과 관계가 있다.

콘크리트 단면의 등가 응력 분포는 여러 가지가 제안되었으나 우리나라 시방서에서는 가장 간단하고 합리적인 Whitney에 의해 제안된 것을 택하고 있다. 이 설계법은 다음과 같은 가정에 근거하며, 이 가정에 따라 휨과 축방향력을 받는 부재의 극한강도를 계산하도록 하고 있다.

1 해석상의 가정

① 압축측 콘크리트의 최대 변형률은 0.003으로 가정한다.($\varepsilon_c = 0.003$) [그림 3·7(b)]

② 철근 및 콘크리트의 변형률은 중립축으로부터의 거리에 비례한다. [그림 3·7(b)]

③ 철근의 응력 f_s [그림 3·8]

− 항복강도 f_y 이하일 경우 : $f_s(=E_s \cdot \varepsilon_s)$를 그대로 사용한다.

− 항복강도 f_y 이상일 경우 : $f_s = f_y$로 계산한다.

− f_y 의 최대 값은 550 MPa보다 클 수 없다. 왜냐하면 f_y가 550 MPa일때 $\varepsilon_c = 0.003$에 도달하기 때문이다.

[단, 전단설계와 기둥에서의 f_y는 400 MPa보다 클 수 없다.]

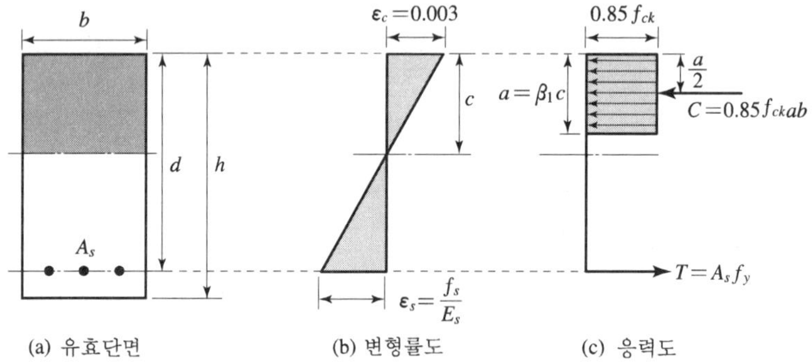

그림 3·7 콘크리트의 변형률과 응력

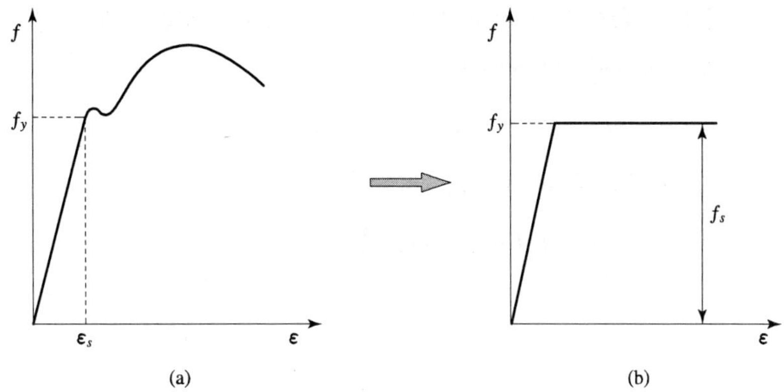

그림 3·8 철근의 응력-변형도 선도

④ 콘크리트의 인장 강도는 휨계산에서 무시한다. 그러나 순경간에 대한 보의 전체깊이의 비가 연속보에서는 $\frac{2}{5}$ 이상, 단순보에서는 $\frac{4}{5}$ 이상인 깊은 휨부재는 비선형 변형율 분포를 고려해야 한다. [그림 3·7(c)]

⑤ 콘크리트의 압축 응력 분포는 직사각형, 포물선, 사다리꼴 또는 기타 어떤 형상[그림 3·9] 으로든지 가정할 수 있으나, 적절한 시험에 의해 그 강도를 미리 알 수 있는 것이라야 한다.

⑥ 앞의 요구사항은 다음에 정의되는 등가 직사각형 응력분포로 생각해도 좋다. 즉, 콘크리트의 압축응력이 $0.85\,f_{ck}$로 균등하고 이 응력이 압축연단으로부터 $a = \beta_1 c$까지 균등하게 분포한다고 가정한다.

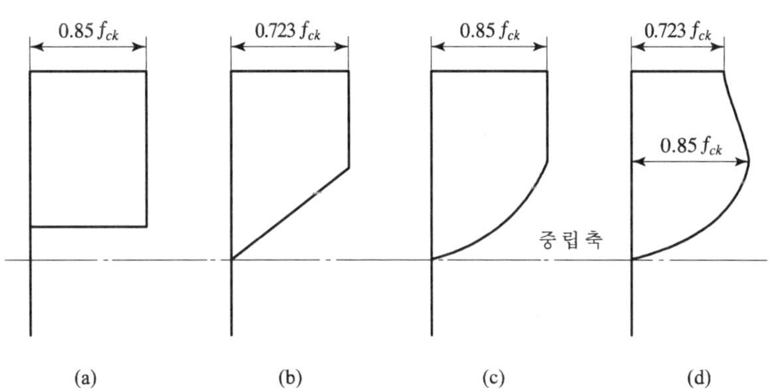

그림 3·9 콘크리트의 등가 응력분포로 제안된 여러 가지 형상

여기서 c는 압축연단에서 중립축까지의 거리이고, β_1은 f_{ck}가 28 MPa까지인 콘크리트

에서는 0.85이고 28 MPa에서 1 MPa씩 증가하는데 따라 0.007씩 감소시켜야한다. 그러나 β_1 값이 0.65보다 작아서는 안된다.

즉, $\beta_1 = 0.85 - 0.007(f_{ck} - 28)$ 이고,

$f_{ck} > 56$ MPa 이면 $\beta_1 = 0.65$이다.

따라서 등가 응력직사각형의 깊이는

$$a = \frac{f_y A_s}{0.85 f_{ck} b} = \frac{\rho_b f_y d}{0.85 f_{ck}} \tag{3·5}$$

여기서 ρ_b= As/bd로 균형철근비이며, 따라서 단면의 공칭 휨강도는,

$$M_n = A_s f_y \left(d - \frac{a}{2}\right) \tag{3·6}$$

위의 식에 식 (3·5)를 대입하면,

$$M_n = \rho f_y bd^2 \left(1 - 0.59 \rho \frac{f_y}{f_{ck}}\right) \tag{3·7}$$

따라서 설계강도 M_d는 다음과 같다.

$$M_d = \phi M_n = \phi A_s f_y \left(d - \frac{a}{2}\right) \tag{3·8}$$

또는

$$M_d = \phi M_n = \phi \rho f_y bd^2 \left(1 - 0.59 \rho \frac{f_y}{f_{ck}}\right) \tag{3·9}$$

여기서 ϕ는 0.85이다.

3·4·2 철근비

앞서도 언급하였듯이 철근의 항복으로 인한 파괴는 붕괴의 징후를 보이면서 점진적인데 비하여, 콘크리트의 응력 초과로 인한 파괴는 돌발적이고 예고 징후가 없다. 그러므로 파괴의 형태는 전자가 바람직하며, 이는 철근비에 상한을 둠으로써 얻을 수 있다.

철근이 항복을 시작함과 동시에 콘크리트가 그 극한변형에 도달할 때의 철근비를 균형철근비 (balanced steel ratio) ρ_b라하며 이는 그림 3·6에서 중립축으로부터의 거리에 대

한 비례식 $c_b : 0.003 = (d - c_b) : \varepsilon_y$ 으로부터 구한다. 여기서 $\varepsilon_y = \dfrac{f_y}{E_s}$ 이므로

$$\frac{c_b}{d} = \frac{0.003}{0.003 + \dfrac{f_y}{E_s}}$$

$$c_b = \frac{0.003}{0.003 + \dfrac{f_y}{E_s}} d$$

$$c_b = \frac{600}{600 + f_y} d \tag{3·10}$$

여기서 E_s = 200,000 MPa 이 사용되었다.

균형조건식 $C_b = T$ 로부터 $0.85 f_{ck} a b = A_s f_y = f_y \rho_b b d$ 이고 $\rho_b = \dfrac{A_s}{bd}$ 이므로 이것을 다시 쓰면

$$\rho_b = 0.85 \frac{f_{ck}}{f_y} \frac{a}{d} = 0.85 \frac{f_{ck}}{f_y} \frac{\beta_1 c_b}{d} \tag{3·11}$$

여기에 식 (3·11)의 c_b를 대입하면

$$\rho_b = 0.85\, \beta_1 \frac{f_{ck}}{f_y} \frac{600}{600 + f_y} \tag{3·12}$$

여기서 β_1은 등가응력사각형의 높이 a 와 중립축 c_b와의 비(a / c_b)이다. 구조설계 기준에서는 철근의 항복에 의한 파괴를 보증하기 위하여 과소철근보 (또는 저 보강보)가 되도록 규정하고 있다. 따라서 단철근 직사각형 보의 최대철근비는 균형 철근비의 75%로 제한하므로 다음과 같다.

$$\rho_{\max} = 0.75\, \rho_b \tag{3·13}$$

파괴시 철근의 응력은 $f_s = f_y$이며 모든 단면은 이 규정에 따라 설계한다. 0.75 ρ_b의 값은 부록 B·3에 주어져 있다.

한편 철근을 너무 적게 넣어도 급작스러운 파괴를 일으킨다. 인장철근을 너무 적게 넣은 보의 저항모멘트도 보통의 경우와 마찬가지로 인장측 콘크리트를 무시하고 계산한다. 이 보에서 철근을 무시하고 콘크리트의 휨 인장강도(파괴계수)만에 의해 단면의 저항 모멘트를 계산해 보면 전자의 저항 모멘트가 후자의 것보다 작은 경우가 있다. 이러한 보는 인장균열의 발생과 동시에 갑작스럽게 파괴된다. 그러므로 이러한 종류의 파괴를 피하기 위해서는 철근 단면적을 어느 한도 이상 배치해야 한다. 콘크리트 구조설계기준에서는 인장철근비의 하한치로 다음 두 값 중 큰 값을 사용토록 규정하고 있다.

$$\rho_{\min} = \frac{1.4}{f_y} \qquad (3\cdot 14a)$$

$$\rho_{\min} = 0.25\frac{\sqrt{f_{ck}}}{f_y} \qquad (3\cdot 14b)$$

이 값은 철근 콘크리트 보의 균열단면의 저항모멘트를 콘크리트의 휨 인장강도만으로 계산한 균열 모멘트와 같다고 놓고 얻은 것이다. 계산상 필요로 하는 철근량 보다 1/3 이상 더 많은 철근을 배치하지 아니한 휨 부재에서는 그 철근비가 위의 값보다 크게 되어야 한다고 규정하고 있다. 이 규정은 슬래브에서는 적용하지 않는다. 슬래브에서는 하중이 횡방향으로 분포되어 갑작스러운 파괴 가능성이 적기 때문이다.

예제 3·1

그림 3·10과 같이 $b=280$ mm, $h=600$ mm, $d=540$ mm, $A_s=4{,}560\text{mm}^2$인 단철근 보의 철근 항복강도가 다음과 같은 두 경우의 철근비를 검토하라. 즉, 과소 철근보인가 과다 철근보인가를 판정하라. 단, $f_{ck}=27$ MPa 이고 경우 1) $f_y=350$ MPa, 2) $f_y=240$ MPa이다.

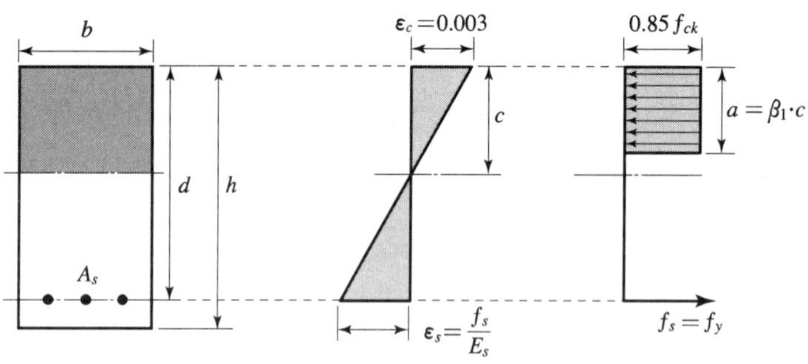

그림 3·10

풀이

1. $f_y=350$ Mpa 의 경우

$$\rho=\frac{A_s}{bd}=\frac{4560}{280\times540}=0.0296$$

$$\rho_b=0.85\beta_1\frac{f_{ck}}{f_y}\frac{600}{600+f_y}=0.85\times0.85\times\frac{27}{350}\times\frac{600}{600+350}=0.0352$$

$\rho_{max} = 0.75\rho_b = 0.75 \times 0.0352 = 0.0264$

$\rho > \rho_{max}$ 이므로 과다 철근보이다.

2. $f_y = 240$ MPa의 경우

$\rho = 0.0296$

$$\rho_b = 0.85 \times 0.85 \times \frac{27}{240} \times \frac{600}{600+240} = 0.0581$$

$\rho_{max} = 0.75 \times 0.0584 = 0.0435$

$\rho < \rho_{max}$ 이므로, 과소 철근보이다.

또한, $\rho_{min} = \dfrac{1.4}{f_y} = \dfrac{1.4}{240} = 0.0058$, $\rho_{min} = 0.25\dfrac{\sqrt{f_{ck}}}{f_y} = 0.25\dfrac{\sqrt{27}}{240} = 0.0054$.

이들 중 큰 값인 0.0058을 사용한다. 따라서 $\rho_{max} > \rho > \rho_{min}$ 이므로 시방서 규정을 만족한다.

예제 3·2

어떤 보의 $b = 260$ mm, $d = 520$ mm, $A_s = 3-\text{D25} = 1{,}520\ \text{mm}^2$인 직사각형보 단면의 설계 휨강도를 계산하라. 단, $f_{ck} = 25$ MPa, $f_y = 350$ MPa이다

풀이

1. 우선 계산식을 사용하여 계산해 보자.

$$\rho = \frac{A_s}{bd} = \frac{1520}{260 \times 520} = 0.0112$$

$$\rho_b = 0.85\beta_1 \frac{f_{ck}}{f_y}\frac{600}{600+f_y} = 0.85 \times 0.85 \times \frac{25}{350} \times \frac{600}{600+350} = 0.0326$$

$$\rho_{max} = 0.75\rho_b = 0.75 \times 0.0328 = 0.0244 > 0.0112$$

$$\rho_{min} = \frac{1.4}{f_y} = \frac{1.4}{350} = 0.004.$$

$$\rho_{min} = 0.25\frac{\sqrt{f_{ck}}}{f_y} = 0.25\frac{\sqrt{25}}{350} = 0.0036.$$

따라서, $\rho_{min} = 0.004$

$\therefore \rho_{max} > \rho > \rho_{min}$ 이므로 과소 철근보이다.

$$a = \frac{A_s f_y}{0.85 f_{ck} b} = \frac{1520 \times 350}{0.85 \times 25 \times 260} = 96.3\ \text{mm}$$

공칭 휨강도는

$$M_n = A_s f_y\left(d - \frac{a}{2}\right) = 1520 \times 350\left(520 - \frac{96.3}{2}\right)$$

$$= 251,000,000 \text{ N} \cdot \text{mm} = 251,000 \text{ N} \cdot \text{m} = 251 \text{ kN} \cdot \text{m}$$

설계 휨강도는

$$M_d = \phi M_n = 0.85 \times 251 \times 10^3 = 213 \times 10^3 \text{ N} \cdot \text{m} = 213 \text{kN} \cdot \text{m}$$

풀이

2. 평형조건을 이용하여 계산해 보자.

철근이 항복한다면 철근의 인장력 T는

$T = A_s f_y$ = 1,520×350 = 532,000N

콘크리트의 압축력 C는

$C = 0.85 f_{ck} ab$ = 0.85×25×a×260 =5,525a

단면의 평형을 유지하기 위해서는 $C = T$이어야 하므로

532,000 = 5,525a, ∴ a = 96.3 mm

f_{ck} = 25 MPa 이므로 β_1 = 0.85이다. 따라서 중립축의 위치 $a = \beta_1 c$로부터

$$c = \frac{a}{\beta_1} = \frac{96.3}{0.85} = 113.3 \text{ mm}$$

평형식으로부터 $\varepsilon_s = 0.003\dfrac{(d-c)}{c} = 0.003\dfrac{(520-113.3)}{113.3} = 0.0108$

Hooke의 법칙으로부터 $\varepsilon_y = \dfrac{f_y}{E_s} = \dfrac{350}{200,000} = 0.00175 < 0.0108$.

$\varepsilon_s > \varepsilon_y$ 이므로 이 보는 철근이 먼저 항복하여 파괴된다. 따라서 이보의 휨강도는 철근의 인장력 T에 의해 결정된다.

$$M_n = T\left(d - \frac{a}{2}\right) = 532,000\left(520 - \frac{96.3}{2}\right) = 251 \times 106 \text{ N} \cdot \text{mm} = 251 \text{ kN} \cdot \text{m}$$

$$M_d = \phi M_n = 0.85 \times 251 = 213 \text{ kN} \cdot \text{m}$$

필요시 이 값은 M_u와 비교하여 안전여부를 판단한다[식 (3·2) 참조].

3·4·3 단면 설계

앞에서는 단면의 검사 문제를 다루었으며 여기서는 단면의 설계문제를 다룬다. 즉 소요강도를 지지 할 수 있는 단면의 치수와 철근량을 정하는 문제를 다룬다. 실제의 설계에서는 미리 마련된 도표 등을 이용하지만 여기서는 앞에서 유도된 설계강도를 이용하여 단면을 계산한다.

예제 3·3

자중을 포함한 고정하중 18 kN/m, 활하중 32 kN/m를 지지해야 하는 지간 5.2 m의 단순보를 단철근 직사각형 단면으로 설계하려고 한다. 필요한 단면과 철근량을 계산하여라. 단, $f_{ck}=24$ MPa, $f_y=300$ MPa 이다.

풀이

설계 하중은 하중계수를 고려하여

$$w = 1.4D+1.7L = 1.4\times18+1.7\times32 = 79.6 \text{ kN/m}$$

외력에 의한 휨모멘트는

$$M_u=\frac{1}{8}\times79.6\times5.2^2=269 \text{ kN}\cdot\text{m} =269\times10^6 \text{ N}\cdot\text{mm}$$

콘크리트 단면 치수는 철근비의 선정에 따라 달라진다. 철근을 최대로 넣으면 콘크리트 단면이 줄어드는 반면에 비경제적이고, 반대로 철근을 최소한으로 넣으면 보의 단면이 커져서 비효율적이 된다.

또한 콘크리트 단면이 최소가 되게 한 보에서는 처짐이 과다하게 일어날 수 있다. 따라서 적절한 수준의 철근비를 취하여 단면을 결정하는 것이 필요하며 여기서는 $\rho=0.5\rho_{\max}$ 를 사용하여 설계를 해 본다.

$$\rho_b=0.85\beta_1\frac{f_{ck}}{f_y}\frac{600}{600+f_y}=0.85\times0.85\times\frac{f_{ck}}{f_y}\times\frac{600}{600+300}=0.4848\frac{f_{ck}}{f_y}$$

$$\rho=0.5\rho_{\max}=0.5\times0.75\rho_b=0.1806\frac{f_{ck}}{f_y}$$

설계 모멘트는 식 (3·9)를 이용하여

$$M_d=\phi M_n=\phi\rho f_y bd^2\left(1-0.59\rho\frac{f_y}{f_{ck}}\right)$$

$$=0.85\times0.1806f_{ck}bd^2(1-0.59\times0.1806)=0.137f_y\, bd^2$$

설계강도는 소요강도와 최소한 같거나 커야 하므로 $M_d\geq M_u$이어야 하고

$$0.137f_{ck}\,bd^2\geq269$$

$$\therefore\quad bd^2\geq\frac{269\times10^6}{0.137f_{ck}}=\frac{269\times10^6}{0.137\times24}=81,812,650 \text{ mm}^3$$

b = 300 mm, d = 530 mm를 사용하면 bd^2 = 84,270,000 mm^3 > 81,812,650 mm^3 이므로 만족한다. 그리고 철근의 단면적은

$$A_s=\rho bd=0.1806\times\frac{24}{300}\times300\times540=2,341\text{mm}^2.$$

D32 철근 3개를 사용한다면 As = 2,383 mm^{2}이다.

3·5 복철근 직사각형 보의 설계

3·5·1 설계 휨강도

콘크리트 단면의 유효 폭과 높이에 제한이 있을 경우 보의 설계 휨 강도를 충족시키기 위해서 압축부에도 철근을 사용해야 되는 경우가 있다. 즉, 최대 인장철근비 $0.75\rho_b$를 사용한 설계 휨강도가 소요강도보다 작은 경우 압축부분에도 철근을 사용해야한다.

철근비의 계산에 있어서는 소요 인장 철근비가 $0.75\rho_b$와 같거나 작으면 압축철근을 무시해도 좋다. 그러나 $0.75\rho_b$보다 크면 압축부분에도 철근을 배근해야 하며 이 경우 인장부분에는 압축 철근에 대항하는 철근을 추가로 사용해야 한다. 이와 같이 인장 및 압축부분에도 철근이 사용되는 보를 복철근 보라 한다.

1 압축철근이 항복할 경우

그림 3·11(a)와 같은 복철근 직사각형 단면을 생각해 보자. 총 인장철근 A_s와 압축철근 A_s'는 다 같이 파괴시에 f_y의 응력을 받는다고 가정한다. 이때 인장 철근 A_s는 압축측의 콘크리트에 대항하는 A_{s1}과 압축 측의 철근(A_s')에 대항하는 추가 인장철근 A_{s2}로 나눈다. 즉, $A_s = A_{s1} + A_{s2}$ 이며 그림 3·11(c)로부터,

$$A_s f_y = A_s' f_y + 0.85 f_{ck}\, ab$$

$$a = \frac{(A_s - A_s')f_y}{0.85\, f_{ck} b} \tag{3·15}$$

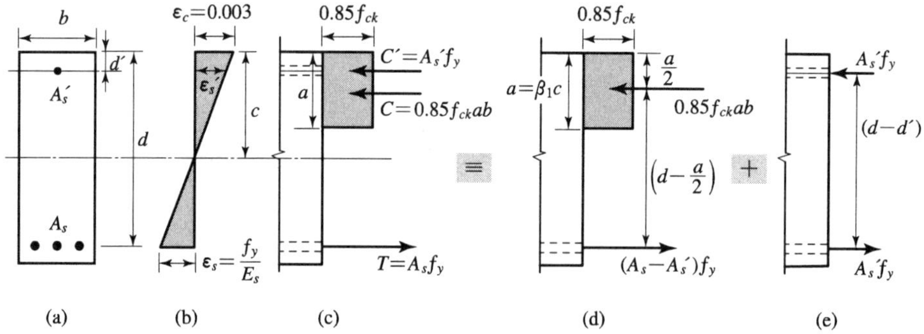

그림 3·11 복철근 직사각형 보의 균형 상태.

$\rho = \dfrac{A_s}{bd}$, $\rho' = \dfrac{A_s'}{bd}$로 놓으면 $A_s = \rho bd,\ A_s' = \rho' bd$ 이고

$$a = \frac{(\rho - \rho')f_y d}{0.85 f_{ck}} \tag{3·16}$$

단면의 저항모멘트는 그림 3·11와 같이 두 가지 모멘트의 합으로 볼 수 있다. 하나는 그림 3·11(d)와 같이 압축 콘크리트와 이에 대항하는 인장 철근 ($A_s - A_s'$)이 이루는 우력 모멘트(아래식 (a))이고, 다른 하나는 그림 3·11(e)와 같이 압축철근 A_s' 및 이와 같은 면적에 해당하는 인장철근에 의하여 이루어지는 우력 모멘트 (아래식 (b))이다.

$$M_{n1} = C(d - \frac{a}{2}) = (A_s - A_s')f_y(d - \frac{a}{2}) \tag{a}$$

$$M_{n2} = C'(d - d') = A_s' f_y (d - d') \tag{b}$$

따라서 단면의 공칭 휨강도는 다음과 같다.

$$M_n = M_{n1} + M_{n2} = f_y(A_s - A_s')\left(d - \frac{a}{2}\right) + f_y A_s'(d - d') \tag{3·17}$$

그러므로 설계 휨강도는

$$M_d = \phi M_n = M_{d1} + M_{d2} = \phi M_{n1} + \phi M_{n2}$$

$$= \phi\left[f_y(A_s - A_s')\left(d - \frac{a}{2}\right) + f_y A_s'(d - d')\right] \tag{3·18}$$

단철근 보와 마찬가지로 복철근 보도 콘크리트의 압축파괴 보다는 인장철근의 항복으로 파괴가 이루어지는 것이 바람직 한데 이는 인장 철근비에 상한을 둠으로써 가능하다.

그림 3·11(a)의 단면이 균형파괴상태에 있다면 변형률 도는 그림 3·11(b)와 같이 인장 철근의 변형률 ε_s가 ε_y에 도달함과 동시에 콘크리트의 변형률도 한계치인 0.003에 도달해야 한다. 이때 압축철근도 항복한다고 가정하고 전체 철근비를 $\overline{\rho_b}$ 라 하면 단면의 내력은 다음 관계가 성립한다.

$$A_s f_y = A_s' f_y + (A_s - A_s')f_y = A_s' f_y + 0.85 f_{ck}\, ab$$

그리고 전체 철근비를 $\overline{\rho_b} = \dfrac{A_s}{bd}$, 압축 철근비를 $\rho' = \dfrac{A_s'}{bd}$, $a = \beta_1 c$로 놓으면

$$\overline{\rho_b} bd f_y = \rho' bd f_y + 0.85 f_{ck}(\beta_1 c) b$$

이며

$$\overline{\rho_b} = 0.85\beta_1 \frac{f_{ck}}{f_y} \frac{c}{d} + \rho' \quad \text{(c)}$$

그런데 그림 3·11(b)로 부터

$$\frac{c}{d} = \frac{0.003}{0.003 + \varepsilon_y} = \frac{0.003}{0.003 + \dfrac{f_y}{E_s}} = \frac{600}{600 + f_y}$$

이며 이것을 위의 식 (c)에 대입하면

$$\overline{\rho_b} = 0.85\beta_1 \frac{f_{ck}}{f_y} \frac{600}{600 + f_y} + \rho' \quad \text{(d)}$$

위식 우변의 첫째 항은 식 3·12의 ρ_b이며 따라서 식 (d)는 다음과 같이 된다.

$$\overline{\rho_b} = \rho_b + \rho' \quad \text{(e)}$$

콘크리트 취성파괴에 대한 여유를 단철근과 같이 ρ_b의 75%를 적용하면 복철근 직사각형 단면의 인장철근에 대한 철근비의 상한은 다음과 같이 된다.

$$\rho_{\max} = 0.75\rho_b + \rho' \quad (3\cdot19)$$

다음에는 보가 파괴될 때 압축철근이 항복하기 위한 조건을 알아보자. 그림 3·11(b)에서 압축철근의 변형률을 $\varepsilon_s' = \varepsilon_y$로 놓으면,

$c = \dfrac{\varepsilon_c}{\varepsilon_c - \varepsilon_y} d'$ 이며,

$A_s f_y = 0.85 f_{ck} ab + A_s' f_y$ 이다.

여기에 $\overline{\rho_b} = \dfrac{A_s}{bd}$, $\rho' = \dfrac{A_s'}{bd}$, $a = \beta_1 c$를 변형하여 대입하면,

$$\overline{\rho_b} f_y bd = 0.85\beta_1 f_{ck} bc + \rho' f_y bd$$

이며 이는 상기 식 (c)에 해당한다. 따라서 파괴 때 압축철근이 항복하기 위한 인장철근비 ρ의 하한치는 다음과 같다.

$$\rho_{\min} = 0.85\beta_1 \frac{f_{ck}}{f_y} \frac{d'}{d} \frac{\varepsilon_c}{\varepsilon_c - \varepsilon_y} + \rho' \quad (3\cdot20a)$$

여기에 $\varepsilon_c = 0.003$, $\varepsilon_y = f_y / E_s$, $E_s = 200,000\,\text{MPa}$ 을 대입하면

$$\rho_{\min} = 0.85\,\beta_1 \frac{f_{ck}}{f_y}\,\frac{d'}{d}\,\frac{600}{600 - f_y} + \rho' \qquad (3\cdot20b)$$

즉, 복철근 직사각형 보에서 인장철근비 $\rho(=A_s/bd)$가 $\rho_{\max} > \rho > \rho_{\min}$의 범위에 있으면 압축철근도 항복하게 된다.

예제 3·4

다음과 같은 규격의 복철근 직사각형 단면의 설계 모멘트를 계산하여라. b=300 mm, d=450 mm, A_s= 6−D32 =4,765 mm², A_s'= 2−D29 =1,284 mm², d' =50 mm인 복철근 직사강형 단면의 설계 휨 모멘트를 구하여라. 단, f_{ck}= 35 MPa, f_y= 350 MPa 이다.

풀이

우선 철근비를 계산하면

$$\rho = \frac{A_s}{bd} = \frac{4765}{300\times450} - 0.0353,$$

$$\rho' = \frac{A'_s}{bd} = \frac{1284}{300\times450} = 0.0095 \text{ 이고}$$

단철근 직사각형 단면으로서의 평형철근비는

$$\rho_b = 0.85\,\beta_1 \frac{f_{ck}}{f_y}\,\frac{600}{600 + f_y}$$

$$= 0.85\times0.80\times\frac{35}{350}\times\frac{600}{600+350} = 0.043$$

여기서 $\beta_1 = 0.85 - 0.007(35-28) = 0.801$이다.

$\therefore\ \rho_{\max} = 0.75\rho_b = 0.75\times0.0429 = 0.0322 < 0.0353$

즉, $\rho > \rho_{\max}$이므로 복철근으로 계산해야 한다. 따라서 복철근으로서의 최대 철근비는

$$\rho_{\max} = 0.75\rho_b + \rho' = 0.75\times0.0429 + 0.0095 = 0.0417 > \rho = 0.0353$$

최소철근비는

$$\rho_{\min} = 0.85\beta_1 \frac{f_{ck}}{f_y}\,\frac{d'}{d}\,\frac{600}{600 - f_y} + \rho'$$

$$= 0.85\times0.8\times\frac{35}{350}\times\frac{50}{450}\times\frac{600}{600-350} + 0.0095 = 0.0276 < 0.0353$$

즉 $\rho_{\max} > \rho > \rho_{\min}$ 이므로 이 보는 인장 철근이 항복하여 파괴가 시작되어 압축철근도 항복

한다. 따라서 단면의 설계강도는 식(3·16) 및 (3·18)로부터 구한다.

$$a=\frac{(\rho-\rho')f_y d}{0.85 f_{ck}}=\frac{(0.00353-0.0095)\times 350\times 450}{0.85\times 35}=136.6\text{ mm}$$

$$M_d=\phi\left[f_y A_s'(d-d')+f_y(A_s-A_s')\left(d-\frac{a}{2}\right)\right]$$

$$=0.85\left[350\times 1,284\times(450-50)+350\times(4,765-1,284)\times\left(450-\frac{133.6}{2}\right)\right]$$

$$=548,130,168\text{ N}\cdot\text{mm}=548.1\text{ kN}\cdot\text{m}$$

❷ 압축철근이 항복하지 않는 경우

인장철근비 ρ가 위식의 $\rho_{\min}$ 보다 작으면 파괴시 압축철근의 응력은 항복강도보다 작게 된다. 이와 같이 파괴시에 압축철근이 항복하지 않는 경우 평형철근비 $\overline{\rho_b}$는 그림 3·11(b), (c)로부터 다음과 같이 구해진다.

$$A_s f_y=(A_s-A_s')f_y+A_s' f_s'$$

여기서 (A_s-A_s')은 단철근보의 평형 철근량에 해당하므로 $(A_s-A_s')=\rho_b bd$로 놓을 수 있고, 또 $A_s=\overline{\rho_b}\,bd,\ A_s'=\rho' bd$ 이므로 $\overline{\rho_b}\,bdf_y=\rho_b bdf_y+\rho' bdf_s'$ 이다.

그러므로

$$\overline{\rho_b}=\rho_b+\rho'\frac{f_s'}{f_y} \qquad (3\cdot21\text{a})$$

여기서 압축철근의 응력은

$f_s'=E_s\varepsilon_s'=E_s\left[\varepsilon_c-\frac{d'}{d}(\varepsilon_c+\varepsilon_y)\right]\le f_y$ 이다.

콘크리트의 취성파괴를 피하기 위해서는 ρ_b에만 0.75를 적용해야 하므로 이 경우의 인장철근비 ρ의 상한치는 다음과 같다.

$$\rho_{\max}=0.75\rho_b+\rho'\frac{f_s'}{f_y} \qquad (3\cdot21\text{b})$$

인장철근비 ρ가 식 3-20의 $\rho_{\min}$보다 작고, 또 식 3-21a의 $\overline{\rho_b}$ 보다도 작으면 파괴때 인장철근은 항복하지만 압축철근은 항복하지 않는다. 이때 압축철근의 응력은 그림 3·11(b)로부터

$$a = \frac{Asf_y - A_s{}'f_s{}'}{0.85 f_{ck} b} \quad c = \frac{a}{\beta_1} \quad f_s{}' = E_s \varepsilon_s{}' = \frac{c-d'}{d-c} f_y$$

위의 식에서 $f_s{}'$를 가정하여 a를 구하고 이것으로부터 c를 계산한 후 다시 $f_s{}'$를 계산하여 가정한 $f_s{}'$와 비교한다. 이때 가정한 $f_s{}'$와 계산한 $f_s{}'$가 동일한 값을 가질 때까지 반복하여 가정한다.

$$M_n = 0.85 f_{ck}\, ab\left(d - \frac{a}{2}\right) + A_s{}' f_s{}' (d - d') \tag{3·22}$$

그리고, 설계 휨 모멘트는 아래와 같다.

$$M_d = \phi M_n = \phi\left[0.85 f_{ck}\, ab\left(d - \frac{a}{2}\right) + A_s{}' f_s{}' (d - d')\right] \tag{3·23}$$

예제 3·5

$b = 300$ mm, $d = 500$ mm, $h = 560$ mm, $A_s = 6-\text{D32} = 4{,}765\ \text{mm}^2$, $A_s' = 3-\text{D32} = 2{,}383\ \text{mm}^2$, $d' = 60$ mm인 복철근 직사각형 단면의 설계 휨모멘트를 구하여라. 단, $f_{ck} = 40$ MPa, SD400철근을 사용하였다.

풀이

우선 철근비를 검토하여 보면

$$\overline{\rho_b} = \frac{A_s}{bd} = \frac{4,765}{300 \times 500} = 0.0318,$$

$$\rho' = \frac{A_s'}{bd} = \frac{2,383}{300 \times 500} = 0.0159 \text{이고}$$

단철근 직사각형 단면의 균형철근비 ρ_b는 최대철근비 $\rho_{\max}$는

$$\rho_b = 0.85\beta_1 \frac{f_{ck}}{f_y} \frac{600}{600 + f_y} = 0.85 \times 0.766 \times \frac{40}{400} \times \frac{600}{600 + 400} = 0.03907$$

$$\rho_{\max} = 0.75\rho_b = 0.0293$$

본 단면의 철근비 $\overline{\rho_b}$가 단철근의 최대철근비 $\rho_{\max}$를 초과하므로 복철근 단면으로 해석하여야 한다. 복철근 단면의 최소철근비 $\rho_{\min}$를 계산하면

$$\rho_{\min} = 0.85\beta_1 \frac{f_{ck}}{f_y} \frac{d'}{d} \frac{600}{600 - f_y} + \rho'$$

$$= 0.85 \times 0.766 \times \frac{40}{400} \times \frac{60}{500} \times \frac{600}{600 - 400} + 0.0159$$

$$= 0.0393$$

본 단면의 철근비 $\overline{\rho_b}$가 복철근 단면의 최소철근비보다 작으므로 압축철근이 항복하지 않는다. 복철근 단면의 최대철근비 ρ_{max}를 계산하기 위해 압축철근의 응력을 계산하고 이를 이용하여 최대철근비를 계산하면

$$f_s' = 600 - \frac{d'}{d} \times (600 + f_y) \le f_y$$

$$f_s' = 600 - \frac{60}{500} \times (600 + 400) = 480 \le f_y = 400\text{이므로}$$

$f_s' = 400$으로 취한다.

$$\rho_{max} = 0.75\rho_b + \rho' \frac{f_s'}{f_y} = 0.0293 + 0.0159 \times \frac{400}{400} = 0.04519$$

본 단면의 철근비가 복철근 단면의 최대철근비보다 작으므로 인장파괴가 발생하는 것을 확인하였다. 따라서 공칭모멘트를 구하기 위해 압축철근의 응력을 항복응력보다 작게 $f_s' = 171\text{MPa}$로 가정하면

$$a = \frac{(A_s f_y - A_s' f_s')}{0.85 f_{ck} b} = 146.91\text{mm}$$

$$c = \frac{a}{\beta_1} = 191.79\text{mm}$$

$$f_s' = E_s \varepsilon_s' = E_s \varepsilon_y \frac{(c-d')}{(d-c)} = f_y \frac{(c-d')}{(d-c)} = 171.04\text{MPa}$$

위에서 가정한 압축철근 응력과 동일하므로 위 값을 이용한다.

따라서 공칭모멘트 M_n은

$$M_n = 0.85 f_{ck} ab\left(d - \frac{a}{2}\right) + A_s' f_s' (d - d') = 818,517,200\text{N.mm}$$

$$M_n = (A_s f_y - A_s' f_s')(d - \frac{a}{2}) + A_s' f_s' (d - d') = 818,477,407\text{N.mm}$$

따라서 설계 휨모멘트 M_d은

$$M_d = \phi M_n = \phi\left\{0.85 f_{ck} ab\left(d - \frac{a}{2}\right) + A_s' f_s' (d - d')\right\} = 695,739,620\text{N.mm}$$

$$M_d = \phi\left\{(A_s f_y - A_s' f_s')\left(d - \frac{a}{2}\right) + A_s' f_s' (d - d')\right\} = 695,705,796\text{N.mm}$$

3·5·2 단면 설계

주어진 보의 콘크리트 단면 b, d에 대하여 인장철근을 0.75 ρ_b까지 배근해도 그 설계 휨강도 M_d가 소요 휨강도 M_u (계수 휨 모멘트)보다 작으면 압축철근을 넣어서 복철근

으로 설계해야한다. 이것이 압축철근을 사용하는 기본적인 이유이기는 하지만 이와 같이 강도상의 이유 때문에 압축철근을 사용하는 일은 드물다. 압축철근을 사용하는 주된 이유는 콘크리트의 크리프와 건조수축으로 인한 장기 처짐을 감소시키는 데 있다.

하지만 복철근보의 설계는 강도상 압축철근이 필요한가, 아닌가를 결정하는 일로부터 시작된다. 이는 단철근 보로서 허용될 수 있는 최대 철근량에 의한 휨강도를 소요 휨강도와 비교함으로써 알 수 있다.

단철근 직사각형 단면의 공칭 휨강도는 그림 3·11에서

$$M_{n1} = A_{s1} f_y \left(d - \frac{a}{2}\right) \tag{3·24}$$

여기서 $A_{s1} = 0.75\rho_b bd$

만약, $M_u > \phi M_{n1}$일 경우 초과된 공칭 휨강도와 추가로 배근되는 철근량은

$$\phi M_{n2} = M_u - \phi M_{n1} = \phi A_{s2} f_y (d - d')$$

$$A_{s2} = \frac{M_u - \phi M_{n1}}{\phi f_y (d - d')}$$

이때 압축 철근량인 A_s'과 A_{s2}는 같은 양으로 배근한다. 따라서 총 인장 철근량은 다음과 같다.

$$A_s = A_{s1} + A_{s2}$$

예제 3·6

활하중 35 kN/m, 고정하중 12.8 kN/m를 지지할 지간 5.4 m의 단순지지보가 있다. 이 보를 직사각형보로 설계하며 b=260 mm, h=500 mm로 고정한다. 필요한 철근량을 계산하시오. 단, f_{ck}=21MPa, f_y=300 MPa을 사용한다.

풀이

계수하중은

$$w = 1.4D + 1.7L = 1.4\times 12.8 + 1.7\times 35 = 77.4 \text{ kN/m}$$

이며 최대 휨 모멘트는

$$M_u = \frac{1}{8}\times 77.4\times 5.4^2 = 282.1 \text{ kN}\cdot\text{m}$$

이다. 또한 d = 500 − 80 = 420 mm, d' = 60 mm로 가정한다.

주어진 단면에서의 최대 철근비 0.75 ρ_b를 사용하여 단철근 보로서의 모멘트 능력을 계산한다.

$$\rho_b = 0.85\,\beta_1 \frac{f_{ck}}{f_y}\frac{600}{600+f_y} = 0.0337$$

$$\rho_{\max} = 0.75\,\rho_b = 0.0253$$

$$\therefore A_s = \rho_{\max} bd = 0.0253 \times 260 \times 420 = 2,762 \text{ mm}^2$$

$$a = \frac{A_s f_y}{0.85 f_{ck} b} = 178.6 \text{ mm}$$

그러므로 단철근 단면으로서의 최대 용량은

$$M_{\max} = \phi A_s f_y (d - \frac{a}{2}) = 0.85 \times 2,762 \times 300 \times \left(420 - \frac{179}{2}\right) \times 10^6 \text{N} \cdot \text{mm}$$

$$= 233 \text{ kN} \cdot \text{m} < 282.1 \text{ kN} \cdot \text{m}.$$

이므로 이 보는 단철근으로 M_u를 지탱할 수 없으므로 복철근으로 설계해야한다.

그리고 파괴할 때 압축철근도 항복한다고 가정하면 필요한 압축철근 단면적 A_s'및 추가해야 할 인장철근 A_{s2}는 다음과 같이 구한다.

외력에 의한 모멘트 (282.1 kN · m)에서 단철근으로 지탱할 수 있는 모멘트(233 kN · m)를 빼고 남는 모멘트를 압축철근과 이에 대항하는 인장철근이 이루는 모멘트(Md_2)가 담당해야한다. 이는,

$$Md_2 = \phi M_{n2} = \phi A'_s f_y (d - d') = 282.1 - 233 = 49.1 \text{kN} \cdot \text{m}$$

$$= 49 \times 10^6 \text{ N} \cdot \text{mm}$$

$$A_s' = \frac{M_{d2} = M_u - \phi M_{n1}}{\phi f_y (d - d')} = \frac{49.1 \times 10^6}{0.85 \times 300 \times (420 - 60)} = 535 \text{ mm}^2 = A_{s2}.$$

따라서, 총 인장철근 량은

$$A_s = 2,762 + 535 = 3,297 \text{ mm}^2$$

파괴 때 압축철근이 항복하는가를 확인하기 위해서는 $\rho_{\min}$를 계산해야한다.

$$\rho = \frac{A_s}{bd} = \frac{3,297}{260 \times 420} = 0.0302, \quad \rho' = \frac{A_s'}{bd} = 0.0049$$

$$\rho_{\min} = 0.85\beta_1 \frac{f_{ck}}{f_y}\frac{d'}{d}\frac{600}{600 - f_y} + \rho' = 0.0194 < 0.0302$$

즉, 설계된 인장철근비 로가 인장철근 하한치보다 크므로 압축철근은 항복한다. 그러므로 계산된 철근량은 타당하다.

3·5·3 T형 단면의 보

철근콘크리트 보의 설계에서는 중립축 아래부분의 콘크리트는 인장응력을 받지 못하기 때문에 직사각형 단면으로 설계할 때 지간이 길면 자중이 커지므로 비경제적이다. 따라서 지간이 길어지면 자중을 경감시키기 위해서 인장측의 콘크리트 단면은 철근만 수용할 수 있을 정도로 남겨두고 기타 부분을 도려내서 T형 단면으로 만들어서 사용하면 그만큼 재료가 절약이 되며 경제적인 설계가 된다. 교량이나 건물에서는 그림 3·12(a)에 보인 바와 같이 보와 슬래브가 일체로 되도록 철근을 배치하고 콘크리트를 치는 것이 보통이다. 그러므로 이러한 단면이 정(正)의 휨모멘트를 받는다면 슬래브의 일부는 보의 상부와 함께 휨 압축을 받게 될 것이다. 따라서 그림 3·12(a)의 빗금친 부분은 하나의 보로 작용한다. 이러한 보를 T형 단면보 또는 T형 보라고 한다.

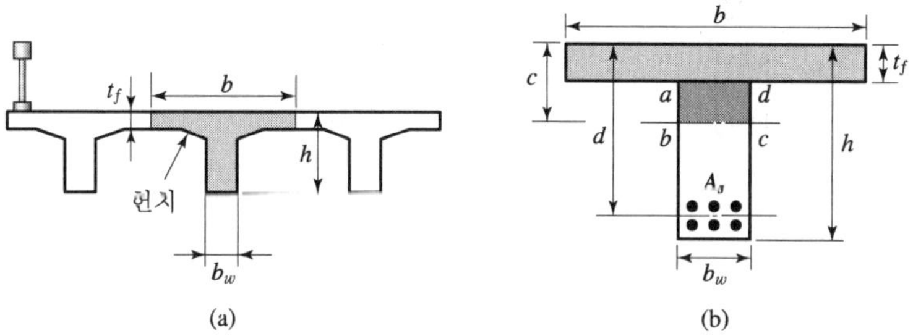

그림 3·12 T형 단면의 보

그림 3·12(b)의 T형 단면에서 슬래브 부분을 플랜지(flange), 그 아래 부분을 복부(web 또는 stem)라고 한다. 그림 3·12(a)에서 알 수 있는 바와 같이 T형보의 플랜지는 보의 직각방향을 지간(支間)으로 하는 슬래브로 설계된다. 그러므로 T형 단면의 플랜지는 서로 직교하는 두 방향의 휨모멘트를 받는다. 이 슬래브 작용으로 인하여 플랜지와 복부의 경계면에 일어나는 가로방향 압축력은 보의 지간방향의 압축강도를 25% 정도 증가시키지만 플랜지 상면의 가로방향 인장력은 보의 지간방향 압축강도를 감소시킨다. 그러나 설계에서는 보통 이것을 무시한다.

T형 단면의 플랜지와 복부의 경계면에서는 응력집중이나 전단응력을 완화할 목적으로 그림 3·12(a)에 보인 것처럼 헌치(haunch: 모퉁이를 완만하게 한 것)를 붙이는 경우가 많다. 그러나 계산에서는 헌치의 영향을 무시하는 것이 보통이다. 그림 3·13은 여러 가지 T형 단면을 보인 것이다.

그림 3·13의 (a)는 T형 단면이 부(負)의 휨모멘트를 받는 경우이다. 이 경우는 복부 폭

b_w를 폭으로 하는 직사각형 단면으로 계산해야 한다. 그림 3·13(b)는 중립축이 플랜지 내에 있는 경우로서, 이 때는 플랜지 폭 b를 폭으로 하는 직사각형 단면으로 계산한다. 중립축이 그림 3·13(c)와 같이 복부에 있을 때가 T형 단면이며, 이절에서 논의하는 방법으로 계산해야 한다. 인장측의 콘크리트의 응력을 무시하므로 인장측의 단면 모양은 관계가 없다.

T형 단면의 보에서는 일반적으로 플랜지 면적이 크기 때문에 콘크리트의 압축력이 커서 압축철근을 필요로 하지 않는 경우가 많다. 만약, 압축철근을 필요로 할 경우에는 복철근 직사각형 보의 경우와 같은 방법으로 응력을 계산할 수 있고 단면을 설계할 수 있다. 그러므로 여기서는 단철근 T형보만을 다룬다.

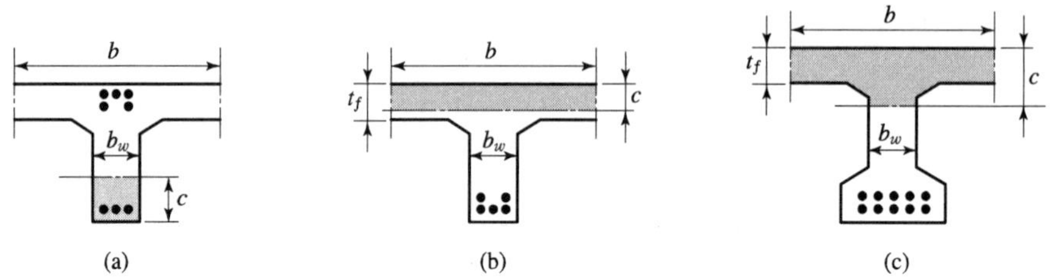

그림 3·13 T형 단면과 중립

1 플랜지의 유효폭

그림 3·13(b)에서 플랜지 폭 b의 크기가 적당하면 T형 단면이 보로 작용하는 데 지장이 없다. 그러나 플랜지 폭이 너무 크면 휨응력에 관한 역학의 기본가정들이 성립하지 않는다. 즉, 플랜지 폭 b가 플랜지 두께 t_f와 복부 폭 b_w에 비하여 너무 크면 플랜지에 일어나는 휨 압축응력의 분포는 그림 3·14(a)에 보인 것처럼, 복부로부터 멀어질수록 플랜지의 압축응력은 감소한다. 이러한 변화는 중립축의 위치와 그의 수직축에 따른 플랜지의 탄성변위에서 비탄성변위로의 변화에 따라 변한다. 이는 플랜지 내의 전단변위(shear lag)에 의해 플랜지의 압축응력의 변화가 생긴 것이다.

일반적으로 단면의 해석에서 실제의 이러한 응력분포를 사실대로 반영하기란 매우 어렵고 또 계산이 복잡하여 실용적이지 않다. 그림 3·15(b)에 보인 바와 같이, 플랜지의 폭을 적당히 감소시켜서 플랜지가 폭방향으로 균일하게 압축응력을 받는다고 가정하면 설계계산은 훨씬 간편해 질 것이다. 이와 같이 압축 응력이 플랜지의 폭방향으로 균일하게 작용한다고 가정할 수 있는 플랜지 폭 방향의 한계폭을 플랜지의 유효폭(effective width)

이라고 한다.

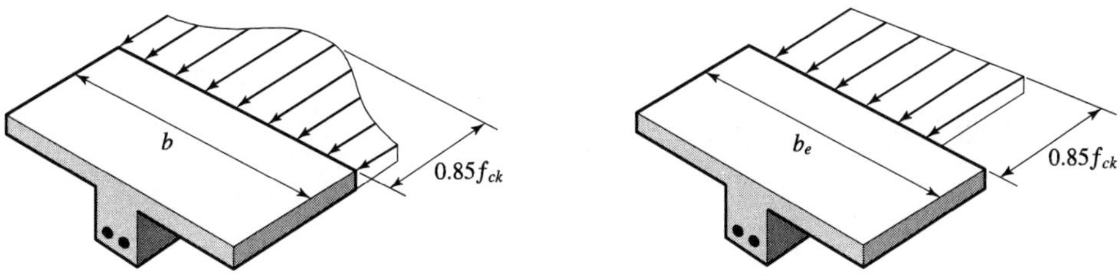

(a) 실제의 응력분포 (b) 단순화한 응력분포

그림 3·14 T형 보의 플랜지에 있어서 압축응력의 분포

플랜지의 유효폭은 시방서에 다음과 같이 규정하고 있다.

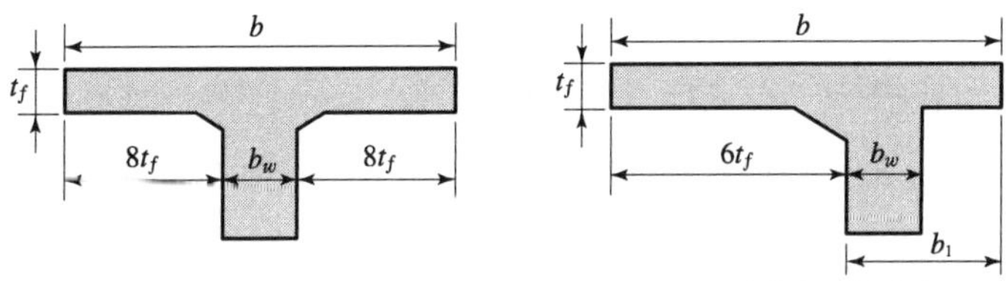

(a) 대칭 T형 단면 (b) 비대칭 T형 단면

그림 3·15 플랜지의 유효폭

a. **대칭 T형보**

다음 세 값 중에서 가장 작은 값이다.

① $16t_f + b_w$

② 양쪽 슬래브의 중심간 거리

③ 보의 경간(支間)의 1/4

b. **비대칭 T형 단면**

다음 세 값 중에서 가장 작은 값이다.

① $6t_f + b_1$

② (보의 경간의 1/12) + b_1

③ (인접보와의 내측 거리 l_0의 1/2) + b_1

2 T형 단면보의 계산

그림 3·16(a)에 보인 바와 같이 중립축이 플랜지 안에 있거나 또는 플랜지와 복부의 경계면에 있으면 폭 b인 직사각형 단면으로 계산하고, 그림 3·16(b)같이 중립축이 복부에 있을 때는 T형 단면으로 계산한다.

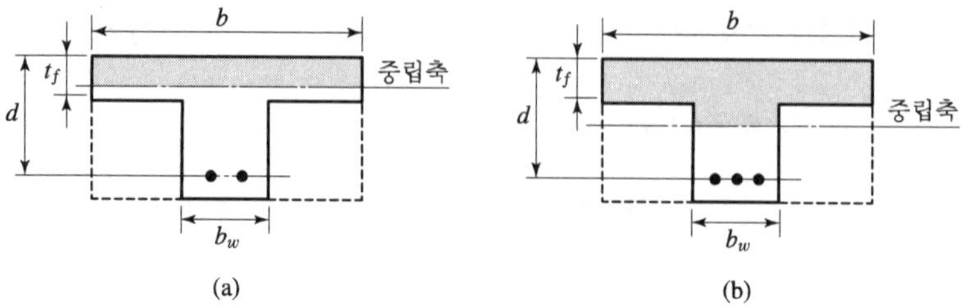

그림 3·16 T형보의 유효단면

일반적으로 중립축이 플랜지 안에 약간 들어가도록 설계하는 것이 경제적으로 유리하다. T형 단면보에서는 플랜지 면적이 커서 콘크리트의 압축력이 크기 때문에 일반적으로 압축철근을 필요로 하지 않는다. 만약 압축철근을 필요로 할 경우에는 그 해석과 설계는 복철근 직사각형 보의 경우와 같은 방법으로 하면 된다. 따라서 여기서는 단철근 T형 단면에 대해서만 논의한다.

T형 단면에서도 직사각형 단면에서 사용했던 등가 사각형 응력분포를 사용한다. 이 등가 사각형 응력분포는 원래는 직사각형 보에 대한 시험을 기초로 하여 고안된 것이다. 그러므로 이것을 T형 단면에 적용한다는 것은 문제가 있다. 그러나 실제의 응력-변형률 곡선에 기초를 둔 광범위한 계산들은 등가 사각형 응력분포를 T형 단면에 사용해도 무방하다는 것을 보여 주고 있다. 이것은 T형 단면뿐 아니라 원형 단면, 삼각형 단면 등 어떤 모양의 단면에도 적용되며, 그 오차는 매우 작고 충분히 정확하다.

3 설계 휨강도

a. 중립축

그림 3·17(a)와 같은 단면을 생각해 보자. 앞에서 설명한 바에 따라 콘크리트의 응력분포는 그림 3·17(c)와 같이 된다. 이 단면을 폭이 b인 직사각형 단면이라고 생각하면

$$0.85 f_{ck}\, ab = f_y\, A_s \qquad (3\cdot25)$$

$$\therefore a = \frac{A_s f_y}{0.85 f_{ck} b} = \frac{\rho f_y d}{0.85 f_{ck}}$$

여기서

$$\rho = \frac{A_s}{bd}$$

이렇게 계산된 응력분포 등가 사각형 깊이 a가 플랜지 두께 t_f 보다 작거나 같으면, 즉 $a \leq t_f$ 이면 플랜지 폭 b를 폭으로 하고 d를 유효 높이로 하는 직사각형 단면으로 계산한다. 그러나 $a > t_f$이면 T형 단면으로 계산한다.

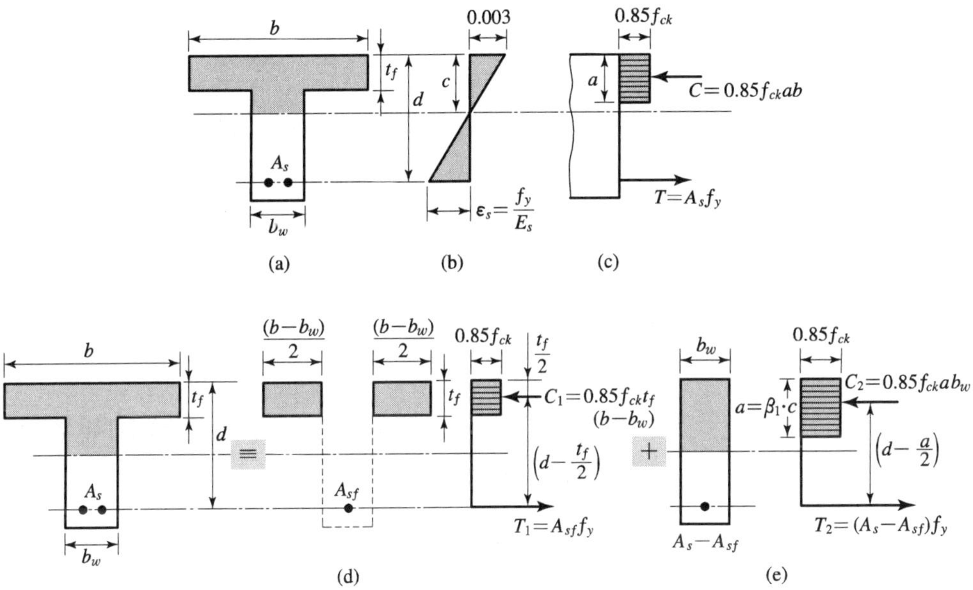

그림 3·17 T형단면의 해석

중립축의 판정은 다음과 같이 해도 좋다. 즉, 플랜지 콘크리트의 압축력과 인장철근의 인장력을 비교하여,

$$0.85 f_{ck} b\, t_f \geq A_s f_y$$

이면 중립축이 플랜지 안에 있거나 또는 플랜지 하단에 있음을 의미하며, 따라서 이 경우에는 플랜지 폭 b를 폭으로 하는 직사각형 단면으로 계산한다. 그러나

$$0.85 f_{ck} b\, t_f < A_s f_y$$

이면 중립축이 복부에 있음을 의미하므로 T형 단면으로 계산해야 한다.

b. 설계 휨강도

중립축이 복부에 있다는 것이 확인되면 설계 휨강도는 아래와 같이 계산한다. T형보의 강도는 인장철근의 항복에 의해 지배된다고 본다. 왜냐 하면 T형보에서는 일반적으로 플랜지의 넓은 면적이 큰 압축력을 발휘하기 때문이다. 또, 이렇게 되도록 철근비의 상한(上限)을 결정한다.

계산의 편리를 위하여 철근량 A_s를 그림 3·17(d) 및 (e)에 보인 것처럼 두 부분으로 나누어 생각한다. 하나는 그림 3·17(d)에 보인 바와 같이 플랜지의 내민 부분의 압축력과 비길 수 있는 철근 단면적 A_{sf}이다. 즉,

$$0.85f_{ck}\, t_f(b - b_w) = A_{sf}\, f_y$$

$$\therefore A_{sf} = \frac{0.85f_{ck}\, t_f(b - b_w)}{f_y} \qquad (3\cdot26)$$

따라서, $A_{sf}\, f_y$와 $0.85f_{ck}\, t_f(b - b_w)$가 발휘하는 공칭 저항모멘트는 그림 3·18 (d)로부터

$$M_{n1} = A_{sf}\, f_y\left(d - \frac{t_f}{2}\right) \qquad (3\cdot27)$$

나머지 철근량 $(A_s - A_{sf})$는 복부폭 b_w를 폭으로 하는 직사각형 단면의 압축과 비겨야 하므로, 그림 3·17(e)로부터

$$(A_s - A_{sf})\, f_y = 0.85f_{ck}\, a\, b_w$$

$$\therefore a = \frac{(A_s - A_{sf})\, f_y}{0.85f_{ck}\, b_w} \qquad (3\cdot28)$$

따라서, $(A_s - A_{sf})\, f_y$와 $0.85f_{ck}\, a\, b_w$가 나타내는 공칭 저항모멘트는

$$M_{n2} = f_y(A_s - A_{sf})\left(d - \frac{a}{2}\right) \qquad (3\cdot29)$$

그러므로 단면의 총 공칭 저항모멘트는

$$M_n = M_{n1} + M_{n2}$$

이고 설계 모멘트는

$$M_d = \phi M_n = \phi\left[A_{sf} f_y\left(d - \frac{t_f}{2}\right) + (A_s - A_{sf}) f_y\left(d - \frac{a}{2}\right)\right] \qquad (3\cdot30)$$

c. 최대 철근비

T형보에 있어서도 압축측 콘크리트의 갑작스러운 파괴가 일어나기 전에 인장철근이 먼저 항복하는 것이 바람직하다. 균형파괴(balanced failure)를 위해서 인장철근의 변형률은 항복변형률 ε_y 에 도달되어야 하고, 동시에 콘크리트도 극한 변형률 0.003에 도달해야 한다. 따라서, 그림 3·17(b)로부터

$$\frac{c}{d} = \frac{0.003}{0.003 + \varepsilon_y} = \frac{0.003}{0.003 + \dfrac{f_y}{E_s}} = \frac{600}{600 + f_y}$$

이 때 단면의 내력(內力)은

$$A_s f_y = A_{sf} f_y + (A_s - A_{sf}) f_y = A_{sf} f_y + 0.85 f_{ck} a b_w$$

균형 철근비 $\overline{\rho_b}$를 구하기 위하여 $\overline{\rho_b} = \dfrac{A_s}{bd}$, $\rho_f = \dfrac{A_{sf}}{b_w d}$ 로 놓으면

$$\overline{\rho_b} bd f_y = 0.85 f_{ck} \beta_1 c b_w + \rho_f b_w d f_y$$

따라서, 단철근 T형 단면의 평형 철근비는 다음과 같이 된다.

$$\overline{\rho_b} = 0.85\beta_1 \frac{f_{ck}}{f_y} \frac{b_w}{b} \frac{600}{600 + f_y} + \rho_f \frac{b_w}{b}$$

$$= \frac{b_w}{b}\left(0.85\beta_1 \frac{f_{ck}}{f_y} \frac{600}{600 + f_y} + \rho_f\right)$$

$$= \frac{b_w}{b}\{(\text{단철근 직사각형 단면의 균형 철근비}) + \rho_f\}$$

$$= \frac{b_w}{b}(\rho_b + \rho_f)$$

T형 보에서도 인장철근의 항복에 의한 연성(軟性) 파괴를 얻기 위하여 75%를 적용해야 하므로, 철근비의 상한값은 다음과 같이 된다.

$$\rho_{\max} = 0.75(\rho_b + \rho_f)\frac{b_w}{b} \qquad (3\cdot31)$$

인장철근을 이렇게 제한하면 대부분의 T형보는 그 응력 사각형이 플랜지 내에 있게된다. 그러므로 대개의 경우 직사각형 단면으로 계산하게 된다.

d. 정정구조물의 플랜지가 인장 상태인 T형 단면의 최소 철근비

콘크리트 구조설계 기준에서 정정구조물로서 플랜지가 인장상태인 T형 단면에서의 최소철근비를 식 (3·14a), (3·14b)에서 b_w를 플랜지 유효폭으로 하여 계산되는 철근비 중에서 큰 값과 아래 식 (3·32)로 계산된 값 중에서 작은 값 이상으로 하여야 한다고 규정하고 있다.

$$\rho_{min} = \frac{0.50\sqrt{f_{ck}}}{f_y} \tag{3·32}$$

예제 3·7

플랜지의 유효폭 $b=760$ mm, 플랜지의 두께 $t_f=180$ mm, 유효높이 $d=910$ mm, 복부 폭 $b_w=360$ mm, $A_s=8-\text{D35}=7{,}652\ \text{mm}^2$인 단철근 T형 단면의 보가 있다. 이 단면의 설계휨모멘트를 계산하라. $f_{ck}=21$ MPa, $f_y=350$ MPa이다.

풀이

플랜지의 폭이 설계기준의 규정에 따른 유효폭을 만족한다는 것은 쉽게 확인할 수 있다. 플랜지의 유효폭 $b=760$ mm를 폭으로 하는 직사각형 단면의 등가 응력 사각형의 깊이 a는

$$a=\frac{A_s f_y}{0.85 f_{ck} b}=\frac{7,652\times350}{0.85\times21\times760}=197\ \text{mm}>180\ \text{mm}$$

즉, a > t_f 이므로 T형 단면으로 계산한다. 식 (3·26)에 의하여

$$A_{sf}=\frac{0.85 f_{ck}\, t_f(b-\ b_w)}{f_y}=\frac{0.85\times21\times18\times(760-360)}{350}=3,672\ \text{mm}^2$$

$$\therefore A_s - A_{sf}=7,652-3,672=3,980\ \text{mm}^2$$

$$\rho=\frac{A_s}{bd}=\frac{7,652}{760\times910}=0.0111$$

$$\rho_f=\frac{A_{sf}}{b_w d}=\frac{3,980}{360\times910}=0.01121$$

식 (3·5)에 의하여

$$\rho_b= 0.85\beta_1\frac{f_{ck}}{f_y}\frac{600}{600+f_y}=0.85\times0.85\times\frac{21}{350}\times\frac{600}{600+350}=0.0274$$

허용될 수 있는 철근비의 상한값은 식 (3·31)에 의하여

$$\rho_{max} = 0.75(\rho_b + \rho_f)\frac{b_w}{b} = 0.75(0.0274 + 0.0121) \times \frac{360}{760} = 0.0137 > 0.0111$$

즉, $\rho_{max} > \rho$ 이므로 파괴는 인장철근의 항복으로 시작된다. 그러므로 식 (3·30)을 사용하여 설계 모멘트를 계산할 수 있다. 식 (3·27)에 의하여

$$M_{n1} = A_{sf}f_y\left(d - \frac{t_f}{2}\right) = 3,672 \times 350 \times \left(910 - \frac{180}{2}\right) = 1,053,864,000 \text{ N·mm}$$

$$= 1,053.9 \text{ kN·m} = 1.053.9 \text{ MN·m}$$

식 (3·28)에 의하여

$$a = \frac{(A_s - A_{sf})f_y}{0.85 f_{ck} b_w} = \frac{3,980 \times 350}{0.85 \times 21 \times 360} = 217 \text{ mm}$$

식 (3·29)에 의하여

$$M_{n2} = f_y(A_s - A_{sf})\left(d - \frac{a}{2}\right) = 350 \times 3,980 \times \left(910 - \frac{217}{2}\right)$$

$$= 1,116,489,500 \text{ N·mm} = 1,116.5 \text{ MN·m}$$

따라서 이 단면의 설계 휨강도는 다음과 같다.

$$M_d = \phi M_n = \phi(M_{n1} + M_{n2}) = 0.85(1.053.9 + 1.116.5) = 1,844.9 \text{ MN·m}$$

다음에 식 (3·14)를 이용하여 최소 철근비를 검토하면

$$\rho_{min} = \frac{1.4}{f_y} = \frac{1.4}{350} = 0.004$$

$$\rho_{min} = 0.25\frac{\sqrt{f_{ck}}}{f_y} = 0.25\frac{\sqrt{21}}{350} = 0.003$$

중 큰 값은 0.004이다. 따라서 최소 철근량,

$$A_{s,min} = \frac{1.4}{f_y}b_w d = \frac{1.4}{350} \times 360 \times 910 = 1,310 \text{mm}^2 < 7,652 \text{ mm}^2$$

따라서. $\rho_{max} > \rho_b > \rho$ 이므로 이 T형 단면보에 사용된 철근량은 적당하다.

4 단면 설계

독립된 T형보는 일반적으로 슬래브와 일체로 시공되는 경우가 대부분으로 플랜지 폭과 유효폭에 대한 규정과 슬래브 설계로부터 결정된다. T형보의 플랜지의 치수 및 T형보

의 간격은 대개의 경우 슬래브로서의 횡방향의 휨에 의해 결정된다. 그러므로 T형보의 설계에서는 복부의 폭과 높이 및 철근량을 결정하면 된다. 압축 플랜지의 면적이 크기 때문에 대개의 경우 압축철근을 필요로 하지 않는다. 콘크리트의 압축으로 인한 취성파괴를 피하기 위하여 인장 철근비가 식 (3·31)과 같이 제한된다. 철근비가 이렇게 제한되면 중립축이 플랜지 안에 있게 되는 것이 보통이다. 이러한 경우에는 플랜지 폭 b를 폭으로 하는 직사각형 보로 설계해야 한다. 보통 T형보의 경우 플랜지 두께는 단면 전체높이의 약 20%로 가정하며, 복부의 폭은 슬래브 설계시 이미 결정되고, 보통 20cm~50cm 정도의 범위에서 가정된다.

예제 3·8

슬래브 두께가 $t_f = 100$ mm이고 보의 중심 간격이 2.5 m, 보의 경간이 6.5 m인 그림 3·18과 같은 구조가 있다. 슬래브와 보는 일체로 되어 있으며, 유효높이 $d = 500$ mm, 복부의 폭은 $b_w = 310$ mm이다. 이러한 T형보로 고정하중 모멘트 73.0 kN·m과 활하중 모멘트 185 kN·m을 받도록 하고 싶다. 필요한 철근량을 계산하라. $f_{ck} = 30$ MPa, $f_y = 420$ MPa 이다.

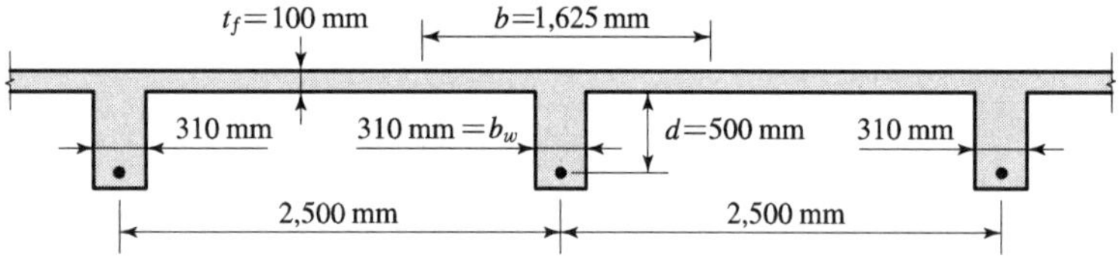

그림 3·18

풀이

먼저 T형 단면으로서의 플랜지의 유효폭을 결정해야 한다.

$$16\,t_f + b_w = 16 \times 100 + 310 = 1900 \text{ mm}$$

$$\text{양쪽 슬래브의 중심간 거리} = 2500 \text{ mm}$$

$$\text{보의 지간의 } \frac{1}{4} = 6,500 \times \frac{1}{4} = 1,625 \text{ mm}$$

위의 세 값 중 가장 작은 값이 유효폭이다. 즉,

$$b = 1625 \text{ mm}$$

소요 휨강도, 즉 계수 모멘트는

$$M_u = 1.4M_D+1.7M_L = 1.4\times 73+1.7\times 185 = 416.7\ \text{kN}\cdot\text{m}$$

따라서, 필요한 공칭 휨강도는

$$M_n = \frac{M_u}{\phi} = \frac{416.7}{0.85} = 490.2\ \text{kN}\cdot\text{m}$$

T형 단면으로 계산해야 하는지, 직사각형 단면으로 계산해야 하는지 알기 위해서는 중립축이 복부에 있는지 플랜지에 있는지를 확인해야 한다. 그러기 위해서는 시험적인 철근단면적 A_s를 구해야 하는데, 그러자면 우력의 팔길이 z를 가정해야 한다. z는 다음 두 값 중 큰 값으로가정하는 것이 편리하다.

$$z = 0.9d = 0.9\times 500 = 450\ \text{mm}, \qquad z = d - \frac{t_f}{2} = 500 - \frac{100}{2} = 450\ \text{mm}$$

$z = 450$ mm로 가정하고 시험적인 A_s를 구하면 다음과 같다.

$$A_s = \frac{M_n}{f_y z} = \frac{490.23\times 10^6}{420\times 450} = 2594\,\text{mm}^2$$

그러므로, 철근의 인장력 T는

$$T = A_s f_y = 2594\times 420 = 1,089,480\ \text{N} = 1,089.5\ \text{kN}$$

플랜지의 총압축력은

$$C = 0.85 f_{ck} t_f b = 0.85\times 30\times 100\times 1625 = 4,143,750\ \text{N}$$
$$= 4,143.8\ \text{kN} > 1.089.5\ \text{kN}$$

즉, $C > T$이므로 중립축은 플랜지 내에 있다. 그러므로, 플랜지 폭 $b = 1625$ mm를 폭으로 하는 직사각형 단면으로 계산해야 한다.

$$a = \frac{A_s f_y}{0.85 f_{ck} b} = \frac{1,089.5\times 10^3}{0.85\times 30\times 1625} = 26.3\ \text{mm}$$

$$z = d - \frac{a}{2} = 50 - \frac{26.3}{2} = 486.9\ \text{mm}$$

$$\therefore A_s = \frac{M_n}{f_y\left(d - \frac{a}{2}\right)} = \frac{490.2\times 10^6}{420\times 486.9} = 2,397\ \text{mm}^2$$

a를 검사해 보면

$$a = \frac{2397\times 420}{0.85\times 30\times 1625} = 24.3\text{mm}$$

26.3 mm 보다 약간 작지만 실용상으로 같다고 볼 수 있다. 따라서, 소요의 철근 단면적은 $A_s = 2{,}397 \equiv 2{,}400\ \mathrm{mm}^2$이다. a가 매우 작으므로 콘크리트의 압축파괴에 앞서 인장철근이 항복할 것이다. 따라서, 철근비는 검사하지 않는다.

연습문제

3·1 강도설계법의 기본가정과 안전에 대한 사항에 대하여 설명하여라.

3·2 $b=380$ mm, $d=500$ mm인 단철근 직4각형보에서 콘크리트의 설계기준강도 $f_{ck}=$ 24MPa, 철근의 $f_y=400$ MPa인 경우 철근량(A_s)을 다음과 같이 사용했을 때 설계모멘트강도 $\phi \cdot M_n$을 계산하여라. 단, (a) 3-D25, (b) 4-D25, (c) 4-D29, (d) 6-D32

3·3 보의 중앙에 50 kN의 집중하중이 작용하고 자중 12 kN/m인 경간 6 m의 단순보를 설계하라. f_{ck} = 27 MPa, f_y = 400MPa이고 단면은 직사각형으로 한다.

3·4 활하중 30 kN/m, 자중포함 고정하중 20 kN/m를 지지해야할 경간 5 m의 단순지지모가 있다. 단면치수는 폭 250 mm, 높이 400 mm (유효깊이 340 mm)로 제한된다. 필요한 철근량을 계산하여라. $f_{ck}=28$ MPa, $f_y=350$ MPa이다.

3·5 단철근 T형보(b=800 mm, t =100 mm, d=450 mm, b_w−300 mm)에서 f_{ch} =30MPa, f_y =400MPa 인 경우 다음의 철근량을 썼을 때 보의 설계모멘트강도 ϕM_n을 계산하여라. 단, (a) 3-D25 (b) 6-D25 (c) 4-D35 (d) 6-D35

3·6 폭과 높이가 400×600 mm인 직사각형 단면 단순 보에 4-D25(=2,027 mm^2)의 철근 이 인장 측에 배치되어 있다. f_{ck} = 25 MPa, f_y = 400 MPa이고 보의 지간은 10 m, 중앙에 집중하중 100 kN이 작용할 때 콘크리트와 철근의 응력을 계산하시오. 단, 사용된 철근콘크리트의 단위질량은 2.4 t/m^3, E_s = 200,000 MPa, d = 54 mm로 가정하시오.

3·7 $t=100$ mm, $b_w=250$ mm, $h=600$ mm, $d=480$mm, $A_s=8-D25=4,054\,\text{mm}^2$ 인 단철근 T형보가 있다. 이 보는 경간 5m 단순지지이고 보의 중심간격은 1.05 m이다. $f_{ck}=$ 24 MPa, $f_y=350$ MPa, 철근콘크리트의 단위질량은 2.4 t/m^3, E_s= 200,000 MPa이다. 복부의 압축력을 무시하고 $z=d-\frac{t}{2}$로 계산할 때 이 보의 저항모멘트는 얼마인가? 또, 이 보는 과소철근보인가 과다 철근보인가?

4장 전단설계

4·1 서 론

구조부재에는 휨모멘트, 전단력, 축 방향력, 비틀림 등의 단면력이 작용할 수 있고, 앞의 장에서는 이들 중 휨모멘트만을 고려한 보의 해석과 설계에 대하여 설명하였다. 이 장에서는 전단력(shear force)을 받는 보의 전단설계를 다루고자 한다.

휨에 대하여 안전하게 설계된 철근콘크리트 보에 전단력이 크게 작용하면 사인장균열(diagonal tension crack)이 발생하여 파괴되는 경우가 있다. 이러한 전단파괴는 휨 파괴와는 달리 예고 없이 갑자기 일어나 정확하게 예측하기가 어렵다. 이러한 전단에 의한 철근콘크리트의 역학적 파괴 거동은 매우 복잡하여 수십 년간의 실험적 연구와 매우 정교한 수치해석 방법으로도 지금까지 완전하게 밝혀지지 않고 있다. 이러한 이유로 전단에 대한 설계방법은 만족스럽게 확립되어 있지 못하고 시험과 경험에 의한 설계법에 의존하고 있다.

균형철근비보다 적게 보강된 철근콘크리트 보의 휨파괴는 큰 처짐과 균열의 발생을 동반한 점차적인 인장철근의 항복으로 충분한 파괴의 예측과 보수보강의 기회를 제공하는 반면 전단파괴는 휨파괴와는 달리 예고 없이 급작스럽게 발생한다. 이러한 거동의 차이 때문에 철근콘크리트보에 과하중이 작용할 경우, 전단파괴 이전에 휨파괴가 일어나도록 전단설계가 이루어지고 있다.

대부분의 보에서 전단응력은 콘크리트의 직접 전단강도보다 훨씬 작아서 실제로 전단 파괴를 일으키는 응력은 전단응력과 휨응력의 조합으로 이루어지는 사인장 응력이다. 따라서 이 장에서는 사인장응력의 해석과 설계를 주로 다루고 이를 통하여 ACI code의 전단설계법에 기초한 현 시방서의 전단설계기준을 이해하도록 하였다.

근래에 와서 보다 합리적인 전단설계 방법이 제시되고 있는데 수정압축장 이론(modified compression field theory)과 스트럿-타이 모델(strut and tie model)이 그것이다.

4·2 휨응력과 전단응력

등분포 하중을 받는 단순보의 경우, 탄성범위 내에서 휨모멘트에 의해 발생되는 휨응력 f와 전단력에 의해 발생되는 전단응력 v의 분포를 그림 4·1에 나타내었다.

그림 4·1에서 보는 바와 같이 휨응력은 단면의 중립축에서 0이고 연단에서 최대를 나타내는 반면에 전단응력은 중립축에서 최대가 되고 상·하 연단에서 0이 된다. 또한 휨응력은 휨모멘트가 최대가 되는 중앙 부분으로 갈수록 커지고 전단응력은 전단력이 크게 발생하는 보의 지점부근에서 큰 값을 나타낸다. 따라서 보에 하중이 증가하면 최대 인장응력은 중앙단면 하연에서 일어나며 여기에서 휨파괴가 발생한다. 그러므로 이 부분에 인장철근을 배근하여 휨파괴에 대하여 인장력을 보강한다.

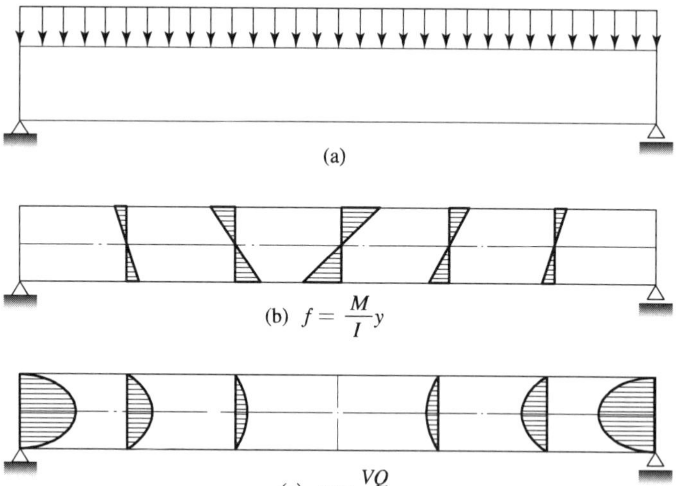

(a)

(b) $f = \frac{M}{I}y$

(c) $v = \frac{VQ}{Ib}$

그림 4·1 보에서의 휨응력과 전단응력의 분포

4·2·1 무근콘크리트 보의 전단응력

콘크리트를 균질한 탄성체로 가정하면 보에 작용하는 전단응력은 다음과 같이 계산된다.

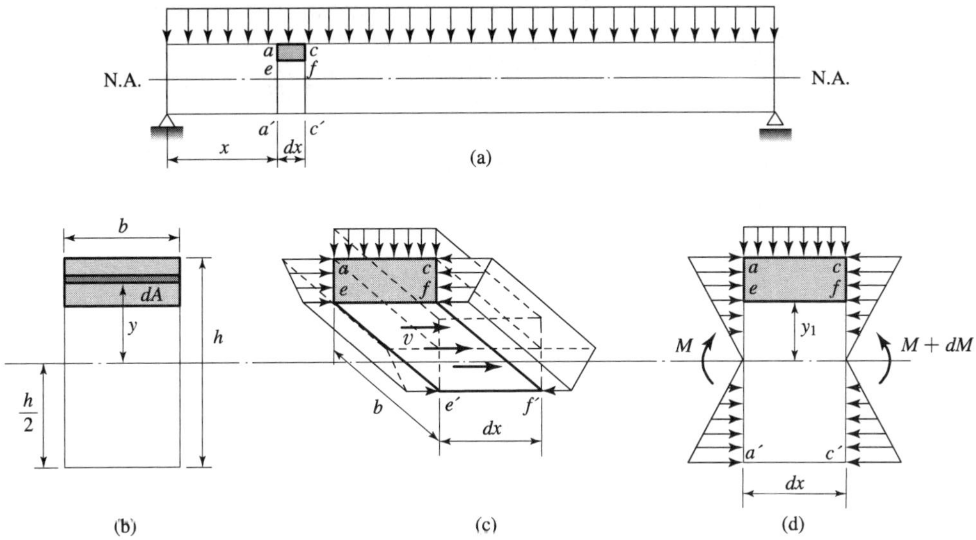

그림 4·2 무근보에서 임의부분에 대한 자유물체도

그림 4·2(a)의 미소요소 dx를 그림 4·2(d)에 확대하여 나타내었다. 여기에서 aa' 면과 cc' 면에 작용하는 휨모멘트를 각각 M, $M+dM$으로 표기하고 요소의 좌단면에 작용하는 수평력은 다음과 같이 표시할 수 있다.

$$f_x \, dA = \frac{M}{I} y \, dA$$

ae면에 우측방향으로 작용하는 수평력의 합은

$$\int f_x \, dA = \int_{y_1}^{\frac{h}{2}} \frac{M}{I} y \, dA \tag{4·1}$$

마찬가지로 우측면 cf면에 좌측방향으로 작용하는 수평력의 합은

$$\int f_x \, dA = \int_{y_1}^{\frac{h}{2}} \frac{(M+dM)\, y}{I} dA \tag{4·2}$$

그림 4·2(c)의 미소요소 하단면 $eff'e'$에 우측방향으로 작용하는 수평전단력은 $vb\,dx$가 된다.

식 (4·1)과 식 (4·2) 그리고 수평전단력으로 나타난 힘들은 평형을 유지해야 한다. 따라서 평형방정식에 의하여

$$\int_{y_1}^{\frac{h}{2}} \frac{M\,y}{I}\,dA - \int_{y_1}^{\frac{h}{2}} \frac{(M+dM)\,y}{I}\,dA + v\,b\,dx = 0$$

$$v = \frac{dM}{dx}\left(\frac{1}{Ib}\right)\int_{y_1}^{\frac{h}{2}} y\,dA = \frac{V}{Ib}\int_{y_1}^{\frac{h}{2}} y\,dA \qquad (4\cdot3)$$

식 (4·3)의 적분부분은 그림 4·2(b)의 빗금친 부분의 중립축에 대한 단면 1차 모멘트를 나타낸다. 이 때 단면 1차 모멘트를 Q로 표시하면 식 (4·3)은 다음 식 (4·4)와 같이 나타낼 수 있다.

$$v = \frac{VQ}{Ib} \qquad (4\cdot4)$$

4·2·2 철근콘크리트 보의 전단응력

철근콘크리트 보의 응력이 허용응력 이하인 사용하중 하에서의 전단응력은 탄성이론에 의해 다음과 같이 계산된다.

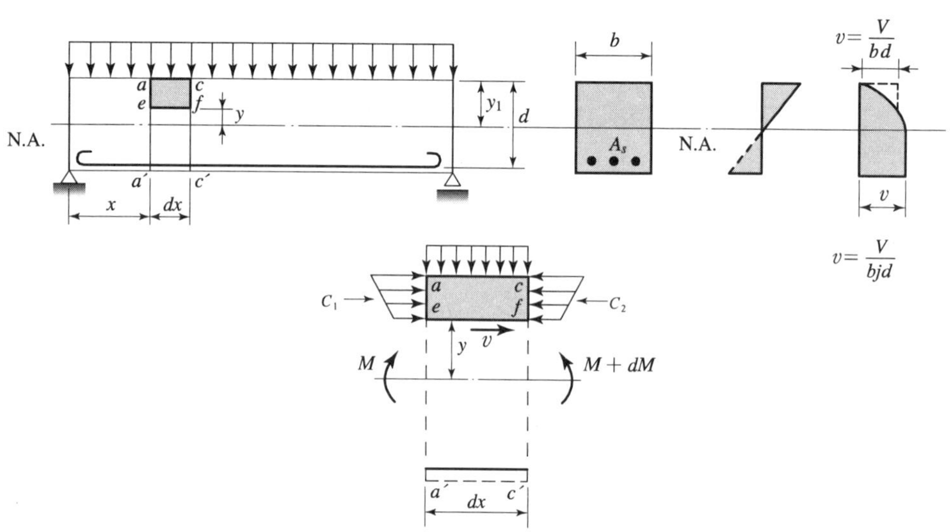

그림 4·3 철근콘크리트 보에서 임의부분의 자유물체도

그림 4·3의 미소요소에 휨모멘트 M과 전단력 V 그리고 중립축에서 y만큼 떨어진 거리에 있는 ef면에 전단응력 v가 작용한다고 하자. 이때, 요소의 dx만큼 떨어져 있는

두 면에 작용하는 휨 압축응력의 차는 식 (4·5)와 같다.

$$C_2 - C_1 = dC = \int_y^{y_1} \left(\frac{M+dM}{I} y \right) b\, dy - \int_y^{y_1} \left(\frac{M}{I} y \right) b\, dy$$

$$= \int_y^{y_1} (f+df)\, b\, dy - \int_y^{y_1} f\, b\, dy = \int_y^{y_1} df\, b\, dy = dT \tag{4·5}$$

미소요소 $aefc$가 평형을 유지하기 위해서는 다음의 평형방정식을 만족해야 한다.

$$v\, b\, dx = \int_y^{y_1} df\, b\, dy \tag{4·6}$$

허용응력설계법에서 x로 표기되는 압축연단에서부터 중립축까지의 거리를 y_1으로 나타내었다. 이에 따라 임의 부분의 휨 압축응력 $f = \frac{y}{y_1} f_c = \frac{2My}{b y_1^2 (d - \frac{y_1}{3})}$ 이고, 양변을 모멘트 M에 관하여 미분하면,

$$\frac{df}{dM} = \frac{2y}{b\, y_1^2 \left(d - \frac{y_1}{3} \right)}$$

$$df = \frac{2y}{b y_1^2 \left(d - \frac{y_1}{3} \right)} dM \tag{4·7}$$

위의 식 (4·7)을 식 (4·6)에 대입하면

$$v\, b\, dx = \int_y^{y_1} \frac{2y}{y_1^2 \left(d - \frac{y_1}{3} \right)} dM\, dy$$

$$vb = \int_y^{y_1} \frac{2}{y_1^2 \left(d - \frac{y_1}{3} \right)} \frac{dM}{dx}\, y\, dy = \frac{2V}{y_1^2 \left(d - \frac{y_1}{3} \right)} \int_y^{y_1} y\, dy = \frac{2V}{y_1^2 \left(d - \frac{y_1}{3} \right)} \left(\frac{y_1^2}{2} - \frac{y^2}{2} \right)$$

$$\therefore\ v = \frac{V(y_1^2 - y^2)}{b\, y_1^2 \left(d - \frac{y_1}{3} \right)} \tag{4·8}$$

식 (4·8)은 중립축에서 임의 거리 y 만큼 떨어진 곳에 발생하는 전단응력의 일반식이다. 압축측 상연에서 $y = y_1$ 이므로 전단응력 $v = 0$ 이고 중립축에 가까울수록 포물선으로 변화하면서 커진다. 따라서 전단응력은 중립축에서 최대가 되며 식 (4·8)에서 $y = 0$ 일 때의 값이다.

$$v_{max} = \frac{V}{b\left(d - \frac{y_1}{3}\right)} = \frac{V}{b\,z} = \frac{V}{b\,j\,d} \tag{4·9}$$

중립축 이하의 콘크리트의 인장응력을 무시하므로 인장측의 전단응력은 중립축에서의 전단응력과 동일하다. 따라서 단철근 직사각형 단면의 전단응력 분포는 그림 4-3과 같고 공칭전단응력은 위의 식 (4·9)에서 $j=1$로 가정하여 사용한다. 또한 사인장 균열은 복부내에서 발생하며 이것에 저항하는 단면은 복부이므로 복부폭 b_w를 폭으로 계산한다.

$$v = \frac{V}{b_w\,d} \tag{4·10}$$

4·3 균질 탄성 보에서의 사인장응력

균질 보에 휨모멘트와 전단력이 동시에 작용하면 그로 인한 휨응력과 전단응력의 조합된 응력이 발생한다.

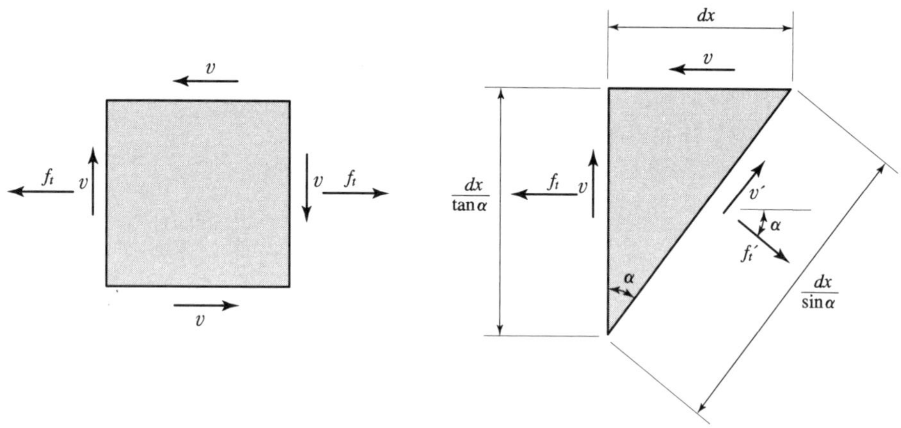

그림 4·4 요소의 응력상태

그림 4·4의 자유물체도(free body diagram)에서 보의 폭을 b라 할 때, f_t'와 v'방향으로 힘의 평형방정식을 고려하면 다음과 같다.

$$f_t'\text{방향} \; ; \; f_t'\left(\frac{b\,dx}{\sin\alpha}\right) - f_t\left(\frac{b\,dx}{\tan\alpha}\right)\cos\alpha - v\,(b\,dx)\cos\alpha - v\left(\frac{b\,dx}{\tan\alpha}\right)\sin\alpha = 0$$

$$v'\text{방향} \; ; \; v'\left(\frac{b\,dx}{\sin\alpha}\right) - f_t\left(\frac{b\,dx}{\tan\alpha}\right)\sin\alpha - v\,(b\,dx)\sin\alpha + v\left(\frac{b\,dx}{\tan\alpha}\right)\cos\alpha = 0$$

윗 식에서 양변을 $b\,dx$로 나누어 정리하면

$$f_t' = f_t \cos^2\alpha + 2\,v \sin\alpha \cos\alpha$$

$$v' = f_t \sin\alpha \cos\alpha - v(\cos^2\alpha - \sin^2\alpha)$$

위의 식을 삼각함수를 이용하면 다음과 같다.

$$f_t' = \frac{1}{2} f_t (1 + \cos 2\alpha) + v \sin 2\alpha$$

$$v' = \frac{1}{2} f_t \sin 2\alpha - v \cos 2\alpha$$

여기에서 f_t'가 최대값을 갖고 동시에 v'가 0가 되는 α를 구하면 다음과 같다.

$$\tan 2\alpha = \frac{v}{\frac{1}{2} f_t} = \frac{2\,v}{f_t} \qquad (4\cdot 11)$$

보의 축과 $\alpha_{\max}$를 이루는 방향의 주인장응력(principal tensile stress)을 f_1이라 할 때 이 값은 항상 휨응력 f와 전단응력 v 이상이다. 콘크리트는 인장에 매우 약하기 때문에 주인장응력 방향의 직각으로 균열이 발생하게 되는데 진단응력 v가 작다면 주인장응력

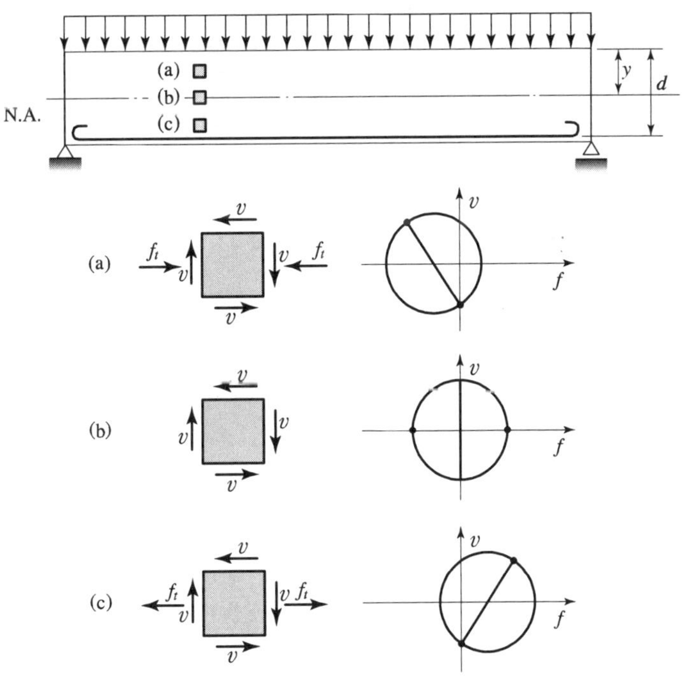

그림 4·5 보에서 위치에 따른 요소의 응력상태

f_1의 크기는 휨응력 f와 비슷한 값을 가지며 방향은 거의 수평이 된다. 만약 휨응력 f가 매우 작다면 주인장응력 f_1의 크기는 전단응력 v와 비슷한 값을 가지며 방향은 보의 축과 거의 45°를 이루게 된다. 이때 주인장응력 방향의 직각으로 균열이 발생하므로 균열의 방향 또한 보의 축과 거의 45°가 된다. 따라서 이러한 응력을 사인장 응력(diagonal tension stress)이라고도 한다.

임의의 점에서 휨응력과 전단응력을 알면 최대주응력과 최소주응력은 그림 4·6(a)로부터 다음 식으로 계산된다.

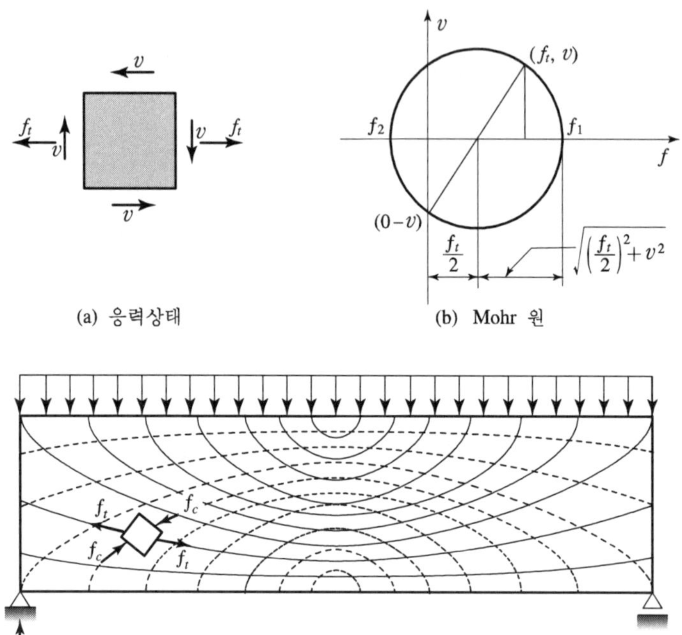

(a) 응력상태

(b) Mohr 원

(c) 보의 주응력선과 균열방향

그림 4·6 보의 응력 상태

$$f_1 = \frac{f_t}{2} + \sqrt{\left(\frac{f_t}{2}\right)^2 + v^2}$$

$$f_2 = \frac{f_t}{2} - \sqrt{\left(\frac{f_t}{2}\right)^2 + v^2} \qquad (4\cdot12)$$

$$\tan 2\alpha = \frac{v}{\frac{1}{2} f_t} = \frac{2v}{f_t} \qquad (4\cdot13)$$

여기서 f_1은 주인장응력이고 f_2는 주압축응력이며 α는 주응력면의 기울기이다. 이것을 바탕으로 보에서의 주응력선과 응력방향을 그림 4·6(c)에 나타내었다.

그림 4·6(c)는 등분포하중을 받는 직사각형 단면보에서 주응력선의 경사를 나타낸 것이다. 그림에서 실선은 인장응력의 궤적이며, 파선은 압축응력의 궤적이다.

주응력선은 보의 중립축에서 항상 축에 대하여 45°의 경사를 이루고 있는 것을 볼 수 있다. 또, 지간 중앙부근의 단면의 연단에서 인장응력선은 수평으로 나타낸다. 콘크리트는 인장응력에 약하므로 이 인장응력선의 직각방향으로 균열이 생기고, 이에 대한 보강철근이 필요하게 된다.

4·4 전단철근이 없는 보의 거동

휨응력에 의해 보에 인장균열이 생기더라도 이에 대한 주철근이 충분히 배근된다면 부재의 파괴는 일어나지 않는다. 그러나 이러한 경우에 전단력이 함께 작용한다면 주철근이 사인장 균열에 대해서는 보강책이 될 수 없기 때문에 경사 균열(inclined crack)이 발생하게 되고 이로 인해 보의 내하력에 중대한 영향을 미치게 된다.

철근콘크리트 보의 복부에 발생하는 경사균열은 그림 4·7과 같이 두 가지로 구분하는데 하나는 콘크리트의 인장강도를 넘는 주인장응력에 기인하여 휨균열이 발생하지 않은 상태에서 부재의 내측으로부터 시작되는 경우인데 이것을 복부전단균열(web shear crack)이라고 한다.

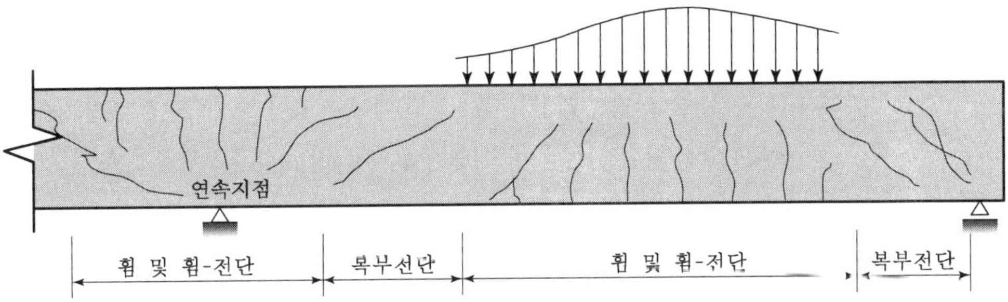

그림 4·7 휨 전단 및 복부전단균열

이러한 균열은 휨모멘트는 작고 전단력이 큰 단면에서 발생하며 특히 넓은 플랜지와 얇은 복부를 갖는 I형단면의 PC 보에서 발생하기 쉽다. 이 경우 많은 연구결과에 의하면 전단강도가 $0.29\sqrt{f_{ck}}\,b_w d$를 초과하면 균열이 발생한다고 한다. 따라서 콘크리트가 부담할 수 있는 최대 전단응력은 식 (4·14)와 같다.

$$v_{cr} = \frac{V_{cr}}{b_w d} = 0.29\sqrt{f_{ck}} \tag{4·14}$$

여기서 V_{cr}은 복부전단균열을 일으키는 전단력이며 f_{ck}의 단위는 MPa이다.

다른 하나는 이미 발생된 휨균열 선단에서 시작되어 경사지게 진행되는 사인장 균열이다. 이러한 균열을 휨 전단균열(flexure shear crack)이라고 하는데 이는 휨모멘트가 크고 전단력도 큰 단면에서 발생하며 RC보나 PC보에서 흔히 볼 수 있는 사인장균열이다. 휨 전단균열은 전단강도가 $0.16\sqrt{f_{ck}}\,b_w d$를 초과하면 발생하므로 이때 콘크리트가 부담할 수 있는 최대 전단응력은 식 (4·15)와 같다.

$$v_{cr} = \frac{V_{cr}}{b_w d} = 0.16\sqrt{f_{ck}} \tag{4·15}$$

식 (4·14)와 식 (4·15)를 비교해 보면 휨 전단균열을 일으키는 전단력은 복부전단균열을 일으키는 전단력의 1/2정도이다. 이것은 휨모멘트의 크기와 사인장 균열 생성에 관계가 있음을 나타낸다. 사인장 균열을 발생시키는 전단력은 그 단면의 전단력 V와 휨모멘트 M의 비 즉, 전단응력 v와 휨응력 f의 비에 지배된다는 것을 알 수 있다. 즉, 철근콘크리트 보에서 전단균열은 전단응력과 휨응력의 상태에 따라 변화한다. 이러한 전단응력과 휨응력은 다음과 같이 나타낼 수 있다.

$$v = k_1 \frac{V}{b_w d} \tag{4·16a}$$

$$f_t = k_2 \frac{M}{b_w d^2} \tag{4·16b}$$

여기서 k_1과 k_2는 비례상수이다. 식 (4·13)에서와 같이 주응력면의 기울기는 $\frac{f_t}{v}$의 함수이며 식 (4·16a)와 식 (4·16b)를 이용하여 다음 식 (4·17)로 다르게 표현될 수 있다.

$$\frac{f_t}{v} = \frac{k_2}{k_1}\frac{M}{Vd} = k_3 \frac{M}{Vd} \tag{4·17}$$

윗 식에 전단지간 $a = \frac{M}{V}$을 도입하여 정리하면 다음과 같이 휨응력과 전단응력의 비는 전단지간과 유효높이의 비와 동일한 관계로 정리된다.

$$\frac{f_t}{v} = k_3 \frac{a}{d} \tag{4·18}$$

그림 4·8은 직사각형보에서 a/d의 변화에 따른 전단강도의 변화를 보여주며 보의 파괴형태는 네 가지로 구분된다.

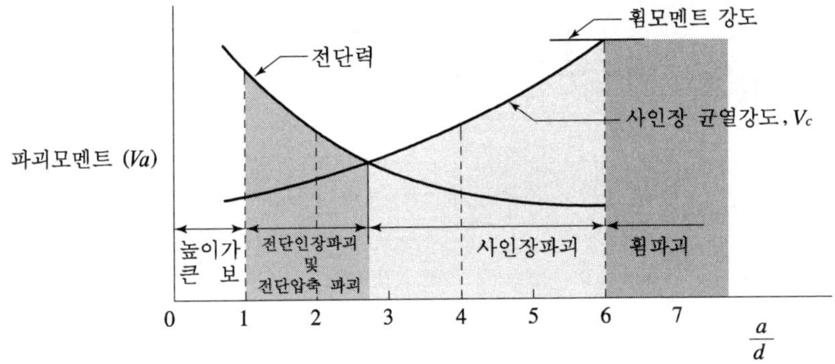

그림 4·8 $\frac{a}{d}$에 따른 전단강도의 변화

① $\frac{a}{d} \leq 1$일 때 깊은 보로 분류되며 보의 강도는 전단력에 의해 지배된다. 이러한 보는 경사균열이 발생한 후 그림 4·9(a)에 나타난 것처럼 타이드 아치(tied arch)와 같이 거동하며 음영부분의 콘크리트는 압축력을 받고 종방향 철근은 인장을 받는다. 이것을 철근콘크리트 보의 아치작용(arch action)이라고 한다. 이 경우 여러 가지 가능한 피괴형태는 그림 4·9(b)와 같다.

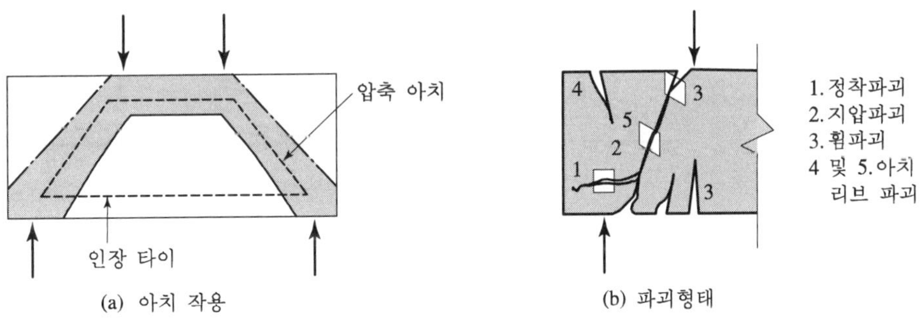

그림 4·9 깊은 보의 파괴 모델

② $\frac{a}{d} = 1 \sim 2.5$일 때 짧은 보로 분류되며 전단강도가 사인장 균열 강도보다 크기 때문에 휨 전단 균열이 발생한 후에 하중이 증가하면서 그 균열이 압축응력을 받는 부분으로 진전되어 그림 4·10(a)와 같이 전단압축파괴라고 하는 콘크리트 압축부분의 파괴를 일으킬 수 있다. 또한 이러한 균열은 인장철근 쪽으로 전파되어 수평방향으로 진전하면서 그림 4·10(b)와 같이 전단인장파괴라고 하는 보강철근의 정착파괴를 일으키기도 한다.

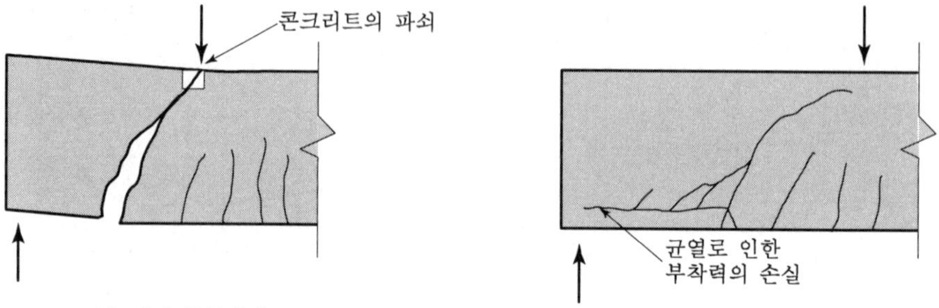

(a) 전단-압축파괴 (b) 전단-인장파괴

그림 4·10 짧은 보의 전단 파괴

③ $\frac{a}{d} = 2.5 \sim 6$일 때 보통의 길이를 갖는 일상적인 보로서 수직방향의 휨균열이 발생한 후 경사진 휨 전단균열이 뒤따른다. 그림 4·11과 같이 휨균열의 수가 증가함에 따라 휨모멘트에 저항력이 떨어지고 이어 사인장응력에 의해 휨 전단균열이 발생하며 이 경우가 일반적인 보의 전단설계 범주이다.

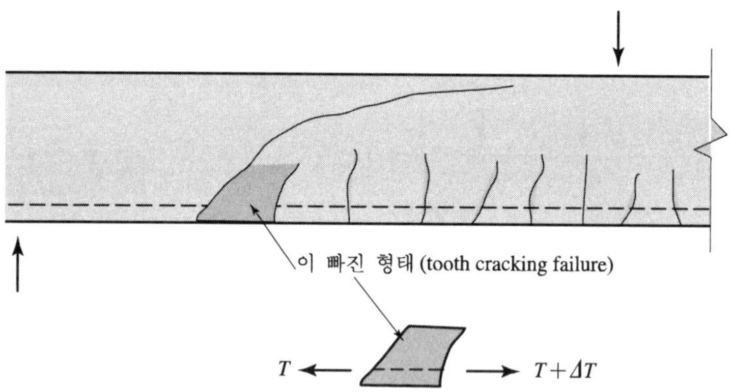

그림 4·11 일상적인 보의 사인장 파괴

④ $\frac{a}{d} > 6$인 긴 보의 경우, 강도는 완전히 최대 휨모멘트의 크기에 지배되며 인장철근의 항복으로 시작하여 최대 휨모멘트가 발생하는 단면에서 콘크리트의 압축파괴로 이어진다.

4·5 전단철근의 설계

4·5·1 전단설계의 원칙

전단을 받는 단면의 설계는 다음 식 (4·19)를 기본으로 한다.

$$V_u \leq V_d = \phi V_n = \phi(V_c + V_s) \tag{4·19}$$

여기서 V_u : 하중계수를 고려하여 해석한 전단력 즉, 계수전단력

$\phi = 0.8$: 전단에 대한 강도감소계수

$V_n = V_c + V_s$: 단면의 공칭전단강도

여기서 V_c : 콘크리트가 부담하는 공칭 전단강도

V_s : 전단철근이 부담하는 공칭 전단강도

전단에 의한 사인장 파괴는 갑작스럽게 발생하며 그 거동이 명확하게 규명되지 못해 강도 감소계수 ϕ를 휨에 대한 값 0.85보다 더 작은 0.8을 취하여 안전도를 향상시키고 있다. 그리고 철근콘크리트 보의 경우, 전단에 대한 위험단면은 받침부 내면에서부터 유효깊이 d 만큼 떨어진 곳으로 보고 전단설계 때 이용되는 기본 식에서 계수전단력 V_u는 받침부 내면에서 d 만큼 떨어진 곳의 전단력으로 한다. 물론 하중계수를 고려한 전단력이며 지점부근의 전단력도 이를 초과하지 않는 것으로 보고 위험단면의 계수전단력 V_u를 이용한다.

4·5·2 콘크리트가 부담하는 공칭 전단강도

보에서 콘크리트가 부담하는 공칭전단강도 V_c는 콘크리트구조설계기준에서 다음과 같이 규정하고 있다.

1 실용식

① 전단과 휨만을 받는 부재에 대하여 다음 식 (4·20)에 의해 계산할 수 있다.

$$V_c = \frac{1}{6}\sqrt{f_{ck}}\, b_w d \tag{4·20}$$

② 축방향 압축력을 받는 부재에 대하여 다음 식 (4·21)에 의해 계산할 수 있다.

$$V_c = \frac{1}{6}\left(1 + \frac{N_u}{14A_g}\right)\sqrt{f_{ck}}\, b_w d \qquad (4 \cdot 21)$$

여기서 N_u : 단면의 축방향으로 작용하는 압축력

A_g : 고려하는 위치의 총 단면적

단, $\frac{N_u}{A_g}$는 MPa로 표시해야 한다.

③ 현저히 큰 축방향 인장력을 받는 부재에 대하여 전단철근이 총 전단력을 받도록 설계한다. 즉 $V_c = 0$ 로 본다.

2 엄밀식

① 전단과 휨만을 받는 부재에 대하여 다음 식 (4·22)에 따라 계산할 수 있다.

$$V_c = \left(0.16\sqrt{f_{ck}} + 17.6\frac{\rho_w V_u d}{M_u}\right) b_w d \le 0.29\sqrt{f_{ck}}\, b_w d \qquad (4 \cdot 22)$$

여기서 M_u : V_u를 계산하는 위험단면에서의 계수 휨모멘트

$\rho_w = \frac{A_s}{b_w d}$ 이고, $\frac{V_u d}{M_u} \le 1$이어야 한다.

한편 콘크리트구조설계 기준에서는 전단강도 계산에 있어서 $\sqrt{f_{ck}}$를 8.37 MPa보다 크게 취해서는 안된다고 규정하고 있다. 따라서 식(4.20)과 식(4.22)에서 $\sqrt{f_{ck}}$를 8.37MPa보다 크게 해서는 안된다.

② 축방향 압축력을 받는 부재에 대하여 다음 식 (4·23)에 의해 계산할 수 있다.

$$V_c = \left(0.16\sqrt{f_{ck}} + 17.6\frac{\rho_w V_u d}{M_m}\right) b_w d \le 0.29\sqrt{f_{ck}}\, b_w d\sqrt{1 + \frac{N_u}{3.5A_g}} \qquad (4 \cdot 23)$$

여기서 $M_m = M_u - N_u \frac{(4h - d)}{8}$

단, $\frac{N_u}{A_g}$는 MPa로 표시해야 하고, M_m이 부(−)일 경우에는

$V_c = 0.29\sqrt{f_{ck}}\, b_w d\sqrt{1 + \frac{N_u}{3.5A_g}}$ 로 계산하여야 한다.

③ 현저히 큰 축방향 인장력을 받는 부재에 대하여 다음 식 (4·24)에 의해 계산할 수 있다.

$$V_c = \frac{1}{6}\left(1 + \frac{N_u}{3.5A_g}\right)\sqrt{f_{ck}}\, b_w d \qquad (4 \cdot 24)$$

여기서, N_u는 인장일 때 부(−)이며, $\frac{N_u}{A_g}$는 MPa로 표시해야 한다.

예제 4·1

폭 b=300 mm, 유효깊이 d=540 mm, 휨 철근의 단면적 A_s=2570 mm²(4−D29), 보의 높이 h=600 mm, 그리고 지간이 10,000 mm인 단순 지지보의 중앙에 계수집중하중 40 kN이 작용하고 있다. 콘크리트의 설계기준강도 f_{ck}=24 MPa이고 인장철근의 항복강도 f_y=300 MPa일 때 다음의 경우에 위험단면에서 콘크리트가 부담하는 전단강도 V_c를 계산하여라.
단, 보의 자중은 무시한다.

(1) 축방향력이 작용하지 않을 경우
(2) 계수 축방향 압축력(factored axial compression) 200 kN이 작용할 경우
(3) 계수 축방향 인장력(factored axial tension) 200 kN이 작용할 경우

풀이

(1) ① 실용식 : 식 (4·20)을 이용하여 계산하면 다음과 같다.

$$V_c = 1/6\sqrt{f_{ck}}\,b_w d = 1/6\times\sqrt{24}\times300\times540 = 132,273 \text{ N}$$

$$\therefore\ V_c = 132,273\text{N}$$

② 엄밀식 : 식 (4·22)로부터 다음과 같이 계산한다.

$$V_c = \left(0.16\sqrt{f_{ck}} + 17.6\frac{\rho_w V_u d}{M_u}\right)b_w d \le 0.29\sqrt{f_{ck}}\,b_w d$$

여기서 $\rho_w = \dfrac{A_s}{b_w d} = \dfrac{2,570}{300\times540} = 0.01586$

$$M_u = \frac{P_u}{2}\times d = \frac{400,000}{2}\times540 = 108,000,000 \text{ N·mm}$$

$$V_u = \frac{P_u}{2} = \frac{400,000}{2} = 200,000\text{ N}$$

$$\frac{V_u d}{M_u} = \frac{200,000\times540}{108,000,000} = 1 \le 1\,(\text{OK})$$

$$0.29\sqrt{f_{ck}}\,b_w d = 0.29\times\sqrt{24}\times300\times540 = 230,154 \text{ N}$$

$$V_c = \left(0.16\sqrt{f_{ck}} + 17.6\frac{\rho_w V_u d}{M_u}\right)b_w d$$

$$= \left(0.16\times\sqrt{24} + 17.6\frac{0.01586\times200,000\times540}{108,000,000}\right)\times300\times540 = 172,214 \text{ N}$$

V_c가 $0.29\sqrt{f_{ck}}\,b_w d$ 보다 작으므로 식 (4·22)를 만족한다. 따라서

$$\therefore\ V_c = 172,214 \text{ N}$$

(2) ① 실용식 : 식 (4·21)로부터 계산하면 다음과 같다.

$$V_c = 1/6\left(1+\frac{N_u}{14A_g}\right)\sqrt{f_{ck}}\, b_w\, d = 1/6\left(1+\frac{200,000}{14\times300\times600}\right)\times\sqrt{24}\times300\times540$$

$$\therefore\ V_c = 142,770\ \text{N}$$

② 엄밀식 : 식 (4·23)으로부터 다음과 같이 계산된다.

$$V_c = \left(0.16\sqrt{f_{ck}} + 17.6\,\frac{\rho_w V_u d}{M_m}\right)b_w\, d$$

$$M_m = M_u - N_u\frac{(4h-d)}{8} = 108,000,000-200,000\times\frac{4\times600-540}{8}$$

$$=61,500,000\ \text{N}\cdot\text{mm}$$

$$V_c = \left(0.16\times\sqrt{24} + 17.6\times\frac{0.01586\times200,000\times540}{61,500,000}\right)\times300\times540 = 206,413\ \text{N}$$

$$0.29\sqrt{f_{ck}}\, b_w\, d\sqrt{1+\frac{N_u}{3.5A_g}} = 0.93\times\sqrt{24}\times300\times540\times\sqrt{1+\frac{200,000}{3.5\times300\times600}}$$

$$= 264,172\ \text{N}$$

따라서 식 (4·23)의 조건을 만족한다. 그러므로

$$\therefore\ V_c = 206,413\ \text{N}$$

(3) 엄밀식 : 식 (4·24)로부터 계산하면 다음과 같다.

$$V_c = 1/6\left(1+\frac{N_u}{3.5A_g}\right)\sqrt{f_{ck}}\, b_w\, d = 1/6\left(1+\frac{-200,000}{3.5\times300\times600}\right)\sqrt{24}\times300\times540$$

$$\therefore\ V_c = 90,281\ \text{N}$$

4·5·3 전단철근이 부담하는 공칭 전단강도

1 전단철근의 종류

휨에 대해 안전하게 보강된 철근콘크리트 보에서 전단응력으로 인한 사인장 균열이 발생할 수 있다. 이러한 전단균열은 보의 갑작스러운 파괴를 유발하므로 이를 방지하기 위해 철근을 따로 배근할 필요가 있다. 이와 같이 전단응력에 대해 보강하는 철근을 전단철근(shear reinforcement), 복부철근(web reinforcement) 또는 사인장철근(diagonal tension bar)이라 하며 그림 4·12에 종류별로 나타내었다.

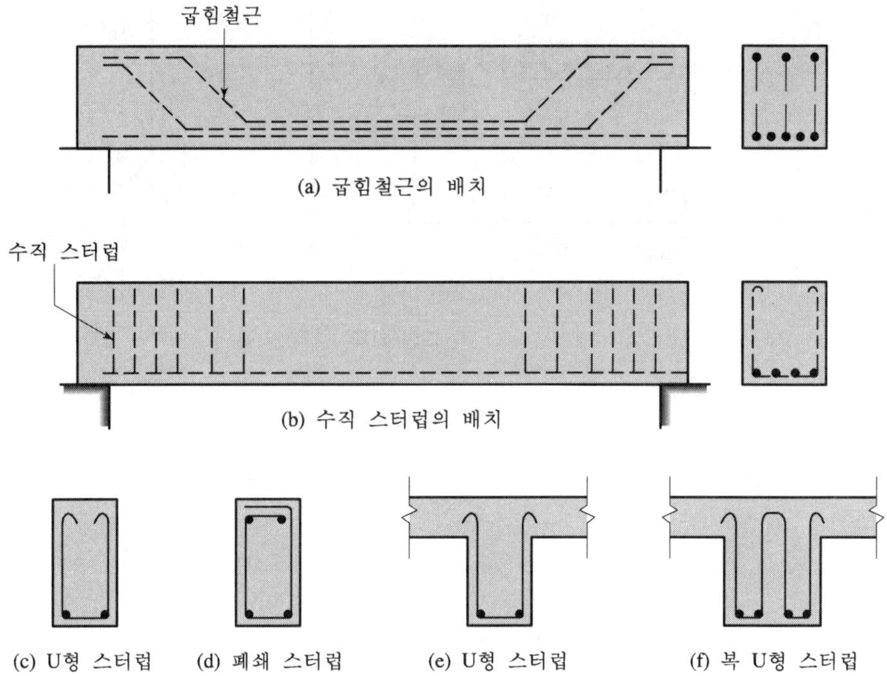

그림 4·12 전단철근

① 수직스터럽(vertical stirrup) : 부재축에 직각으로 배치한 스터럽과 용접철망.

② 경사스터럽(diagonal stirrup) : 주인장철근에 45°이상의 각도로 설치되는 스터럽.

③ 굽힘철근(bent up bar) : 휨에 대하여 필요 없는 부분의 주인장철근을 30°이상의 각도로 구부린 사인장 철근.

④ 스터럽과 굽힘철근의 조합.

⑤ 나선철근

❷ 전단철근이 부담하는 공칭 전단력

a. 수직스터럽

부재축에 직각인 수직스터럽을 사용하는 경우 다음 그림 4·13과 같이 나타낼 수 있다. 수직방향의 평형조건을 고려하면, 스터럽의 수직방향 강도는 $A_v f_y$이고 이 힘이 부담해야 할 구간은 s이다. 그리고 s구간에서 발생하는 전단응력의 합은 $v'\sqrt{2}\,s\,b_w$로 나타낼 수 있고 이 전단력의 수직분력은 $v'\,s\,b_w$이다. 이 때 v'는 콘크리트가 부담하고 남은 전단응력이다. 따라서 수직방향의 평형조건을 고려하면 다음 식 (4·25)와 같이 표시될 수 있다.

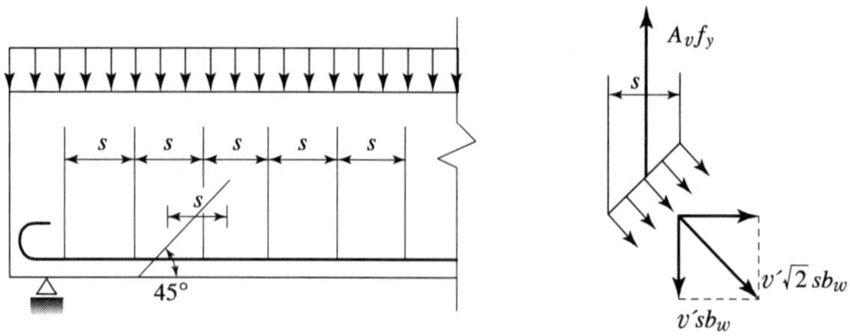

그림 4·13 수직스터럽

$$v' s\, b_w = A_v f_y \tag{4·25}$$

수직스터럽이 부담해야 할 전단력 $V_s = v' b_w d$에 대해 정리하면 다음 식 (4·26)과 같다.

$$V_s = v' b_w d = \frac{A_v f_y d}{s} \tag{4·26}$$

결과적으로 다음 식 (4·27a)~(4·27c)와 같이 나타낼 수 있다.

$$V_s = \frac{A_v f_y d}{s} \tag{4·27a}$$

$$s = \frac{A_v f_y d}{V_s} \tag{4·27b}$$

$$A_v = \frac{V_s s}{f_y d} \tag{4·27c}$$

b. 경사스터럽 또는 절곡철근

경사 α의 기울기와 간격 s로 배치된 경사스터럽이나 굽힘철근의 경우, 그림 4·14에서 경사길이 l을 구하면 다음 식 (4·28)과 같다.

$$\frac{l}{\sin\alpha} = \frac{s}{\sin(135° - \alpha)} = \frac{s}{\sin(45° + \alpha)}$$

$$l = \frac{s \cdot \sin\alpha}{\sin 45° \cos\alpha + \cos 45° \sin\alpha} = \frac{s \cdot \sin\alpha}{\frac{1}{\sqrt{2}}(\sin\alpha + \cos\alpha)} \tag{4·28}$$

※ $\sin(A + B) = \sin A \cos B + \cos A \sin B$

사인장 응력의 합에 대한 수직분력은 $v' l b_w \sin 45°$ 이고 l에 윗 식 (4·28)을 대입하면 다음 식 (4·29)를 얻을 수 있다.

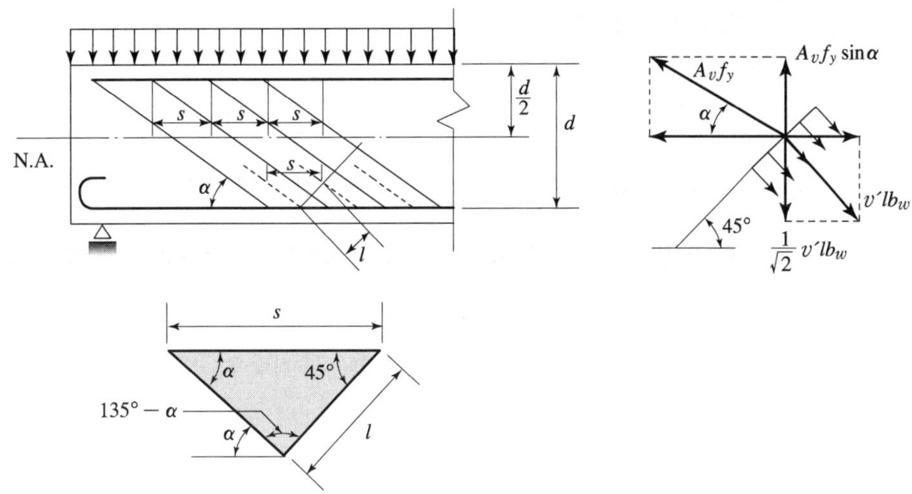

그림 4·14 경사스터럽

$$v' l\, b_w \sin 45° = \frac{v'\, b_w \sin 45° \cdot s \cdot \sin\alpha}{\frac{1}{\sqrt{2}}(\sin\alpha + \cos\alpha)} = \frac{v'\, b_w \cdot s \cdot \sin\alpha}{\sin\alpha + \cos\alpha} \qquad (4 \cdot 29)$$

경사스터럽(또는 굽힘철근)의 항복강도 $A_v f_y$에 대한 수직분력은 $A_v f_y \sin\alpha$이므로 이들 두 힘의 평형조건으로부터 다음 식 (4·30)을 얻을 수 있다.

$$\frac{v'\, b_w \cdot s \cdot \sin\alpha}{\sin\alpha + \cos\alpha} - A_v f_y \sin\alpha \qquad (4 \cdot 30)$$

또한 전단철근이 부담해야 할 전단력을 $V_s = v' b_w d$로 볼 때, 식 (4·30)은 다음 식 (4·31)과 같이 정리될 수 있다.

$$\frac{v'\, b_w \cdot s \cdot \sin\alpha}{\sin\alpha + \cos\alpha} = \frac{V_s \cdot s \cdot \sin\alpha}{d(\sin\alpha + \cos\alpha)} = A_v f_y \sin\alpha \qquad (4 \cdot 31)$$

따라서 다음 식 (4·32a)~(4·32c)와 같이 정리된다.

전단철근이 부담해야 할 전단력

$$V_s = \frac{A_v f_y d(\sin\alpha + \cos\alpha)}{s} \qquad (4 \cdot 32a)$$

전단철근의 간격

$$s = \frac{A_v f_y d(\sin\alpha + \cos\alpha)}{V_s} \qquad (4 \cdot 32b)$$

전단철근의 단면적

$$A_v = \frac{V_s \cdot s}{f_y d(\sin\alpha + \cos\alpha)} \tag{4·32c}$$

참고로 여기에서 α를 90°로 놓으면 수직스터럽의 경우와 동일하다.

c. 1개의 굽힘철근 또는 지점에서 모두 동일한 거리에서 절곡된 평행한 한조의 굽힘철근일 경우

그림 4·15에서와 같이 굽힘철근이 부담할 수 있는 최대힘의 수직분력은 $A_v f_y \sin\alpha$이고 전단균열면에 작용하는 전단응력의 합력을 수직방향의 분력으로 나타내면 $v' b_w d$이다. 따라서 수직방향의 힘의 평형조건으로부터 다음 식 (4·33a)~(4·33c)가 성립된다.

$$v' b_w d = A_v f_y \sin\alpha \tag{4·33a}$$

$$V_s = A_v f_y \sin\alpha \le 0.25\sqrt{f_{ck}}\, b_w d \tag{4·33b}$$

$$A_v = \frac{V_s}{f_y \sin\alpha} \tag{4·33c}$$

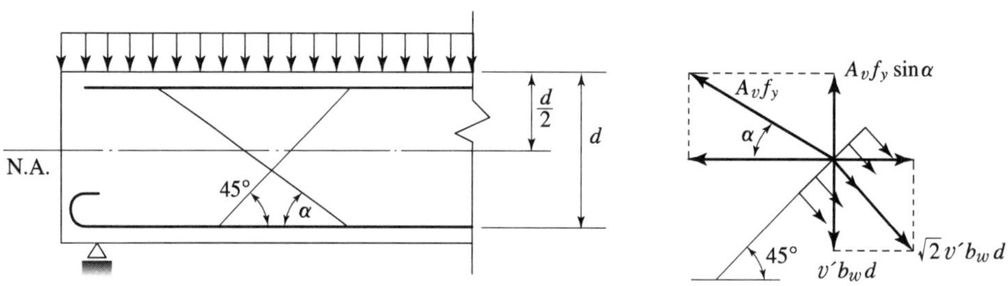

그림 4·15 굽힘철근

4·5·4 전단설계

1 전단력에 따른 전단철근량

a. $V_u \le \frac{1}{2}\phi V_c$**일 경우 전단철근 보강이 필요 없다.**

b. $\frac{1}{2}\phi V_c < V_u \le \phi V_c$ **일 경우**

이론적으로는 전단철근이 필요치 않으나, 설계기준에서는 다음 식 (4·34)로 계산되는 최소전단철근을 배근하도록 규정하고 있다.

$$A_v \geq 0.35\frac{b_w s}{f_y} \tag{4·34}$$

여기서 b_w와 s의 단위는 mm이다.

그러나 다음의 경우에는 이 규정을 적용하지 않는다.

① 슬래브와 기초판

② 콘크리트 장선구조

③ 보의 총 높이가 250 mm 이하이거나, I형보나 T형보의 경우 보의 높이가 플랜지두께의 2.5배 또는 복부 폭의 $\frac{1}{2}$중 큰 값 이하인 보

c. $\phi V_c < V_u$ 일 경우

이 경우에서는 콘크리트가 부담하고 남는 전단력을 전단철근으로 부담하도록 한다. 따라서 전단철근이 부담하는 전단강도 V_s는 다음 식 (4·35)와 같이 계산될 수 있다.

$$V_s \geq \frac{V_u - \phi V_c}{\phi} \tag{4·35}$$

만약 수직 스터럽을 사용한다면 위의 식 (4·35)에 식 (4·27a)를 대입하여 다음과 같이 전개할 수 있다.

$$V_s = \frac{A_v f_y d}{s} \geq \frac{V_u - \phi V_c}{\phi}$$

$$s \leq \frac{\phi A_v f_y d}{V_u - \phi V_c} \tag{4·36a}$$

$$A_v \geq \frac{s(V_u - \phi V_c)}{\phi f_y d} \tag{4·36b}$$

만약 경사 스터럽을 사용한다면 식 (4·35)에 식 (4·32a)를 대입하여 다음과 같이 전개된다.

$$V_s = \frac{A_v f_y d(\sin\alpha + \cos\alpha)}{s} \geq \frac{V_u - \phi V_c}{\phi}$$

$$s \leq \frac{\phi A_v f_y d(\sin\alpha + \cos\alpha)}{V_u - \phi V_c} \tag{4·37a}$$

$$A_v \geq \frac{s(V_u - \phi V_c)}{\phi f_y d(\sin\alpha + \cos\alpha)} \tag{4·37b}$$

이 때 전단철근의 설계기준항복강도 f_y는 400 MPa를 초과하여 취할 수 없다. 다만, 용

접 이형철망을 사용할 경우는 전단철근의 설계기준항복강도는 550 MPa를 초과하여 취할 수 없다. 또한 설계기준에서 규정한 대로 전단철근의 간격 s를 결정하면 전단철근량 A_v를 계산할 수 있다.

2 전단철근의 간격

① 부재축에 직각으로 설치되는 스터럽의 간격은 철근콘크리트 부재의 경우 0.5 d이하, 프리스트레스트 콘크리트 부재의 경우 0.75 h 이하, 또 어느 경우이든 600 mm 이하라야 한다.

② 경사스터럽과 굽힘철근은 부재의 중간높이 0.5 d에서 반력점 방향으로 주인장철근까지 연장된 45°선과 한번 이상 교차되도록 배치해야 한다.

③ $V_s > (\sqrt{f_{ck}}/3)\, b_w d$ 인 경우에는 ①, ②에서의 최대간격을 절반으로 감소시켜야 한다.

④ 종방향 철근을 구부려 전단철근으로 사용할 때는 그 경사길이의 중앙 3/4만이 전단철근으로서 유효하다고 보아야 한다.

⑤ 전단강도 V_s는 $2(\sqrt{f_{ck}}/3)\, b_w d$ 이하로 하여야 한다.

예제 4·2

폭 $b = 300$mm, 유효깊이 $d = 540$ mm, 휨 철근의 단면적 $A_s = 2{,}570\ \text{mm}^2$(4·D29), 보의 높이 $h = 600$ mm 그리고 지간이 10,000 mm인 단순지지보에 고정하중 20 N/mm와 활하중 20 N/mm가 작용하고 있다. 설계기준강도 $f_{ck} = 24$ MPa인 콘크리트와 $f_y = 300$ MPa인 철근을 사용할 때 다음 물음에 답하여라.

(1) 위험단면에서의 계수전단력 V_u를 계산하시오.

(2) 콘크리트가 부담할 수 있는 공칭전단강도 V_c를 계산하시오.

(3) 전단철근의 보강없이 콘크리트만으로 전단에 견딜 수 있는 구간을 결정하시오.

(4) 최소전단철근량만을 배근하여 전단에 견딜 수 있는 구간과 수직스터럽으로 배근할 경우 최소전단철근량을 결정하시오.

(5) 수직스터럽을 사용할 경우 전단보강을 해야 할 구간 그리고 보강할 철근의 단면적 A_v와 간격 s를 구하시오..

(6) 계산된 전단철근량을 U형 수직스터럽으로 배근하시오.

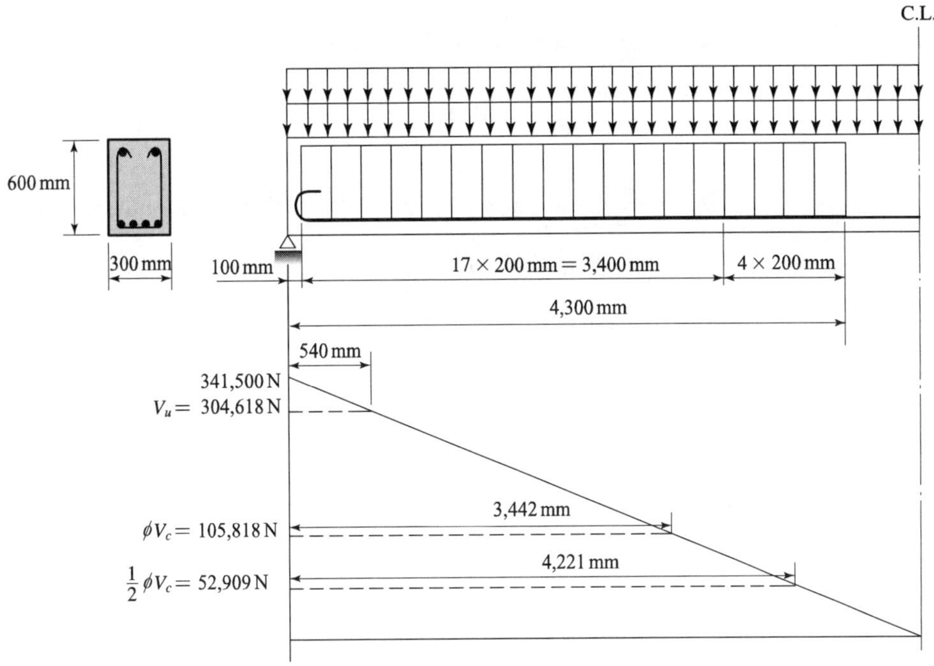

그림 4·16

풀이

(1) 위험단면은 지점으로부터 유효깊이 d만큼 떨어진 곳의 전단력이므로 우선 계수등분포하중을 계산하여 보자.

자중에 의한 등분포 하중 : $300 \times 600 \times 2.5 \times 10^{-5} = 4.5$ N/mm

계수 하중 : $(4.5 + 20) \times 1.4 + 20 \times 1.7 = 68.3$ N/mm

지점반력 : $V = \dfrac{\omega_t l}{2} = \dfrac{68.3 \times 10,000}{2} = 341,500$ N

위험단면에서 계수전단력 : $V_u = \dfrac{\omega_t l}{2} - \omega_t d = \dfrac{68.3 \times 10,000}{2} - 68.3 \times 540$

$$\therefore \ V_u = 304,618 \text{ N}$$

(2) 콘크리트가 부담할 수 있는 공칭전단강도는 실용 식 (4·20)과 엄밀 식 (4·22)로 나누어 계산할 수 있다.

① 실용식 : $V_c = 1/6\sqrt{f_{ck}}\, b_w d = 1/6 \times \sqrt{24} \times 300 \times 540 = 132,272.45$ N

② 엄밀식 : $V_c = \left(0.16\sqrt{f_{ck}} + 17.6\dfrac{\rho_w V_u d}{M_u}\right) b_w d \le 0.29\sqrt{f_{ck}}\, b_w d$

여기서 M_u : V_u를 계산하는 위험단면에서의 계수 휨모멘트

$$\rho_w = \frac{A_s}{b_w d} \text{ 이고, } \frac{V_u d}{M_u} \le 1 \text{ 이어야 한다.}$$

$$\rho_w = \frac{2570}{300 \times 540} = 0.0159$$

$$M_u = \frac{\omega_t l}{2} \times d - \omega_t d \times \frac{d}{2} = \frac{68.3 \times 10,000}{2} \times 540 - 68.3 \times 540 \times \frac{540}{2}$$

$$= 174,451,860 \text{ N·mm}$$

$$\frac{V_u d}{M_u} = \frac{304,618 \times 540}{174,451,860} = 0.94 \le 1$$

$$0.29\sqrt{f_{ck}}\, b_w d = 0.29 \times \sqrt{24} \times 300 \times 540 = 230,154.06 \text{ N}$$

$$V_c = \left(0.16\sqrt{f_{ck}} + 17.6 \frac{\rho_w V_u d}{M_u}\right) b_w d$$

$$= \left(0.50 \times \sqrt{24} + 17.6 \frac{0.0159 \times 304,618 \times 540}{174,451,860}\right) \times 300 \times 540$$

$$= 169,613.59 \text{ N}$$

$$\therefore V_c = 132,272.45 \text{ N}$$

(3) 전단철근의 보강없이 콘크리트만으로 전단에 견딜 수 있는 구간은 다음의 조건을 만족해야 한다.

$V_u \le \frac{1}{2}\phi V_c$ 여기서 $\frac{1}{2}\phi V_c = \frac{1}{2} \times 0.8 \times 132,272.45 = 52,908.98$ N

따라서 전단력도에서 비례식을 이용하여 원하는 구간을 찾을 수 있다.

$$5,000 : 341,500 = x : 52,908.98$$

중앙점에서부터 거리 $x = 775$mm 까지 구간이다

지점에서부터 거리 4,225 mm떨어진 곳 이후부터이다.

(4) ① 최소전단철근량만으로 견딜 수 있는 구간은 다음 조건을 만족해야 한다.

$\frac{1}{2}\phi V_c < V_u \le \phi V_c$ 여기서 $\phi V_c = 0.8 \times 132,272.45 = 105,817.96$ N

마찬가지로 전단력도에서 비례식을 이용하여 구간을 확인하면

$5,000 : 341,500 = x : 105,817.96$

중앙점에서부터 거리 $x = 775$ mm ~ 1,549 mm까지 구간이다

지점에서부터 거리 3,451 mm ~ 4,225 mm구간이다.

② 최소전단철근량은 설계기준에 $A_v \ge 0.35 \frac{b_w s}{f_y}$ 로 규정되어 있다. 또한 전단철근의 간격은 $\frac{d}{2}$ 이하, 600 mm이하로 제한되어 있으므로 다음과 같이 철근의 간격을 먼저 결정한 후 단면적을 계산할 수 있다.

철근의 간격을 $\frac{d}{2} = \frac{540}{2} = 270\text{mm}$와 600 mm 이하인 200 mm로 결정하면

$$\therefore A_v \geq 0.35\frac{b_w s}{f_y} = 0.35 \times \frac{300 \times 200}{300} = 70 \text{ mm}^2$$

(5) ① 전단보강을 실시할 구간은

중앙점에서부터 거리 $x = 1{,}549$ mm ~ 지점까지 구간이다

지점에서부터 보면 지점~3,451 mm구간이다.

② 보강할 전단철근의 단면적은 식 (4·36b)로부터 다음과 같이 계산할 수 있다.

$$V_s = \frac{A_v f_y d}{s} \geq \frac{V_u - \phi V_c}{\phi} = \frac{304{,}618 - 0.8 \times 132{,}272.45}{0.8} = 248{,}500.05 \text{ N}$$

$$A_v \geq \frac{s(V_u - \phi V_c)}{\phi f_y d}$$

여기서 전단철근의 간격은 $\frac{d}{2}$ 이하, 600 mm이하로 제한되어 있고, 만약 전단철근이 부담할 전단력 $V_s > (\sqrt{f_{ck}}/3)\, b_w d$ 인 경우에는 $\frac{d}{4}$ 이하, 300 mm이하로 제한되므로 확인 후 결정해야 한다. 그리고 $V_s \leq 2(\sqrt{f_{ck}}/3)\, b_w d$ 인 경우 단면을 확대시켜야 한다.

$$(\sqrt{f_{ck}}/3)\, b_w d = (\sqrt{24}/3) \times 300 \times 600 = 264{,}544.89 \text{ N}$$

$V_s < (\sqrt{f_{ck}}/3)\, b_w d$ 이므로 전단철근의 간격 s는 $\frac{d}{2} = 270$ mm이하, 600 mm 이하라야 하므로 여기에서 s를 200 mm로 결정하면 보강할 전단철근의 단면적은 다음과 같이 306.79 mm^{2}이다.

$$A_v \geq \frac{s(V_u - \phi V_c)}{\phi f_y d} = \frac{200 \times (304{,}618 - 0.8 \times 132{,}272.45)}{0.8 \times 300 \times 540} = 306.79 \text{ mm}^2$$

(6) ① 최소전단철근의 간격은 200 mm이고 단면적은 70 mm^{2}인데 U형 스터럽은 다리가 2개이므로 $A_v \geq \frac{70}{2} = 35\text{mm}^2$이다. 따라서 철근표로부터 D10(A_v=71.33 mm^2)을 200 mm간격으로 그림 4·16과 같이 배근한다.

② 요구되는 전단철근의 간격은 200 mm이고 단면적은 306.79 mm^{2}인데 U형 스터럽은 다리가 2개이므로 $A_v \geq \frac{306.79}{2} = 153.4$ mm^{2}이다. 따라서 철근표로부터 D16(A_v =198.6 mm^2)을 그림 4·16과 같이 배근한다. 첫 번째 스터럽은 지점으로부터 $\frac{s}{2}$ 인 곳에 배치하는 것이 일반적이다. 그러므로

첫 번째 스터럽의 간격 : 100 mm
200mm × 17간격 : 3,400 mm
200mm × 4간격 : 800 mm
합계 : 4,300 mm

전단력의 변화에 따라 전단력이 큰 곳에서는 계산상 요구되는 간격으로 전단철근을 배근하고 전단력이 작아짐에 따라 간격을 점점 넓게 배근하는 것이 원칙이다. 그러나 실제의 설계에 있어서 시공의 편의를 위하여 계산된 간격으로 등 간격 배근하는 것이 일반적이다.

4·6 특수한 경우의 전단설계

4·6·1 높이가 변화하는 보

높이가 변화하는 보에서는 축방향력의 경사가 전단력에 상당한 영향을 미친다. 따라서 보의 상하면이 이루는 각이 10°~15°의 범위를 넘지 않으면 모멘트에 미치는 영향은 크지 않지만, 전단에 대하여는 10°의 높이변화가 30%정도의 증감을 일으킨다.

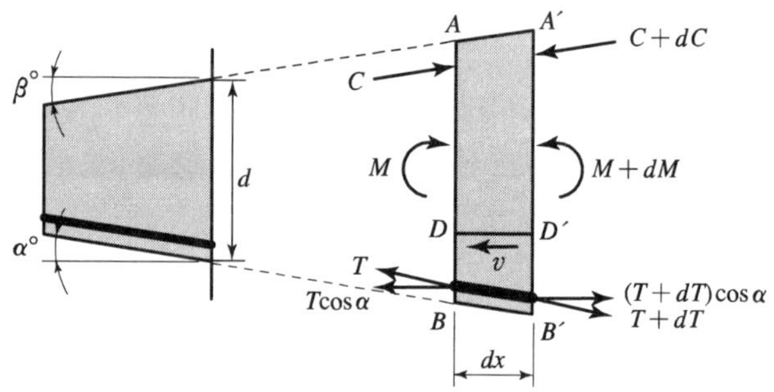

그림 4·17 높이가 변하는 보의 전단응력

그림 4·17에서 보의 축에 대한 하면의 경사는 $\alpha°$, 상면의 경사는 $\beta°$라 할 때 철근은 보통 표면과 평행하게 배근되므로 AB단면에 작용하는 인장력을 T라고 하면 수평력은 $T\cos\alpha$ 이고 요소 BB'D'D에 작용하는 수평력의 균형은 다음과 같다.

$$-T\cos\alpha + (T + dT)\cos\alpha - v\,b\,dx = 0$$

$$dT\cos\alpha = v\,b\,dx$$

여기서 $T\cos\alpha z = M$으로 놓으면 $T\cos\alpha = \dfrac{M}{z}$ 이고 따라서 v는 다음 식 (4·38)과 같이 정리될 수 있다.

$$v = \frac{1}{b}\frac{d}{dx}(T\cos\alpha) = \frac{1}{b}\frac{d}{dx}\frac{M}{z} = \frac{1}{b}\left\{\frac{1}{z}\frac{dM}{dx} - \frac{M}{z^2}\frac{dz}{dx}\right\}$$

$$= \frac{1}{bz}\left\{V - \frac{M}{d}(\tan\alpha + \tan\beta)\right\}$$

$$v = \frac{V - \frac{M}{d}(\tan\alpha + \tan\beta)}{bjd} = \frac{V - \frac{M}{d}(\tan\alpha + \tan\beta)}{bz} \qquad (4\cdot38)$$

따라서 평균 전단응력은 다음 식 (4·39)로 표시되며 이때의 전단력은 식 (4·40)과 같이 표시될 수 있다.

$$v = \frac{V - \frac{M}{d}(\tan\alpha + \tan\beta)}{bd} \qquad (4\cdot39)$$

$$vbd = V - \frac{M}{d}(\tan\alpha + \tan\beta)$$

$$V = V_u - \frac{M_u}{d}(\tan\alpha + \tan\beta) \qquad (4\cdot40)$$

여기서 V_u와 M_u는 고려하는 단면의 계수전단력과 계수모멘트이고, α와 β의 부호는 M_u의 절대값이 증가함에 따라 유효높이 d가 증가하는 경우에는 정(+)의 부호를 취하고, 감소하는 경우에는 부(−)의 부호를 취한다. 단, α와 β의 합계가 30°이상으로 커지면 위의 식은 매우 부정확하게 된다. 따라서 위의 식 (4·40)은 30°를 넘지 않는 범위에서 설계에 사용해도 좋다.

4·6·2 깊은 보

보의 높이가 지간에 비하여 보통의 경우보다 높고, 보의 폭이 지간이나 높이보다 매우 작은 보를 깊은보(deep beam)라고 한다. 일반적으로 보의 지간 l_n(받침부 내면 사이의 거리)과 보의 유효높이 d 와의 비가 $\frac{l_n}{d} < 5$ 인 보를 깊은보라고 한다. 깊은보의 거동은 보통의 보와 달리 강도가 전단에 의해 지배되며 하중의 증가 시 균열의 기울기가 45°보다 크며 경우에 따라서는 수직에 가깝게 된다. 따라서 전단에 대해 보강할 때 그림 4·18과 같이 수직스터럽 외에 수평방향으로도 전단철근을 배치한다.

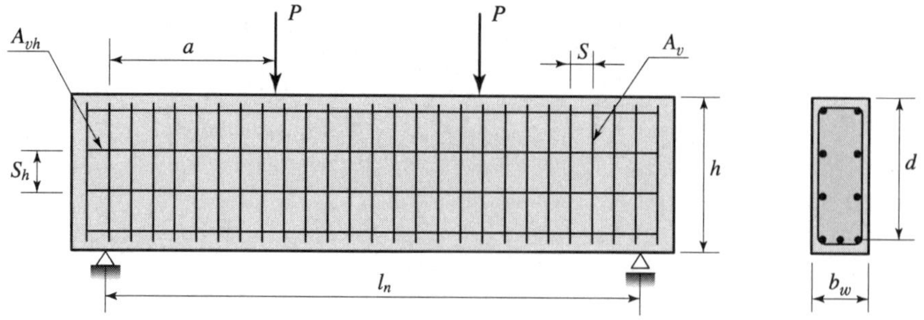

그림 4·18 깊은 보

$\dfrac{l_n}{d} < 5$인 보에서 하중이 상부 또는 압축면에 작용할 경우, 깊은보로 간주하며 이에 대한 전단설계는 식 (4·19)를 기본으로 하여 다음 조항을 따른다.

$$V_u \le \phi\, V_n \tag{4·19}$$

여기서 V_u : 하중계수를 고려한 계수전단력

$V_n = V_c + V_s$: 단면의 공칭전단강도

(1) V_u를 계산하기 위해 고려하는 전단에 대한 위험단면은 보의 받침부 내면에서 다음 거리에 위치하며 유효깊이 d이내여야 한다.

등분포하중을 받는 보의 경우 : 받침부 내면에서 $0.15\, l_n \le d$

집중하중을 받는 보의 경우 : 받침부 내면에서 $0.5\, a \le d$

여기서 l_n : 순경간

a : 받침부로부터 집중하중 작용점까지의 거리

(2) 공칭 전단강도 V_n의 제한

$$\frac{l_n}{d} < 2 \text{인 경우 : } V_n \le (2\sqrt{f_{ck}}/3)\, b_w d \tag{4·41a}$$

$$2 \le \frac{l_n}{d} \le 5 \text{인 경우 : } V_n \le 1/18\left(10 + \frac{l_n}{d}\right)\sqrt{f_{ck}}\, b_w d \tag{4·41b}$$

(3) 콘크리트가 부담하는 공칭전단강도

$$\text{실용식 : } V_c = 1/6\sqrt{f_{ck}}\, b_w d \tag{4·20}$$

정밀식 :

$$V_c = \left(3.5 - 2.5\frac{M_u}{V_u d}\right)\left(0.16\sqrt{f_{ck}} + 17.6\frac{\rho_w V_u d}{M_u}\right)b_w d \le 0.16\sqrt{f_{ck}}\,b_w d \quad (4\cdot42)$$

$$단,\ 3.5 - 2.5\frac{M_u}{V_u d} \le 2.5 \quad (4\cdot43)$$

여기서 M_u : V_u가 계산되는 위험단면에서의 계수 휨모멘트

(4) $V_u > \phi V_c$ 인 구간에 배근되는 전단철근의 공칭전단강도

$$V_s = \left[\frac{A_v}{s}\left(\frac{1+\frac{l_n}{d}}{12}\right) + \frac{A_{vh}}{s_h}\left(\frac{11-\frac{l_n}{d}}{12}\right)\right]f_y d \quad (4\cdot44)$$

여기서 l_n : 받침부 내면 사이의 순경간

A_v : 간격 s로 배근된 수직스터럽의 단면적

A_{vh} : 간격 s_h로 휨 철근에 평행하게 배근된 전단철근의 단면적

s : 수직스터럽의 수평간격

s_h : 수평방향 전단철근의 수직 간격

식 (4·44)에 식 (4·35)를 대입하여 정리하면 다음 식(4·45)이 된다.

$$\left[\frac{A_v}{s}\left(\frac{1+\frac{l_n}{d}}{12}\right) + \frac{A_{vh}}{s_h}\left(\frac{11-\frac{l_n}{d}}{12}\right)\right] = \frac{V_u - \phi V_c}{\phi f_y d} \quad (4\cdot45)$$

또한 설계기준에서 A_v, A_{vh}, s, s_h에 대해 다음과 같이 규정하고 있으므로 모든 값을 연립하여 풀 수 있다.

$$A_v \ge 0.0015\, b_w s \qquad s \le \frac{d}{5},\ 400\text{ mm} \quad (4\cdot46a)$$

$$A_{vh} \ge 0.0025\, b_w s_h \qquad s_h \le \frac{d}{3},\ 400\text{ mm} \quad (4\cdot46b)$$

예제 4·3

그림 4·19와 같이 폭 $b = 300$ mm, 유효깊이 $d = 1{,}000$ mm, 주인장철근 $A_s = 4{,}020\text{ mm}^2$(3－D41), 높이 $h = 1{,}100$ mm 그리고 지간이 4,000 mm인 단순지지보에 고정집중하중 600 kN이 지점에서 1,300 mm 떨어진 곳에 대칭으로 작용하고 있다. $f_{ck} = 24$ MPa이고 $f_y = 400$ MPa일 때 이 보의 전단철근을 설계하여라. 단, 보의 자중은 무시한다.

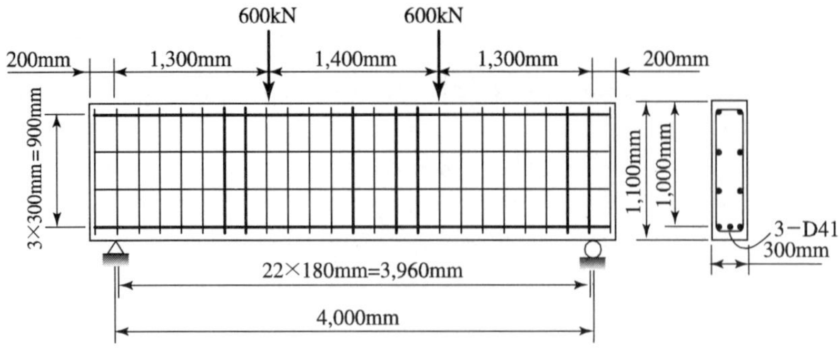

그림 4·19

풀이

전단에 대한 기본식으로 식 (4·19) $V_u \le \phi V_n$를 이용하여 설계한다.

① 깊은 보(deep beam)에 해당하는지 확인한다.

$\dfrac{l_n}{d} = \dfrac{400}{100} = 4 < 5$이므로 깊은보로 설계한다.

② 위험단면에서 계수전단강도 V_u를 계산한다.

깊은 보에서 집중하중을 받는 경우 받침부 내면에서 $0.5a \le d$ 이므로

$0.5a = 0.5 \times 1{,}300 = 650\text{mm} < d = 1{,}000\text{ mm}$

따라서 위험단면은 지점에서 650 mm 떨어진 곳이며 여기에서 계수전단력은 다음과 같이 계산한다.

$V_u = 1.4 \times 600{,}000 = 840{,}000\text{ N}$

③ 공칭 전단강도 V_n의 제한에 대해 검토한다.

$2 \le \dfrac{l_n}{d} \le 5$인 경우에 해당하므로 $V_n \le 1/18\left(10 + \dfrac{l_n}{d}\right)\sqrt{f_{ck}}\, b_w d$ 인지를 확인한다.

$$V_n = \frac{V_u}{\phi} = \frac{840{,}000}{0.8} = 1{,}050{,}000\text{ N} < 1{,}143{,}095\text{ N(OK)}$$

$$1/18\left(10 + \frac{l_n}{d}\right)\sqrt{f_{ck}}\, b_w d = 1/18\left(10 + \frac{4{,}000}{1{,}000}\right)\sqrt{24} \times 300 \times 1{,}000 = 1{,}143{,}095\text{ N}$$

위의 조건을 만족하므로 콘크리트 단면은 적당하다.

④ 콘크리트가 부담하는 공칭전단강도를 계산한다.

실용식 : $V_c = 1/6\sqrt{f_{ck}}\, b_w d = 1/6 \times \sqrt{24} \times 300 \times 1{,}000 = 244{,}949\text{ N}$

정밀식 : $V_c = \left(3.5 - 2.5\dfrac{M_u}{V_u d}\right)\left(0.16\sqrt{f_{ck}} + 17.6\dfrac{\rho_w V_u d}{M_u}\right) b_w d \le 0.16\sqrt{f_{ck}}\, b_w d$

단, $3.5 - 2.5\dfrac{M_u}{V_u d} \le 2.5$이어야 한다. 그리고 위험단면에서 계산되는 계수 전단력 V_u는 ②에서 계산되었고 계수모멘트 M_u는 아래와 같다.

$$V_u = 840{,}000\text{ N}$$

$$M_u = 840{,}000 \times 650 = 546{,}000{,}000 \text{ N}\cdot\text{m}$$

$$3.5 - 2.5\frac{M_u}{V_u d} = 3.5 - 2.5\frac{546,000,000}{840,000 \times 1,000} = 1.875 < 2.5 \text{ (OK)}$$

$$V_c = \left(3.5 - 2.5\frac{M_u}{V_u d}\right)\left(0.16\sqrt{f_{ck}} + 17.6\frac{\rho_w V_u d}{M_u}\right)b_w d$$

$$= 1.875 \times \left(0.16 \times \sqrt{24} + 17.6 \times \frac{4,020}{300 \times 1,000} \times \frac{840,000 \times 1,000}{546,000,000}\right) \times 300 \times 1,000$$

$$= 645{,}000\text{ N} < 1.16\sqrt{f_{ck}}\,b_w d = 1.16 \times \sqrt{24} \times 300 \times 1,000 = 235{,}151\text{ N}$$

$\therefore V_c = 244{,}949$ N (실용식의 결과를 이용)

콘크리트가 부담하는 공칭전단강도를 실용식에 의한 값을 사용하면
$\phi V_c = 0.8 \times 244{,}949\text{ N} = 195{,}959\text{ N} < V_u = 840{,}000$ N이므로 전단에 대한 보강이 필요하다.

⑤ 식 (4·44)와 식 (4·46)을 이용하여 전단철근을 설계한다.

$$V_s = \left[\frac{A_v}{s}\left(\frac{1+\frac{l_n}{d}}{12}\right) + \frac{A_{vh}}{s_h}\left(\frac{11-\frac{l_n}{d}}{12}\right)\right]f_y d \qquad (4\cdot44)$$

여기에서 $V_s = \dfrac{V_u - \phi V_c}{\phi} = \dfrac{840,000 - 0.8 \times 244,949}{0.8} = 805{,}051$ N이므로 윗식에 대입하여 정리하면 다음과 같다.

$$805,051 = \left[\frac{A_v}{s}\left(\frac{1+\frac{4,000}{1,000}}{12}\right) + \frac{A_{vh}}{s_h}\left(\frac{11-\frac{4,000}{1,000}}{12}\right)\right] \times 400 \times 1,000$$

$$\frac{A_v}{s}\left(\frac{5}{12}\right) + \frac{A_{vh}}{s_h}\left(\frac{7}{12}\right) = 2.013$$

$$5\frac{A_v}{s} + 7\frac{A_{vh}}{s_h} = 24.152$$

⑥ 식 (4·46a)에 의해 수직 전단철근을 설계한다.

$$A_v \geq 0.0015\,b_w s \qquad s \leq \frac{d}{5},\ 400\text{ mm} \qquad (4\cdot46a)$$

먼저 수직 전단철근의 간격을 결정하면 다음과 같다.

$\dfrac{d}{5} = \dfrac{1,000}{5} = 200\text{ mm} < 400\text{ mm}$ 이므로 간격 s는 200 mm로 결정한다.

$A_v \geq 0.0015\,b_w s = 0.0015 \times 300 \times 200 = 90\text{ mm}^2$ 이므로 U형 스터럽으로 보강한다면 스터럽 다리가 2개이므로 필요한 단면적 $A_v = \dfrac{90}{2} = 45\text{ mm}^2$ 이다. 따라서 D10(71.3 cm2) U형 스터럽을 200 mm 간격으로 배근한다.

⑦ 식 (4·46b)와 ⑤항의 마지막 식을 이용하여 수평철근을 설계한다.

$$A_{vh} \geq 0.0025\, b_w\, s_h \quad s_h \leq \frac{d}{3},\ 400\ \text{mm} \tag{4·46b}$$

$$5\frac{A_v}{s} + 7\frac{A_{vh}}{s_h} = 24.152$$

먼저 식 (4·46b)의 두 번째 항을 이용하여 수평철근의 간격을 계산하면

$\frac{d}{3} = \frac{1,000}{3} = 333,3$ mm < 400 mm이므로 간격 s_h는 300 mm로 결정한다.

따라서 식 (4·46b)의 첫 번째 항을 이용하여 수평철근의 단면적을 계산하면

$A_{vh} \geq 0.0025\, b_w\, s_h = 0.0025 \times 300 \times 300 = 225\ \text{mm}^2$ 이고, ⑤항의 마지막 식을 이용하여 수평철근의 단면적을 계산하면 다음과 같다.

$$5\frac{A_v}{s} + 7\frac{A_{vh}}{s_h} = 24.152\text{로부터}\ \ 5 \times \frac{7.13 \times 2}{200} + 7 \times \frac{A_{vh}}{300} = 24.152$$

$$A_{vh} = 882\ \text{mm}^2 > 225\ \text{mm}^2\ (\text{OK})$$

따라서 띠철근으로 보강한다면 스터럽 다리가 2개이므로

필요한 단면적 $A_v = \frac{882}{2} = 441\ \text{mm}^2$ 이다.

따라서 D25(506.7 mm^2) 띠철근을 300 mm 간격으로 배근한다.

4·6·3 전단마찰

$\frac{a}{d} < 1.0$ 인 경우, 사인장보다 순수전단 또는 활동이 지배적이므로 전단력의 작용방향으로 균열이 발생하는 경우가 많다. 따라서 전단전달을 고려하여 균열이 발생하거나 발생할 가능성이 있는 면을 가로지르는 철근의 배치가 필요하다.

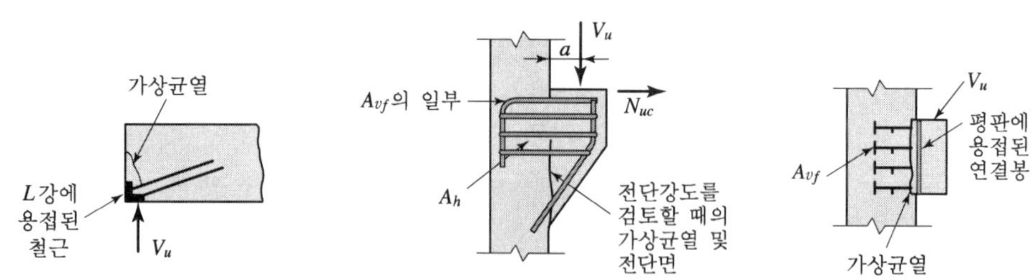

(a) 프리캐스트 보 받침 (b) 내민 받침 (c) 기둥면의 강판

그림 4·20 전단마찰을 고려할 경우

이러한 경우를 예로 들면 다음과 같다.

① 서로 다른 시기에 친 콘크리트의 경계면
② 콘크리트와 강재 사이의 경계면
③ 프리캐스트 구조물에 대한 부재요소의 접합면

1 전단마찰 철근이 전단면에 수직한 경우

균열면에 수직인 전단마찰 철근의 인장력 성분은 균열 내부면에서 압축력으로 작용하여 마찰력 $\mu A_{vf} f_y$를 발생시킨다. 이때 콘크리트가 부담하는 전단력 $V_c = 0$으로 간주한다. 따라서 공칭전단강도는 다음 식 (4·47)로 된다.

$$V_n = \mu A_{vf} f_y \tag{4·47}$$

전단설계에 대한 기본 식과 관련하여 요구되는 전단마찰철근의 단면적을 계산하면 다음 식 (4·48)과 같다.

$$V_u \leq \phi V_n = \phi \mu A_{vf} f_y$$

$$\therefore A_{vf} \geq \frac{V_u}{\phi \mu f_y} \tag{4·48}$$

여기서 $\phi = 0.8$: 전단에 대한 강도감소계수
μ : 마찰계수
A_{vf} : 전단마찰철근(shear-friction reinforcement)
$\mu A_{vf} f_y$: 전단마찰력(shear-friction force)

2 전단마찰 철근이 전단면과 경사를 이룰 경우

이 경우 그림 4·21과 같이 전단마찰 철근의 인장력의 수직성분 $A_{vf} f_y \cos\alpha_f$와 선난마찰력 $\mu A_{vf} f_y \sin\alpha_f$가 존재하게 된다.

따라서 공칭전단강도는 다음 식 (4·49)와 같이 된다.

$$V_n = A_{vf} f_y (\mu \sin\alpha_f + \cos\alpha_f) \tag{4·49}$$

여기서 α_f : 전단마찰 철근과 전단면 사이의 각

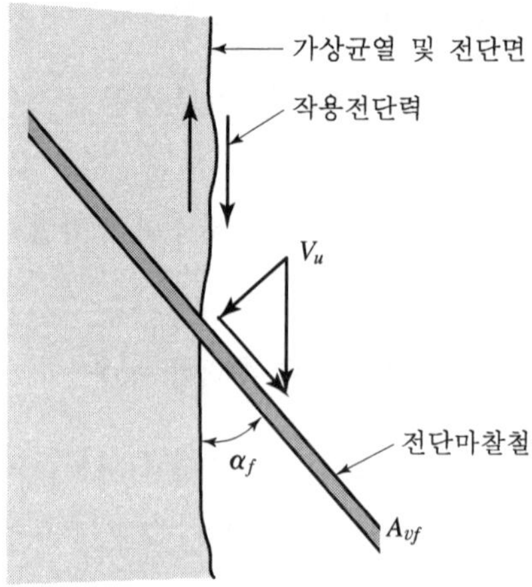

그림 4·21 전단마찰 철근이 전단면과 경사를 이룰 경우

위에서와 마찬가지로 $V_c = 0$으로 간주하여 요구되는 전단마찰철근의 단면적을 계산하면 다음 식 (4·50)과 같다.

$$V_u \le \phi V_n = \phi A_{vf} f_y (\mu \sin\alpha_f + \cos\alpha_f)$$

$$\therefore A_{vf} \ge \frac{V_u}{\phi f_y (\mu \sin\alpha_f + \cos\alpha_f)} \qquad (4\cdot 50)$$

전단마찰이론(shear－friction theory)에서 사용되는 마찰계수 μ는 콘크리트구조 설계기준에서 다음과 같이 정하고 있다.

① 일체로 친 콘크리트 ; $\mu = 1.4\lambda$
② 표면을 거칠게 만든 굳은 콘크리트에 새로 친 콘크리트 ; $\mu = 1.0\lambda$
③ 표면을 일부러 거칠게 하지 않은 굳은 콘크리트에 새로 친 콘크리트 ; $\mu = 0.6\lambda$
④ 스터드에 의하거나 철근에 의해 구조강에 정착된 콘크리트 ; $\mu = 0.7\lambda$

여기서 λ는 일반콘크리트에 대해서는 1.0
모래경량콘크리트에 대해서는 0.85
전 경량콘크리트에 대해서는 0.75

그리고 최대 공칭전단강도 V_n은 $0.2 f_{ck} A_c$ 또한 $5.6 A_c$(단위는 N)이하라야 하며 여기서 A_c는 전단전달을 저항하는 콘크리트 단면의 면적이다. 또한 전단마찰 철근의 설계항복강도는 400 MPa이하라야 한다. 전단마찰철근은 전단면에 걸쳐 적절하게 배치되어야 하며, 또 이 철근 양쪽을 정착길이를 확보하거나 갈고리 또는 특수한 장치에 용접하여 철근이 설계기준항복강도를 발휘할 수 있도록 양측에 정착시켜야 한다.

전단전달(shear transfer)을 효과적으로 하기 위해서 이미 굳은 콘크리트에 새로운 콘크리트를 칠 때 접촉면은 깨끗하고 레이탄스(laitance)가 없도록 하여야 한다. μ가 1.0 λ와 같다고 가정하는 경우의 접촉면은 그 요철의 크기가 대략 6 mm 정도 되게 거칠게 만들어야 한다. 또 스터드를 사용하거나 철근을 용접하여 구조강과 콘크리트 사이에서 전단력이 전달되는 경우에는 구조강은 깨끗하고 페인트가 묻어있지 않아야 한다.

4·6·4 브래킷과 내민받침에 대한 전단마찰

그림 4·22에서와 같이 기둥에 연결된 브래킷(bracket) 또는 내민받침(corbel)이 보를 지지하기 위해 널리 사용된다. 이러한 브래킷이나 내민받침은 보통 $\frac{a}{d}<1$이므로 그 파괴가 전단에 의해 지배되며, 보가 부착되어 있어 크리프, 건주수축 그리고 온도변화에 따른 변형을 구속하여 수평력 N_{uc}를 받게 된다. 따라서 설계기준에서는 전단경간에 대한 깊이의 비 $\frac{a}{d} \leq 1.0$이고 V_u보다 크지 않은 수평인장력 N_{uc}를 받는 브래킷과 내민받침은 다음과 같이 설계하도록 규정하고 있다.

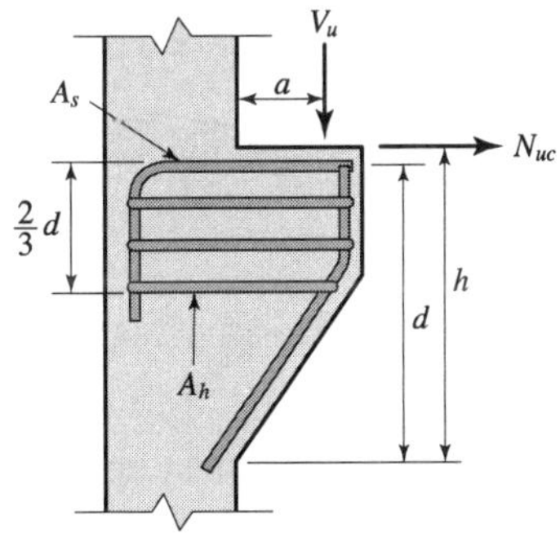

그림 4·22 철근콘크리트 브래킷

그림 4·22에서와 같이 유효깊이 d는 기둥면에서 측정한 값으로 보고 지압면의 외측단의 깊이는 적어도 0.5d 이상으로 하여야 한다. 또한 받침부면의 단면은 전단력 V_u와 휨모멘트 $M_u = [V_u a + N_{uc}(h-d)]$ 및 수평인장력 N_{uc}를 동시에 받을 수 있도록 설계해야 한다. 이에 따라 설계하는 순서와 설계기준을 정리하면 다음과 같다.

① 유효깊이 d와 지압면 외단의 깊이를 결정한다.

일반콘크리트에 대한 전단강도 V_n은 $0.2 f_{ck} b_w d$와 $5.6 b_w d$(단위는 N) 이하로 취하여야 한다. 따라서 V_u를 계산한 후에 다음의 순서에 따른다.

$$V_u \le \phi V_n = \phi \times \begin{pmatrix} 0.2 f_{ck} b_w d \\ 5.6\ b_w d \end{pmatrix} \text{ 두 조건 모두 만족}$$

지압면 외단의 깊이는 0.5 d이상으로 한다.

② 전단력 V_u에 저항하는 전단마찰 철근량 A_{vf}를 계산한다.(4.6.3참조)

$$A_{vf} \ge \frac{V_u}{\phi \mu f_y} \tag{4·48}$$

③ 모멘트 $M_u = [V_u a + N_{uc}(h-d)]$에 저항하는 철근량 A_f를 계산한다.

인장력 N_{uc}는 인장력을 피하도록 특별한 장치가 마련되어 있지 않는 한, $0.2 V_u$이상으로 하여야 하며 활하중으로 간주하여야 한다.

$A_f = \dfrac{M_u}{\phi f_y \left(d - \dfrac{a}{2}\right)}$와 $a = \dfrac{A_f f_y}{0.85 f_{ck} b}$로부터 반복계산하여 정확한 A_f와 a를 계산한다.

④ 수평인장력 N_{uc}에 저항하는 철근량 A_n을 계산한다.

$N_{uc} = \phi A_n f_y$로부터 다음 식 (4·51)과 같이 된다.

$$A_n = \frac{N_{uc}}{\phi f_y} \tag{4·51}$$

⑤ 모멘트와 수평력에 대하여 브래킷 상부에 배근해야 할 철근량 A_f를 계산한다.

즉, 주인장철근의 단면적

$$A_s \ge \begin{pmatrix} A_f + A_n \\ \frac{2}{3} A_{vf} + A_n \\ 0.04\left(\frac{f_{ck}}{f_y}\right) b d \end{pmatrix} \text{중에서 큰 값으로 한다.} \tag{4·52}$$

여기에서 $0.04\left(\dfrac{f_{ck}}{f_y}\right)$는 주인장철근의 최소 철근비이다.

브래킷 또는 내민받침의 전면에서 주인장철근 A_s는 적어도 같은 크기의 횡방향 철근에 구조적으로 용접되어야 하며, 이 용접은 주인장철근 A_s의 설계기준항복강도를 발휘할 수 있게 설계되어야 한다. 주인장철근의 자유단에서 수평으로 구부려 지지부재에 정착되도록 하여야 한다.

⑥ A_s외에 배근할 수평철근량 A_h를 계산한다.

⑤에서 사용한 A_{vf}의 나머지 철근량 $\frac{1}{3}A_{vf}$는 그림 4·21에서와 같이 A_h의 단면적을 가지는 수평 폐쇄스터럽으로 배근한다. 이때 A_s와 나란하게 폐쇄스터럽이나 띠철근으로 배근되는 전체 A_h는 $0.5(A_s - A_n)$ 이상으로 취하여야 한다.

$$A_h \geq \begin{pmatrix} \frac{1}{3}A_{vf} \\ 0.5(A_s - A_n) \end{pmatrix} \text{중에서 큰 값으로 한다.} \qquad (4\cdot53)$$

식 (4·53)에서 계산된 수평철근량 A_h는 A_s에 인접한 유효깊이의 $\frac{2}{3}$ 내에 균등하게 배치해야 한다.

예제 4·4

그림 4·23과 같이 한변의 길이가 400 mm인 기둥면에서부터 200 mm 떨어진 거리에서 고정하중 반력 100 kN과 활하중 반력 200 kN을 지지할 수 있는 브래킷을 설계하시오. 브래킷의 모서리에는 주인장철근 상면에 용접되는 L형강이 있고 그 위에 거더가 놓인다. 단, $f_{ck} = 24$ MPa, $f_y = 400$ MPa이다.

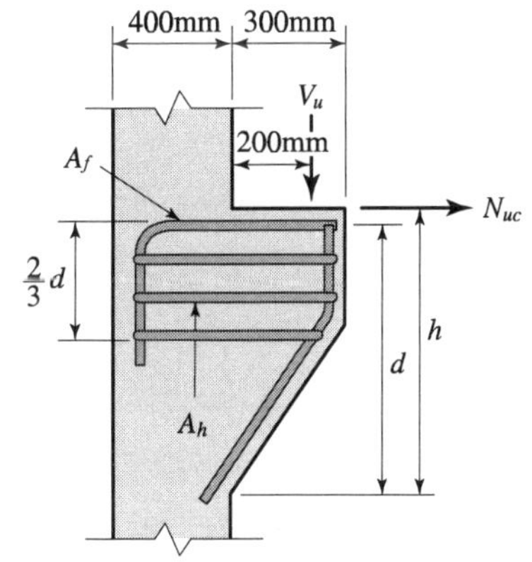

그림 4·23 철근콘크리트 브래킷

풀이

(1) 유효깊이 d와 지압면 외단의 깊이를 결정한다.

먼저 기둥면에서 계수전단력 V_u를 계산하면 다음과 같다.

$$V_u = 1.4\times100{,}000 + 1.7\times200{,}000 = 480{,}000\ \text{N}$$

$$V_u \le \phi V_n = \phi\times\begin{pmatrix}0.2 f_{ck} b_w d \\ 5.6\ b_w d\end{pmatrix} = 0.8\times\begin{pmatrix}0.2\times24\times400\times d \\ 5.6\times400\times d\end{pmatrix} = \begin{pmatrix}1536\,d \\ 1792\,d\end{pmatrix}$$

위의 값 모두를 만족해야 하므로 d=312.5 mm와 d=267.9 mm 중 큰 값 이상이 되어야 한다. 따라서 d = 320 mm로 결정한다. 또한 주철근 도심에서 브래킷 상면까지의 거리를 30 mm로 가정하면 브래킷의 높이 h=320+30=350 mm이다.

지압면 외단의 깊이 $\ge$ 0.5 d = 160 mm이어야 한다.

또한 a/d=200/320=0.63이므로 전단마찰개념으로 설계한다.

(2) 전단력 V_u에 저항하는 전단마찰 철근량 A_{vf}를 계산한다.

여기서 마찰계수 μ는 일체로 친 일반콘크리트로 보아 1.4를 취한다.

$$A_{vf} \ge \frac{V_u}{\phi\mu f_y} = \frac{480{,}000}{0.8\times1.4\times400} = 1{,}071.4\ \text{mm}^2$$

$$\therefore A_{vf} = 1{,}072\ \text{mm}^2\text{로 결정한다.}$$

(3) 모멘트 $M_u = [V_u a + N_{uc}(h-d)]$에 저항하는 철근량 A_f를 계산한다.

$N_{uc} \ge 0.2\,V_u = 0.2\times480{,}000 = 96{,}000$ N 이어야 하며 활하중으로 간주하여야 한다.

따라서 $N_{uc} = 96{,}000$ N로 결정하고 M_u를 계산한다.

$$M_u = [V_u a + N_{uc}(h-d)] = [480{,}000\times200 + 96{,}000\times(350-320)]$$
$$= 98{,}880{,}000\ \text{N}\cdot\text{mm}$$

콘크리트 압축응력의 분포깊이 a = 48 mm로 가정하면

$$A_f = \frac{M_u}{\phi f_y\left(d-\frac{a}{2}\right)} = \frac{98{,}880{,}000}{0.85\times400\times\left(320-\frac{48}{2}\right)} = 982.5\ \text{mm}^2$$

$$a = \frac{A_f f_y}{0.85 f_{ck} b} = \frac{982.5\times400}{0.85\times24\times400} = 48.2\ \text{mm}$$

따라서 철근량 A_f = 985 mm^{2}로 한다.

(4) 수평인장력 N_{uc}에 저항하는 철근량 A_n을 계산한다.

$$A_n = \frac{N_{uc}}{\phi f_y} = \frac{96{,}000}{0.85\times400} = 282.4\ \text{mm}^2$$

(5) 모멘트와 수평력에 대하여 브래킷 상부에 배근해야 할 철근량 A_s를 계산한다.

주인장철근의 단면적은 다음 세 값 중 가장 큰 값으로 결정한다.

$$A_f + A_n = 985 + 282.4 = 1,267.4 \text{ mm}^2$$

$$\frac{2}{3} A_{vf} + A_n = \frac{2}{3} \times 1,072 + 282.4 = 996.6 \text{ mm}^2$$

$$0.04\left(\frac{f_{ck}}{f_y}\right) b\,d = 0.04 \times \left(\frac{24}{400}\right) \times 400 \times 320 = 307.2 \text{ mm}^2$$

따라서 주인장철근의 단면적 $A_s = 1,267.4 \text{ mm}^2$으로 결정하며 이에 해당하는 철근량을 찾아 3－D25(1520.1 mm^2)로 결정한다.

(6) A_s 외에 배근할 수평철근량 A_h를 계산한다.

수평철근의 단면적은 다음 두 값 중 큰 값으로 결정한다.

$$\frac{1}{3} A_{vf} = \frac{1}{3} \times 1072 = 357.1 \text{ mm}^2$$

$$0.5(A_s - A_n) = 0.5 \times (1,267.4 - 282.4) = 491.3 \text{ mm}^2$$

따라서 $A_h = 492.5 \text{ mm}^2$으로 정하고, 이를 만족하는 철근량 3－D16(595.8 mm^2)으로 결정한다. 또한 이 철근량은 A_s에 인접한 유효깊이의 $\frac{2}{3}$ 내에 균등하게 배치해야 하므로 주인장철근에서부터 6 cm 간격으로 배근한다.

4·7 비틀림 설계

일반적으로 휨부재는 휨과 전단을 주로 받는다. 그러나 때에 따라서 휨부재에 휨모멘트와 전단력을 수반한 비틀림(torsion)이 작용하는 경우가 있다. 이러한 비틀림은 부재에 전단응력을 추가로 발생시키고 이에 따른 사인장 응력을 증가시켜 사인장 균열의 원인이 되기도 한다. 그러므로 만약 비틀림을 받는 부재가 이에 대하여 폐쇄스터럽과 종방향 철근으로 적절하게 보강되지 않는다면 전단파괴와 같이 갑작스러운 파괴가 발생할 수 있다.

그런데 종래에는 콘크리트 구조물에 있어서 이와 같은 비틀림의 영향을 2차적인 것으로 보고 특별한 경우를 제외하고는 무시하여 왔다. 그러나 최근에는 구조물의 대형화와 곡선형, 격자형 등과 같은 비대칭구조의 채택 등으로 말미암아 비틀림 모멘트가 지배적인 경우가 자주 등장하게 되어 이에 대한 고려가 필수적인 경우도 많아졌나.

4·7·1 무근 콘크리트 부재의 비틀림

그림 4·24는 부재 양단에서 크기가 같고 방향이 반대인 비틀림 모멘트 T를 받고 있는 일정한 사각형 단면의 무근 콘크리트 부재를 나타낸 것이다. 만약 재료가 탄성적이라면 비틀림 전단응력이 그림 4·24(b)와 같이 실선 분포하게 되며 이때 최대전단응력은 긴 변의 중앙에서 발생하게 된다. 만약 재료가 콘크리트와 같이 비탄성적으로 거동한다면 응력분포는 파선에 근접할 것이다.

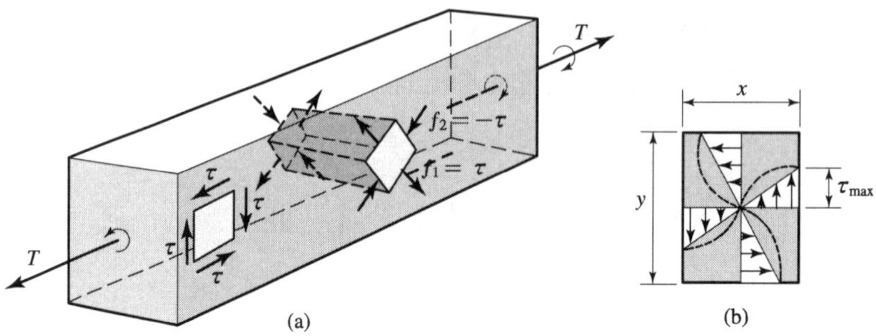

그림 4·24 비틀림에 의한 응력

전단응력은 그림 4·24(a)와 같이 작용하며 주응력방향 즉, 전단방향에 대하여 45°기울기를 가지는 방향에 전단응력과 동일한 크기의 인장응력과 압축응력이 작용하게 된다. 이러한 사인장응력은 4·3에서 언급한 응력과 같다. 그러나 비틀림의 경우에는 그림 4·24(b)와 같이 비틀림으로 인한 전단응력이 부재의 맞은편에서는 반대의 방향을 나타내므로 대응하는 사인장응력은 서로 90°의 각을 이룬다.

주인장응력(diagonal tension stress)이 콘크리트가 저항하는 인장강도를 초과하면 균열이 발생하며 점점 진전하게 된다. 이와 같이 콘크리트에 사인장 균열을 발생시키는 비틀림 모멘트(torque)를 균열 비틀림 모멘트(cracking torque) T_{cr}이라 한다.

비틀림을 받는 부재를 해석하는 데에는 여러 가지 방법이 있다. 그 중에서 이전에는 경사-휨 이론(skew-bending theory)을 사용하여 왔는데 최근 들어 비선형 응력분포에 적합한 박벽관(thin-walled tube), 입체 트러스 이론(space truss theory)으로 비틀림 부재를 해석 · 설계하고 있다.

이 이론에서는 부재단면에 작용하는 전단응력이 부재의 바깥둘레에서부터 어느 정도의 두께 t에 걸쳐 일정한 것으로 간주하여 보를 그림 4·25와 같은 박벽관으로 고려한다. 그러므로 비틀림 모멘트는 관의 벽 속에서 단위길이 당 힘의 단위를 갖는 전단흐름(shear flow) q에 의해 저항하도록 한다. 또한 q를 관의 둘레길이에 걸쳐 일정한 값으로 간주하여 전단흐름의 합력은 벽 속에서 벽의 중심선을 따라 작용하는 것으로 본다.

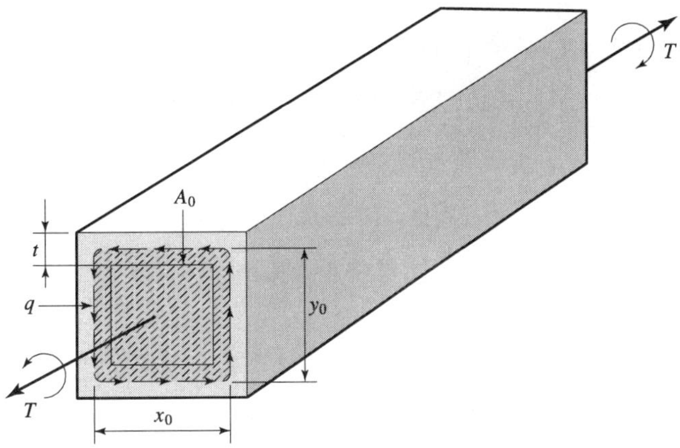

그림 4·25 박벽관

이 때 재하된 비틀림 모멘트 T는 전단흐름 q의 합력을 관의 중심에 대해 모멘트를 취한 값과 같아야 하므로 다음 식 (4·54a)로 표시할 수 있다.

$$T = 2\times q\,x_o\times\frac{y_o}{2} + 2\times q\,y_o\times\frac{x_o}{2} = 2\,q\,x_o\,y_o = 2\,q\,A_o \tag{4·54a}$$

여기서 $x_o\,y_o$는 전단흐름 경로로 둘러싸인 면적이며 A_o로 나타내었다. 따라서 전단흐름 q는 식 (4·54a)로부터 다음 식 (4·54b)와 같이 정리할 수 있다.

$$q = \frac{T}{2A_0} \tag{4·54b}$$

위의 식 (4·54b)는 속찬 단면은 물론 속이 비어 있는 박스 단면에도 적용할 수 있으며 이 때 중앙의 빈 부분의 면적도 A_o에 포함시킨다.

관의 벽 두께가 t 일 때, 벽 속에 작용하는 전단응력 τ는 다음과 같다.

$$\tau = \frac{q}{t} = \frac{T}{2A_0 t} \tag{4·55}$$

식 (4·55)로 계산되는 순수 전단응력은 전단면에 45°기울어진 면을 따라 동일한 크기의 주응력으로 변환되며 이 때 주인장응력이 콘크리트의 인장강도를 초과하면 균열이 발생하게 된다. 그리고 이 경우 2축 응력을 받고 있는데 그 중에서도 가장 불리한 인장과 압축을 받고 있으므로 1축 인장강도보다 작은 $1/3\sqrt{f_{ck}}$를 콘크리트의 인장강도로 취하여 식 (4·55)에 대입하면 다음과 같은 균열 비틀림 모멘트 T_{cr}을 계산할 수 있다.

$$T_{cr} = 1/3\sqrt{f_{ck}}(2A_0 t) \tag{4·56}$$

여기서 f_{ck} : 콘크리트 설계기준 강도

A_o : 전단흐름 경로로 둘러싸인 면적

t : 벽의 두께 $\left(\fallingdotseq \dfrac{A_{cp}}{p_{cp}}\right)$

A_{cp} : 콘크리트 외부둘레로 둘러싸인 단면적

p_{cp} : 콘크리트 단면의 둘레길이

일반적으로 속찬 직사각형 단면 부재에서 t는 단면 최소폭의 $\frac{1}{6} \sim \frac{1}{4}$ 범위에 있으므로 직사각형 단면의 폭이 b이고 높이가 h일 때, $h=2b$인 부재에 대하여 t의 범위 중 $\frac{1}{4}$을 취하면 $A_o = \frac{3}{4}b \times \frac{7}{4}b = \frac{21}{16}b^2$이고 $A_{cp} = b \times 2b = 2b^2$이므로 A_o는 다음과 같다.

$$A_o = \frac{21}{32}A_{cp} \fallingdotseq \frac{2}{3}A_{cp} \tag{a}$$

또한 $p_{cp} = 2\times b + 2\times 2b = 6b$이고 $\dfrac{A_{cp}}{p_{cp}} = \dfrac{2b^2}{6b} = \dfrac{1}{3}b$이므로

$$t = \frac{1}{4}b = \frac{3}{4}\frac{A_{cp}}{p_{cp}} \tag{b}$$

위의 식 (a), (b)를 식 (4·56)에 대입하면

$$T_{cr} = 1/3\sqrt{f_{ck}}(2A_0 t) = 1/3\sqrt{f_{ck}}\left(2\times\frac{2}{3}A_{cp}\times\frac{3}{4}\frac{A_{cp}}{p_{cp}}\right)$$

따라서 다음 식 (4·57)과 같이 균열 비틀림 모멘트 T_{cr}을 얻을 수 있다.

$$T_{cr} = 1/3\sqrt{f_{ck}}\frac{A_{cp}^2}{p_{cp}} \tag{4·57}$$

여기서 T_{cr} : 콘크리트 부재의 균열 비틀림 모멘트

f_{ck} : 콘크리트 설계기준 강도

A_{cp} : 콘크리트 외부둘레로 둘러싸인 단면적

p_{cp} : 콘크리트 단면의 둘레길이

보가 슬래브와 일체로 된 부재 또는 합성구조로 된 부재에서 A_{cp}와 p_{cp}를 계산할 경우, 그림 4·26과 같이 슬래브 위 또는 아래로 내민 높이 중 큰 높이 만큼을 보의 양쪽으로 연장한 슬래브 부분까지를 보로 본다.

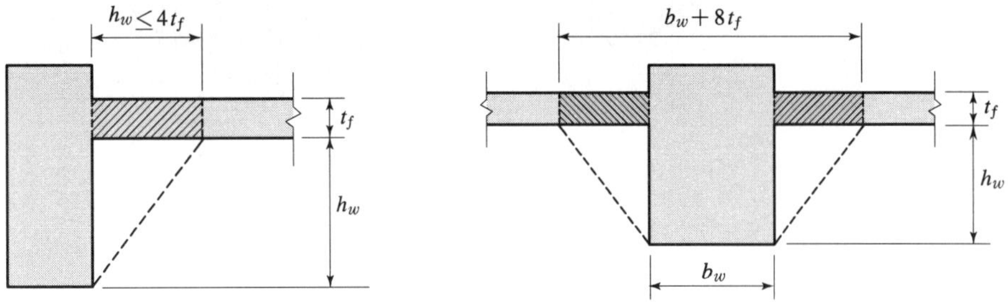

그림 4·26 보에 포함해야 할 슬래브 면적

4·7·2 철근콘크리트 부재의 비틀림

균열 비틀림 모멘트 T_{cr}보다 큰 비틀림에 저항시키기 위해 배근하는 폐쇄스터럽(closed stirrup)과 종방향 철근(longitudinal bar)을 비틀림 철근(torsion reinforcement)이라고 한다.

철근 콘크리트보가 균열 비틀림 모멘트를 받으면 나선형의 균열을 일으키고, 일단 균열이 발생하면 콘크리트의 비틀림 저항은 비균열 부재의 약 1/2 정도로 저하되며 나머지는 보강된 비틀림 철근이 담당하게 된다.

많은 실험 결과에 의하면 전단 경로에 둘러싸인 면적으로, 균열 전에는 박벽관의 벽 중심선에서 측정된 면적을 사용했는데 균열 발생 후에는 바깥쪽 폐쇄스터럽의 중심선에서 측정된 면적을 사용해야 하는 것으로 나타났다.

부재의 비틀림 저항에 대한 해석은 비틀림 균열과 평행한 힘을 받는 나선형 콘크리트 사재(spiral concrete diagonal)와 횡방향 인상 부재(transverse tension tie)를 담당하는 폐쇄스터럽(closed stirrup) 그리고 종방향 인장현(tension chord)의 역할을 하는 종방향 철근으로 구성된 입체트러스로 간주하여 이루어진다. 이러한 박벽관, 입체트러스 이론은 실제거동을 단순화한 것이며 실제로는 비틀림 강도를 과소평가하게 된다.

그림 4·27과 같이 직사각형 단면을 가진 부재의 비틀림 저항은, 등가의 속빈 관(equivalent hollow tube)에서 각각의 네 벽에 존재하는 전단력의 기여를 합하여 나타낼 수 있다.

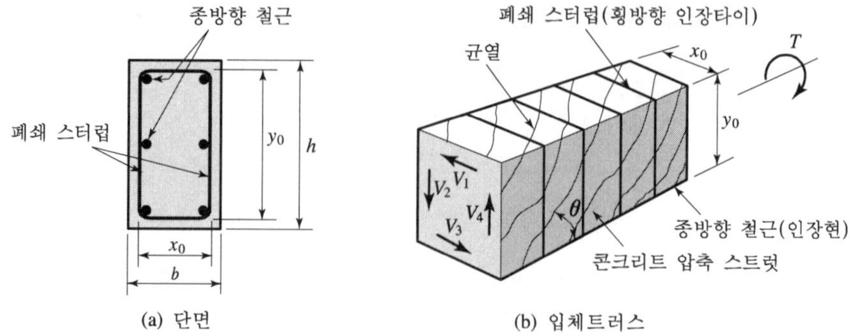

그림 4·27 입체 트러스 이론

예를 들어 관의 우측 수직벽에 작용하는 전단력이 비틀림 저항에 기여하는 정도는 다음과 같다.

$$T_4 = V_4 \frac{x_0}{2} \tag{a}$$

θ의 각도로 발생한 균열에 평행한 모서리를 포함한 수직벽에서 단면의 평형은 그림 4·28에 표시된 것과 같이 이루어질 수 있다.

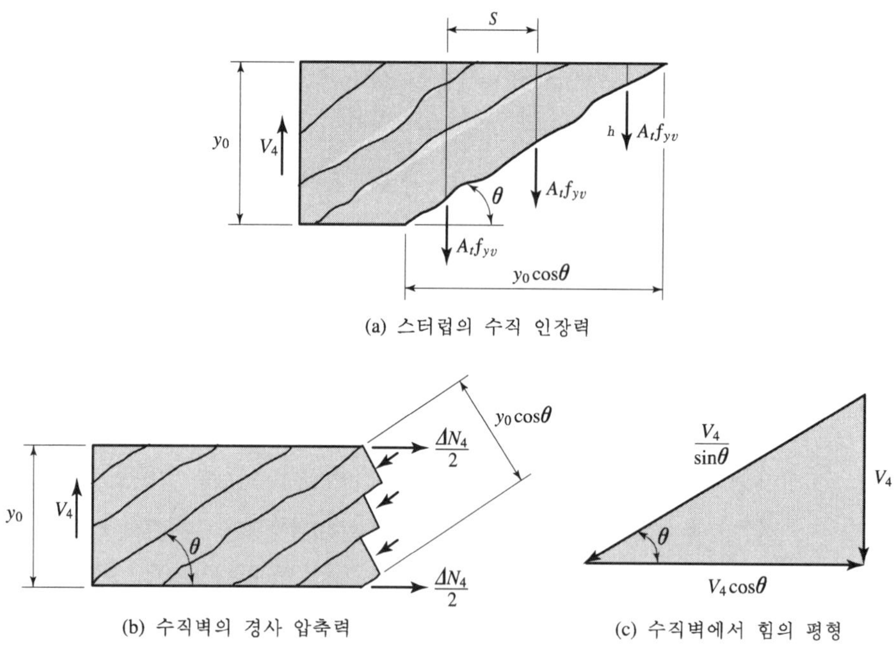

그림 4·28 비틀림 설계의 기본원리

그림 4·27(a)에서 균열과 교차된 스터럽이 항복한다면 고려중인 벽에서 전단력은 다음과 같다.

$$V_4 = n A_t f_{yv} \tag{b}$$

여기서 n : 균열과 교차된 스터럽의 수

A_t : 폐쇄스터럽 다리 하나의 단면적

f_{yv} : 폐쇄스터럽의 항복강도

그림 4·28(a)에서와 같이 균열의 수평 정사영(horizontal projection)은 $y_0 \cot\theta$이므로 균열과 교차되는 스터럽의 수는 $n = \dfrac{y_0 \cot\theta}{s}$이다. 따라서 식 (b)는 다음과 같이 된다

$$V_4 = \frac{A_t f_{yv} y_0}{s} \cot\theta \tag{c}$$

여기서 s : 스터럽의 간격

θ : 콘크리트 압축 스터럿의 경사각

위의 식(c)를 식(a)에 대입하면

$$T_4 = \frac{A_t f_{yv} y_0}{s} \cot\theta \times \frac{x_0}{2} = \frac{A_t f_{yv} x_0 y_0}{2s} \cot\theta \tag{d}$$

각각의 수평 및 수직벽에 대하여 식 (d)와 같은 표기를 쉽게 유도할 수 있으므로 네 벽에 작용하는 전단력으로 인한 비틀림력을 모두 더하면 다음과 같이 공칭 비틀림 강도를 얻을 수 있다.

$$T_n = \sum_{i=1}^{4} T_i = \frac{2 A_t f_{yv} x_0 y_0}{s} \cot\theta \tag{e}$$

여기서 폐쇄스터럽으로 둘러싸인 면적을 $x_0 y_0 = A_{oh}$라 하면 식(e)는 다음 식(4·58)로 된다.

$$T_n = \frac{2 A_{oh} A_t f_{yv}}{s} \cot\theta \tag{4·58}$$

비틀림 균열에 평행한 경사 압축 스트럿은 입체 트러스로 간주된 단면의 평형에 필요하며 수직벽에서 스트럿에 작용하는 압축력의 수평분력은 축방향 인장력 ΔN_4와 평형을 이루어야 한다. 부재 둘레에 전단흐름이 등분포한다고 가정하였으므로 스트럿의 경사응력도 등분포로 볼 수 있으며 이 축방향력의 합력의 작용선은 벽의 중간 높이와 일치한다.

따라서 그림 4·28(c)에서와 같이 비틀림으로 인한 축방향력의 변화에 대해 우측 수직벽이 부담하는 힘은 다음과 같다.

$$\varDelta N_4 = V_4 \cot\theta = \frac{A_t f_{yv} y_0}{s} \cot^2\theta$$

그러므로 네 변 모두에 대한 축방향력을 합산하면 다음 식 (4·59)로 된다.

$$\varDelta N = \sum_{i=1}^{4} \varDelta N_i = \frac{A_t f_{yv}}{s} 2(x_0 + y_0)\cot^2\theta = \frac{A_t f_{yv} p_h}{s} \cot^2\theta \qquad (4·59)$$

여기서 p_h는 폐쇄스터럽의 중심선에서 잰 둘레길이이다.

식 (4·59)에서 계산된 축방향력 $\varDelta N$은 종방향 철근이 지지해야하므로 만약 종방향 철근이 항복하도록 설계한다면 다음과 같다.

$$\varDelta N = A_l f_{yl} = \frac{A_t f_{yv} p_h}{s} \cot^2\theta$$

$$\therefore\ A_l = \frac{A_t}{s} p_h \frac{f_{yv}}{f_{yl}} \cot^2\theta \qquad (4·60)$$

여기서 A_l : 비틀림에 저항하기 위한 종방향 철근의 총단면적

f_{yl} : 종방향 철근의 항복강도

균열 발생 후, 전단흐름 경로로 둘러싸인 유효면적 A_o는 앞에서 사용한 A_{oh}보다 다소 작다는 것이 실험에 의해 밝혀져 왔다. 따라서 감소된 값으로 $A_o = 0.85A_{oh}$가 추천되고 있으며 여기서 A_{oh}는 횡방향 철근의 중심선으로 둘러싸인 면적이다. 그러므로 식 (4·58)에서 A_{oh}는 0.85 A_{oh}로 대치되어야 한다. 이와 더불어 극한하중에 가까운 하중에서 등가의 관 두께는 $t = \frac{A_{oh}}{p_h}$에 근접한다는 것이 실험에 의해 알려졌다.

4·7·3 전단과 비틀림의 조합

부재가 비틀림만을 받는 경우는 매우 드물며 일반적인 경우에 휨모멘트와 전단력을 받는 부재가 추가로 비틀림 모멘트에 저항하여야 한다. 비 균열 부재에서는 전단력은 물론 비틀림 모멘트가 전단응력을 발생시키며, 균열부재에서는 이들이 경사 스트럿에 작용하는 하중을 증가시켜 사인장 균열의 폭을 증가시키고 횡방향 보강재에 작용하는 하중 또한 증가시킨다.

철근 콘크리트보에서 재하된 전단력에 의한 공칭전단응력은 $v_v = \frac{V}{b_w d}$ 이고, 비틀림에 의한 전단응력은 $\tau_t = \frac{T}{2A_o t}$ 이다.

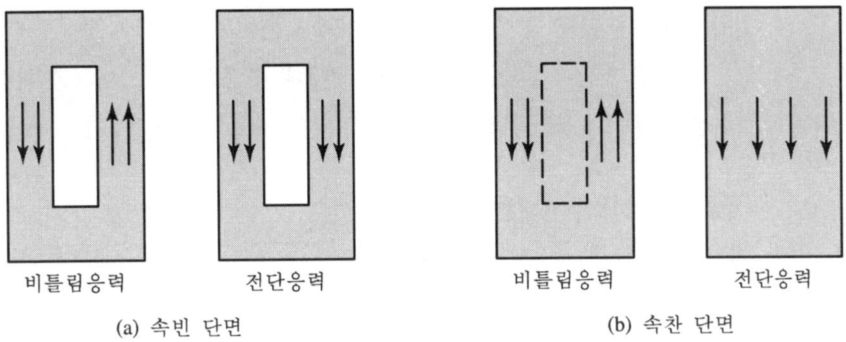

그림 4·29 비틀림 응력과 전단응력의 합산

그림 4·29(a)와 같이 속빈 단면에 있어서 이 응력들은 부재의 한 변에서 직접 더하면 된다. 따라서 $A_o = 0.85A_{oh}$이고 $t = \frac{A_{oh}}{p_h}$ 인 균열단면에서 최대전단응력은 다음과 같이 표현될 수 있다.

$$\tau = v_v + \tau_t = \frac{V}{b_w d} + \frac{T p_h}{1.7 A_{oh}^2} \tag{4·61}$$

속찬 단면에 있어서 전단응력은 그림 4·29(b)와 같이 분포되므로 실험에 의하면 식 (4·61)은 속찬 단면에 대하여 약간 과보존적(overconservative)이므로 최대전단응력에 대한 보다 근접한 방법으로 다음 식 (4·62)이 주어진다.

$$\tau = \sqrt{\left(\frac{V}{b_w d}\right)^2 + \left(\frac{T p_h}{1.7 A_{oh}^2}\right)^2} \tag{4·62}$$

식 (4·61)과 식 (4·62)는 사용하중과 극한하중상태에서 콘크리트의 전단응력 계산에 이용된다.

4·7·4 비틀림 설계

비틀림에 필요한 철근량은 다음 식 (4·63)에 의해 계산하여야 한다.

$$T_u \le T_d = \phi T_n \tag{4·63}$$

여기서 T_u : 계수 비틀림 모멘트(factored torsional moment)

T_d : 설계 비틀림 강도(design torsional strength)

$\phi = 0.8$: 비틀림에 대한 강도 감소 계수

T_n : 부재의 공칭 비틀림 강도(nominal torsional strength)

철근콘크리트 보에서 위험단면은 받침부 전면으로부터 지간쪽으로 유효깊이 d 만큼 떨어진 곳으로 본다. 그러나 만약 d 이내에서 집중된 비틀림이 발생하면 설계 시 위험단면은 받침부 전면이 된다. 따라서 계수 비틀림 모멘트 T_u는 이러한 위험단면에서 계산되어야 한다.

1 비틀림이 무시되는 경우

철근콘크리트 부재에서 계산된 계수 비틀림 모멘트 T_u가 다음과 같은 경우에는 설계 시 비틀림에 대한 고려를 무시할 수 있다.

$$T_u < \phi(\sqrt{f_{ck}}/12)\frac{A_{cp}^2}{p_{cp}} \tag{4·64}$$

여기서 A_{cp} : 외부둘레로 둘러싸인 콘크리트의 총단면적($= x_o y_o$ mm^2)

p_{cp} : 콘크리트 단면의 외부 둘레길이($= 2(x_o + y_o)$ mm)

2 비틀림이 작용하는 경우 단면치수의 제한

전단과 비틀림의 합응력에 의해 발생되는 미세한 균열의 감소와 경사압축응력에 의한 콘크리트 표면의 파괴를 방지하기 위해 설계기준에서는 다음과 같이 규정하고 있다.

a. 속찬 단면

이 단면에서 전단에 대한 응력은 단면의 전체 폭에 걸쳐서 발생하지만 비틀림에 의한 응력은 박벽관 이론에 의해 구한 값으로 다음과 같다.

$$\sqrt{\left(\frac{V_u}{b_w d}\right)^2 + \left(\frac{T_u p_h}{1.7 A_{oh}^2}\right)^2} \le \phi\left(\frac{V_c}{b_w d} + \frac{2\sqrt{f_{ck}}}{3}\right) \tag{4·65}$$

b. 속빈 단면

이 단면에서는 전단과 비틀림에 의해 발생한 전단응력을 직접 더한 관계를 다음과 같이 만족하여야 한다.

$$\frac{V_u}{b_w d} + \frac{T_u p_h}{1.7 A_{oh}^2} \le \phi\left(\frac{V_c}{b_w d} + \frac{2\sqrt{f_{ck}}}{3}\right) \tag{4·66}$$

여기서 $V_c = 1/6\sqrt{f_{ck}}\, b_w d$

p_h : 폐쇄스터럽 중심선으로 둘러싸인 둘레길이

A_{oh} : 폐합스터럽의 중심선으로 둘러싸인 면적

위의 식 (4·65)와 식 (4·66)이 만족되지 않을 경우 부재의 단면치수를 늘리거나 설계기준강도 f_{ck}를 크게 해야한다. 만약 속빈 단면의 주위로 벽의 두께가 변한다면 윗 식 (4·66)의 좌변이 최대가 되는 위치에서 계산되어야 한다. 또한 벽의 두께가 A_{oh}/p_h보다 작다면 식 (4·66)의 둘 째 항을 $\left(\dfrac{T_u}{1.7A_{oh}t}\right)$로 취하여야 한다. 여기서 t는 응력이 계산되는 위치에서 속빈 단면의 벽 두께이다.

3 부재의 공칭 비틀림 강도 T_n 계산

부재의 공칭 비틀림 강도 T_n을 계산할 때는 모든 비틀림이 스터럽과 주철근에 의해 저항되고 $T_c = 0$라고 가정하여야 하며 동시에 콘크리트에 의한 전단저항 V_c는 비틀림에 의해 변하지 않는다고 가정하여야 한다. 따라서 공칭비틀림 강도 T_n은 다음 식 (4·67)으로 계산된다.

$$T_n = \frac{2A_oA_tf_{yv}}{s}\cot\theta = \frac{T_u}{\phi} \tag{4·67}$$

여기서 A_0는 $0.85\,A_{oh}$로 취할 수 있고, 압축경사각 θ는 30°이상 60°이하의 값으로서 프리스트레싱 되지 않은 부재나 프리스트레스 힘이 주철근 인장강도의 40% 미만인 경우는 45°로 취할 수 있고, 프리스트레스 힘이 주철근 인장강도의 40% 이상인 경우는 37.5°로 취할 수 있다.

4 횡방향 철근량 계산

비틀림에 저항하기 위한 횡방향 철근량 A_t는 위의 식 (4·67)로부터 다음 식 (4·68)로 된다.

$$A_t = \frac{T_u s}{2\phi A_o f_{yv}\cot\theta} = \frac{T_u s}{2\phi A_o f_{yv}}\tan\theta \tag{4·68}$$

여기서 A_o : 전단흐름경로로 둘러싸인 면적($=0.85\,A_{oh}$)

A_{oh} : 폐합스터럽의 중심선으로 둘러싸인 면적

A_t : 폐쇄스터럽 다리 하나의 단면적

f_{yv} : 폐쇄스터럽의 항복강도

s : 폐쇄스터럽의 간격

θ : 콘크리트 압축스트럿의 기울기

비틀림 철근의 설계 항복강도는 400 MPa이하로 취하여야 한다. 또한 A_o는 $0.85A_{oh}$로 취할 수 있고 압축경사각 θ는 30°~60°의 값으로서 철근콘크리트보의 경우 일반적으로 45°로 취할 수 있다.

여기서 횡방향 비틀림 철근의 간격은 $\frac{p_h}{8}$ 보다 작아야 하고, 또한 300 mm보다 작아야 한다. 즉,

$$s < \begin{pmatrix} \frac{p_h}{8} \\ 30\text{ mm} \end{pmatrix} \text{중에서 작은 값}$$

p_h : 폐쇄스터럽 중심선으로 둘러싸인 둘레길이

비틀림모멘트를 받는 속빈 단면에서는 횡방향 비틀림철근의 중심선에서 단면 내벽까지의 거리가 $0.5A_{oh}/p_h$ 이상이 되어야 한다.

5 종방향 철근량 계산

비틀림에 저항하기 위한 종방향 철근은 다음 식(4·69)로 된다.

$$A_l = \frac{A_t}{s} p_h \left(\frac{f_{yv}}{f_{yl}} \right) \cot^2\theta \qquad (4\cdot69)$$

여기서 A_l : 종방향 철근의 단면적

f_{yl} : 종방향 철근의 항복강도

나머지 변수는 위의 식에서와 동일하게 하고 종방향 철근은 폐쇄스터럽의 둘레에 따라 300 mm 이하의 간격으로 분포시켜야 한다. 또한 종방향 철근은 스터럽 내부에 배치되어야 하며, 스터럽의 각 모서리에 최소한 하나의 종방향 철근이 있어야 한다. 이러한 종방향 철근의 직경은 스터럽 간격의 1/24 이상이 되어야 하며, D10 이상의 철근이어야 한다.

6 전단력에 대한 전단철근의 계산

전단력에 대한 전단철근의 설계는 앞 4·5에 따른다. 만약 수직스터럽을 사용한다면 다음 식을 이용한다.

$$A_v \geq \frac{s(V_u - \phi V_c)}{\phi f_y d} \tag{4·36b}$$

7 전체 횡방향 철근의 결정

비틀림과 전단에 대한 스터럽의 요구량을 서로 더해서 다음 식 (4·70)과 같은 최소한의 전체 소요량이 만족되도록 스터럽을 배치해야 한다.

$$\frac{A_{v+t}}{s} \geq \frac{A_v}{s} + 2\frac{A_t}{s} \tag{4·70}$$

여기서 A_v : 전단력에 대한 전단철근의 단면적

A_t : 비틀림에 대한 폐쇄스터럽의 단면적

8 최소 비틀림 철근량의 검토

비틀림을 고려해야 하는 구간에 대하여 다음의 조건을 만족해야 한다. 횡방향 철근의 최소 면적은 다음 식으로 검토한다.

$$(A_v + 2A_t) \geq \frac{0.35 b_w s}{f_{yv}} \tag{4·71}$$

종방향 철근의 최소 면적은 다음 식으로 검토한다.

$$A_{l,}\min = \frac{0.42\sqrt{f_{ck}}A_{cp}}{f_{yl}} - \left(\frac{A_t}{s}\right)p_h\frac{f_{yv}}{f_{yl}} \tag{4·72}$$

단, $\dfrac{A_t}{s} \geq \dfrac{0.175 b_w}{f_{yv}}$ 이어야 한다.

비틀림 철근은 계산상으로 필요한 위치를 넘어 $(b_t + d)$이상의 거리까지 배근시켜야 한다. 여기서 b_t는 폐쇄스터럽이 배치된 단면의 폭이다.

예제 4·5

그림 4·30과 같이 폭 $b = 400$ mm, 유효깊이 $d = 530$ mm, 보의 높이 $h = 600$ mm, 휨 철근의 단면적 $A_s = 2{,}570$ mm^2(4 − D29), 인 보의 지지면에서 거리 d만큼 떨어진 곳에 계수전단력 $V_u = 200{,}000$ N과 계수 비틀림 모멘트 $T_u = 2 \times 10^7$ N · mm가 작용할 때 전단철근을 설계하시오. 단, $f_{ck} = 24$ MPa, $f_y = 300$ MPa인 철근을 사용한다. D29의 직경은 28.6 mm이고 D13의 직경은 12.7 mm이다.

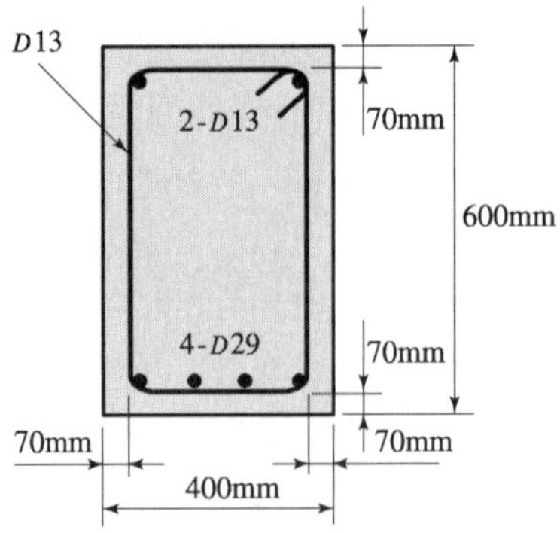

그림 4·30 주어진 단면

풀이

(1) 비틀림을 고려해야 하는지 확인한다.

$$T_u < \phi(1/12\sqrt{f_{ck}})\frac{A_{cp}^2}{p_{cp}} \qquad (4\cdot64)$$

여기서 $T_u = 2\times10^7\,\mathrm{N\cdot mm}$

$A_{cp} = 400\times600 = 240{,}000\,\mathrm{mm^2}$

$p_{cp} = 2\times(400+600) = 2000\,\mathrm{mm}$

$$\phi(1/12\sqrt{f_{ck}})\frac{A_{cp}^2}{p_{cp}} = 0.8\times(1/12\times\sqrt{24})\times\frac{240{,}000^2}{2{,}000} = 9{,}406{,}041\,\mathrm{N\cdot mm}$$

$\therefore\ T_u > \phi(1/12\sqrt{f_{ck}})\dfrac{A_{cp}^2}{p_{cp}}$ 이므로 비틀림을 고려해야 한다.

(2) 콘크리트 단면의 적절성을 검토한다. 속찬 단면이므로 다음에 대해 검토한다.

$$\sqrt{\left(\frac{V_u}{b_w d}\right)^2+\left(\frac{T_u p_h}{1.7A_{oh}^2}\right)^2} \le \phi\left(\frac{V_c}{b_w d}+\frac{2\sqrt{f_{ck}}}{3}\right) \qquad (4\cdot65)$$

여기서 $V_u = 200{,}000\,\mathrm{N}$, $T_u = 2\times10^7\,\mathrm{N\cdot mm}$

$p_h = 2\times\{(400-2\times7+28.6+12.7)+(600-2\times70+28.6+12.7)\} = 1{,}605.2\,\mathrm{mm}$

$A_{oh} = (400-2\times70+28.6+12.7)\times(600-2\times70+28.6+12.7) = 151{,}041.69\,\mathrm{mm^2}$

$V_c = 1/6\sqrt{f_{ck}}\,b_w d = 1/6\times\sqrt{24}\times400\times530 = 173{,}097.3\,\mathrm{N}$

식 (4·65)는 다음과 같이 계산된다.

$$\sqrt{\left(\frac{V_u}{b_w d}\right)^2+\left(\frac{T_u p_h}{1.7A_{oh}^2}\right)^2} = \sqrt{\left(\frac{200{,}000}{400\times530}\right)^2+\left(\frac{20{,}000{,}000\times1{,}605.2}{1.7\times151{,}042.69^2}\right)^2} = 1.255$$

$$\phi\left(\frac{V_c}{b_w d} + \frac{2\sqrt{f_{ck}}}{3}\right) = 0.8\times\left(\frac{173,097.3}{400\times530} + 2/3\times\sqrt{24}\right) = 3.266$$

따라서 $\sqrt{\left(\frac{V_u}{b_w d}\right)^2 + \left(\frac{T_u p_h}{1.7A_{oh}^2}\right)^2} < \phi\left(\frac{V_c}{b_w d} + \frac{2\sqrt{f_{ck}}}{3}\right)$이므로 단면의 크기는 적절하다.

(3) 부재의 공칭 비틀림 강도 T_n 계산

$$T_n = \frac{T_u}{\phi} = \frac{20,000,000}{0.8} = 25,000,000 \text{ N}$$

(4) 횡방향 철근량 계산

$$A_t = \frac{T_u s}{2\phi A_o f_{yv} \cot\theta} = \frac{T_u s}{2\phi A_o f_{yv}} \tan\theta \tag{4·68}$$

여기서 $A_o = 0.85A_{oh} = 0.85\times151,041.69 = 128,385.4\text{mm}^2$

$f_{yv} = 300 \text{ MPa}$

$\theta = 45°$

$s < \begin{pmatrix} \frac{p_h}{8} \\ 300\text{ mm} \end{pmatrix}$중에서 작은 값이므로 $\left(\frac{p_h}{8} = \frac{1,605.2}{8} = 200.65\text{ mm} < 300\text{ mm}\right)$

s는 200.65mm 보다 작아야 한다. 따라서 철근간격 $s = 200\text{ mm}$로 하면

$$\therefore\ A_t = \frac{T_u s}{2\phi A_o f_{yv}} \tan\theta = \frac{20,000,000\times200}{2\times0.8\times128,385.4\times300}\times\tan45° = 64.9\text{mm}^2$$

따라서 폐쇄스터럽 다리 하나의 단면적 $A_t = 64.9\text{ mm}^2$이다.

(5) 종방향 철근량 계산

$$A_l = \frac{A_t}{s} p_h\left(\frac{f_{yv}}{f_{yl}}\right)\cot^2\theta \tag{4·69}$$

여기서 $f_y = f_{yv} = f_{yl} = 300\text{ MPa}$이므로

$$\therefore\ A_l = \frac{64.9}{200}\times1,605.2\times\left(\frac{300}{300}\right)\times\cot^2 45° = 520.96\text{ mm}^2$$

(6) 전단력에 대한 전단철근의 계산

$V_u \le V_d = \phi V_n = \phi(V_c + V_s)$로부터

$$V_s = \frac{A_v f_y d}{s} \ge \frac{V_u - \phi V_c}{\phi} = \frac{200,000-0.8\times173,097.3}{0.8} = 76,902.7\text{ N}$$

$V_s > 1/3\sqrt{f_{ck}}\, b_w d$인지 확인하여 철근 간격을 결정한다.

$$1/3\sqrt{f_{ck}}\, b_w\, d = 1/3\times\sqrt{24}\times 400\times 530 = 346,194.55\ \text{N}$$

$V_s > 1/3\sqrt{f_{ck}}\, b_w\, d$ 이므로 철근간격을 $0.5d$ 이하 600 mm 이하로 한다.

$0.5d = 265$ mm < 600 mm이므로 철근의 간격 $s = 200$ mm로 결정하면

$$A_v \geq \frac{s(V_u - \phi V_c)}{\phi f_y d} = \frac{200\times(200,000 - 0.8\times 173,097.3)}{0.8\times 300\times 530} = 96.7\ \text{mm}^2$$

(7) 전체 횡방향 철근의 결정

$$\frac{A_{v+t}}{s} \geq \frac{A_v}{s} + 2\frac{A_t}{s} = \frac{96.7}{200} + 2\times\frac{64.9}{200} = 1.13\ \text{mm}$$

이고, 전체철근의 간격은 전단력에 대한 횡방향 철근간격과 비틀림에 대한 횡방향 철근간격을 모두 만족시켜야 하므로 200 mm로 결정하면

$$A_{v+t} \geq 1.13\times 200 = 226.55\ \text{mm}^2$$

(8) 최소 비틀림 철근량의 검토

횡방향 철근의 최소 면적을 식 (4·71)로 검토한다.

$$(A_v + 2A_t) = 226.55\text{mm}^2 > \frac{0.35\, b_w\, s}{f_{yv}} = \frac{0.35\times 400\times 200}{300} = 93.33\,(\text{O.K.})$$

종방향 철근의 최소 면적을 식 (4·72)로 검토한다.

$$\begin{aligned} A_{l,\min} &= \frac{0.42\sqrt{f_{ck}}\,A_{cp}}{f_{yl}} - \left(\frac{A_t}{s}\right) p_h \frac{f_{yv}}{f_{yl}} \\ &= \frac{0.42\times\sqrt{24}\times 24,000}{300} - \left(\frac{64.91}{200}\right)\times 1,605.2\times\frac{300}{300} \\ &= 1,125.1\ \text{mm}^2 > \text{A}_l = 520.96\ \text{mm}^2\ (\text{Not O.K.}) \end{aligned}$$

단, $\dfrac{A_t}{s} \geq \dfrac{0.175\, b_w}{f_{yv}}$ 이어야 한다. 따라서

$$\frac{A_t}{s} = \frac{64.9}{200} = 0.3245 > \frac{0.175\, b_w}{f_{yv}} = \frac{0.175\times 400}{300} = 0.2333\ (\text{O.K.})$$

따라서 종방향 철근 $A_l = 1{,}125.1\ \text{mm}^2$ 이상으로 배근한다.

(9) 철근의 배치

① 횡방향 철근 : 위에서 200 mm간격으로 226.55 mm^2을 배근하여야 하는데 폐합스터럽으로 배근할 때 스터럽의 다리가 2개이므로 226.55/2 = 113.3 mm^2이 되어야 한다. 따라서 D13(126.7 mm^2)을 200 mm간격으로 배근한다.

② 종방향 철근 : 위에서 종방향 철근 A_l = 1,125.1 mm^2을 배근하여야 하는데 설계기준에 의하면 종방향 철근은 폐쇄스터럽의 둘레에 따라 300 mm 이하의 간격으로 분포시켜야 하고 스터럽 내부에 배치되어야 하며, 스터럽의 각 모서리에 최소한 하나를 배치해야 한다. 또한 이러한 종방향 철근의 직경은 스터럽 간격의 1/24 이상이 되어야 하며, D10 이상이어야 한다.

· 직경 : $\frac{s}{24} = \frac{200}{24} = 8.333$ mm < D10 의 직경 = 9.53 mm이므로

철근의 직경은 D10 이상이라야 한다.

· 간격 : $d - d' = 530 - 7 = 460$ mm > 300 mm

따라서 보의 상단, 중단, 하단에 각각 $\frac{A_l}{3}$ 을 배근한다.

$$\frac{A_l}{3} = \frac{1,125.1}{3} = 375.0 \text{ mm}^2$$

그런데 각 단에 2개의 종방향 철근이 배근되므로 철근 1개의 단면적은 375/2 = 187.5mm^2 이상이라야 한다. 따라서 D16(198.6 mm^2)을 배근하면 된다.

· 상단 : 2−D13(253.4 mm^2) + 2−D16(397.2 mm^2) = 650.6 mm^2이므로

2−D22(=774.2 mm^2)를 배근한다.

· 중단 : 2−D16(=397.2 mm^2)를 배근한다.

· 하단 : 4−D29(2,570mm^2)+2−D16(397.2 mm^2)= 2,967.2 mm^2이므로

4−D32(=3,177 mm^2)를 배근한다.

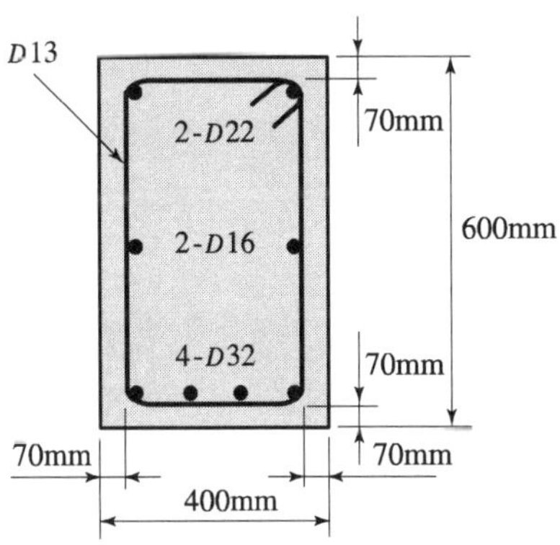

그림 4·31 최종 배근단면

연습문제

4.1 최대 계수전단력 $V_u = 200$ kN를 받는 단순지지보의 단면을 직사각형으로 설계하고자 한다. 보의 단면이 전단에 의해 지배된다면 $f_{ck} = 4$ MPa일 때 다음의 경우에 대해 단면적을 결정하시오.

① 전단철근을 보강하지 않을 경우
② 최소전단철근을 보강할 경우
③ 전단철근을 최대로 보강할 경우

4.2 $b = 400$ mm, $d = 600$ mm인 직사각형 단면의 보가 계수전단력 $V_u = 350$ kN을 받을 때 전단철근을 수직스터럽으로 설계하시오. 단, $f_{ck} = 24$ MPa인 콘크리트를 사용하고 $f_y = 400$ MPa인 철근을 사용하고자 한다.

4.3 계수전단력 $V_u = 400$ kN을 받는 직사각형 보가 있다. 보의 폭 $b = 300$ mm이고, 유효깊이 $d = 500$ mm일 때 전단철근을 설계하시오. 단, 전단철근은 수직스터럽으로 하며 $f_{ck} = 21$ MPa, $f_y = 350$ MPa이다.

4.4 $b = 400$ mm, $d = 600$ mm, $h = 700$ mm이고 지간이 10,000 mm인 직사각형 단면의 단순지지보가 있다. 여기에 등분포 고정하중 20 N/mm, 등분포 활하중 20 N/mm가 작용할 때 전단철근을 수직스터럽으로 설계하시오. 단, $f_{ck} = 24$ MPa, $f_y = 400$ MPa이고 자중을 반드시 고려하시오.

4.5 고정하중 20 N/mm와 활하중 10 N/mm를 받는 $b = 250$ mm, $d = 450$ mm인 직사각형 단순보가 있다. 이 보의 지간이 16,000 mm일 때 전단철근을 설계하시오. 단, $f_{ck} = 28$ MPa, $f_y = 400$ MPa이다.

4.6 $b = 400$ mm, $d = 600$ mm, $h = 700$ mm이고 지간이 10,000 mm인 직사각형 단면의 단순지지보가 있다. 여기에 등분포 고정하중 20 N/mm, 등분포 활하중 20 N/mm가 작용할 때 전단철근을 30°의 경사를 갖는 경사스터럽으로 설계하시오. 단, $f_{ck} = 24$ MPa, $f_y = 400$ MPa이고 자중을 반드시 고려하시오.

4.7 $b = 700$ mm, $d = 600$ mm, $h = 700$ mm이고 지간이 8,000 mm인 직사각형 단면의 단순지지보가 있다. 여기에 등분호 고정하중 $w_d = 10$ N/mm와 등분포 활하중 $w_l = 10$ N/mm, 그리고 집중하중 140 kN이 양지점에서 2,000 mm 떨어진 곳에 각각 작용할 때 전단철근을 수직스터럽으로 설계하시오. 단, $f_{ck} = 24$ MPa, $f_y = 400$ MPa이고 자중을 반드시 고려하시오.

4.8 보의 폭 $b = 300$ mm, 유효깊이 $d = 600$ mm, 높이 $h = 700$ mm인 직사각형 단면의 보가 있다. 여기에 등분호 고정하중 $w_d = 20$ N/mm(자중포함)과 등분포 활하중 $w_l = 40$ N/mm이 작용할 때 다음 각 경우에 대해 전단에 대한 위험단면에서 콘크리트가 부담할 수 있는 전단강도 V_c를 계산하시오. 보는 지간 6,000 mm의 단순지지이고 휨 철근은 $3-D35$가 지점 끝까지 연속되어 있다. 단, $f_{ck} = 28$ MPa, $f_y = 400$ MPa이고 자중을 반드시 고려하시오.

① 축방향력이 작용하지 않는 경우

② 계수 축방향 압축력 740 kN가 작용할 경우

③ 계수 축방향 인장력 200 kN가 작용할 경우

4.9 폭 $b = 400$ mm, 높이 $h = 2,000$ mm, 경간 3,000 mm인 깊은 보가 양 지점에서 400×400 mm의 기둥으로 지지되어 있고 보의 중앙에 계수집중하중 2,600 kN이 작용할 때, 보의 휨 및 전단에 대하여 설계하시오. 단, $f_{ck} = 28$ MPa, $f_y = 400$ MPa이다.

4.10 400×400 mm로 된 정사각형 기둥에서 돌출된 폭 $b = 300$mm, 높이 $h = 400$ mm의 브래킷에 기둥면에서 $a = 100$ mm인 곳에서 수직방향으로 고정하중에 의한 반력 100 kN와 활하중에 의한 반력 200 kN이 작용할 때 브래킷을 설계하시오. 단, $f_{ck} = 28$ MPa, $f_y = 400$ MPa이다.

4.11 단면이 300×600 mm인 직시각형보에 계수 비틀림 $T_u = 20$ MN·mm가 작용할 때 비틀림 보강 철근을 계산하시오. 단, $f_{ck} = 28$ MPa, $f_y = 400$ MPa이다.

4.12 계수 전단력 $V_u = 200$ kN과 계수 비틀림 $T_u = 30$ MN·mm를 받는 직사각형보에서 필요한 스터럽 철근량을 계산하여라. 보의 $b = 400$ mm, $d = 500$ mm, $h = 600$ mm이고 $4-D32$가 단철근으로 보강되어 있다. 단, $f_{ck} = 24$ MPa, $f_y = 350$ MPa이다.

5장 정착과 이음

5·1 서 론

일반적으로 구조물에 재하되는 하중이 증가함에 따라 구조부재의 변형이 증가하게 되는데 이에 저항하는 성질을 강성이라고 한다. 강성에는 인장강성, 휨강성, 비틀림강성 등이 있는데 그 중 휨변형에 저항하는 휨강성에는 탄성계수 E와 단면2차 모멘트 I가 관계된다. 여기에서 탄성계수 E는 재료의 고유한 성질을 나타내는 반면 단면2차 모멘트 I는 부재의 기하학적 단면의 성질을 나타내며 형상과 관계된다. 그런데 철근콘크리트 부재가 휨을 받을 때 각 재료가 일체로 작용하지 않으면, 즉 경계면에서 활동하면 부재의 단면2차 모멘트는 철근과 콘크리트 각각의 중립축에 대한 단면2차 모멘트의 합으로 구성하게 되므로 일체로 작용할 경우보다 작은 단면2차 모멘트를 갖게 된다. 따라서 동일한 하중에 대해 커다란 변형을 유발시키며 또한 콘크리트와 철근이 각각의 중립축을 형성하게 되어 휨으로 인한 인장응력과 압축응력을 받게 되므로 콘크리트의 결점인 인장저항을 철근으로 보강한다는 의미가 없어지게 된다.

철근콘크리트가 구조체로 성립되는 이유 중 하나가 콘크리트 속에 묻힌 철근이 콘크리트와 일체가 되어 외력에 저항한다는 것이다. 이와 같이 두 재료가 일체로 작용하기 위해서는 두 재료 사이의 부착력이 커서 그 경계면에서 철근이 축방향으로 활동하지 않아야 한다. 이 때 철근과 콘크리트의 경계면에서 활동에 저항하는 것을 철근콘크리트의 부착(bond)이라고 하며 이러한 부착은 주로 다음의 세 가지 작용에 의해 얻어진다.

① 시멘트 풀과 철근 표면의 화학적 점착력(chemical adhesion)

② 철근과 콘크리트 사이의 마찰력(friction)

③ 이형철근 표면의 요철에 의한 기계적 저항력

만약 원형 철근이 사용된다면 위의 작용 중 비교적 약한 화학적 점착력과 교면마찰력만이 부착강도로 작용하며 큰 하중으로 인해 이러한 저항력이 무너지면 철근이 콘크리트에서 빠져나와 부재의 파괴로 이어진다. 따라서 구조물이 안전을 유지하기 위해서는 콘크리트 속의 철근이 인장력이나 압축력을 받게 될 때 철근이 그 기능을 발휘하기 위해서 철근의 단부가 콘크리트로부터 빠져나오지 않도록 해야한다. 이와 같이 철근의 끝부분이 콘크리트 속에서 빠져나오지 않도록 고정하는 것을 철근의 정착(anchorage)이라고 한다.

실제의 하중하에서 철근과 콘크리트의 응력 및 부착응력은 그림 5·1과 같다.

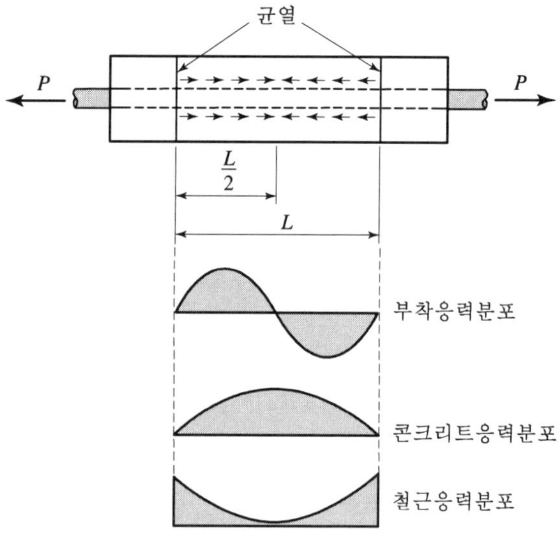

그림 5·1 균열 사이의 응력분포

5·2 부착에 영향을 미치는 요인

많은 실험적 연구에 의해 부착에 영향을 미치는 요인들이 확인되었고 또한 실험 데이터의 분석을 통해 현재 설계에 사용되는 경험식이 도출되었다. 가장 기본이 되는 요인들을 열거하면 다음과 같다.

1 **콘크리트의 인장강도**(tensile strength)

부착강도는 다른 조건이 일정할 때 콘크리트의 인장강도가 클수록 커지며, 일반적으로 이러한 인장강도는 압축강도가 클수록 커진다. 이형철근을 사용한 경우 철근 둘레의 콘크리트에 대한 철근의 쐐기작용이 콘크리트의 인장강도를 초과하면 쪼갬(splitting)형태의 부착파괴를 일으키므로, 비록 실험적으로 유도된 정착길이 공식에 콘크리트의 인장강도가 분명하게 나타나 있지 않지만 분모에 $\sqrt{f_{ck}}$항을 포함하여 콘크리트 인장강도의 영향을 반영하고 있다.

2 **피복두께**(cover distance)

부착에 관한한 철근의 중심으로부터 콘크리트 표면까지의 최외단거리로 측정된 두께(cover)가 인장쪼갬파괴에 영향을 미친다. 만약 수평이나 수직방향의 두께가 증가된다면 이형철근의 쐐기작용으로 발생되는 인장응력에 보다 잘 저항할 수 있으므로 인장쪼갬파괴에 대한 저항성이 증가하며 이는 부착강도의 증가로 이어진다. 따라서 정착길이는 짧아진다.

3 **철근의 간격**(bar spacing)

철근의 간격이 증가하면 한 개의 철근이 유발하는 인장력에 저항하는 콘크리트가 증가되어 부착강도를 증진시키며 따라서 정착길이를 줄일 수 있다.

4 **횡방향 보강**(lateral reinforcement)

스터럽과 같은 횡방향 보강철근에 작용하는 인장력은 균열의 발생을 저지하는 경향이 있으므로 수평이나 수직방향의 쪼갬 파괴에 대한 인장철근의 저항능력을 향상시킨다.

5 **철근의 표면상태**

철근의 표면상태는 마찰계수를 변화시켜 철근과 콘크리트 사이의 마찰력(friction)에 영향을 준다. 따라서 이형철근은 원형철근보다 마찰력이 크고 이형철근 표면의 요철에 의한 기계적 저항력이 발생하기 때문에 부착강도가 훨씬 크다. 근래에 와서 부식성 환경에 놓이게 되는 구조물에는 에폭시도막철근이 사용되고 있는데 이는 콘크리트와의 점착력을 감소시켜 부착강도를 저하시킨다.

❻ 철근의 위치 및 방향

일반적으로 수평철근은 수직철근보다 부착강도가 떨어지고 같은 수평철근이라도 상부철근은 하부철근보다 부착강도가 작다. 이는 워커빌리티를 확보하기 위해 사용된 초과수량과 기포가 콘크리트 시공시 상부로 떠오르면서 상부철근 하면에 모여 부착면적을 감소시키기 때문이다. 실험에 의하면 철근 아래로 300 mm 이상의 콘크리트가 있을 때 부착강도의 손실이 크게 나타난다.

5·3 부착응력

그림 5·2(a)와 같은 철근콘크리트 보가 표면을 매끄럽게 처리한 원형철근을 삽입하여 만들어졌다면, 즉 철근과 콘크리트의 경계면에서 부착력이 존재하지 않는다면 그림 5·2(b)와 같이 하중이 재하될 때 보는 휨 변형을 받게 되고 철근은 원래의 길이를 유지하게 된다. 이것은 휨에 의해 인장변형을 받는 인접한 콘크리트에 대해 철근이 축방향으로 활동했다는 것을 보여주며 이러한 보는 무근콘크리트 보와 거의 비슷한 거동을 나타낸다.

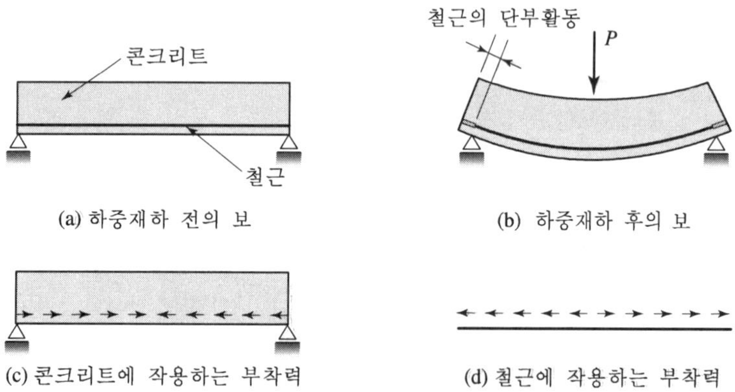

그림 5·2 휨에 의한 부착응력

철근콘크리트 보가 의도한 것처럼 거동하기 위해서는 철근과 콘크리트의 경계면에서 활동을 방지하기 위해 부착력이 발생해야 한다. 그림 5·2(c)는 휨에 의해 콘크리트에 작용하는 부착력을 나타내며, 그림 5·2(d)는 동일한 크기를 가지고 반대방향으로 철근에 작용하는 부착력을 보여준다. 이때 부착력으로 인해 발생하는 단위면적당 힘을 부착응력이라고 한다.

철근에 작용하는 인장응력은 휨모멘트의 변화에 따라 변화하게 되고 부착응력은 철근의 인장응력에 따라 변화한다. 이와 같이 휨모멘트의 변화에 따라 변화되는 부착응력을 휨부착 응력(flexural bond stress)이라고 한다.

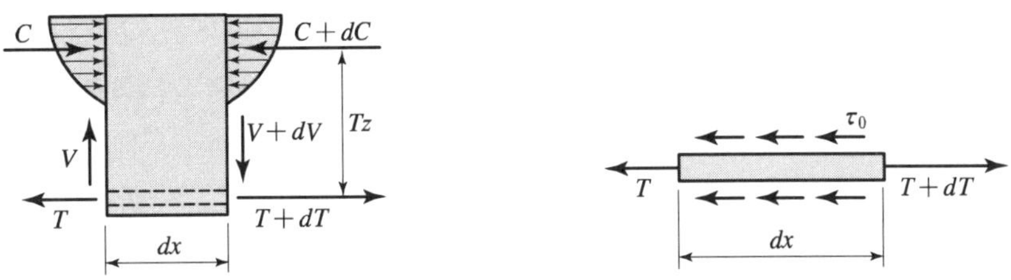

(a) 철근콘크리트 미소요소의 자유물체도 (b) 철근 요소의 자유물체도

그림 5·3 보의 미소길이에 작용하는 힘과 응력

그림 5·3(a)와 같이 거리 dx만큼 떨어진 보의 한 부분을 고려하면 한쪽 단면의 모멘트는 다른 쪽 단면의 모멘트와 미소량 dM만큼 차이가 있다. 만약 균열 후에 콘크리트는 어떠한 인장응력에도 저항하지 못한다고 가정한다면 부재에 작용하는 내력은 그림 5·3(a)와 같다. 여기에서 휨모멘트의 변화량 dM은 다음과 같이 철근에 작용하는 인장력을 변화시킨다.

요소의 좌측면을 고려하면 $C = T = \dfrac{M}{z}$이고 우측면을 고려하면 $C + dC = T + dT = \dfrac{M + dM}{z}$이다.

여기서 z는 보의 압축력 C와 인장력 T의 팔 길이를 나타낸다. 따라서 철근의 직경을 d_b라고 하고 부착응력을 τ_0라고 하면 그림 5·3(b)로부터 다음과 같은 힘의 평형방정식이 성립한다.

$$T + dT - T - \tau_0 \pi d_b dx = \frac{M + dM}{z} - \frac{M}{z} - \tau_0 \pi d_b dx = \frac{dM}{z} - \tau_0 \pi d_b dx = 0$$

$$\therefore \quad \tau_0 = \frac{1}{\pi d_b z} \cdot \frac{dM}{dx} = \frac{V}{\pi d_b z} \qquad (5 \cdot 1)$$

즉, 철근은 평형상태에 있어야 하므로 철근에 작용하는 인장력의 변화는 철근과 콘크리트의 접촉면에서 부착에 의한 반대방향의 힘으로 상쇄된다. 또한 국부적인 부착응력은 철근에 작용하는 인장력의 변화율에 비례한다. 즉, 임의의 단면에서 단위 부착응력은 휨모멘트의 변화율인 전단력에 비례한다는 것을 나타낸다.

식 (5·1)은 콘크리트가 인장에 저항하지 못할 만큼 균열이 많이 발생한 곳에 위치한 인장철근에 적용된다. 그러므로 단순지간 및 연속지간의 정모멘트 구역에서는 바닥철근에, 부모멘트 구역에서는 상부철근에 적용된다. 그러나 압축철근에서는 휨 부착응력이 매우 작기 때문에 적용되지 않는다.

종래의 허용응력 설계법에서는 식 (5·1)로 휨부착을 검토해 왔으나 이 식은 이론적인 평균값을 나타내므로 실제의 정확한 부착응력과 거리가 있으며 높은 휨부착응력 발생 시 보의 강도와 상관성이 적기 때문에 강도 설계법에서는 사용하지 않고 있다.

5·4 정착 부착

휨부재에서 인장철근의 단면적은 휨모멘트에 의해 결정되며 철근의 인장력은 철근과 콘크리트의 경계면에서 부착력에 의해 지지된다. 이때 부착력이 철근의 인장력을 전달할 수 있을 만큼 철근이 콘크리트 속에 정착되지 않는다면 그 철근은 활동하게 된다. 따라서 휨부재의 모멘트 저항능력은 철근의 단면적은 물론 철근의 묻힘길이와도 관계된다.

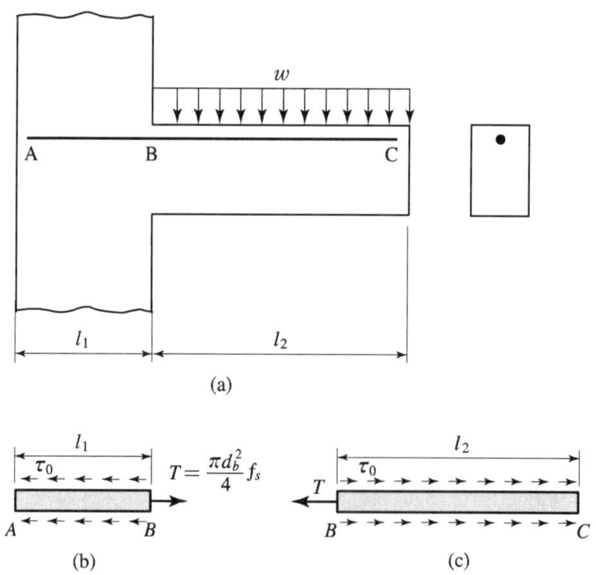

그림 5·4 정착 부착응력

그림 5·4와 같은 캔틸레버보를 고려하여 주어진 하중에 대해 지름이 d_b인 철근 한 개로 인장에 저항한다고 가정하자. 최대 휨모멘트가 발생하는 B점에서 철근에 작용하는 응력을 f_s라 하면 철근의 인장력은 $f_s \times \frac{\pi d_b^2}{4}$이고, 이 인장력은 묻힘길이 l_1에서 부착응력에 의해 콘크리트에 전달된다. l_1부분의 철근 표면적에 작용하는 평균부착응력을 τ_0라고 하면 다음과 같은 힘의 평형방정식이 성립한다.

$$\tau_0 \pi d_b l_1 - f_s \frac{\pi d_b^2}{4} = 0$$

$$\therefore \ \tau_0 = \frac{f_s d_b}{4 l_1} \tag{5·2}$$

이러한 부착응력을 정착 부착응력(anchorage bond stress)이라고 하며 철근의 인장력이 변화하는 구간에서의 평균 극한부착응력을 나타낸다. 식 (5·2)를 다시 정리하면 철근의 정착길이(development length)는 다음과 같다.

$$l_1 = \frac{f_s d_b}{4 \tau_0} \tag{5·3}$$

여기서 l_1은 철근의 인장응력 f_s를 콘크리트에 전달하는데 필요한 묻힘길이이다. 이러한 철근의 정착길이(development length)를 충분히 취할 수 없는 경우에는 표준갈고리를 사용하여 기계적 정착작용을 추가할 수 있다.

강도설계법에서는 부재의 설계강도를 철근이 항복할 경우로 간주하므로, 철근이 항복할 때까지 활동하지 않고 그 기능을 발휘할 수 있는 최소의 묻힘길이를 정착길이 l_d라고 하며 식 (5·3)의 관계를 이용하면 다음과 같이 된다.

$$\therefore \ l_d = \frac{f_y d_b}{4 \tau_u} \tag{5·4}$$

여기서 τ_u는 극한 부착응력(ultimate bond stress)이고, f_y는 철근의 항복강도이다.

5·5 철근의 정착

5·5·1 철근의 정착 방법

철근의 단부를 콘크리트에 정착시키기 위해서는 다음의 방법 중 하나 또는 두 가지 이상의 방법을 사용한다.

❶ 묻힘길이에 의한 정착

철근이 전체강도 $A_s f_y$를 발휘할 수 있도록, 즉 항복강도에 도달할 때까지 콘크리트에서 빠지지 않도록 철근을 직선으로 콘크리트 속에 충분히 묻어 넣는 방법이다. 이때 철근과 콘크리트의 부착에 의해 정착이 이루어지며 콘크리트 속에 묻힌길이(length of embedment)를 정착길이(development length)라고 한다. 이 정착방법은 이형철근에 한하여 사용된다.

❷ 갈고리에 의한 정착

철근 끝을 표준 갈고리로 만들어서 갈고리의 기계적 작용과 직선부분의 부착이 조합되도록 정착하는 방법이다. 이러한 갈고리는 정착력을 증가시키는데 매우 효과적이므로 보통 원형철근의 정착에는 반드시 갈고리를 두어야 한다. 이형철근을 사용할 경우라도 부재의 고정지점, 접합부, 확대기초, 캔틸레버의 고정단과 자유단 등의 정착부에는 갈고리를 두는 것이 좋다.

❸ 기타 방법에 의한 정착

정착하고자 하는 철근의 횡방향으로 여러 가지 모양의 철근을 용접해 붙이는 방법이 있고, 또 특별한 정착장치를 사용하는 경우도 있다.

일반적으로 인장철근의 정착에는 주로 ❶과 ❷의 방법이 함께 사용된다. 압축철근의 정착길이는 인장철근보다 짧아도 되며 갈고리의 효과가 별로 없어서 압축철근의 정착에는 갈고리를 사용하지 않는다.

5·5·2 묻힘 길이에 의한 정착

정착길이의 계산에 사용하는 $\sqrt{f_{ck}}$ 값은 8.37 MPa를 초과하지 않아야 한다. 이것은 f_{ck}가 70 MPa를 초과하더라도 정착길이가 감소되지 않기 때문이다.

❶ 인장 이형철근 및 이형철선의 정착

인장 이형철근 및 이형철선의 정착길이 l_d는 다음 식 (5·5)의 기본정착길이 l_{db}에 표 5·1의 보정계수를 곱하여 계산된 값 또는 식 (5·6)에 의해 계산된 값 중 하나를 선택하여 적용할 수 있다. 또한 식 (5·7)에 해당하는 경우에는 이를 적용하여야 한다. 그러나 이렇게 구한 정착길이 l_d는 항상 300 mm 이상이어야 한다.

인장 이형철근 및 이형철선의 기본정착길이 l_{db}는 다음 식 (5·5)에 의해 구해야 한다.

$$l_{db} = \frac{0.6\,d_b f_y}{\sqrt{f_{ck}}} \qquad (5\cdot5)$$

여기서 d_b는 철근의 공칭지름(mm)이다.

정착길이 l_d는 철근의 종류, 철근의 간격, 피복두께, 철근 배근 위치, 에폭시 도막 여부 및 콘크리트의 종류에 따라 표 5·1의 보정계수를 고려하여 구한다.

표 5·1에 수록된 α, β, λ는 다음과 같이 구할 수 있다.

① α = 철근 배근 위치계수

ⓐ 상부철근(정착길이 또는 이음부 아래 300 mm를 초과되게 굳지 않은 콘크리트를 친 수평철근) : 1.3

ⓑ 기타 철근 : 1.0

② β = 에폭시 도막계수

ⓐ 피복두께가 3 d_b 미만 또는 순간격이 6 d_b 미만인 에폭시 도막철근 또는 철선 : 1.5

ⓑ 기타 에폭시 도막철근 또는 철선 : 1.2

ⓒ 도막되지 않은 철근 : 1.0

표 5·1 보정계수

조 건 \ 철근지름	D19 이하의 철근과 이형철선	D22 이상의 철근
① 정착되거나 이어지는 철근의 순간격이 d_b 이상이고 피복두께도 d_b 이상이면서 l_d 전 구간에 설계기준에서 규정된 최소 철근량 이상의 스터럽 또는 띠철근을 배근한 경우 또는 ② 정착되거나 이어지는 철근의 순간격이 2 d_b 이상이고 피복두께가 d_b 이상인 경우	0.8 $\alpha\beta\lambda$	1.0 $\alpha\beta\lambda$
③ 기타 (상기 ①과 ②의 조건 외)	1.2 $\alpha\beta\lambda$	1.5 $\alpha\beta\lambda$

③ λ = 경량콘크리트 계수

ⓐ f_{sp}가 주어지지 않은 경량콘크리트 : 1.3

ⓑ f_{sp}가 주어진 경량콘크리트 : $\frac{\sqrt{f_{ck}}}{1.76 f_{sp}} \geq 1.0$

ⓒ 일반콘크리트 : 1.0

④ 에폭시 도막철근이 상부철근인 경우에 상부철근의 보정계수 α와 에폭시 도막 계수 β의 곱 $\alpha\beta$ 가 1.7보다 클 필요는 없다. 즉, $\alpha\beta \leq 1.7$ 이어야 한다.

식 (5·5)의 기본정착길이에 표 5·1의 보정계수를 곱하여 정착길이를 구하는 방법과 다음 식 (5·6)에 의해 정착길이를 구하여 둘 중 하나를 선택하여 적용할 수 있다.

$$l_d = \frac{0.9 d_b f_y}{\sqrt{f_{ck}}} \frac{\alpha\beta\gamma\lambda}{\left(\frac{c+K_{tr}}{d_b}\right)} \tag{5·6}$$

식(5·6)에서 $\frac{c+K_{tr}}{d_b}$은 2.5 이하이어야 한다. 그리고 식(5·6)의 계수 γ, c와 K_{tr}은 다음과 같다.

① γ = 철근 또는 철선의 크기계수

ⓐ D19 이하의 철근과 이형철선 : 0.8

ⓑ D22 이상의 철근 : 1.0

② c = 철근 간격 또는 피복두께에 관련된 치수

철근 또는 철선의 중심으로부터 콘크리트 표면까지의 최단거리 또는 정착되는 철근 또는 철선의 중심 간 거리의 1/2 중 작은 값을 사용하여 mm 단위로 나타낸다.

③ K_{tr}=횡방향 철근지수

$$K_{tr} = \frac{A_{tr} f_{yt}}{10.7 s n}$$

여기서 A_{tr} : 정착된 철근을 따라 쪼개질 가능성이 있는 면을 가로질러 배근된 간격 s 이내에 있는 횡방향 철근의 전체 단면적(mm^2)

f_{yt} : 횡방향 철근의 설계기준 항복강도(MPa)

s : 정착길이 l_d 구간 내에 있는 횡방향 철근의 최대 중심 간 간격(mm)

n : 쪼개질 가능성이 있는 평면을 따라 정착되거나 이어지는 철근 또는 철선의 수

횡방향 철근이 배근되어 있더라도 설계를 간편하게 하기 위해 $K_{tr}=0$으로 사용할 수 있다.

휨부재에 배근된 철근량이 해석에 의해 요구되는 소요철근량을 초과하는 경우는 계산된 정착길이에

$$\left(\frac{\text{소요 } A_s}{\text{배근 } A_s}\right) \tag{5·7}$$

를 곱하여 정착길이를 감소시킬 수 있다. 다만 f_y를 발휘하도록 정착을 특별히 요구하는 경우는 적용되지 않는다.

예제 5·1

그림 5·5는 라멘구조에서 보와 기둥의 접합부를 나타낸다. 해석결과 보의 단부에 요구되는 부철근의 단면적은 1,285 mm^{2}인데, 실제로는 2－D32(1,588 mm^2)가 배근되었다. 보의 폭 $b=250$ mm, 유효높이 $d=460$ mm, 높이 $h=540$ mm이고, D10의 스터럽이 피복두께 40 mm로 배근되었으며 접합부에서 스터럽의 간격은 130 mm이다. 기둥의 단면치수는 400×540 mm이다. 철근의 항복강도 $f_y=400$ MPa이고 $f_{ck}=28$ MPa인 보통골재의 콘크리트가 사용되었다. 인장력을 전달하는데 필요한 부철근의 정착길이 l_d를 계산하시오.

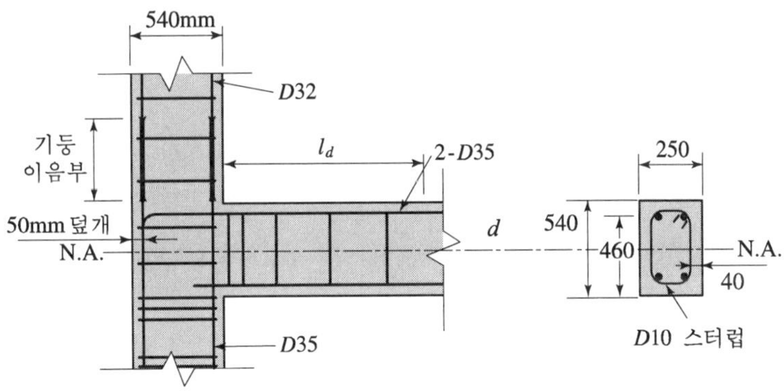

그림 5·5

풀이

(1) 식 (5·5)를 사용할 경우 :

인장철근의 기본 정착길이는 다음과 같다.

$$l_{db}=\frac{0.6\,d_b f_y}{\sqrt{f_{ck}}}=\frac{0.6\times31.8\times400}{\sqrt{28}}=1442.3\text{ mm}$$

주철근의 직경 : $d_b=31.8$ mm

주철근의 순간격 : $250-2\times(40+9.53+31.8)=87.34\,\text{mm} > 2\,d_b=63.6\,\text{mm}$

측면에서 주철근의 피복두께 : $40+9.53=49.53\,\text{mm} > d_b=31.8\,\text{mm}$

상면에서 주철근의 피복두께 : $540-460-31.8/2=64.1\,\text{mm} > d_b=31.8\,\text{mm}$

D32 > D22이므로 보정계수는 1.0 $\alpha\beta\lambda$이다.

① α = 철근 배근 위치계수

철근 아래에 있는 콘크리트 깊이 : $460-31.8/2=444.1\,\text{mm} > 300\,\text{mm}$이므로 상부철근에 해당된다. $\alpha=1.3$

② β = 에폭시 도막계수 = 1.0

③ λ = 경량콘크리트 계수 : 보통 콘크리트이므로 1.0

따라서 정착길이는 다음과 같다.

$$l_d=l_{db}\times 1.0\,\alpha\beta\lambda=1442.3\times1.0\times1.3\times1.0\times1.0=1875.0\,\text{mm}$$

여기에서 부철근이 해석에 의해 요구되는 소요철근량을 초과하여 배근되어 있으므로 $\left(\dfrac{\text{소요}A_s}{\text{배근}A_s}\right)=\dfrac{1,285}{1,588}=0.8092$ 만큼 보정해야 한다.

철근의 정착길이는 다음과 같다.

$$l_d=1875\times0.8092=1517.2\fallingdotseq 1,518\,\text{mm}$$

(2) 식 (5·6)을 사용할 경우

$$l_d=\frac{0.9\,d_bf_y}{\sqrt{f_{ck}}}\frac{\alpha\beta\gamma\lambda}{\left(\dfrac{c+K_{tr}}{d_b}\right)}$$

위의 풀이에서 $\alpha=1.3,\ \beta=1.0,\ \lambda=1.0$은 확인되었다.

① γ = 철근 또는 철선의 크기계수

D32 > D22이므로 $\gamma=1.0$이다.

② c = 철근 간격 또는 피복두께에 관련된 치수

철근 중심으로부터 콘크리트 표면까지의 최단거리 :

측면에서 $40+9.53+31.8/2=65.43\,\text{mm}$

상면에서 $540-460=80\,\text{mm}$

정착되는 철근의 중심 간 거리의 1/2 :

$$\frac{250-2\left(40+9.53+\dfrac{31.8}{2}\right)}{2}=\frac{119.14}{2}=59.57\,\text{mm}$$

중 작은 값이므로 $c=59.57\,\text{mm}$이다.

③ K_{tr} = 횡방향 철근지수 = $\dfrac{A_{tr} f_{yt}}{10.7 sn}$

A_{tr} : 측면의 피복두께가 상면보다 작으므로 쪼갬(splitting)면은 수평면이 되며 이 면은 스터럽을 2번 가로질러 존재한다.(만약 상면의 피복두께가 더 작다면 쪼갬면은 수직을 이루므로 스터럽과 1번 만나게 된다. 그러므로 스터럽단면적 1개를 A_{tr}로 한다). 따라서

$A_{tr} = 2 \times 71.3 = 142.6\ \text{mm}^2$

$f_{yt} = 400\ \text{MPa}$: 횡방향 철근의 설계기준 항복강도

$s = 130\ \text{mm}$: 정착길이 구간 내에 있는 횡방향 철근의 최대 중심 간 간격

$n = 2$: 쪼개질 가능성이 있는 평면을 따라 정착되는 철근의 수

$$K_{tr} = \frac{A_{tr} f_{yt}}{10.7 sn} = \frac{142.6 \times 400}{10.7 \times 130 \times 2} = 20.5$$

단, 다음의 조건을 확인해야 한다.

$$\therefore \quad \frac{c + K_{tr}}{d_b} = \frac{59.57 + 20.5}{31.8} = 2.518 < 2.5 \text{ 이므로 } = 2.5$$

따라서 철근의 정착길이는 다음과 같이 계산된다.

$$l_d = \frac{0.9 d_b f_y}{\sqrt{f_{ck}}} \frac{\alpha\beta\gamma\lambda}{\left(\dfrac{c + K_{tr}}{d_b}\right)} = \frac{0.9 \times 31.8 \times 400}{\sqrt{28}} \times \frac{1.3 \times 1.0 \times 1.0 \times 1.0}{2.5} = 1{,}125\ \text{mm}$$

여기에서 부철근이 해석에 의해 요구되는 소요 철근량을 초과하여 배근되어 있으므로

$\left(\dfrac{\text{소요}A_s}{\text{배근}A_s}\right) = \dfrac{1{,}285}{1{,}588} = 0.8092$만큼 보정해야 한다.

철근의 정착길이는 다음과 같다.

$$l_d = 1125 \times 0.8092 = 910.35 \fallingdotseq 911\ \text{mm}$$

두 가지 방법에 의해 계산된 값 중 큰 값을 취해야 하며 이것이 300 mm 이상이라야 한다.

2 압축 이형철근의 정착

압축 이형철근의 정착길이 l_d는 식 (5·8)의 기본정착길이에 적용 가능한 모든 보정계수를 곱하여 구하여야 한다. 이때 구한 l_d는 항상 200 mm 이상이어야 한다.

압축 이형철근의 기본정착길이는 다음 식 (5·8)에 따라 구하여야 한다.

$$l_{db} = \frac{0.25\,d_b f_y}{\sqrt{f_{ck}}} \geq 0.04 d_b f_y \tag{5·8}$$

압축에 대한 보정계수는 다음과 같다.

① 해석결과 요구되는 철근량을 초과하여 배근한 경우 ………………… $\left(\frac{\text{소요}A_s}{\text{배근}A_s}\right)$

② 지름이 6 mm 이상이고 나선간격이 100 mm 이하인 나선철근 또는 중심간격 100 mm 이하로 요구조건에 따라 배근된 D13 띠철근으로 둘러싸인 압축 이형철근 : 0.75

3 다발철근의 정착

① 인장 또는 압축을 받는 하나의 다발철근 내에 있는 개개 철근의 정착길이는 다발철근이 아닌 경우 각 철근의 정착길이에 3개의 철근으로 구성된 다발철근에 대해서 20%, 4개의 철근으로 구성된 다발철근에 대해서 33%를 증가시켜야 한다.

② 다발철근의 정착길이 계산 시 설계기준에서 규정한 보정계수를 적절하게 선택하기 위해 한 다발 내에 있는 전체 철근단면적을 등가단면으로 환산하여 산정된 지름으로 된 하나의 철근으로 취급하여야 한다.

5·5·3 표준갈고리를 갖는 인장 이형철근의 정착

단부에 표준갈고리가 있는 인장 이형철근의 정착길이 l_{hb}는 식 (5·9)의 기본정착길이 l_{hb}에 적용 가능한 모든 보정계수를 곱하여 구하여야 한다. 그러나 이렇게 구한 l_{hb}는 항상 8 d_b 이상 또한 150 mm 이상이어야 한다.

$$l_{hb} = \frac{100\,d_b}{\sqrt{f_{ck}}} \tag{5·9}$$

식 (5·9)는 철근의 설계기준항복강도가 400 MPa인 경우의 기본정착길이를 의미하고 표준갈고리를 갖는 인장철근의 정착길이 l_d에 대한 보정계수는 다음과 같다.

① 철근의 설계기준항복강도

$f_y = 400$ MPa 이외의 철근 : $\frac{f_y}{400}$

② 콘크리트 피복두께

D35 이하 철근에서 갈고리 평면에 수직방향인 측면 피복두께가 70 mm 이상이며, 90° 갈고리에 대해서는 갈고리를 넘어선 부분의 철근 피복두께가 50 mm 이상인 경우 : 0.7

③ 띠철근 또는 스터럽

D35 이하 철근에서 갈고리를 포함한 전체 정착길이 l_{dh} 구간에 3 d_b 이하 간격으로 띠철근 또는 스터럽이 둘러싼 경우 : 0.8

④ 배근된 철근량이 소요철근량을 초과하는 경우

전체 f_y를 발휘하도록 정착을 특별히 요구하지 않는 단면에서 휨철근이 소요철근량 이상 배근된 경우 : $\left(\frac{소요 A_s}{배근 A_s}\right)$

⑤ 경량콘크리트 : 1.3

⑥ 에폭시 도막된 갈고리 철근 : 1.2

갈고리는 압축을 받는 경우 철근정착에 유효하지 않은 것으로 보아야 한다. 또한 부재의 불연속단에서 갈고리철근의 양측면과 상부(또는 하부)의 피복두께가 70 mm 미만으로 표준갈고리에 의해 정착되는 경우에 전 정착길이 l_{dh} 구간에 3 d_b 이하 간격으로 갈고리 철근이 띠철근이나 스터럽으로 둘러싸여야 한다. 그러나 이 경우 ③의 보정계수 0.8은 적용되지 않는다.

예제 5·2

예제 5·1에서 부철근(2－D32)을 기둥 속으로 연장하여 90° 갈고리로 정착시키고자 한다. 이때 기둥면을 지나 속으로 묻어 넣어야 하는 최소 묻힘길이를 계산하시오. 단, 갈고리 단부는 기둥 바깥면에서 50 mm의 피복두께를 확보한다.

풀이

철근의 설계기준항복강도가 400 MPa인 경우, 기본정착길이 l_{hb}는 식 (5·9)에 의해 구할 수 있다.

$$l_{hb} = \frac{100\, d_b}{\sqrt{f_{ck}}} = \frac{100 \times 31.8}{\sqrt{28}} = 600.96 \text{ mm}$$

보정계수를 고려하면 다음과 같다.

① 철근의 설계기준항복강도 : 해당 없음

② 콘크리트 피복두께 : 부철근이 D35 이하에 해당하고
갈고리 평면에 수직방향인 측면 피복두께 : (400−250)/2 + 40 + 9.53 = 124.53 mm > 70 mm
갈고리를 넘어선 부분의 철근 피복두께 : 50 mm
따라서 보정계수 0.7을 적용한다.

③ 띠철근 또는 스터럽 : 스터럽의 간격 = 130 mm > 3 d_b = 95.4 mm
해당없음

④ 배근된 철근량이 소요철근량을 초과하는 경우 : $\left(\dfrac{\text{소요}A_s}{\text{배근}A_s}\right) = \dfrac{1,285}{1,588}$ = 0.8092만큼 보정해야 한다.

⑤ 경량콘크리트 : 해당없음

⑥ 에폭시 도막된 갈고리 철근 : 해당없음
따라서 갈고리 철근의 필요한 정착길이는 다음과 같다.

$$l_{dh} = 600.96 \times 0.7 \times 0.8092 = 340.41 \fallingdotseq 341 \text{ mm}$$

갈고리 철근의 필요한 정착길이는 150 mm 이상 그리고 8 d_b = 254.4 mm 이상이어야 한다.
따라서 l_{dh} = 368 mm 이다.
그런데 보와 기둥의 접합부에서 기둥 속으로 갈고리 철근을 연장할 수 있는 길이는 540 − 50 = 490 mm이므로 갈고리를 이용하여 규정대로 정착할 수 있다.

5·5·4 휨철근의 정착

휨부재 설계 시 휨철근의 단면적은 부재에 작용하는 최대휨모멘트의 크기에 따라 결정되며 이러한 휨모멘트의 크기는 부재의 위치에 따라 다르고 휨모멘트가 작은 곳에서는 응력을 받는데 필요한 철근 이상의 철근을 더 연장할 필요가 없는 곳에서 끊어 버리거나, 또는 절곡하여 사용한다. 그런데 철근이 절단된 점이나 절곡된 점은 지간내에서 최대 응력점과 함께 철근의 정착에 대한 위험단면이 된다. 그림 5·6을 고려하면 c단면과 x단면이 위험단면이다. 따라서 콘크리트 구조설계기준에서는 다음과 같이 휨철근의 정착에 대한 원칙을 정하고 있다.

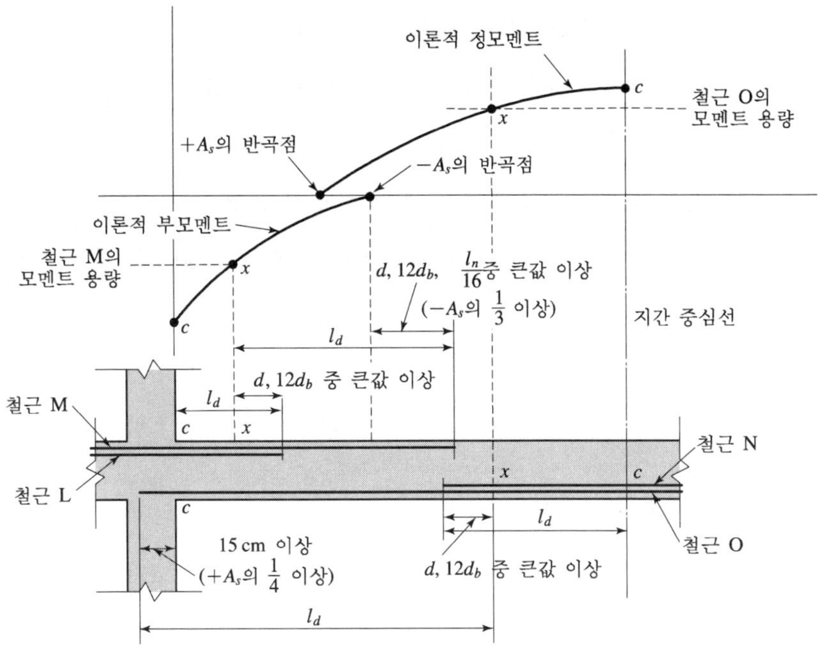

그림 5·6 휨철근의 정착

1 정착의 일반 원칙

① 휨부재에서 최대 응력점과 경간 내에서 인장철근이 끝나거나 철근이 굽혀진 위험단면에서 철근의 정착에 대한 안전을 검토하여야 한다.

② 휨철근은 휨모멘트를 저항하는데 더 이상 철근을 요구하지 않는 점에서 부재의 유효깊이 d 또는 12 d_b 중 큰 값 이상 더 연장되어야 한다. 다만 단순경간의 받침부와 캔틸레버의 자유단에서 이 규정은 적용되지 않는다.

③ 연속철근은 구부려지거나 절단된 인장철근이 휨을 저항하는데 더 이상 필요하지 않은 점에서 정착길이 l_d 이상의 묻힘길이를 확보하여야 한다.

④ 인장철근은 구부려서 복부를 지나 정착하거나 부재의 반대 측에 있는 철근 쪽으로 연속하여 정착시켜야 한다.

⑤ 휨철근은 다음 조건 중 하나를 만족하지 않는 한 인장구역에서 절단할 수 없으며, 원칙적으로 전체 철근량의 50%를 초과하여 한 단면에서 절단하지 않아야 한다.

ⓐ 절단점의 전단력이 전단철근에 의해 보강된 전단강도를 포함한 전체 전단강도의 2/3를 초과하지 않는 경우, 즉 $V_u \leq \frac{2}{3}\phi V_n = \frac{2}{3}\phi(V_c + V_s)$인 경우.

ⓑ 절단점에서 부재 유효깊이의 3/4 구간 $\left(전\frac{3}{4}d + 후\frac{3}{d} = \frac{6}{4}d\right)$에 절단된 철근 또는 철선을 따라 전단과 비틀림에 대해 필요한 양을 초과하는 스터럽이 배근되어 있는 경우, 이때 초과되는 스터럽의 단면적 A_v는 $0.42\frac{b_w s}{f_y}$ 이상이어야 하고 간격 s는 $\frac{d}{8\beta_b}$ 이내이어야 한다. 즉, $A_v \geq 0.42\frac{b_w s}{f_y}$, $s \leq \frac{d}{8\beta_b}$. 여기서 β_b는 그 단면에서 전체 인장철근량에 대한 절단철근량의 비이다.

ⓒ D35 이하의 철근에서 연속철근이 절단점에서 휨에 필요한 철근량의 2배 이상 배근되어 있고 전단력이 전단강도의 3/4 이하인 경우. 즉,

$M_d = \phi M_n \geq 2M_u$, $V_u \leq \frac{3}{4}\phi V_n = \frac{3}{4}\phi(V_c + V_s)$인 경우

2 정철근의 정착

정(+)의 휨모멘트에 의해 인장을 받으며 정모멘트의 크기에 따라 단면적이 결정되는 철근을 정철근이라고 한다. 이러한 정철근은 정착의 일반원칙 외에 다음의 규정을 따라야 한다.

① 단순부재에서 정철근의 1/3 이상, 연속부재에서 정철근의 1/4 이상을 부재의 같은 면을 따라 받침부까지 연장하여야 한다. 보의 경우는 이러한 철근을 받침부 내로 150 mm 이상 연장해야 한다.

② 휨부재가 횡하중을 지지하는 주구조물의 일부일 때, 받침부내로 연장되어야 할 정철근은 받침부의 전면에서 설계기준항복강도 f_y를 발휘할 수 있도록 정착되어야 한다.

③ 단순받침부와 반곡점의 정철근은 f_y에 대하여 계산된 정착길이 l_d가 다음 식 (5·10)을 만족하도록 철근지름을 제한하여야 한다.

$$l_d \leq \frac{M_n}{V_u} + l_a \tag{5·10}$$

여기서, M_n = 단면에 배근된 모든 정철근이 항복강도 f_y를 받는다고 가정하여 구한 공칭 휨강도 (N · mm)

V_u = 단면의 계수전단력(받침부)

l_a = 받침부에서 그 중심을 지나 매입된 길이 또는 반곡점에서 부재의 유효높이와 $12d_b$ 중 큰 값

$\frac{M_n}{V_u}$의 값은 철근의 끝부분이 압축 반력으로 눌려서 구속을 받는 경우 30% 증가시킬 수 있다. 즉, $l_d \leq 1.3\frac{M_n}{V_u} + l_a$를 만족해야 한다.

④ 단순받침부의 중심선을 지나 절단되는 철근에서 표준갈고리 또는 적어도 표준갈고리에 등가되는 기계적 정착에 의해 정착되는 경우 위의 식 (5·10)을 만족하지 않아도 된다.

⑤ 깊은 휨부재의 단순받침부에서 정철근은 받침부 전면에서 f_y를 발휘할 수 있도록 정착되어야 한다. 또한 깊은 휨부재의 내부 받침부에서 정철근은 연속되거나 인접 경간의 정철근과 이어져야 한다.

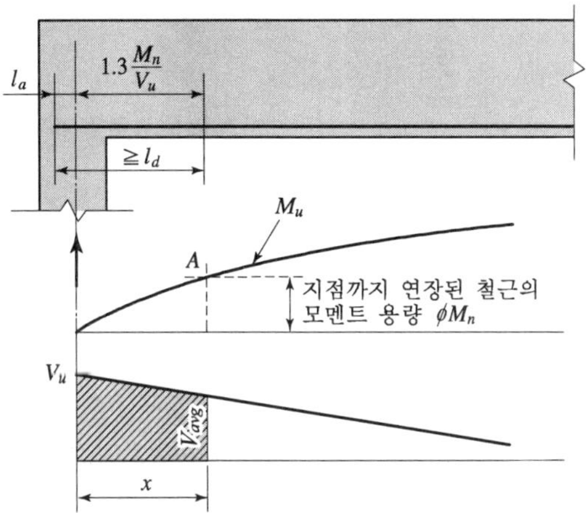

그림 5·7 단순보 받침부에서의 l_a와 l_d

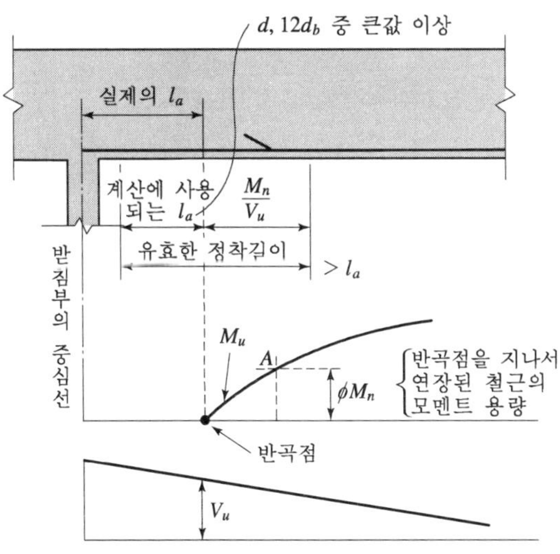

그림 5·8 연속보 반곡점에서의 l_a와 l_d

3 부철근의 정착

부(−)의 휨모멘트에 의해 인장을 받으며 부모멘트의 크기에 따라 단면적이 결정되는 철근을 부철근이라고 한다. 이러한 부철근은 정착의 일반원칙 외에 다음의 규정을 따라야 한다.

① 연속되거나 구속된 부재, 캔틸레버 부재 또는 강결된 골조의 어느 부재에서나 부철근은 묻힘길이, 갈고리 또는 기계적 정착에 의하여 받침부 내에 정착되거나 받침부를 지나서 정착되어야 한다.

② 받침부에서 부모멘트에 대해 배근된 전체 인장철근량의 1/3 이상은 반곡점을 지나 부재의 유효깊이 d, 철근지름의 12배(12 d_b), 또는 순경간 l_n의 1/16 중 제일 큰 값 이상의 묻힘길이가 확보되어야 한다.

③ 깊은 휨부재의 내부 받침부에서 부철근은 인접경간의 부철근과 연속되어야 한다.

예제 5·3

등분포 고정하중 $w_d = 7$ N/mm과 등분포 활하중 $w_l = 10$ N/mm를 받는 지간 10,000 mm의 단순보를 대상으로 휨설계를 실시하여 주철근 $A_s = 2{,}383$ mm²(3−D32)와 직사각형의 콘크리트 단면 300×670 mm 그리고 유효깊이 d = 600 mm가 결정되었다. 또한 전단설계에 의해 U형 스터럽 D10과 스터럽 간격 200 mm가 결정되어 이것을 그림 5·9에 나타내었다. 보의 측면에서 피복두께가 40 mm이고 $f_{ck} = 24$ MPa, $f_y = 400$ MPa일 때 철근의 끊을 수 있는 위치를 구하시오. 단, 자중을 고려하시오. 그림 5·9는 하중계수를 고려하여 계산한 휨모멘트도와 전단력도이다.

풀이

정철근의 1/3 이상은 지점까지 연장되어야 하고 단면의 대칭을 유지하려면 3개의 주인장철근 중 가운데 1개를 끊을 수 있다. 따라서 2−D32가 저항할 수 있는 모멘트는 다음과 같다.

$$a = \frac{A_s f_y}{0.85 f_{ck} b} = \frac{2 \times 794.2 \times 400}{0.85 \times 24 \times 300} = 103.8 \text{ mm}$$

$$M_n = A_s f_y \left(d - \frac{a}{2}\right) = 1,588 \times 400 \times \left(600 - \frac{103.8}{2}\right)$$

$$= 348{,}235{,}415 \text{ N} \cdot \text{mm}$$

$$= 348.24 \text{ MN} \cdot \text{mm}$$

$$\phi M_n = 0.85 \times 348{,}235{,}415 = 296 \text{ MN} \cdot \text{mm}$$

이 모멘트가 그림 5·9에서 점 A이며 지점에서 2,261 mm떨어진 곳이다. 이론적으로는 점 A에

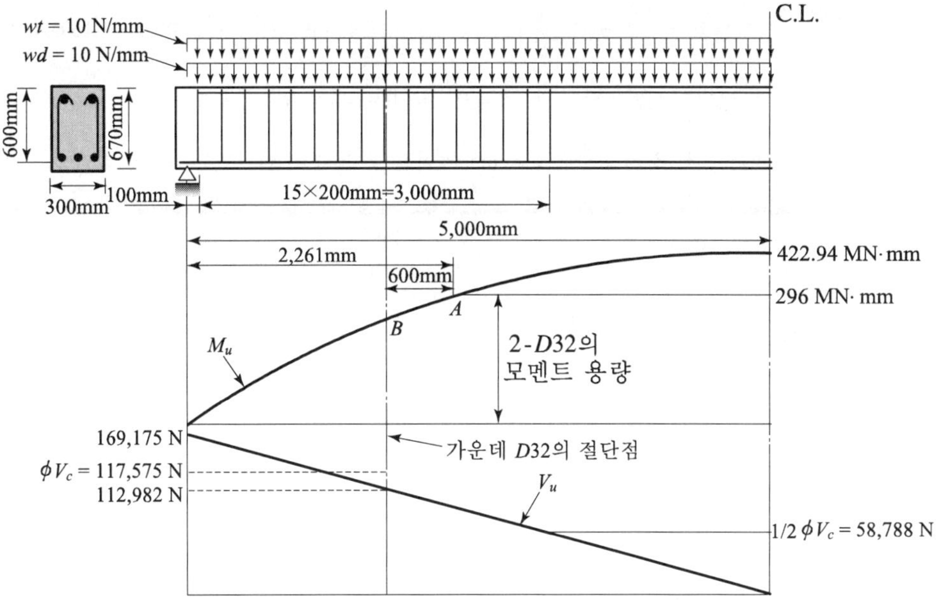

그림 5·9

서 가운데 D32를 끊어도 되지만 설계기준에서는 점 A로부터 지점쪽으로 유효깊이 d 이상, 또 철근 지름 d_b의 12배 이상 연장해야 한다고 규정하고 있으므로 여기에 대해 검토해야 한다.

$$12d_b = 12 \times 31.8 = 381.6\text{ mm} < d = 600\text{ mm}$$

따라서 점 A에서 지점쪽으로 600 mm 떨어진 점 B(지점에서 1,661 mm 떨어진 곳)에서 철근을 끊어야 한다.

그러나 인장측에서 철근을 끝낼 수 있는 경우에 해당하는지 검토해야 한다. 따라서 순서대로 검토하면 다음과 같다.

– 절단점의 전단력이 전단철근에 의해 보강된 전단강도를 포함한 전체 전단강도의 2/3를 초과하지 않는 경우, 즉 $V_u \le \frac{2}{3}\phi V_n = \frac{2}{3}\phi(V_c + V_s)$ 인 경우이므로

$$w_{자중} = 2.5/100,000 \times 670 \times 300 = 5.025\text{ N/mm}$$

$$w_u = 1.4 \times (5.025 + 7) + 1.7 \times 10 = 33.835\text{ N/mm}$$

지점에서 1,661mm 떨어진 곳에서의 계수전단력은

$$V_u = \frac{w_u l}{2} - 1,661\,w_u = \frac{33.835 \times 10,000}{2} - 1,661 \times 33.835 = 112,982\text{ N}$$

$$V_c = 1/6\sqrt{f_{ck}}\,b_w d = 1/6 \times \sqrt{24} \times 300 \times 600 = 146,969\text{ N}$$

$$V_s = \frac{A_v f_y d}{s} = \frac{2 \times 71.3 \times 400 \times 600}{200} = 171,120\text{ N}$$

$$\frac{2}{3}\phi V_n = \frac{2}{3}\phi(V_c + V_s) = \frac{2}{3}\times 0.8\times(146,969 + 171,120) = 169,648\text{ N}$$

$$\therefore\ V_u = 112,982\text{ N} < \frac{2}{3}\phi V_n = 169,648\text{ N (O.K.)}$$

그러므로 점 B(지점에서 1,661 mm 떨어진 곳)에서 가운데 있는 D32를 끊어도 좋다.

철근의 정착길이 계산 :

$$l_d = \frac{0.9\, d_b f_y}{\sqrt{f_{ck}}}\frac{\alpha\beta\gamma\lambda}{\left(\frac{c + K_{tr}}{d_b}\right)}$$

α : 철근아래에 있는 콘크리트 깊이 = 보의 높이－유효높이

= 670－600 = 70mm < 300mm

상부철근이 아니므로 $\alpha = 1.0$

β : 에폭시 도막이 아니므로 $\beta = 1.0$

λ : 보통 콘크리트이므로 $\lambda = 1.0$

① γ = 철근 또는 철선의 크기계수

D32 > D22이므로 γ =1.0이다.

② c = 철근 간격 또는 피복두께에 관련된 치수

철근 중심으로부터 콘크리트 표면까지의 최단거리 :

측면에서 40 + 9.53 + 31.8/2 = 65.43 mm

하면에서 670 - 600 = 70 mm

정착되는 철근의 중심 간 거리의 1/2 :

$$\left[\frac{300 - 2(40 + 9.53 + \frac{31.8}{2})}{2}\right]\times 1/2 = \frac{84.57}{2} = 42.285\text{ mm}$$

중 작은 값이므로 c = 42.29 mm 이다.

③ K_{tr} = 횡방향 철근지수 $= \dfrac{A_{tr} f_{yt}}{10.7\, s\, n}$

A_{tr} : 측면의 피복두께가 상면보다 작으므로 쪼갬(splitting)면은 수평면이 되며 이 면은 스터럽을 2번 가로질러 존재한다. (만약 상면의 피복두께가 더 작다면 쪼갬면은 수직을 이루므로 스터럽과 1번 만나게 된다. 그러므로 스터럽단면적 1개를 A_{tr}로 한다.) 따라서

A_{tr} = 2×71.3 = 142.6 mm^2

f_{yt} = 400 MPa : 횡방향 철근의 설계기준 항복강도

s = 200 mm : 정착길이 구간 내에 있는 횡방향 철근의 최대 중심 간 간격

n = 2 : 쪼개질 가능성이 있는 평면을 따라 정착되는 철근의 수

$$K_{tr} = \frac{A_{tr} f_{yt}}{10.7\, s\, n} = \frac{142.6 \times 400}{10.7 \times 200 \times 2} = 13.327$$

단, 다음의 조건을 확인해야 한다.

$$\therefore \frac{c + K_{tr}}{d_b} = \frac{42.29 + 13.327}{31.8} = 1.749 < 2.5 \text{ 이므로}$$

$$= 1.749$$

따라서 철근의 정착길이는 다음과 같이 계산된다.

$$l_d = \frac{0.9\, d_b f_y}{\sqrt{f_{ck}}} \frac{\alpha \beta \gamma \lambda}{\left(\dfrac{c + K_{tr}}{d_b}\right)} = \frac{0.9 \times 31.8 \times 400}{\sqrt{24}} \times \frac{1.0 \times 1.0 \times 1.0 \times 1.0}{1.749}$$

$$= 1{,}336.09 \text{ mm}$$

지점에서 정착길이 검사

지점에서 단면의 모든 철근이 f_y에 도달한다고 가정하고 구한 M_n = 348,235,415 N·mm

지점에서 단면에 작용하는 계수 전단력 V_u = 169,175 N

단순보의 받침부에서와 같이 철근의 단부가 지점반력에 의해 압축될 경우

$l_d \le 1.3\dfrac{M_n}{V_u} + l_a$이어야 한다.

l_d = 1,336.09 mm이고 $1.3\dfrac{M_n}{V_u} + l_a$ = 2,675.96 mm이므로 만족한다.

5·5·5 복부철근의 정착

복부철근은 피복두께 요구조건과 다른 철근과의 간격이 허용하는 한 부재의 압축면과 인장면 가까이까지 연장되어야 한다. 따라서 한 가닥 U형 또는 복U형 스터럽의 단부는 다음 중 한 가지 방법에 의해 정착되어야 한다.

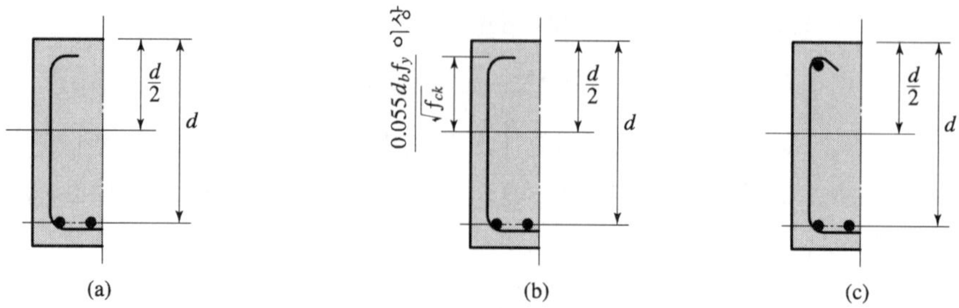

그림 5·10 스터럽의 정착

① D16 이하 철근 또는 지름 16mm 이하 철선으로 만들어진 스터럽은 종방향 철근을 둘러싸는 표준갈고리로 정착하여야 한다.(그림 5·10(a), (c) 참조)

② f_y가 300 MPa 이상인 D19, D22 및 D25 스터럽은 종방향 철근을 둘러싸는 표준갈고리 외에 추가로 부재의 중간 깊이에서 갈고리 단부의 바깥까지 $0.17\frac{d_b f_y}{\sqrt{f_{ck}}}$ 이상의 묻힘길이를 확보하여 정착하여야 한다.(그림 5·10(b) 참조)

③ U형 스터럽을 구성하는 용접원형철망의 각 가닥은 다음의 방법으로 정착하여야 한다.

ⓐ U형 스터럽의 가닥 상부에 50 mm 간격으로 2개의 종방향 철선을 배치하여야 한다.(그림 5·11(a) 참조)

ⓑ 종방향 철선 하나는 압축면에서 d/4 이하에 배치하고 두 번째 종방향 철선은 첫 번째 철선으로부터 50 mm 이상의 간격으로 압축면에 가까이 배치하여야 한다.(그림 5·11(b) 참조) 이때 두 번째 종방향 철선은 굴곡부 밖에 두거나 또는 굴곡부 내면지름이 8 d_b 이상일 경우는 굴곡부상에 둘 수 있다.(그림 5·11(c), (d) 참조)

④ 용접원형 또는 이형철망 한 가닥 스터럽에서 각 단부의 정착은 2개의 종방향 철선을 50 mm 이상 떨어지도록 배치하되, 안쪽의 철선은 부재의 중간깊이 $d/2$에서 $d/4$ 또는 50 mm 중 큰 값 이상 떨어지도록 배치하여야 한다. 이때 인장면에 가장 가까

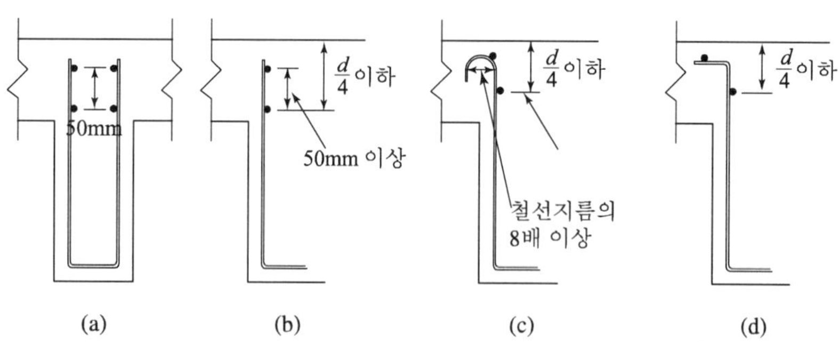

그림 5·11 용접원형철망 스터럽의 정착

이 배치된 종방향 철선은 인장면에 가장 가까이 배근된 휨 주철근보다 인장면에서 더 멀리 배치되지 않아야 한다.

⑤ 장선구조에서 D13 이하 철근 또는 지름 13 mm 이하의 철선 스터럽의 경우 표준갈고리를 두어야 한다.

U형 또는 복U형 스터럽의 양 정착단 사이의 연속구간 내의 굽혀진 부분은 종방향 철근을 둘러싸야 한다. 전단철근으로 사용하기 위해 굽혀진 종방향 주철근이 인장구역으로 연장되는 경우에 종방향 주철근과 연속되어야 하고, 압축구역으로 연장되는 경우는 부재의 중간깊이 $d/2$를 지나서 설계기준 규정에 따라 계산된 정착길이만큼을 확보하여야 한다. 폐쇄형으로 배근된 한 쌍의 U형 스터럽 또는 띠철근은 겹침이음길이가 $1.3\,l_d$ 이상일 때 적절하게 이어진 것으로 볼 수 있다.

깊이가 450 mm 이상인 부재에서 스터럽의 가닥들이 부재의 전 깊이까지 연장된다면 폐쇄스터럽의 이음이 적절한 것으로 볼 수 있다. 이때 한 가닥의 이음부에서 발휘할 수 있는 인장력, $A_b f_y$는 400 MPa 이하이어야 한다.

5·6 철근의 이음

5·6·1 이음 일반

철근은 이어대지 않는 것을 원칙으로 한다. 그러나 일반적으로 철근은 운반과 무게를 고려하여 표준길이로 생산되므로 이음을 해야 할 때가 많다. 이러한 철근의 이음부는 구조적인 약점이 되는 곳이므로 최대 인장응력이 작용하는 곳에서는 이음을 피해야 하며 한 단면에 집중되지 않도록 엇갈리게 해야 한다. 철근의 이음방법에는 겹침이음(lap splice), 용접이음(welded splice), 슬리브 너트(sleeve nut) 및 연결장치(coupler) 등을 사용하는 방법이 있는데 주로 겹침이음이 사용된다.

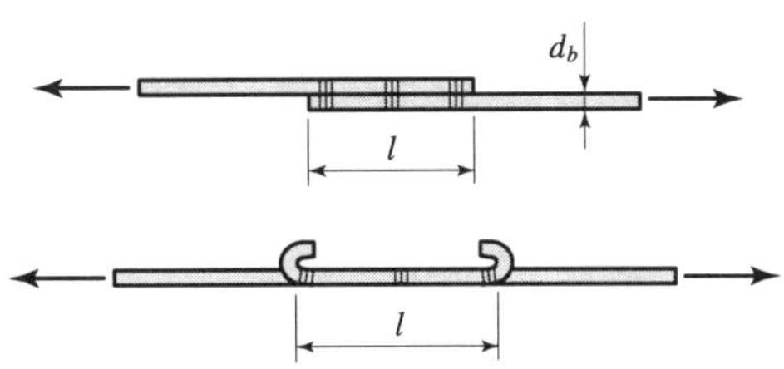

그림 5·12 철근의 겹침이음

겹침이음은 이음할 2개의 철근의 단부를 그림 5·12와 같이 겹치고 콘크리트를 칠 때 위치변동을 막기 위해 철사로 묶는다. 이때 겹침이음의 길이는 철근이 전강을 발휘할 수 있도록 충분하게 두어야 한다. 일반적으로 이형철근의 겹이음 시 갈고리를 두지 않지만 원형철근의 경우 반드시 갈고리를 두어야 한다. 철근의 겹침이음은 다음 규정에 따라야 한다.

① D35를 초과하는 철근은 겹침이음을 하지 않아야 한다.

② 다발철근의 겹침이음은 다발 내의 개개 철근에 대한 겹침이음길이를 기본으로 하여 결정되어야 하며, 각 철근은 다발철근이 아닌 경우의 각 철근의 정착길이에 3개의 철근으로 구성된 다발철근에 대해서 20%, 4개의 철근으로 구성된 다발철근에 대해서 33%를 증가시켜야 한다. 그러나 한 다발 내에서 각 철근의 이음은 한 군데에서 중복하지 않아야 한다. 또한 두 다발철근을 개개 철근처럼 겹침이음하지 않아야 한다.

③ 휨부재에서 서로 직접 접촉되지 않게 겹침이음된 철근은 횡방향으로 소요 겹침이음길이의 1/5 또는 150 mm 중 작은 값 이상 떨어지지 않아야 한다.

한편 용접이음과 기계적 연결은 다음 규정에 따라야 한다.

① 용접이음은 철근의 설계기준항복강도 f_y의 125% 이상을 발휘할 수 있는 완전용접이어야 한다.

② 기계적 연결은 철근의 설계기준항복강도 f_y의 125% 이상을 발휘할 수 있는 완전기계적 연결이어야 한다.

③ ① 또는 ②의 요구조건을 만족하지 않는 용접이음이나 기계적 연결은 인장이형철근 및 이형철선의 이음규정을 만족해야 하며, D16 이하의 철근에만 허용한다.

5·6·2 인장 이형철근 및 이형철선의 이음

인장을 받는 이형철근 및 이형철선의 겹침이음길이는 A급, B급으로 분류하며 다음 값 이상으로 하여야 한다. 그러나 300 mm 이상이어야 한다.

① A급 이음 : 1.0 l_d

② B급 이음 : 1.3 l_d

여기서 l_d는 인장 이형철근의 정착길이이다. 이때 $\left(\frac{\text{소요}A_s}{\text{배근}A_s}\right)$에 대한 보정계수는 적용하지 않아야 한다.

겹침이음에서 A급 이음과 B급 이음은 다음 표 5·2와 같이 규정하고 있다.

표 5·2 인장철근의 겹침이음

겹침이음길이 내에서 조건	겹침이음의 종류
$\dfrac{\text{배근된 철근량}}{\text{소요 철근량}} \geq 2$ 이고 $\dfrac{\text{겹침이음된 철근량}}{\text{전체 철근량}} \leq \dfrac{1}{2}$ 인 경우	A급 이음
위의 조건에 해당되지 않는 경우	B급 이음

용접이음과 기계적 연결이 철근의 설계기준항복강도 f_y의 125% 이상을 발휘할 수 없는 경우라도 이음부에 배치된 철근량이 해석결과 요구되는 소요철근량의 2배 이상이고 아래의 요구조건을 따르는 경우, D16 이하의 철근에 대해서 용접이음 또는 기계적 연결에 의한 이음을 허용한다.

① 각 철근의 이음부는 서로 600 mm 이상 엇갈려야 하고, 이음부에서 계산된 인장응력의 2배 이상을 발휘할 수 있도록 이어져야 한다. 또한 배치된 전체 철근이 140 MPa 이상의 응력을 발휘할 수 있어야 한다.

② 각 단면에서 발휘하는 인장력을 계산할 때 이어진 철근은 규정된 이음강도를 발휘하는 것으로 보아야 한다. 이어지지 않은 연속철근의 인장응력은 실제로 짧게 배치된 정착길이와 설계기준항복강도 f_y를 발휘할 수 있도록 계산된 정착길이 l_d와의 비를 f_y에 곱하여 사용하여야 한다.

인장부재의 철근이음은 철근의 설계기준항복강도 f_y의 125% 이상을 발휘할 수 있는 완전용접이나 기계적 연결로 이루어져야 한다. 이 때 인접철근의 이음은 750 mm 이상 떨어져서 서로 엇갈려야 한다.

5·6·3 압축 이형철근의 이음

압축철근의 겹침이음길이는 f_y가 400 MPa 이하인 경우는 $0.072 f_y d_b$이상, f_y가 400 MPa를 초과할 경우는 $(0.13 f_y - 24)\, d_b$ 이상이어야 하고, 어느 경우에나 300 mm 이상이어야 한다. 이때 콘크리트의 설계기준강도가 21 MPa 미만인 경우는 겹침이음길이를 1/3 증가시켜야 한다.

서로 다른 크기의 철근을 압축부에서 겹침이음하는 경우, 이음길이는 크기가 큰 철근의 정착길이와 크기가 작은 철근의 겹침이음길이 중 큰 값 이상이어야 한다. 이때 D41과 D51 철근은 D35 이하 철근과의 겹침이음이 허용된다.

철근이 압축력만을 받을 경우는 철근과 직각으로 절단된 철근의 양끝을 적절한 장치에 의해 중심이 잘 맞도록 접촉시킴으로써 압축응력을 직접 지압에 의해 전달할 수 있다. 이때 철근의 양 단부는 철근 축의 직각면에 1.5°이내의 오차를 갖는 평탄한 면이 되어야 하고 조립 후 지압면의 오차는 3°이내이어야 한다.

단부 지압이음은 폐쇄띠철근, 폐쇄스터럽 또는 나선철근을 배치한 압축부재에서만 사용하여야 한다.

5·7 철근 가공

5·7·1 표준갈고리

철근이 항복응력에 도달했을 때 총 강도를 철근의 부착만으로 정착할 수 없는 경우에 철근단부에 갈고리를 두게 된다. 이때 원형철근은 반드시 갈고리를 붙여야 하며, 중요한 부재에서는 이형철근에도 갈고리를 붙인다.

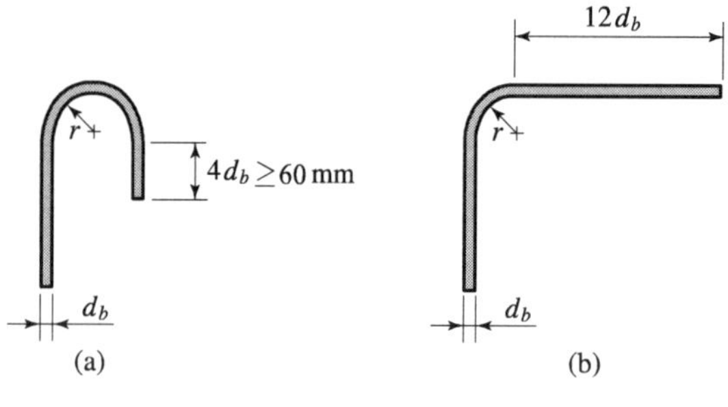

그림 5·13 주철근의 표준갈고리

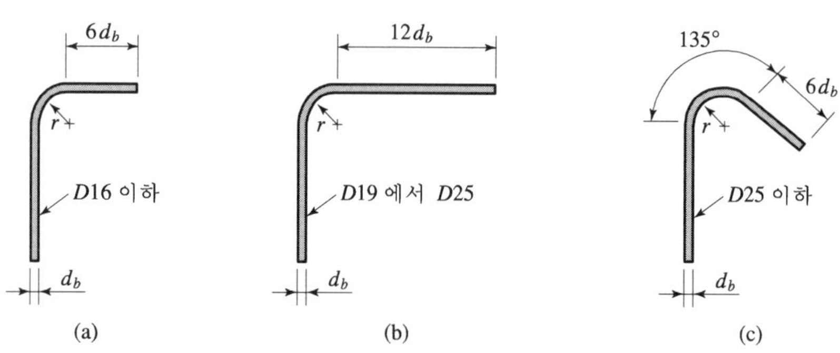

그림 5·14 스터럽과 띠철근의 표준갈고리

표준갈고리는 그림 5·13과 5·14와 같이 분류되며 각 표준갈고리는 그림의 규정을 만족하여야 한다. 그림 5·13(a)를 반원형 갈고리 또는 180° 갈고리, 그림 5·13(b)를 직각갈고리 또는 90° 갈고리, 그림 5·14(c)를 예각 갈고리 또는 135° 갈고리라고 한다. 그림 5·13은 주철근의 표준갈고리이고, 그림 5·14는 스터럽과 띠철근의 표준 갈고리이다.

주철근의 표준갈고리

① 180° 표준갈고리는 180° 구부린 반원 끝에서 4 d_b 이상, 또한 60 mm 이상 더 연장되어야 한다.

② 90° 표준갈고리는 90° 구부린 끝에서 12 d_b 이상 더 연장하여야 한다.

스터럽과 띠철근의 표준갈고리

① 90° 표준갈고리

ⓐ D16 이하인 철근은 90° 구부린 끝에서 6 d_b 이상 더 연장하여야 한다.

ⓑ D19, D22와 D25인 철근은 90° 구부린 끝에서 12 d_b 이상 연장하여야 한다.

② 135° 표준갈고리

D25 이하의 철근은 135° 구부린 끝에서 6 d_b 이상 더 연장하여야 한다.

5·7·2 최소 구부림의 내면반지름

① 180° 표준갈고리와 90°표준갈고리의 구부리는 내면반지름은 표 5·3의 값 이상으로 하여야 한다.

② 스터럽과 띠철근용 표준갈고리의 내면반지름은 다음 규정에 따라야 한다.

ⓐ D16 이하의 스터럽과 띠철근으로 사용하는 표준갈고리의 구부림 내면반지름은 2 d_b이상으로 하여야 한다.

ⓑ D19 이상의 스터럽과 띠철근의 구부림 내면반지름은 표 5·3에 따라야 한다.

표 5·3은 철근의 재실을 손상시키지 않을 한도 내에서 정해진 갈고리의 최소 내면 반지름이다. 여기서 d_b는 철근의 공칭지름이다.

③ 스터럽 또는 띠철근으로 사용하는 용접철망(원형 또는 이형)에 대한 표준갈고리의 구부림 내면 반지름은 지름이 7mm 이상인 이형철선은 2 d_b, 그 밖의 철선의 경우는 d_b이상으로 하여야 한다. 또한 4 d_b보다 작은 내면반지름으로 구부리는 경우는 가장 가까이 위치한 용접교차점으로부터 4 d_b 이상 떨어져서 철망을 구부려야 한다.

표 5·3 표준갈고리의 최소 구부림 내면 반지름

철근 크기	최소 내면반지름
D10 ~ D25	3 d_b
D29 ~ D35	4 d_b
D38 이상	5 d_b

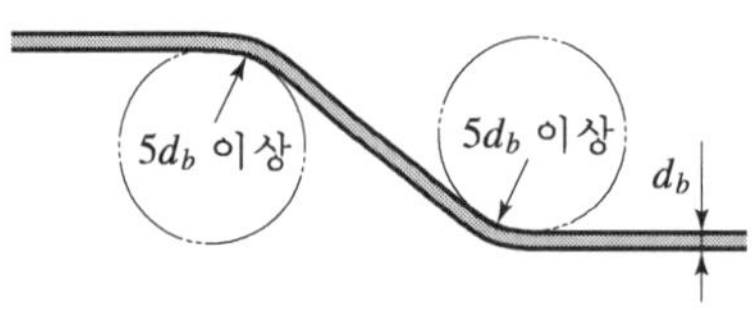

그림 5·15 절곡철근의 구부림 반지름

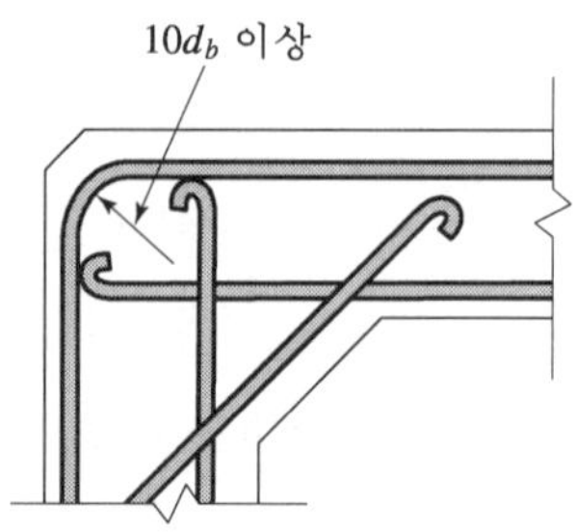

그림 5·16 라멘 접합부의 외측

④ 표준갈고리가 아닌 경우의 최소 구부림 내면반지름은 5 d_b이상으로 하여야 하고 (그림 5·15), 접합부 모서리 부분의 외측에 연하는 철근의 구부림 내면반지름은 10 d_b이상으로 하여야 한다(그림 5·16).

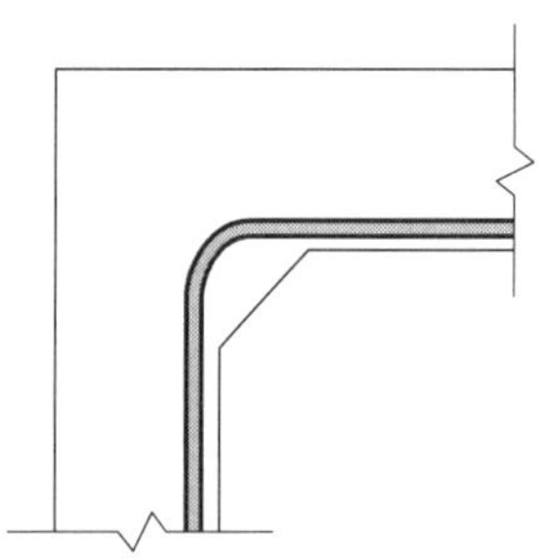

그림 5·17 라멘 접합부의 잘못된 배근

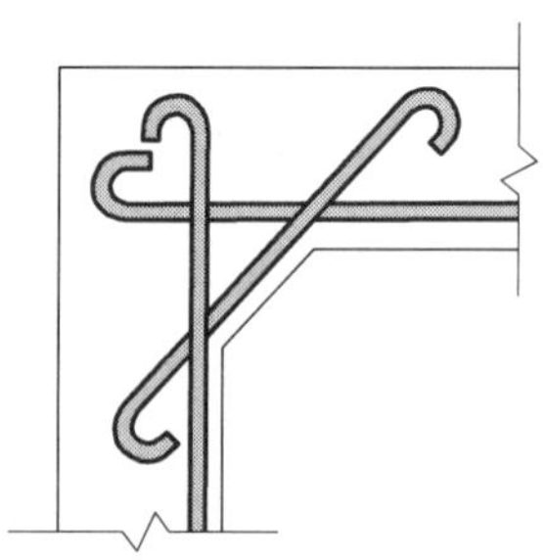

그림 5·18 라멘 접합부의 올바른 배근

헌치(haunch) 및 라멘부재의 접합부 등에서 내측에 배치한 철근을 그림 5·17과 같이 슬래브 또는 보의 인장철근을 구부려 사용해서는 안된다. 왜냐하면 인장철근의 인장력 때문에 헌치의 내부 덮개부분의 콘크리트가 이탈할 염려가 있기 때문이다. 그러므로 이러한 경우에는 그림 5·18과 같이 배근해야 한다.

⑤ 기타 철근의 구부림 내면반지름은 표 5·3의 값 이상이어야 한다. 그러나 큰 응력을 받는 곳에서 철근을 구부릴 때는 구부림 내면반지름을 더 크게 하여 철근 반지름 내부의 콘크리트가 파쇄되는 것을 방지하여야 한다.
모든 철근은 상온에서 구부려야 하며 콘크리트 속에 일부가 묻혀있는 철근은 현장에서 구부리지 않도록 하여야한다. 이것은 철근의 재질에 손상을 주지 않기 위해서 필요하다.

5·8 철근 배치

5·8·1 배근 원칙

① 철근은 콘크리트 치기 전에 정확하게 배치되고 움직이지 않도록 적절하게 지지되어야 하며, 시공이 편리하도록 배치되어야 한다.
② 철근조립을 위해 교차되는 철근을 용접하지 않아야 한다.
③ 철근은 다음과 같은 허용오차 이내에서 규정된 위치에 배치하여야 한다.
ⓐ 유효깊이 d에 대한 허용오차와 휨부재, 벽체, 압축부재에서 콘크리트의 최소 피복두께 허용오차는 다음 표 5·4에 따라야 한다.

표 5·4 허용오차

	유효깊이 (d)	콘크리트 최소 피복두께
$d \leq 200$ mm	±10 mm	−10 mm
$d > 200$ mm	±13 mm	−13 mm

다만, 하단 거푸집까지의 순거리에 대한 허용오차는 −7 mm이며, 피복두께의 허용오차는 도면 또는 설계기준에서 요구하는 최소 피복두께의 −1/3로 해야 한다.

ⓑ 종방향 철근을 구부리거나 철근이 끝나는 단부의 허용오차는 ±50 mm이며, 다만 부재의 불연속단에서 철근 단부의 허용오차는 ±13 mm이다.

5·8·2 철근의 간격

철근 둘레에 콘크리트를 잘 돌게 하여 철근 표면이 완전히 콘크리트로 둘러싸여 부착력이 잘 발휘되도록 하기 위해서는 인접한 철근 사이에 일정한 간격을 둘 필요가 있다. 그래서 설계기준에서는 다음과 같이 규정하고 있다.

표 5·5 철근 간격

<table>
<tr><td rowspan="2">보</td><td rowspan="2">주철근</td><td>수평 순간격</td><td>25 mm 이상
철근의 공칭지름 이상
굵은골재 최대치수의 4/3배 이상</td></tr>
<tr><td>2단 이상 배치시
연직 순간격</td><td>동일 연직면 내에 배근
25 mm 이상</td></tr>
<tr><td rowspan="3">기둥</td><td colspan="2">종방향 철근의 순간격</td><td>40 mm 이상
종방향 철근지름의 1.5배 이상
굵은골재 최대치수의 1.5배 이상</td></tr>
<tr><td colspan="2">나선철근의 순간격</td><td>25 mm 이상
75 mm 이하</td></tr>
<tr><td colspan="2">띠철근의 순간격</td><td>종방향 철근지름의 16배 이하
띠철근 지름의 48배 이하
기둥 단면의 최소치수 이하</td></tr>
<tr><td>벽체와
슬래브</td><td>주철근</td><td>중심간격</td><td>슬래브 두께의 3배 이하
400 mm 이하
장선구조는 예외</td></tr>
<tr><td rowspan="2">배력철근</td><td rowspan="2">건조수축 및
온도철근</td><td>1방향 슬래브의
중심간격</td><td>슬래브 두께의 5배 이하
400 mm 이하</td></tr>
<tr><td>옹벽의 수평철근의
중심간격</td><td>벽체 두께의 3배 이하
400 mm 이하</td></tr>
<tr><td>다발철근</td><td colspan="3">–2개 이상의 철근을 묶어서 사용하는 다발철근은 이형철근으로, 그 개수는 4개 이하이어야 하며, 이들은 스터럽이나 띠철근으로 둘러싸여야 한다.
–휨부재의 경간 내에서 끝나는 한 다발철근 내의 개개 철근은 40 d_b이상 서로 엇갈리게 끝나야 한다.
–다발철근의 간격과 최소 피복두께를 철근지름으로 나타낼 경우, 다발철근의 지름은 등가단면적으로 환산된 한 개의 철근지름으로 보아야 한다.
–보에서 D35를 초과하는 철근은 다발로 사용할 수 없다.</td></tr>
</table>

5·8·3 철근의 피복두께

철근의 부식을 방지하고 충분한 부착력을 발휘하도록 하며 또한 화재로 인한 해를 받지 않도록 하기 위하여, 필요로 하는 두께의 콘크리트로 보호해야 한다. 이 콘크리트 두께를 철근의 피복두께(cover)라고 한다. 즉, 철근의 피복두께는 철근 표면으로부터 콘크리트 표면까지의 최단거리이다. 설계기준에서는 현장치기 콘크리트 구조물의 경우, 철근의 덮개를 다음과 같이하도록 규정하고 있다. 이는 콘크리트의 중성화 속도를 고려하여 구조물의 공용기간 동안 철근의 부식을 막기 위해 실험치로부터 결정한 값이다.

현장치기 콘크리트의 최소피복두께는 다음과 같다.

① 수중에서 타설하는 콘크리트 : 100 mm

② 흙에 접하여 콘크리트를 친 후 영구히 흙에 묻혀 있거나 수중에 있는 콘크리트 : 80 mm

③ 흙에 접하거나 옥외의 공기에 직접 노출되는 콘크리트

D29 이상 철근 : 60 mm

D25 이하 철근 : 50 mm

D16 이하 철근, 지름 16 mm 이하의 철선 : 40 mm

④ 옥외의 공기나 흙에 직접 접하지 않는 콘크리트

슬래브, 벽체, 장선 : D35를 초과하는 철근 : 40 mm

D35 이하인 철근 : 20 mm

보, 기둥 : 40 mm

이 경우 콘크리트의 설계기준강도 f_{ck}가 400 MPa 이상이면 규정된 값에서 10 mm 저감시킬 수 있다.

쉘, 절판부재 : 20 mm

연습문제

5·1 다음의 경우에 대해 D25(공칭 단면적 $A_b = 506.7 \text{ mm}^2$, 공칭지름 $d_b = 25.4 \text{ mm}$) 철근의 기본 정착 길이를 구하시오. 단, $f_{ck} = 21 \text{ MPa}$이고 $f_y = 300 \text{ MPa}$이다.

① 위의 철근이 인장을 받는 경우

② 위의 철근이 압축을 받는 경우

③ 위의 철근이 인장을 받으며 표준갈고리를 둔 경우

5·2 유효깊이가 500 mm인 캔틸레버에서 D25가 인장철근으로 배근되어 있다. 철근의 중심 간격은 150 mm이고, 부재 측면에서 70 mm 떨어져 있다. 이 때 필요한 정착길이를 계산하시오. 단, $f_{ck} = 24 \text{ MPa}$이고 $f_y = 400 \text{ MPa}$이다.

5·3 다음 조건과 같이 D25 상부철근이 순간격 70 mm로 배근된 캔틸레버에서 지지 기둥 속으로 연장될 때 필요한 정착길이를 계산하시오. 이 때 주철근은 120 mm 간격의 D10 스터럽으로 보강되었고 피복두께는 50 mm이다. 단, $f_{ck} = 24 \text{ MPa}$이고 $f_y = 400 \text{ MPa}$이다.

① 직선철근

② 표준갈고리 철근

5·4 $b = 300 \text{ mm}$, $d = 55 \text{ mm}$이고 지간이 6,000 mm인 직사각형 단면의 단순지지보가 있다. 여기에 등분포 고정하중 $w_d = 20 \text{ N/mm}$(자중포함)과 등분포 활하중 $w_l = 30 \text{ N/mm}$이 작용할 때 휨 해석결과 인장철근 $A_s = 3 - D32 = 2{,}383 \text{ mm}^2$를 배근하였다. 인장철근의 끊을 수 있는 위치를 계산하고, 또 철근의 정착길이를 검토하시오. 단, $f_{ck} = 24 \text{ MPa}$이고 $f_y = 400 \text{ MPa}$이다.

5·5 단순지간의 직사각형보에 순간격 50 mm, 그리고 피복두께 50 mm인 여러 개의 D25철근을 배근하고자 한다. 이 철근을 겹이음하고자 할 때 다음 각각의 경우에 대해 겹이음 길이를 계산하시오. 단, $f_{ck} = 24 \text{ MPa}$이고 $f_y = 400 \text{ MPa}$이다.

① 전체 철근의 70%를 이음하고자 하며 (배근 A_s)/(소용 A_s) = 1.5일 때

② 전체 철근의 70%를 이음하고자 하며 (배근 A_s)/(소용 A_s) = 2.0일 때

③ 전체 철근의 40%를 이음하고자 하며 (배근 A_s)/(소용 A_s) = 1.5일 때

④ 전체 철근의 40%를 이음하고자 하며 (배근 A_s)/(소용 A_s) = 2.0일 때

6장 사 용 성

6·1 서 론

구조물에 외력이 작용할 때 구조물의 안전에는 문제가 없으나, 구조물을 사용하는 데 있어서는 불편을 초래하는 경우가 있다. 구조물에 과대한 처짐, 균열, 피로 등이 일어나면 구조물의 기능에 지장을 초래할 뿐 아니라, 미관을 해치고 사용자에게 불안감을 주게 된다. 이러한 것을 사용성(serviceability)이 좋지 않다고 한다. 특히 폭이 큰 균열, 과대한 처짐, 반복하중 등은 내구성(durability)을 저하시키게 된다. 따라서 구조물은 외력에 대하여 안전해야 할 뿐만 아니라 사용성과 내구성을 확보하여야 한다.

허용응력 설계법은 사용성에 중점을 둔 설계법이고, 강도 설계법은 안전성에 중점을 두고 사용성을 따로 검토하는 방법을 취하고 있으며, 한계상태 설계법은 안전성과 사용성을 하나의 설계체계 속에서 다루려는 설계법이다. 따라서, 허용응력 설계법으로 설계된 구조부재는 처짐이나 균열에 대하여 안전한 설계가 되어 사용성에 대해서는 종래 거의 신경을 쓰지 않았다. 그러나 최근 콘크리트나 철근이 고강도화의 경향에 있고 설계법이 정밀해 짐에 따라 부재단면이 작아지는 경향이 있으므로 처짐이나 균열 또는 피로에 대해 검토하여야 한다.

6·2 균 열

6·2·1 균열의 종류와 형태

하중에 의해 일어나는 균열은 그림 6·1에 보인 바와 같이 서로 다른 형태를 보인다. 잘 설계된 보에서 휨 균열은 육안으로 볼 수 없는 실 균열(hairline crack)이다. 그리고 사용하중하에서 최대균열폭은 0.25mm 정도이다. 하중이 더 증가하면 균열폭은 더 커진다. 하중이 균열하중을 넘어 점차로 증가하면 그림 6·1(a)에 보인것처럼 균열의 수와 폭이 증가한다. 이렇게 발전된 균열은 중립축 쪽으로 진행한다.

전단으로 인한 균열은 그림 6·1(b)에 보인 바와 같이 특색있는 경사진 형태를 나타낸다. 이 전단균열은 중립축의 높이만큼 윗쪽으로 진행되며, 때로는 압축구역으로 발전한

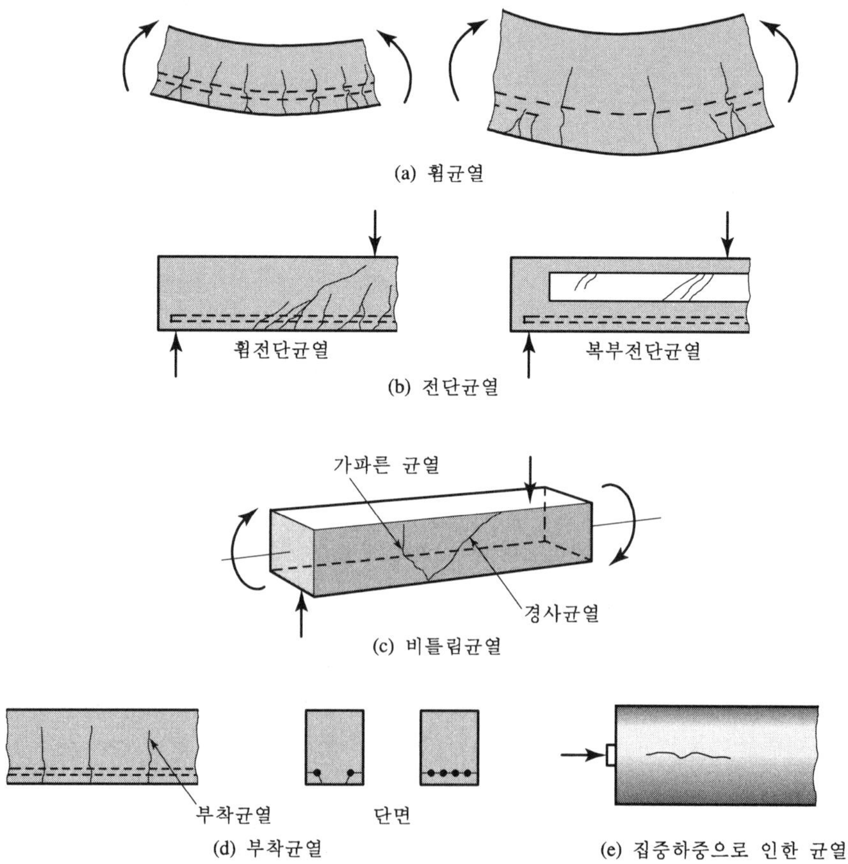

그림 6·1 하중에 의한 균열의 종류와 형태

다. 비틀림에 의한 균열도 그림 6·1(c)에 보인 바와 같이 전단의 경우와 비슷하다. 부착균열은 그림 6·1(d)에 보인 바와 같이 할렬(split)을 유발한다.

집중하중은 때로는 그림 6·1(e)에 보인 바와 같이 할렬균열(splitting crack) 또는 파열균열(bursting crack)을 일으키는 수가 있다. 이러한 균열은 특히 포스트텐션 방식의 PC 보의 정착부 근처에서 종종 볼 수 있다.

부등침하, 건조수축, 온도변화 등에 의해서도 균열이 발생한다. 육중하고 강한(stiff) 구조물에 연결된 얇은 부재의 경우, 수축이 구속되면 수축균열이 일어난다.

구조물에서 자주 볼 수 있는 균열은 초기 재령의 부재에서 수화열에 의해 상승된 온도가 냉각하는 과정에서, 수축이 구속되어 일어나는 균열이다. 이러한 경우의 예로는 콘크리트를 타설한 지 얼마되지 않은 기초위에 어떤 길이의 벽체를 이어치는 곳에서 볼 수있다.(그림 6·2) 벽체가 냉각했을 때, 그 수축이 기초에 의해 구속되기 때문이다. 일반적으로 부재의 기초부의 구속 또는 다른부재에 의한 구속은 균열을 유발한다. 이러한 균열은 수화열로 인한 온도의 상승 및 냉각속도를 조절하므로서 제어할 수 있다. 또는 벽체를 짧은 길이로 타설하거나 철근을 보통의 수축철근 이상으로 충분히 배근하므로서 제어할 수 있다.

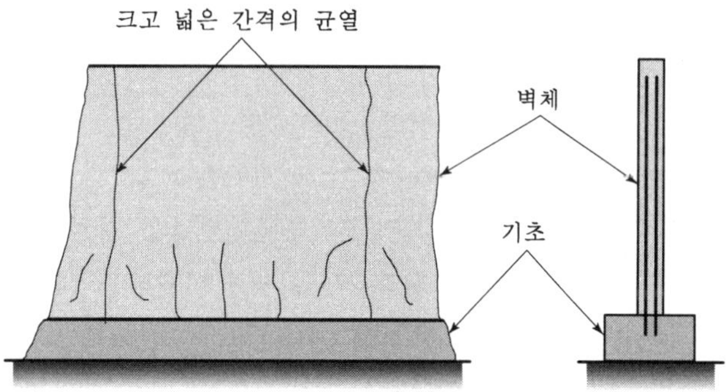

그림 6·2 수화열로 인한 균열의 예

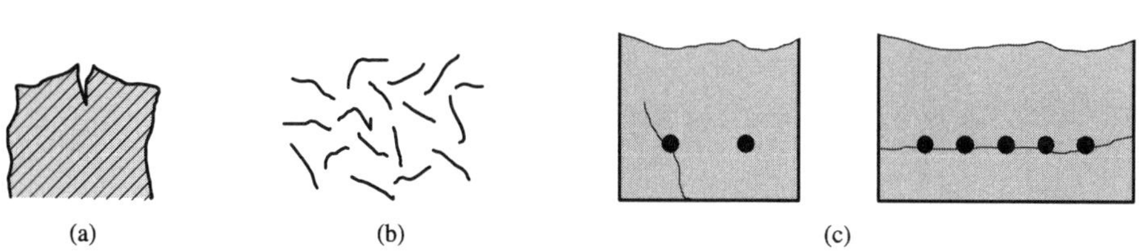

그림 6·3 그 밖의 형태의 균열

콘크리트의 소성수축(plastic shrinkage)은 새로 타설한 콘크리트의 블리딩(bleeding)과 표면건조 때문에 일어나며, 이 침하로 인하여 그림 6·3(a)와 같이 철근을 따라 균열이 일어나고, 또는 그림 6·3(b)와 같은 망사형 균열이라 일컬어지는 균열패턴을 보이기도 한다. 이러한 균열은 적절한 배합설계 및 타설직후의 표면건조를 방지하여 피할 수 있다.

6·2·2 균열폭 제어의 필요성

균열폭은 외관, 철근의 부식 등에 관계된다. 폭이 넓은 균열은 외관상 좋지 않을 뿐만 아니라, 구조물 이용자에게 불안감을 준다. 액체저장용 구조물에 발생한 균열은 액체 누출의 원인이 된다.

폭이 넓은 균열은 철근을 부식시켜, 구조물의 내구성을 저하시킨다. 철근의 부식은 콘크리트의 탄화(carbonization)가 철근에 도달했을 때, 또는 염화물이 콘크리트를 통하여 철근표면에 침투했을 때 시작된다. 이들이 일어나는데 걸리는 시간은 균열 발생여부, 콘크리트 덮개 및 침투성, 구조물이 놓인 환경 등에 지배된다. 따라서 콘크리트에 발생하는 균열은 구조물의 기능, 내구성 및 미관 등 사용목적에 손상을 주지 않도록 제한되어야 한다.

6·2·3 균열의 검토

건설교통부 제정 콘크리트 구조설계 기준에서 정하고 있는 균열제한 규정은 주로 휨부재의 주인장철근을 적절히 분배시키는데 주안점을 두었다.

① 휨모멘트 및 축력에 의한 콘크리트의 인장응력이 콘크리트의 설계기준인장강도의 60%보다 작을 경우에는 휨균열을 검토하지 않아도 된다.

② 인장철근의 설계기준항복강도가 300 MPa 이상인 경우 사용하중에 의한 휨균열폭은 식 (6·1)에 의하여 구하고, 균열폭이 표 6·2의 허용균열폭 w_a 이하가 되도록 하여야 한다.

$$w = 1.08\beta_c f_s \sqrt[3]{d_c A} \times 10^{-5}\ \text{mm} \tag{6·1}$$

여기서, f_s : 사용하중에 의해 계산된 철근의 인장응력(MPa)

(계산 대신에 철근의 설계기준항복강도 f_y의 60%를 취할 수 있다.)

β_c : 단면의 주철근 도심으로부터 중립축까지의 거리에 대한 단면의 인장부 연단에서부터 중립축까지 거리의 비

(계산 대신 보에 대하여 1.2, 슬래브에 대하여 1.35로 할 수 있다.)

d_c : 인장 연단에서 가장 가까운 철근 도심까지의 거리 (mm)

A : 콘크리트의 유효인장단면적을 철근의 수로 나눈 값(mm^2)

(유효인장 단면적 : 철근 도심부터 연단까지 거리의 2배 × 폭)

③ 전단균열, 비틀림 균열의 검토가 필요한 경우 적절한 방법에 따라 전단력 및 비틀림모멘트에 의한 균열을 검토하여야 한다.

④ 부재는 하중에 의한 균열을 제어하는데 필요한 철근 외에도 필요에 따라 온도변화, 건조수축 등에 의한 균열을 제어하기 위한 추가적인 보강철근을 배치하여야 한다. 제어를 위한 철근은 필요로 하는 부재 단면의 주변에 분산시켜 배치하여야 하고, 이 경우 철근의 지름과 간격을 가능한 한 작게 하여야 한다.

표 6·1 강재의 부식에 대한 환경조건의 구분

건조 환경	일반 옥내 부재, 부식의 우려가 없을 정도로 보호한 경우의 보통 주거 및 사무실 건물 내부
습윤 환경	일반 옥외의 경우, 흙 속의 경우
부식성 환경	1) 습윤환경과 비교하여 건습의 반복작용이 많은 경우, 특히 유해한 물질을 함유한 지하수위 이하의 흙 속에 있어서 강재의 부식에 해로운 영향을 주는 경우, 동결작용이 있는 경우, 동상방지제를 사용하는 경우 2) 해양콘크리트구조물 중 해수 중에 있거나 극심하지 않은 해양환경에 있는 경우(가스, 액체, 고체)
고부식성 환경	1) 강재의 부식에 현저하게 해로운 영향을 주는 경우 2) 해양콘크리트구조물 중 간만조위의 영향을 받거나 비말대에 있는 경우, 극심한 해풍의 영향을 받는 경우

표 6·2 허용균열폭 w_a(mm)

강재의 종류		강재의 부식에 대한 환경조건			
		건조 환경	**습윤 환경**	**부식성 환경**	**고부식성 환경**
철근	건 물	0.4 mm	0.3 mm	0.004 t_c	0.0035 t_c
철근	기타 구조물	0.006 t_c	0.005 t_c	0.004 t_c	0.0035 t_c
프리스트레싱 긴장재		0.005 t_c	0.004 t_c	–	–

여기서 t_c는 최외단 철근의 표면과 콘크리트 표면 사이의 콘크리트 최소 피복두께(mm)

예제 6·1

그림 6·4의 단면에 M=20 kN · m의 모멘트가 작용할 때, 균열모멘트 M_{cr}과 균열단면 2차 모멘트 Icr을 계산하여라. 단, f_{ck} = 28 MPa, f_y = 400 MPa, n = 8, ω_c = 2,000 kg/m^3, A_s = 4-D29 (2,570 mm^2)이다.

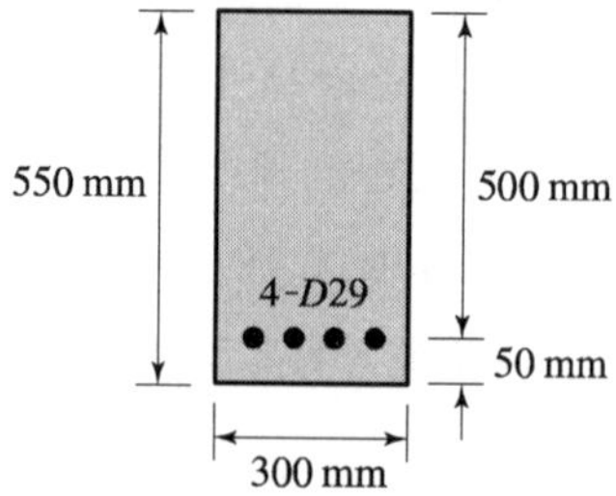

그림 6·4

풀이

1. 중립축 깊이 x의 계산

   중립축 깊이 x는 다음과 같다.

$$x = -\frac{nA_s}{b} + \frac{nA_s}{b}\sqrt{1 + \frac{2bd}{nA_s}}$$

$$= -\frac{8 \times 2,570}{300} + \frac{8 \times 2,570}{300} \times \sqrt{1 + \frac{2 \times 300 \times 500}{8 \times 2,570}}$$

$$= 202.1 \text{ mm}$$

2. 단면 2차 모멘트 I_g의 계산

$$I_g = \frac{bh^3}{12} = \frac{300 \times 550^3}{12} = 4.15937 \times 10^9 \text{ mm}^4$$

3. 균열모멘트 M_{cr}의 계산

$$y_t = \frac{h}{2} = \frac{550}{2} = 275 \text{ mm}, \quad f_r = 0.63\sqrt{f_{ck}} = 0.63 \times \sqrt{28} = 3.334 \text{ MPa}$$

$$M_{cr} = \frac{f_r I_g}{y_t} = \frac{3.334 \times 4.15937 \times 10^9}{275} = 50.421 \text{ MN} \cdot \text{mm}$$

4. 균열 단면 2차 모멘트

$$I_{cr} = \frac{bx^3}{3} + nA_s(d-x)^2$$
$$= \frac{300 \times 202.1^3}{3} + 8 \times 2,570 \times (500 - 202.1)^2$$
$$= 2.65 \times 10^9 \text{ mm}^4$$

예제 6·2

그림 6·5와 같이 사각형 단면의 단철근보가 단순 지지되어 있고 보의 경간이 10 m이다. 자중을 포함한 등분포 하중 $q = 9\text{ kN/m}$가 작용할 때 보의 최대 균열폭을 검토하여라. 단, $f_{ck} = 28$ MPa, $f_y = 350$ MPa이며 허용균열폭은 습윤 환경조건으로 $\omega_a = 0.005\ t_c$(mm)로 한다.

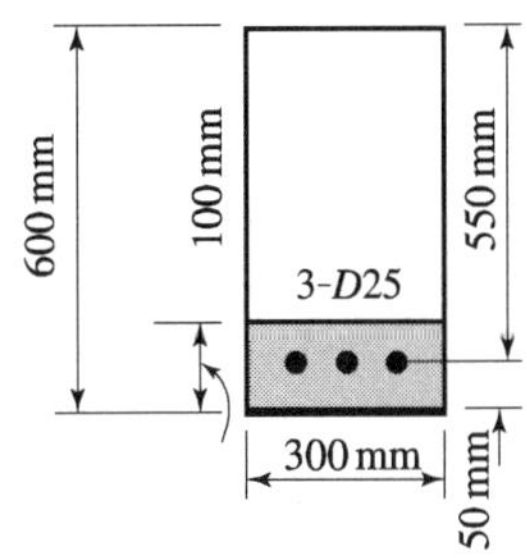

그림 6·5

풀이

1. 균열모멘트 M_{cr}의 계산

$$M_{\max} = \frac{ql^2}{8} = \frac{9 \times 10^2}{8} = 112.5 \text{ kN} \cdot \text{m}$$
$$A_s = 3 - D25 = 1,520 \text{ mm}^2$$
$$I_g = \frac{bh^3}{12} = \frac{300 \times 600^3}{12} = 5.4 \times 10^9 \text{ mm}^4$$
$$f_r = 0.63\sqrt{f_{ck}} = 0.63 \times \sqrt{28} = 3.334 \text{ MPa}$$
$$E_c = 4,700\sqrt{f_{ck}} = 4,7000 \times \sqrt{28} = 24,870 \text{ MPa}$$
$$n = \frac{E_s}{E_c} = \frac{200,000}{24870} = 8.04 \quad \rightarrow \quad \therefore \quad n = 8$$
$$y_t = \frac{h}{2} = 300 \text{ mm}$$

따라서 균열모멘트 M_{cr}은 다음과 같다.

$$M_{cr}=\frac{f_r\,I_g}{y_t}=\frac{3.334\times5.4\times10^9}{300}=60.01\ \text{MN}\cdot\text{mm}$$

$$< M_{\max}=112.5\ \text{MN}\cdot\text{mm}$$

$M_{cr} < M_{\max}$ 이므로 주어진 단면은 균열이 발생한다.

2. 균열단면 2차 모멘트 계산

중립축의 깊이 x는 다음과 같다.

$$x=-\frac{n\,\text{A}_s}{b}+\frac{n\,\text{A}_s}{b}\sqrt{1+\frac{2bd}{n\,\text{A}_s}}$$

$$=-\frac{8\times1,520}{300}+\frac{8\times1,520}{300}\times\sqrt{1+\frac{2\times300\times550}{8\times1,520}}$$

$$=174.5\ \text{mm}$$

따라서 균열단면 2차 모멘트를 구하면 다음과 같다.

$$I_{cr}=\frac{bx^3}{3}+n\,\text{A}_s(d-x)^2$$

$$=\frac{300\times174.5^3}{3}+8\times1,520\times(550-174.5)^2$$

$$=2.246\times10^9\ \text{mm}^4$$

3. 균열폭 계산

철근의 응력은 다음과 같다.

$$f_s=n\frac{M_a}{I_{cr}}(d-x)$$

$$=8\times\frac{112.5\times10^6}{2.246\times10^9}\times(550-174.5)$$

$$=150.467\ \text{MPa} < 180\ \text{MPa}$$

$$f_s=0.6f_y=210\ MPa\ (\text{간략식})$$

$$\beta_c=\frac{h-x}{d-x}=\frac{600-174.5}{550-174.5}=1.133$$

$$\beta_c=1.2\ (\text{보의 경우 간략식})$$

인장측의 철근도심으로부터 인장측 하단까지의 거리

$$d_c=(\text{덮개})+(\text{D25의 지름})/2=50\ \text{mm}$$

콘크리트의 유효인장단면적 $= 300\times100=30,000\ \text{mm}^2$

$$\therefore\ A = \frac{30,000}{3} = 10,000\ \text{mm}^2$$

균열폭을 계산하면 다음과 같다.

$$\omega = 1.08\beta_c f_s \sqrt[3]{d_c A} \times 10^{-5}\text{mm}$$
$$= 1.08 \times 1.133 \times 150.467 \times \sqrt[3]{50 \times 10,000} \times 10^{-5} = 0.146\ \text{mm}$$
$$\omega = 1.08 \times 1.2 \times 210 \times \sqrt[3]{50 \times 10,000} \times 10^{-5} = 0.216\ \text{mm}\ (\text{간략식})$$

4. 균열폭 검토

허용균열폭 $\omega_a = 0.005\, t_c = 0.005 \times (50 - 25.4/2) = 0.186$ mm

따라서, 최대 균열폭이 허용균열폭보다 작으므로 균열보강이 필요없다.

6·3 처 짐

철근콘크리트 구조가 합리적으로 설계되기 위해서는 외력에 안전하게 저항할 수 있는 강도를 발휘할 수 있어야 할 뿐만 아니라 구조물의 사용목적에 부합되도록 처짐, 균열, 피로에 대한 제한조건을 만족하는 적당한 강성을 가져야 한다. 그런데 강도설계법으로 철근콘크리트 부재 설계 시 고강도 철근과 콘크리트로 설계될 경우 단면이 얇아지고 이로 인해 강성이 크게 저하되어 처짐이 크게 발생할 우려가 있다. 부재의 처짐이나 균열은 일반적인 사용상태에서 문제가 되기 때문에 사용하중(service load)하에서 즉시처짐과 장기처짐을 검토한다.

6·3·1 하중-처짐 거동

그림 6·6(a)는 (b)와 같은 고정보가 등분포하중을 받을 때 하중-처짐 곡선을 보인 것이다. 처음에 작용하는 하중이 매우 작으면 균열이 발생하지 않으며, 보는 초기강성을 유지한다. 그림의 OA가 이 단계를 나타낸다. 하중이 증가하여 보의 단부 모멘트가 균열모멘트를 초과하면 균열이 발생하고 보의 강성이 저하하며 단면 2차 모멘트 I가 감소한다. 이 단계가 그림의 AB구간이다. 지간 중앙의 균열은 더 큰 강성의 감소를 가져오며 이것이 그림의 점 B이다. 이후 하중이 약간 증가해도 처짐은 매우 커져서 보의 단부 또는 지간 중앙에서 항복을 초래한다. 그림의 점 D 및 E가 그것이다.

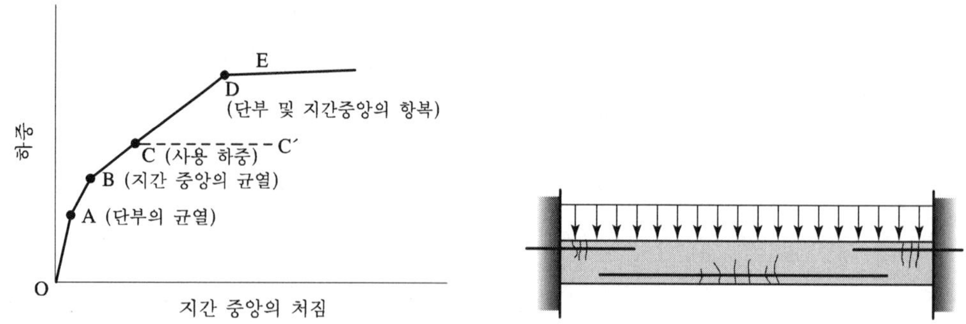

(a) 하중-처짐 곡선

(b) 전단균열

그림 6·6 보의 하중–처짐 곡선

사용하중의 단계가 C점이고 이곳에서 보는 기본적으로 탄성적이다. 시간이 경과함에 따라 콘크리트의 크리프로 인하여 사용하중 처짐은 점 C에서 점 C'로 증가한다. 사용하중으로 인한 즉시처짐(점 C)과 크리프, 건조수축으로 인한 장기처짐(점 C')은 둘 다 설계에 고려해야 한다.

6·3·2 휨강성과 단면 2차모멘트

재료역학으로부터 탄성보의 곡률 ϕ_e는 다음 식으로 계산한다.

$$\phi_e = \frac{M}{EI} \tag{a}$$

여기서 EI는 보의 휨강성이다.

철근 콘크리트보에 있어서는 3개의 서로 다른 EI 값을 고려하게 된다. 이것은 그림 6·7(d)에 보인 모멘트 곡률도(moment-curvature diagram)에 의해 설명할 수 있다. 식(a)로부터 그림 6·7(d)의 원점에서 그은 방사선의 기울기 $\frac{M}{\phi}$은 다음과 같다.

$$\frac{M}{\varphi} = EI \tag{6.2}$$

즉, 이 그림에서 방사선의 기울기는 단면의 휨강성 EI를 나타낸다.

균열이 발생하기 전에는 그림 6·7(b)에 보인 바와 같이 단면 전체가 유효하다. 따라서 비균열 단면 2차 모멘트 I_g는 콘크리트 전체단면에 대하여 계산되며, 이 경우의 휨강성 EI_g가 그림 6·7(d)의 OA이다.

그림 6·7(c)에 보인 바와 같이 보에 균열이 발생하면 단면의 인장측 콘크리트는 무시

된다. 인장측 콘크리트 단면을 무시하고 계산한 단면 2차 모멘트 I_{cr}를 균열 환산단면 2차 모멘트라고 하며, 그 값은 비균열 단면 2차 모멘트 I_g보다 작다. 따라서 $EI_{cr} < EI_g$이고 EI_{cr}이 그림 6·7(d)의 OB이다.

사용하중 상태에 해당하는 점 C의 EI 값은 위의 두 값 사이에 있다. 즉 사용하중 상태의 범위에서 실제의 EI값은 EI_g와 EI_{cr} 사이에서 변한다. 이러한 관계가 그림 6·7(e)에도 나타나 있다. 사용하중 상태에서 이렇게 변하는 EI값을 사용하여 처짐을 계산한다는 것은 쉬운 일이 아니며 실용적이 못된다. 그래서 다음에 설명하는 유효단면 2차 모멘트 I_e (effective moment of inertia) 또는 평균 단면 2차 모멘트 I_e를 사용하여, EI_e로 처짐을 계산한다.

그림 6·7(d)에서 균열이 발생한 점 A 와 항복이 일어난 점B 사이에서는 이 두 점의 휨강성 EI_g와 EI_{cr} 사이의 값에 해당하는 EI가 있을 것이다. 그래서 I_g에서부터 I_{cr}까지 변화하는 값 I_e가 많은 시험의 결과로 얻어졌으며, 그것을 단순화하여 다음과 같이 설계기준에서 제안하고 있다.

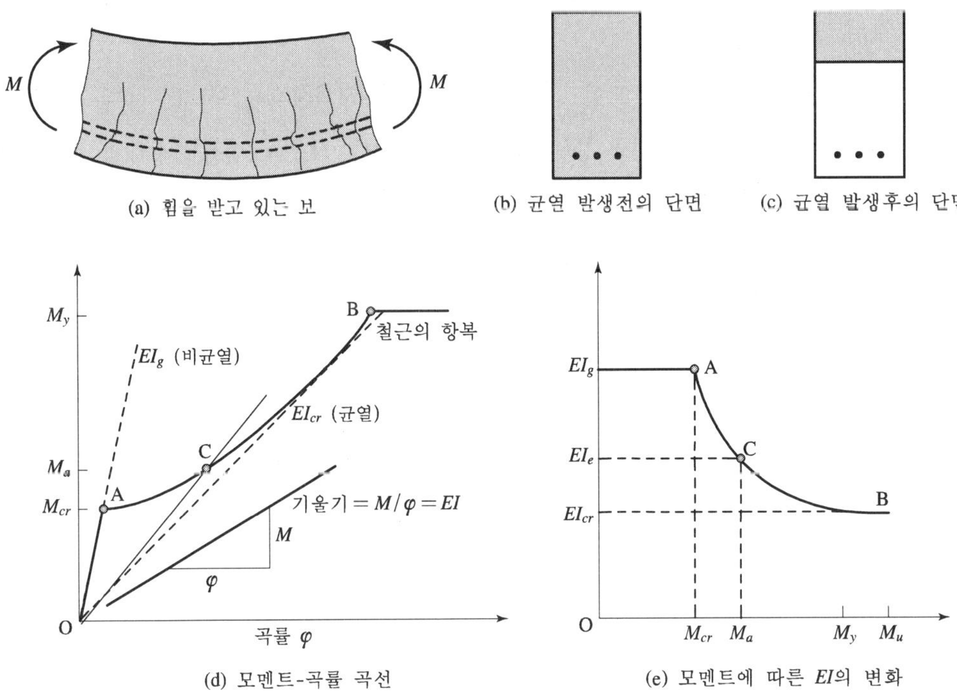

그림 6·7 모멘트-곡률 곡선과 EI의 변화

$$I_e = \left(\frac{M_{cr}}{M_a}\right)^3 I_g + \left\{1 - \left(\frac{M_{cr}}{M_a}\right)^3\right\} I_{cr} \le I_g \quad (6 \cdot 3)$$

여기서 M_{cr} : 균열 모멘트 $\left(= \frac{f_r I_g}{y_t},\quad f_r = 0.63\sqrt{f_{ck}}\right)$

M_a : 처짐이 계산되는 단계에서 사용하중에 의해 일어나는 최대 휨 모멘트

I_g : 철근을 무시하고 계산한 콘크리트 총 단면의 2차 모멘트

I_{cr} : 균열 환산단면 2차 모멘트

만약 $\frac{M_a}{M_{cr}} > 3$일 때는 균열이 더 확장되므로 I_{cr}을 사용하여 계산하고 $\frac{M_a}{M_{cr}} < 1$이면 균열이 발생하지 않으므로 I_g값을 사용하여 계산한다.

식 (6·3)의 I_e를 유효 단면 2차 모멘트(effective moment of inertia)라고 하며 처짐계산에 사용된다.

$$I_g > I_e > I_{cr}$$

그림 6·8은 철근콘크리트 보의 하중-처짐 관계를 나타내는 것으로 I_g , I_e , I_{cr}의 관계를 보여준다.

연속보에 있어서는 정 모멘트 구역과 부 모멘트 구역에서 I_e의 값이 매우 다르다. 특히 T형단면, 복철근 단면의 경우에는 그 차이가 크기 때문에, 연속보에 대하여는 다음과 같은 가중평균(weighted average)의 I_e를 사용한다.

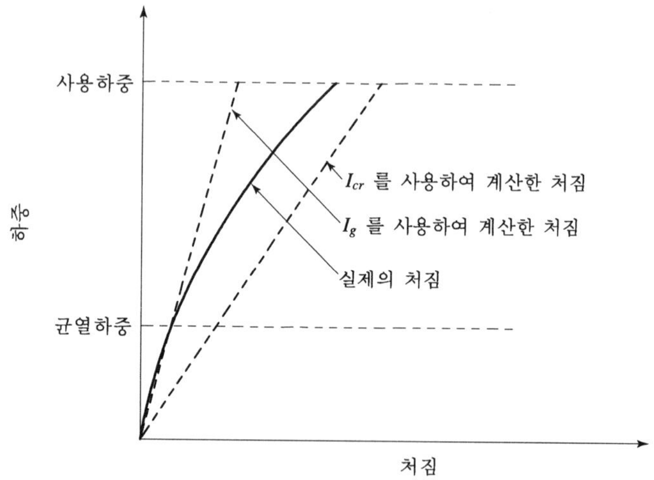

그림 6·8 철근콘크리트 보의 하중－처짐곡선

그림 6·9(a)와 같이 양단이 연속으로 된 부재에 대하여

$$I_e = 0.70\{ I_{em} + 0.5(I_{e1} + I_{e2}) \} \tag{6·4}$$

여기서 I_{em} : 지간 중앙의 유효단면 2차 모멘트

I_{e1}, I_{e2} : 양단의 부 모멘트 단면에 대한 유효단면 2차모멘트

그림 6·9(b)와 같이 1단이 연속으로 된 부재에 대하여

$$I_e = 0.85\, I_{em} + 0.15\, I_{ec} \tag{6·5}$$

여기서 I_{ec} : 연속단의 유효단면 2차 모멘트

위의 가중평균 I_e대신에 다음식의 산술평균 I_e를 사용해도 좋다.

$$I_e = 0.5\{ I_{em} + 0.5(I_{e1} + I_{e2}) \} \tag{6·6}$$

단순보는 지간중앙 단면에 대하여 캔틸레버는 지점 단면에 대하여 식 (6·3)으로 계산되는 I_e를 사용한다.

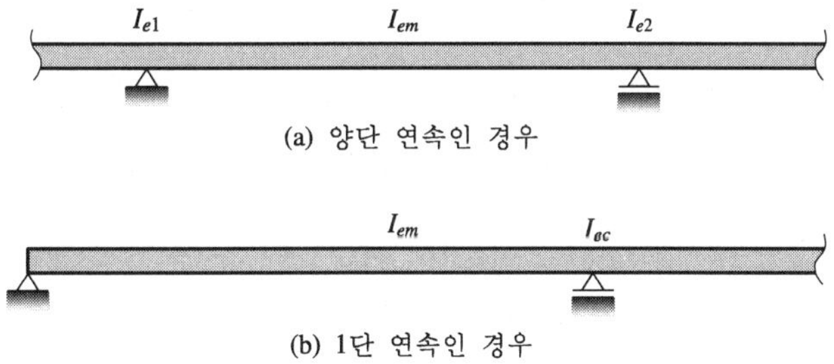

그림 6·9 연속보의 I_e 계산

6·3·3 즉시처짐

하중이 작용하는 그 순간에 일어나는 초기처짐을 탄성처짐(즉시처짐)이라 하며, 탄성처짐의 계산은 휨부재의 탄성거동에 기초를 둔다. 탄성처짐 δ는 하중 P, 지간 l , 단면 2차 모멘트 I, 그리고 재료의 탄성계수 E의 함수로 다음 식과 같이 표현된다.

$$\delta = f\left(\frac{Pl}{EI}\right) \tag{6·7}$$

예를 들면, 단순보에 등분포 하중 w가 작용하면 지간 l의 중앙에 일어나는 최대처짐

은 다음과 같다.

$$\delta = \frac{5wl^4}{384EI} \tag{6·8}$$

여기서 E는 콘크리트 탄성계수 E_c를 사용한다. I는 모멘트가 작게 일어나는 구역에서 균열이 발생하지 않았을 경우 전단면이 유효하므로, 총단면 2차모멘트 I_g를 취하고 모멘트가 큰 구역에서는 균열이 발생하므로, 균열환산단면 2차모멘트 I_{cr}를 취한다.

단면의 인장측 콘크리트 응력이 휨강도(파괴계수) f_r을 초과하면 균열이 발생한다. 이때의 휨모멘트를 균열 모멘트 M_{cr}이라고 하며 다음 식과 같다.

$$f_r = \frac{M_{cr}}{I_g} y_t \tag{6·9}$$

$$M_{cr} = \frac{f_r}{y_t} I_g \tag{6·10}$$

여기서, $f_r = 0.63\sqrt{f_{ck}}$ (6·11)

I_g : 철근을 무시한 총단면 2차 모멘트

y_t : 중립축에서 인장측 하단까지 거리

외력에 의한 휨모멘트 M이 균열모멘트 M_{cr}보다 커지면 인장측 콘크리트에 균열이 발생하며 이때 처짐은 비균열 단면 2차 모멘트 I_g 대신 균열 단면 2차 모멘트 I_{cr}을 사용해야 한다. 그러나 철근 콘크리트 보의 실제 처짐은 I_{cr}에 의해 계산된 값보다 작다. 그러므로 콘크리트 설계기준에서는 처짐계산을 위해 식 (6·3)과 같이 유효단면 2차 모멘트 I_e를 제안하고 있다.

6·3·4 장기처짐

지속하중에 의한 건조수축 및 크리프는 하중이 구조물에 처음 재하될 때 일어나는 처짐 외에 추가 처짐의 원인이 된다. 이러한 추가처짐은 장기처짐이라고도 말하며 온도, 습도, 양생조건, 재하기간, 압축철근의 양, 지속하중의 크기 및 기타 요소에 의하여 영향을 받는다. 장기처짐은 콘크리트의 건조수축과 크리프에 의해 발생되는 처짐으로, 초기에는 빠른 속도로 증가하여 시간이 지남에 따라 둔화되고 4~5년 후에는 거의 끝난다.

콘크리트구조설계기준에서는 휨부재의 크리프와 건조수축에 의한 추가 장기처짐 Δ는 해당 지속하중에 의해 생긴 순간처짐 δ_i에 다음 계수 λ를 곱하여 구하도록 제안되어 있다.

$$\lambda = \frac{\xi}{1 + 50\rho'} \tag{6·12}$$

$\rho' = \dfrac{A_s'}{bd}$: 단순 및 연속경간인 경우 보 중앙단면의 압축 철근비, 캔틸레버인 경우 받침부 단면의 압축철근비

$\xi =$ 지속하중에 대한 시간경과계수 (표 6·3 참조)

표 6·3 장기 처짐을 구하기 위한 시간경과 계수

개 월	3	6	12	5년 이상
ξ	1.0	1.2	1.4	2.0

식 (6·12)에서 압축철근 A_s' 는 장기처짐을 감소시키는 데 영향을 주고 재하기간 계수 ξ는 크리프와 건조수축에 의한 재료의 특성을 반영한다. 따라서 압축철근을 증가시키면 크리프와 건조수축을 구속하고 장기처짐을 감소시키는 데 효과적이다.

그림 6·10은 콘크리트의 재령에 따른 장기처짐을 보인다. 압축철근이 없는 단철근보를 예로 하면, 하중재하 후 3개월 내에 처짐은 장기처짐의 50%가 발생되고, 5년 이상 재하된 경우의 장기처짐은 탄성처짐의 2배가 된다.

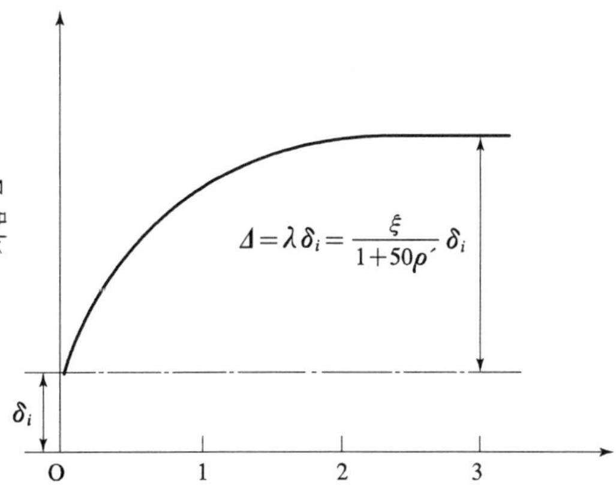

그림 6·10 재령에 따른 장기처짐

6·3·5 처짐의 제한

처짐계산에 의하여 더 작은 두께의 단면을 사용해도 유해하지 않다는 검토를 한 경우를 제외하고, 큰 처짐에 의하여 손상되기 쉬운 칸막이벽이나 기타 구조물을 지지하지 않는 1방향 구조물의 경우 최소두께는 콘크리트구조설계기준에 의해 표 6·4의 값 이상으로 해야 한다.

표 6·4 처짐을 계산하지 않는 경우의 보 또는 1방향 슬래브의 최소두께

<table>
<tr><th rowspan="3">부 재</th><th colspan="4">최소두께, h</th></tr>
<tr><th>단순지지</th><th>1단연속</th><th>양단연속</th><th>캔틸레버</th></tr>
<tr><th colspan="4">큰 처짐에 의해 손상되기 쉬운 칸막이벽이나
기타 구조물을 지지 또는 부착하지 않은 부재</th></tr>
<tr><td>· 1 방향 슬래브</td><td>$l/20$</td><td>$l/24$</td><td>$l/28$</td><td>$l/10$</td></tr>
<tr><td>· 보
· 리브가 있는
1 방향 슬래브</td><td>$l/16$</td><td>$l/18.5$</td><td>$l/21$</td><td>$l/8$</td></tr>
</table>

※ 철근의 항복강도가 $f_y = 400\,MPa$ 이외인 경우에는 계산된 h값에 $(0.43 + f_y/700)$를 곱해야 한다

표 6·5 최대 허용처짐

<table>
<tr><th>부재의 형태</th><th>고려해야 할 처짐</th><th>처짐 한계</th></tr>
<tr><td>과도한 처짐에 의해 손상되기 쉬운 비구조 요소를 지지 또는 부착하지 않은 평지붕구조</td><td>활하중 L에 의한 순간처짐</td><td>$\frac{l}{180}$ 1)</td></tr>
<tr><td>과도한 처짐에 의해 손상되기 쉬운 비구조 요소를 지지 또는 부착하지 않은 바닥구조</td><td>활하중 L에 의한 순간처짐</td><td>$\frac{l}{360}$</td></tr>
<tr><td>과도한 처짐에 의해 손상되기 쉬운 비구조 요소를 지지 또는 부착한 지붕 또는 바닥구조</td><td rowspan="2">전체 처짐 중에서 비구조 요소가 부착된 후에 발생하는 처짐부분(모든 지속하중에 의한 장기처짐과 추가적인 활하중에 의한 순간처짐의 합)3)</td><td>$\frac{l}{480}$ 2)</td></tr>
<tr><td>과도한 처짐에 의해 손상될 염려가 없는 비구조 요소를 지지 또는 부착한 지붕 또는 바닥구조</td><td>$\frac{l}{240}$ 4)</td></tr>
</table>

1), 2), 3), 4)의 자세한 설명은 콘크리트구조설계기준을 참조할 것.

내부에 보가 없는 2방향 슬래브의 최소두께도 콘크리트구조설계기준에 규정되어 있다. 한편, 설계기준에서는 1방향 구조물에 대한 탄성처짐과 장기처짐의 계산 값이 표 6·5의 최대 허용처짐을 만족하지 않는 경우, 설계단면의 높이나 압축 철근량을 증가시켜 다시 설계해야 한다고 규정하고 있다. 현장조건의 한계 때문에 단면의 높이를 증가시킬 수 없는 경우에는 미리 예상되는 처짐량을 계산하여 적당히 솟음을 두어도 좋다.

6·4 피 로

교량은 공용기간 중에 수백만 번의 반복하중을 받는 것이 일반적이며, 이런 경우 과대하중으로 인한 파괴위험보다는 계속되는 반복하중으로 구조재료의 피로손상(fatigue damage)에 의하여 급격한 취성파괴를 유발할 수 있다. 따라서 이러한 구조물에 대해서는 피로에 대한 안정성을 검토하여야 한다.

보와 슬래브의 피로에 대해서는 휨과 전단에 대하여 검토하여야 하고, 기둥의 피로에 대해서는 검토하지 않아도 된다. 다만 휨모멘트나 축인장력의 영향이 특히 큰 기둥의 경우 보에 준하여 검토하여야 한다. 휨부재는 과소 철근보로 설계되는 것이 일반적으로, 휨부재의 피로는 반복인장응력을 받는 철근의 피로에 의하여 검토하는 것이 일반적이다.

콘크리트 구조 설계기준에서는 충격을 포함한 사용 활하중에 의한 철근의 응력범위 및 프리스트레싱 긴장재의 인장응력 변동 범위가 표 6·6의 응력 이내에 들면 피로에 대하여 검토할 필요가 없다.

그러나 반복하중에 의한 철근의 응력이 표 6·6의 값을 초과하여 피로의 검토가 필요한 경우는 합리적 방법으로 피로에 대한 안전을 검토하여야 한다. 또한 피로의 검토가 필요한 구조부재는 높은 응력을 받는 부분에서 철근을 구부리지 않도록 하여야 한다.

표 6·6 피로를 고려하지 않아도 되는 철근과 프리스트레싱 긴장재의 응력범위(MPa)

강재의 종류와 위치		철근의 인장 및 압축응력범위 또는 프리스트레싱 긴장재의 인장응력 변동범위
이형철근	SD 300 SD 350 SD 400	130 140 150
프리스트레싱 긴장재	연결부 또는 정착부 기타 부위	140 160

예제 6·3

그림 6·11과 같은 단철근보에 고정하중 20 kN/m와 활하중 30 kN/m의 실하중이 작용한다. 고정하중은 보의 자중을 포함하고, 활하중의 50%가 지속하중으로 작용할 때 다음을 계산하라. 단, $f_{ck} = 28$ MPa, $f_y = 300$ MPa , $I_{cr} = 4.3 \times 10^9$ mm^4 이다.

(1) 전체 하중에 의한 초기처짐을 계산하라.

(2) 60개월 후의 장기처짐을 계산하라.

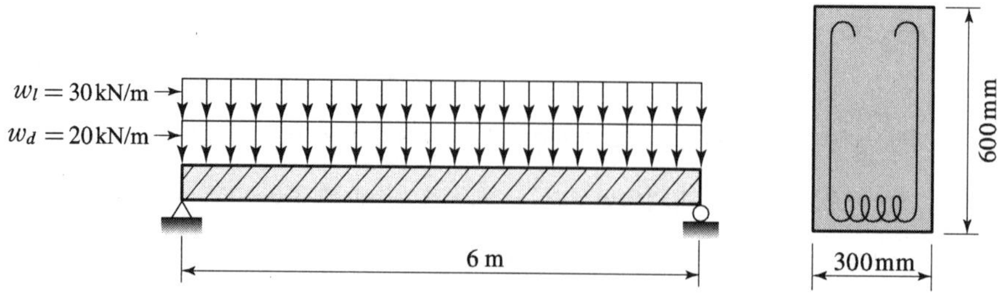

그림 6·11

풀이

1. 전체 하중에 의한 초기처짐

총 사용하중 $\omega = 20 + 30 = 50$ kN/m $= 50$ N/mm

(1) I_e 의 계산

$$I_g = \frac{bh^3}{12} = \frac{300 \times 600^3}{12} = 5.4 \times 10^9 \text{ mm}^4$$

$$y_t = \frac{h}{2} = 300 \text{ mm}$$

$$f_r = 0.63\sqrt{f_{ck}} = 0.63 \times \sqrt{28} = 3.334 \text{ MPa}$$

$$M_a = \frac{wl^2}{8} = \frac{50 \times 6000^2}{8} = 225 \text{ MN} \cdot \text{mm}$$

$$M_{cr} = \frac{I_g f_r}{y_t} = \frac{5.4 \times 10^9 \times 3.334}{300} = 60 \text{ MN} \cdot \text{mm}$$

$\dfrac{M_a}{M_{cr}} = \dfrac{225}{60} = 3.75 > 3$ 따라서, $I_e = I_{cr} = 4.3 \times 10^9$ mm^4 또는

$\dfrac{M_{cr}}{M_a} = \dfrac{60}{225} = 0.2667$ 이므로

$$I_e = \left(\frac{M_{cr}}{M_a}\right)^3 I_g + \left\{1 - \left(\frac{M_{cr}}{M_a}\right)^3\right\} I_{cr}$$

$$= 0.2667^3 \times 5.4 \times 10^9 + (1 - 0.2667^3) \times 4.3 \times 10^9 = 4.32 \times 10^9 \text{ mm}^4$$

(2) 초기처짐 계산

$$E_c = 4,700\sqrt{f_{ck}} = 4,700 \times \sqrt{28} = 24,870 \text{ MPa}$$

$$\delta_i = \frac{5wl^4}{384E_cI_e} = \frac{5 \times 50 \times 6,000^4}{384 \times 24,870 \times 4.32 \times 10^9} = 7.85 \text{ mm}$$

2. 60개월 후의 장기처짐 계산

(1) I_e의 계산

$$\omega = 20 + 0.5 \times 30 = 35 \text{ kN/m} = 35 \text{ N/mm}$$

$$M_a = \frac{35 \times 6,000^2}{8} = 157.5 \text{ MN.mm}, \quad \text{M}_{\text{cr}} = 60 \text{ MN} \cdot \text{mm}$$

$\dfrac{M_a}{M_{cr}} = \dfrac{157.5}{60} = 2.625 < 3$이므로 I_e를 계산한다.

$$\frac{M_{cr}}{M_a} = \frac{60}{157.5} = 0.381$$

$$I_e = \left[\frac{M_{cr}}{M_a}\right]^3 I_g + \left[1 - \left(\frac{M_{cr}}{M_a}\right)^3\right] I_{cr}$$

$$= 0.381^3 \times 5.4 \times 10^9 + [1 - 0.381^3] \times 4.3 \times 10^9 = 4.36 \times 10^9 \text{ mm}^4$$

(2) 초기 탄성처짐 계산

$$\delta_i = \frac{5wl^4}{384E_cI_e} = \frac{5 \times 35 \times 6,000^4}{384 \times 24,870 \times 4.36 \times 10^9} = 5.45 \text{ mm}$$

(3) 장기처짐 계산

장기처짐에 대한 승계수는 60개월일 때 $\xi = 2.0$ 이고, $\rho' = 0$ 이다.

$$\triangle_{t=60} = \left(\frac{\xi}{1 + 50\rho'}\right)\delta_i = 2 \times 5.45 = 10.9 \text{ mm}$$

연습문제

6.1 폭 $b = 300$ mm, 유효높이 $d = 540$ mm, 보높이 $h = 600$ mm인 단철근 직사각형 단면의 단순보가 있다. 지간은 $l = 6.0$ m이고 철근은 4-D25 가 배치되어 있다. 이 보가 자중을 포함한 사용 사하중 18 N/mm와 사용 활하중 35 N/mm를 받고 있다. 사용재료의 $f_{ck} = 28$ MPa 이고 $f_y = 450$ MPa이다. 이 구조물은 일반환경의 옥외구조물이다. 콘크리트 구조 설계기준의 규정에 따라 균열을 검사하라.

6.2 55 N/mm의 극한하중(자중포함)을 받을 수 있는 길이 8.0 m의 단순보를 설계하라. 최대균열폭을 계산하고 시방서에 규정된 허용균열에 대해서 검토하라($f_{ck} = 30$ MPa, $f_y = 400$ MPa, $b = 300$ mm, 철근비 $\rho = 1/2\rho_b$를 사용하라).

6.3 경간이 15 m인 그림 6·12와 같은 단순보 중앙의 탄성처짐을 계산하라 작용하중은 집중하중으로 고정하중 35 kN과 활하중 60 kN이 경간 중앙에 작용하고 있으며, 보의 자중은 5.5 N/mm이다. 단면은 강도 설계법으로 설계되었으며, $b = 350$ mm, $d = 500$ mm, $h = 550$ mm, $A_s = 4,597$ mm^{2}이고, $f_{ck} = 21$ MPa, $f_y = 300$ MPa이다.

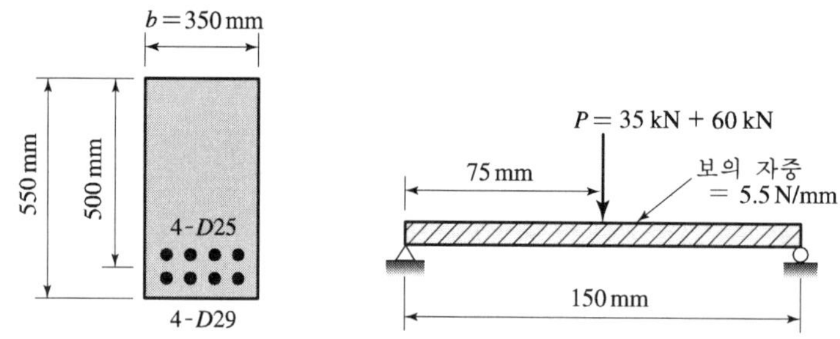

그림 6·12

6.4 그림 6·13에 있는 보에 대하여, 콘크리트구조설계기준에서 허용된 최대철근비 (ρ_{max})를 사용하여 한계단면을 설계하고, 탄성처짐과 장기처짐을 계산하라. 여기서 $f_{ck} = 28$ MPa, $f_y = 400$ MPa, $b = 300$ mm 이다. 활하중의 25%가 지속된다고 가정하고, 사하중에 보의 자중을 포함시키고, 시간의존계수 $\xi = 2.0$으로 하라. (강재의 부식조건은 일반 환경이다.)

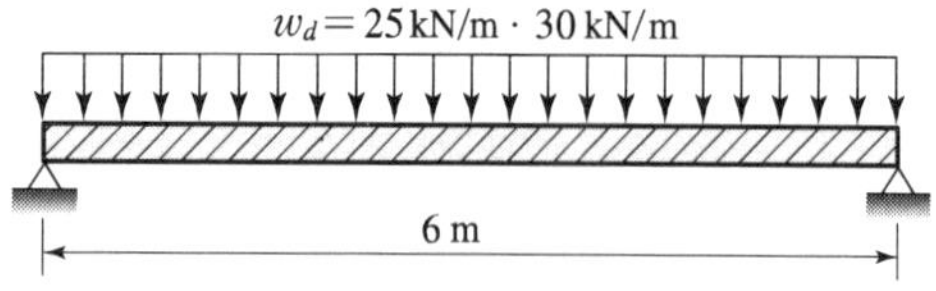

그림 6·13

6.5 지간이 10 m 인 단순보가 있다. 사용 고정하중(자중포함) 및 사용 활하중이 지간중앙에서 각각 26 MN의 크기로 작용한다. 지간중앙에 일어나는 탄성처짐을 계산하라. 또, 5년 후에 일어날 장기처짐을 계산하라. 단면은 $b = 250$ mm, $d = 356$ mm, $h = 420$ mm, $A_s = 3 - \mathrm{D25}$인 단철근 직사각형이다. $f_{ck} = 28$ MPa, $f_y = 350$ MPa이고 전체하중의 50%를 지속하중으로 본다.

7장 기 둥

7·1 서 론

기둥이란 축방향 압축을 받는 부재로서 높이가 단면 최소치수의 3배 이상인 것이라고 콘크리트구조설계기준에서 정의한다. 기둥이 축방향압축력을 받는 부재라 할지라도 실제로 순수한 축하중만을 받는 부재는 거의 존재하지 않는다. 대부분의 기둥은 보와 기둥의 일체화로 생기는 구속모멘트, 불균등한 바닥판의 지지, 풍하중 또는 지진하중과 같은 수평하중 등에 의해 생긴 편심으로 인하여 다소의 휨모멘트를 받는다. 따라서 기둥을 압축부재라고 하지만 축하중과 휨을 받는 것이 일반적이며, 기둥의 거동은 축하중과 휨모멘트의 크기에 따라서 축하중만을 받는 기둥작용(column action)부터 순수 휨을 받는 보작용(beam action)까지의 거동 변화를 보인다.

기둥은 주로 압축력을 받는 부재로 압축파괴에서는 시각적으로 경고를 감지할 수 있는 시간이 짧기 때문에 보 또는 다른 수평부재들보다 높은 보유강도(reserve strength)를 갖도록 설계에서 고려할 필요가 있다. 즉, 강도설계법에서는 압축부재의 안전계수를 휨부재의 안전계수보다 크게 두는데, 이를 강한 기둥-약한 보 이론(strong column - weak beam theory)이라 한다.

7·2 기둥의 종류

일반적으로 기둥의 종류는 기둥의 길이에 따라 단주와 장주로 분류되고, 철근의 배근 형태에 따라 띠철근 기둥, 나선철근 기둥, 합성철근 기둥 등으로 분류 된다.

7·2·1 기둥길이에 의한 분류

기둥길이에 따라 부재를 단주와 장주로 나눌 수 있으며, 이는 압축부재의 강도가 같은 단면이라도 기둥길이의 영향을 받기 때문이다. 기둥길이의 영향이나 처짐이 작아서 축방향 철근이나 콘크리트가 압축파괴 되는 기둥을 단주(short column)라 하며, 큰 세장비나 좌굴효과로 인하여 단주에 비하여 하중저항력이 크게 감소하는 형태의 기둥을 장주(long column)라 한다.

7·2·2 형태에 의한 분류

기둥의 종류는 철근의 배근형태에 따라 그림 7·1과 같이 띠철근 기둥, 나선철근 기둥, 합성철근 기둥 등으로 분류한다. 띠철근과 나선철근은 콘크리트를 타설하는 동안 축방향 철근의 위치와 형태를 유지시킨다. 나선철근 기둥은 파괴전에 상당한 변형을 일으키지만, 띠철근 기둥은 별로 큰 변형을 일으키지 않고 붕괴되는 취성파괴 거동을 나타낸다. 따라서 지진하중이나 풍하중과 같은 동적하중에는 기둥의 연성을 증가시킬 수 있는 나선철근 기둥이 유리하다.

1 띠철근 기둥(tied column)

콘크리트를 타설할 때 축방향 철근을 원위치에서 벗어나지 않도록 적당한 간격의 띠철근으로 고정시킨 압축부재를 말하며, 단면은 주로 정사각형 또는 직사각형이 많이 쓰이고, 띠철근의 간격은 보통 300 - 600 mm이다(그림 7·1(a)).

2 나선철근 기둥(spiral column)

축방향 철근을 연속된 나선철근으로 고정시켜 강도를 높인 압축부재이며, 단면은 주로 원형이 많이 쓰이고 나선철근의 피치는 25 - 75 mm 정도이다(그림 7·1(b)).

❸ 합성기둥(composite column)

콘크리트 속에 구조용 강재로 보강한 압축부재이며, 축방향 철근과 나선철근이나 띠철근을 사용할 수 있다. 최근에는 강관 속에 콘크리트를 채운 합성기둥(concrete-filled pipe column)도 사용되고 있다. 단면은 직사각형, 원형 등 다양하다(그림 7·1(c)).

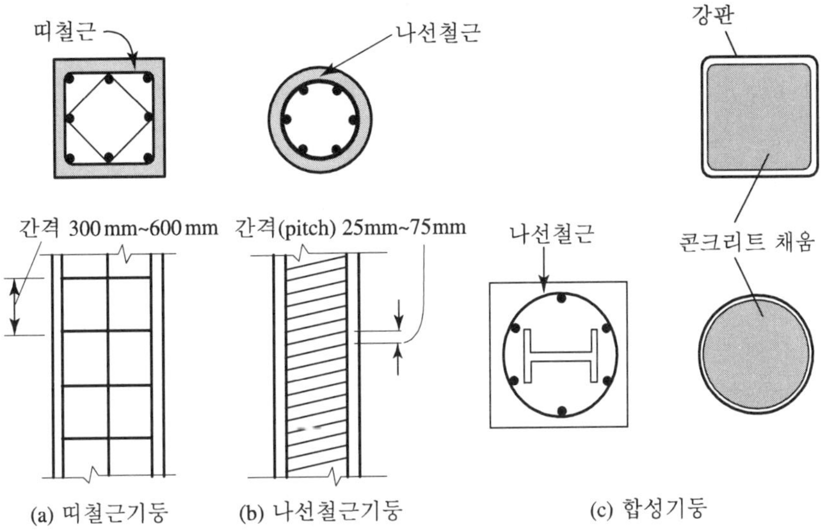

그림 7·1 기둥의 종류

7·3 기둥의 거동 및 시방서 규정

7·3·1 축하중을 받는 기둥의 거동

그림 7·2에서는 지속하중을 받는 띠철근 및 나선철근기둥의 하중-변위 관계를 그림으로 나타낸다. 기둥의 항복점까지는 띠철근기둥과 나선철근기둥이 거의 유사하게 거동하나, 최대하중에 도달하면 수직균열 파괴가 콘크리트 기둥의 외각에서 발생하고 이 콘크리트가 깨진다. 띠철근기둥에서 이러한 현상이 발생하면 콘크리트 기둥 심부(core)의 여유강도는 하중보다 적게 되어 콘크리트 기둥심부는 깨어지며, 축방향 철근은 띠철근 사이의 외부로 나오면서 좌굴된다. 여기서 갑작스럽게 취성파괴(brittle failure)가 발생한다. 그러나 나선철근기둥에서는 외각 콘크리트가 떨어져 나갈 때 콘크리트 기둥 심부가 나선철근의 효과로 3축 응력상태 하에 놓이므로 급삭스런 파괴는 예상되지 않는다.

띠철근기둥은 낮은 시공비 때문에 널리 사용되지만, 나선철근기둥은 구조적 특성으로 지진구역 등과 같이 연성(ductility)의 증가가 필요한 곳에 주로 사용된다. 그림 7·2는 나선철근 효과로 인해 연성과 인성(toughness)이 크게 증가되는 것을 나타낸다.

따라서 콘크리트설계기준에서는 띠철근기둥에 대한 강도감소 계수 ϕ=0.70로 하며, 나선철근기둥에서 ϕ=0.75로 한다. 나선철근기둥에 대한 큰 감소계수의 값은 그 기둥의 큰 연성을 고려한 값이다.

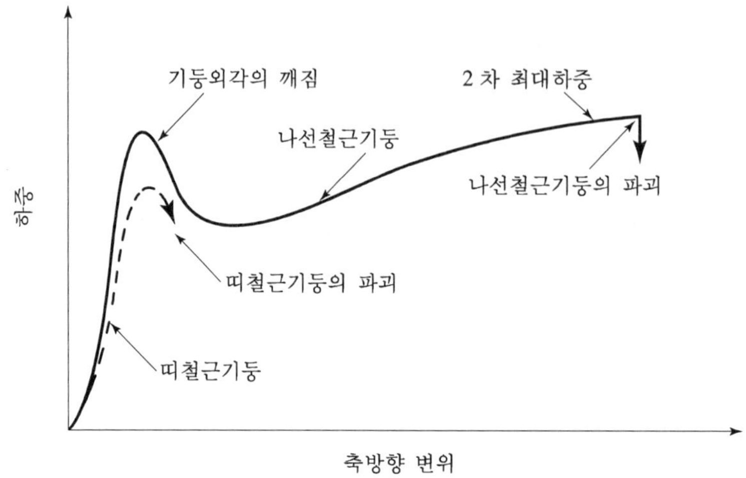

그림 7·2 축하중을 받는 띠철근과 나선철근 기둥의 하중과 변위관계

7·3·2 축하중-모멘트(P-M) 상관도

거의 대부분의 기둥은 축하중과 함께 다소의 휨모멘트를 받는다. 축하중과 모멘트를 동시에 받는 기둥의 재하 능력은 축하중만을 받는 기둥보다 감소하게 되며, 이러한 관계를 도식화 한 것이 기둥의 축하중-모멘트 상관도 (column strength interaction diagram) 또는 P-M 상관도이다. 그림 7·3의 P-M 상관도에서 P_0는 기둥에서 받을 수 있는 최대의 순수축하중이며 휨모멘트가 없는 상태에서의 축하중 강도이다. 반대로, M_o는 휨강도이며 압축력이 존재하지 않는 상태이다.

공칭축하중강도 P_n은 축하중과 휨모멘트를 동시에 받는 일반적인 기둥의 공칭강도이며 편심거리에 크게 의존한다. 단주에서 주어진 편심에서의 공칭축하중강도 P_n과 편심거리 e에 의한 모멘트 $M_n = P_n e$의 관계를 도시한 것이 그림 7·3의 P-M 상관도이다.

Ⅰ 구역 내의 $P_{n(\max)}$는 기둥의 최대 허용축하중이며, 기둥은 축하중 강도의 감소 없이 약간의 모멘트에 저항할 것이다. 이때의 편심은 최소의 편심 $e_{\min}$으로 $M_n / P_{n(\max)}$의 값이다. 콘크리트구조설계기준에서는 나선철근기둥의 경우 $P_{n(\max)} = 0.85\ P_0$, 띠철근기둥의 $P_{n(\max)} = 0.80\ P_0$로 하고 있으며, 이 구역 내의 $P_{n(\max)}$상태 하에서 모든 철근은 항복되고 콘크리트는 파괴강도가 될 것이다.

Ⅱ구역 내에서는 모멘트가 $e_{\min}$으로부터 증가하고, 축하중이 감소하므로 기둥의 한쪽 면의 압축변형은 영(zero)까지 감소한다. 편심 e가 균형편심 e_b로 증가하면 기둥의 인장면측 철근의 인장변형 ε_s는 항복변형 ε_y에 도달할 때까지 증가하고, 이 점에서 균형변형률(balanced strain)상태가 된다. 즉, 인장철근은 항복응력 f_y와 일치하는 변형 ε_y에 도달하고, 동시에 콘크리트의 압축변형은 0.003의 극한 변형상태에 놓인다. 이와 같은 평형상태에서 편심은 $e = e_b$(균형편심)이고, $P_n = P_b$(균형하중)와 $M_n = M_b$(균형모멘트)인 점을 나타낸다.

Ⅲ구역 내에서는 큰 편심과 적은 축하중을 받는 경우($e > e_b$일 때)로서, 콘크리트의 파괴 전에 인장측의 철근이 먼저 항복하여 파괴된다. 따라서 구역 Ⅲ에서는 철근의 인장으로 파괴가 지배된다. 이 경우 $P_n < P_b$이 된다

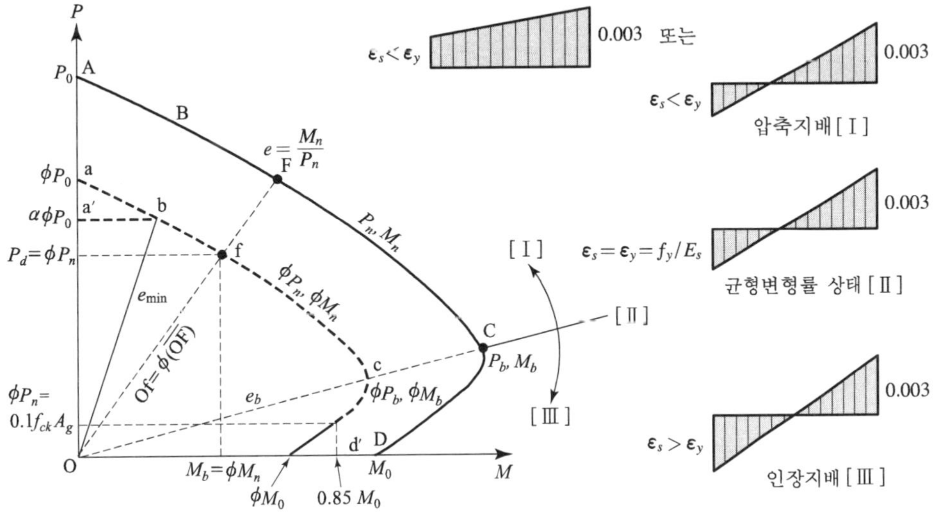

그림 7·3 기둥의 P－M 상관도와 설계범위

축방향 압축과 휨을 동시에 받는 기둥부재의 설계강도는 다음과 같이 된다.

$$P_d = \phi P_n \tag{7·1}$$

$$M_d = \phi M_n \tag{7·2}$$

여기서, P_n과 M_n은 부재단면이 동시에 발휘할 수 있는 공칭축방향력 및 공칭휨모멘트를 나타낸다. 위의 관계를 알기 쉽게 보인 것이 그림 7·3이다. 그림에서 실선으로 나타낸 곡선ABFCD는 압축부재가 축방향 압축과 휨의 조합작용에 의해 파괴될 때의 실제의 P_n, M_n의 상관도이다. 그러므로 점 F의 실제의 공칭강도를 ϕ계수에 의해 감소시켜서 얻은 설계강도 P_d 및 M_d는 점 f로 나타내어진다. 즉, 그림에서 $\overline{\mathrm{Of}} = \phi \times \overline{\mathrm{OF}}$이다.

7·3·3 시방서 안전규정

1 하중계수

기둥설계에서 하중계수에 대한 안전규정은 고정하중(D), 활하중(L), 풍하중(W)에 대해 콘크리트구조설계기준에서는 다음과 같이 규정하고 있다.

$$U = 1.4D + 1.7L$$
$$U = 0.75(1.4D + 1.7L + 1.7W)$$
$$U = 0.9D + 1.3W$$

2 강도감소계수(ϕ)

압축부재에 대한 강도 감소계수 ϕ값을 휨부재의 ϕ값에 비하여 작게 취하는데, 이는 휨부재의 강도는 주로 철근의 인장강도에 지배되어 연성파괴가 되도록 유도하지만, 축방향 압축부재의 강도는 주로 콘크리트 강도에 지배됨으로 취성파괴 되기 때문이다. 또한, 서론에서 설명했듯이 부재의 중요성을 고려한 강한 기둥-약한 보 이론(strong column-weak beam theory)에 근거한 것이다. 콘크리트구조설계기준에서는 축압축력 또는 휨모멘트와 축압축력을 동시에 받는 기둥설계 시 부재의 강도감소계수 ϕ를 다음과 같이 규정하고 있다.

① $P_u = \phi P_n \geq 0.1 f_{ck} \cdot A_g$ 일때, 띠철근기둥은 $\phi = 0.70$으로 나선철근기둥은 $\phi =$

0.75 로 한다.

② $0 < P_u < 0.1 f_{ck} \cdot A_g$ 일때, 압축하중이 매우 적고 휨모멘트가 큰 경우에는 보-기둥 거동을 하게 되므로, ϕP_n이 $0.1 f_{ck} \cdot A_g$부터 0 까지 변하면 ϕ 계수는 0.85까지 선형 변화하는 하는 것으로 하며, 그림 7·4와 같이 된다. P_a는 $0.1 f_{ck} A_g$와 ϕP_d중 작은 값이다.

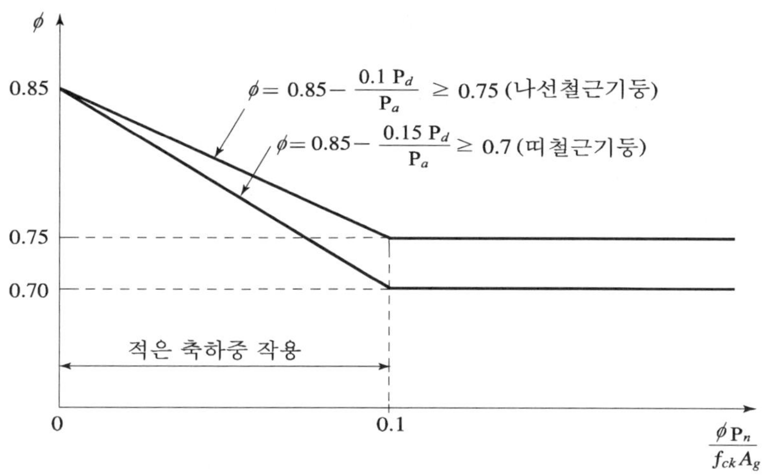

그림 7·4 인장지배 시 기둥의 ϕ 계수의 결정

7·3·4 압축부재 설계의 제한사항

1 압축부재의 설계단면치수

(1) 띠철근 압축부재 단면의 최소 치수는 200 mm이고, 그 단면적은 60,000 mm^2 이상이어야 한다.

(2) 나선철근 압축부재 단면의 심부 지름은 200 mm 이상이고, 콘크리트의 설계기준강도는 21 MPa 이상이어야 한나.

(3) 둘 이상의 맞물린 나선철근을 가진 독립 압축부재의 유효단면의 한계는 나선철근의 최외측에서 요구되는 콘크리트 최소 피복두께에 해당하는 거리를 더하여 취하여야 한다.

(4) 콘크리트 벽체나 교각구조와 일체로 시공되는 나선철근 또는 띠철근 압축부재의 유효단면의 한계는 나선철근이나 띠철근 외측에서 40mm보다 크지 않게 취하여야 한다.

(5) 정사각형, 8각형 또는 다른 형상의 단면을 가진 압축부재 설계에서 전체 단면적을

사용하는 대신에 실제 형상의 최소 치수에 해당하는 지름을 가진 원형단면을 사용할 수 있다. 이 경우 고려되는 부재의 전체 단면적, 요구되는 철근비 및 설계강도는 위의 원형 단면을 기준으로 해야 한다.

(6) 하중에 의해 요구되는 단면보다 큰 단면을 가진 압축부재의 경우, 감소된 유효단면적 A_g를 사용하여 최소 철근량과 설계강도를 결정하여도 좋지만, 이 때 감소된 유효단면적은 전체 단면적의 1/2이상이어야 한다.

2 압축부재의 철근량 제한

(1) 비합성 압축부재의 축방향 주철근 단면적은 전체 단면적 A_g의 0.01배 이상, 0.08배 이하로 하여야 한다. 축방향 주철근이 겹침이음되는 경우의 철근비는 0.04를 초과하지 않도록 하여야 한다.

(2) 압축부재의 축방향 주철근의 최소 개수는 직사각형이나 원형 띠철근 내부의 철근의 경우 4개, 삼각형 띠철근 내부의 철근의 경우 3개, 나선철근으로 둘러싸인 철근의 경우 6개로 해야 한다.

(3) 나선철근비 ρ_s는 다음 값 이상으로 해야 한다.

$$\rho_s = 0.45\left(\frac{A_g}{A_c} - 1\right)\frac{f_{ck}}{f_y} \tag{7·3}$$

여기서 f_y는 나선철근의 설계기준항복강도이고 400 MPa 이하로 하여야 한다.

3 압축부재의 횡철근 구조상세

(1) 압축부재에 사용되는 나선철근은 나선철근으로서 역할을 하기 위해서 다음 규정을 따라야 한다.

① 나선철근은 균등한 간격을 갖는 연속된 철근이나 철선으로 이루어지며, 설계된 치수로부터 벗어남이 없이 다룰 수 있고 제작, 설치할 수 있도록 그 크기가 확보되어야 한다.

② 나선철근비 ρ_s는 6.4.2(3) 에 따라야 한다.

③ 현장치기 콘크리트 공사에서 나선철근 지름은 9 mm 이상으로 하여야 한다.

④ 나선철근의 순간격은 25 mm 이상, 75 mm 이하이어야 한다.

⑤ 나선철근의 정착은 나선철근의 끝에서 추가로 심부 주위를 1.5 회전만큼 더 확보하여야 한다.

⑥ 나선철근의 이음은 철근 또는 철선 지름의 48배 이상, 또한 300 mm 이상의 겹침이음 또는 용접이음으로 하여야 한다.

⑦ 나선철근은 확대기초판 또는 기초 슬래브의 윗면에서 그 위에 지지된 부재의 최하단 수평철근까지 연장되어야 한다.

⑧ 보 또는 브래킷이 기둥의 모든 면에 연결되어 있지 않을 때에는 나선철근의 끝나는 지점 위에서부터 슬래브 또는 지판 밑면까지 띠철근을 연장하여야 한다.

⑨ 기둥머리가 있는 기둥에서 기둥머리의 지름이나 폭이 기둥지름의 2배가 되는 곳까지 나선철근을 연장하여야 한다.

⑩ 나선철근은 수직간격재에 의해 제 위치에 단단하고 곧게 조립되어야 한다.

(2) 압축부재에 사용되는 띠철근은 다음 규정을 따라야 한다.

① D32 이하의 종방향 철근은 D10 이상의 띠철근으로, D35 이상의 종방향 철근과 다발철근은 D13이상의 띠철근으로 둘러싸야 하며, 띠철근 대신 등가단면적의 이형철선 또는 용접철망을 사용할 수 있다.

② 띠철근의 수직간격은 종방향 철근지름의 16 배 이하, 띠철근이나 철선지름의 48 배 이하, 또한 기둥 단면의 최소 치수 이하로 해야 한다.

③ 띠철근은 모든 모서리에 있는 종방향 철근과 하나 건너 있는 종방향 철근이 135° 이하로 구부린 띠철근의 모서리에 의해 횡지지되도록 배치되어야 하며, 어떤 종방향 철근도 띠철근을 따라 횡지지된 종방향 철근의 양쪽으로 순간격이 150 mm 이상 떨어지지 않아야 한다. 또한 종방향 철근이 원형으로 배치된 경우에는 원형 띠철근을 사용할 수 있다.

④ 확대기초판 또는 기초 슬래브의 윗면에 배치되는 첫 번째 띠철근 간격은 다른 띠철근 간격의 1/2 이하로 하여야 하고, 슬래브나 지판에 배치된 최하단 수평철근 아래에 배치되는 첫 번째 띠철근도 다른 띠철근 간격의 1/2 이하로 하여야 한다.

⑤ 보 또는 브래킷이 기둥의 4 면에 연결되어 있는 경우에 가장 낮은 보 또는 브래킷의 최하단 수평철근 아래에서 75 mm 이내에서 띠철근을 끝낼 수 있다.

7·4 단주설계

7·4·1 중심축 하중

단주가 중심축하중을 받아 파괴될 경우 기둥의 극한하중 P_0는 다음 식 (7·4)와 같이 표시된다.

$$P_0 = 0.85 f_{ck} \cdot A_c + f_y \cdot A_{st} = 0.85 f_{ck}(A_g - A_{st}) + f_y \cdot A_{st} \tag{7·4}$$

여기서, A_c : 콘크리트의 순 단면적 ($= A_g - A_{st}$) (mm^2)

A_{st} : 축방향 철근의 단면적 (mm^2)

A_g : 콘크리트의 총 단면적 (mm^2)

f_y : 철근의 항복점 강도 (MPa)

f_{ck} : 콘크리트의 재령 28일에서의 설계기준강도 (MPa)

그러나 실제로 기둥에서 완전하게 축방향 하중만을 받는 기둥은 없으며, 조금이라도 편심 된 하중이 기둥단면에 작용할 수 있다. 여러 가지 원인에 의하여 예상하지 못한 모멘트가 작용하는 경우가 있으므로 모든 기둥은 최소 편심 $e_{\min}$을 가지고 설계한다. 이에 대하여 구조설계기준에서는 최소 편심을 취하는 대신에 위의 극한하중을 α로 곱하여 낮춘 다음 식 (7·5)를 사용하고 있다. 즉, 기둥의 공칭강도 P_n은

$$P_n = \alpha[0.85 f_{ck}(A_g - A_{st}) + f_y A_{st}] \tag{7·5}$$

여기서 α = 0.85 나선철근기둥과 합성기둥에 대해

= 0.80 띠철근 기둥에 대해

기둥의 설계기준강도 (P_d)는 강도감소계수 (ϕ)를 곱하여 다음과 같이 된다.

$$P_d = \phi P_n = \phi \alpha P_n$$

따라서 나선철근과 합성철근 단주의 설계강도는 다음과 같다.

$$P_d = \phi P_n = 0.75 \times 0.85 [0.85 f_{ck}(A_g - A_{st}) + f_y A_{st}] \tag{7·6}$$

띠철근 단주는 설계강도는 다음과 같다.

$$P_d = \phi P_n = 0.70 \times 0.80 [0.85 f_{ck}(A_g - A_{st}) + f_y A_{st}] \tag{7·7}$$

7·4·2 압축과 휨을 받는 직사각형 기둥

1 직사각형 단면기둥의 균형상태

콘크리트 전단면이 $0.85 f_{ck}$의 응력을 균등하게 받고 철근도 균등하게 항복점 응력 f_y를 받는다고 가정할 때의 전응력의 합력의 작용점을 단면의 소성중심이라 한다. 철근이 대칭으로 배치된 대칭단면의 소성중심은 단면의 도심(중심)이지만 하중이 큰 편심으로 작용하는 라멘의 기둥과 같은 부재에서는 철근이 비대칭으로 배치된다. 이런 기둥에 작용하는 하중의 편심거리는 소성중심으로부터 잰 거리이다.

기둥단면에 작용하는 축방향 하중의 편심이 증가함에 따라 압축파괴에서 인장파괴로 변환되는 점을 균형상태라고 한다. 균형상태는 콘크리트의 변형률이 0.003이 되고, 동시에 인장철근의 항복 변형률이 $\varepsilon_y = f_y/E_s$에 도달할 때 일어난다. 균형상태를 이루는 축하중을 균형 축하중 P_b라고 한다. 만약, 극한 축하중이 P_b보다 크다면 이 기둥은 압축강도가 지배하며, P_b보다 작다면 인장강도가 지배하게 된다.

그림 7·5의 변형률도에서 균형상태의 중립축 깊이 c_b는

$$c_b = \frac{0.003}{0.003 + \dfrac{f_y}{E_s}} d = \frac{600}{600 + f_y} d \tag{7·8}$$

여기서, $E_s = 2.0 \times 10^5 \,\mathrm{MPa}$

균형상태의 등가 압축응력의 깊이는

$$a_b = \beta_1 c_b = \beta_1 \frac{600}{600 + f_y} d \tag{7·9}$$

균형조건에서 $\sum V = 0$일 때, 균형축 하중은

$$P_b = C_c + C_s - T \tag{7·10}$$

여기서 $C_c = 0.85 f_{ck} a_b b$; 콘크리트의 압축강도

$C_s = A_s'(f_s' - 0.85 f_{ck})$ 또는 근사식 $= A_s' f_s'$; 철근의 압축강도

$T = A_s f_y$; 철근의 인장강도

그림 7·5의 변형률도에서

$$f_s' = \varepsilon_s' E_s = 0.003 \frac{c_b - d'}{c_b} E_s \leq f_y \tag{7·11}$$

따라서, 위의 식을 대입하면 균형 축하중은

$$P_b = 0.85 f_{ck} a_b b + A_s' f_s' - A_s f_y \tag{7·12}$$

균형설계 축하중 강도는

$$P_d = \phi P_b = \phi(0.85 f_{ck} a_b b + A_s' f_s' - A_s f_y) \tag{7·13}$$

단면의 소성중심에서 균형편심 e_b를 구하기 위해 그림 7·5의 인장철근 도심에서 축하중까지 거리 e', 소성중심에서 압축연단까지 거리 $d-d''$로 하고, 소성중심에 대한 균형 모멘트를 취한다.

$$M_b = P_b \cdot e_b \tag{7·14}$$

$$= 0.85 f_{ck} a_b b\left(d - d'' - \frac{a_b}{2}\right) + A_s' f_s'(d - d' - d'') + A_s f_y d''$$

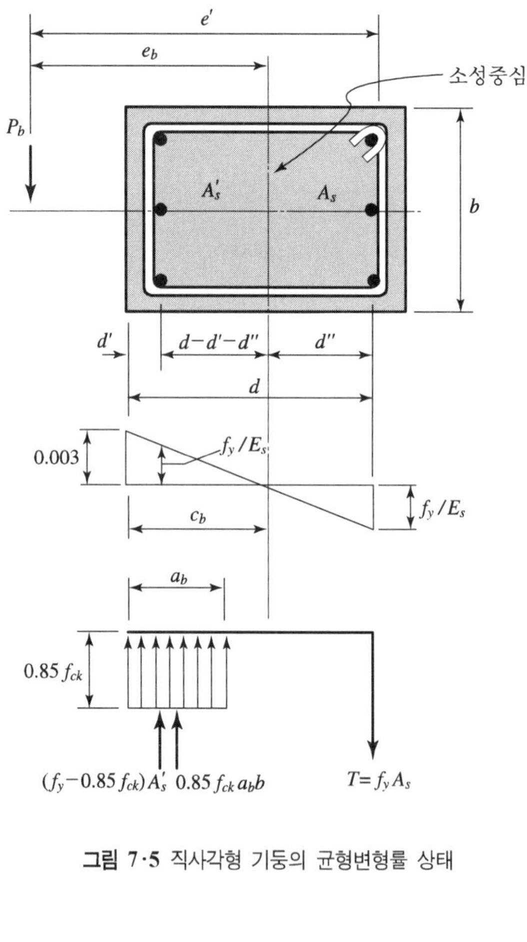

그림 7·5 직사각형 기둥의 균형변형률 상태

따라서, 균형상태의 설계 모멘트 강도는

$$\phi M_b = \phi P_b \cdot e_b \tag{7·15}$$

$$= \phi\left[0.85 f_{ck} a_b b\left(d - d'' - \frac{a_b}{2}\right) + A_s' f_s' (d - d' - d'') + A_s f_y d''\right]$$

균형편심은 식 (7·12)과 식 (7·14)를 이용하여 다음과 같이 구할 수 있다.

$$e_b = \frac{M_b}{P_b} \tag{7·16}$$

기둥이 균형상태로 되기 위해서는 어떤 특정한 균형편심과 특정한 균형하중이 작용해야 한다.

예제 7·1

그림 7·6과 같은 띠철근 압축부재의 균형하중을 구하여라. $f_{ck} = 24$ MPa, $f_y = 300$ MPa이고 기둥은 단주이다.

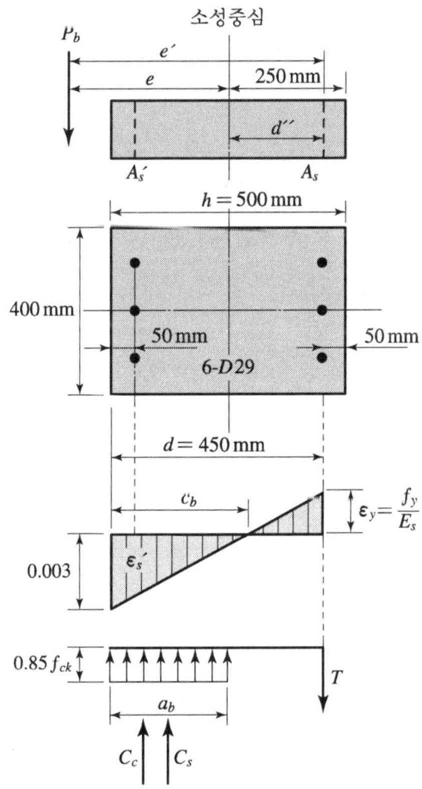

그림 7·6 편심 축하중 상태

풀이

먼저 주어진 단면의 균형하중을 구해 본다.

균형상태의 중립축의 위치 C_b는

$$C_b = \frac{0.003}{0.003 + f_y/E_s} d = \frac{600}{600 + f_y} d = \frac{600}{600 + 300} \times 450 = 300 \text{ mm}$$

콘크리트의 응력 사각형의 깊이는

$$a_b = \beta_1 c_b = 0.85 \times 300 = 255 \text{ mm}$$

압축철근의 변형률 ε_s'는 그림 7·6의 변형률도로부터

$$\varepsilon_s' = \frac{(300-50)}{300} \times 0.003 = 0.0025$$

인장철근의 변형률 ε_f는

$$\varepsilon_f = \frac{f_y}{E_s} = \frac{300}{200,000} = 0.0015 < \varepsilon_s'$$

콘크리트의 압축력은

$$C_c = 0.85 f_{ck} a_b b = 0.85 \times 24 \times 255 \times 400 = 2,080,800 \text{ N} = 2,080 \text{ kN}$$

압축철근의 압축력은 $A_s'(3-D29) = 3 \times 642.4 = 1927.2 \text{ mm}^2$이므로

$$C_s = (f_s' - 0.85 f_{ck}) A_s' = (300 - 0.85 \times 24) \times 1927.2 = 538,790 \text{ N} = 538.8 \text{ kN}$$

인장철근의 인장력은

$$T = f_y A_s = 300 \times 1927.2 = 578160 \text{ N} = 578.2 \text{ kN}$$

$$\Sigma V = P_b + T - C_c - C_s = 0$$

$$P_b = C_c + C_s - T = 2,080,800 + 538,845.12' - 578,160 = 2,041,485.12 \text{ N}$$
$$= 2,041.5 \text{ kN}$$

그러므로 균형 축하중은

$$\phi P_b = 0.70 \times 2,041,485.12 = 1,429,039.58 = 1,429 \text{ kN}$$

소성중심(대칭단면이므로 단면의 도심)에 대하여 $\Sigma M = 0$을 적용하면

$$T \times 20 + C_c\left(25 - \frac{a_b}{2}\right) + c_s \times 20 - P_b \times e_b = 0$$

$$2,041,485.12 \times e_b = 578,160 \times 200 + 2,080,800 \times \left(250 - \frac{255}{2}\right) + 538,845.12 \times 200$$

$$\therefore e_b = 234 \text{ mm}$$

$$M_b = P_b \times e_b = 2,041,485.12 \times 234 = 477,708 \text{ N} \cdot \text{m}$$

$$\therefore \phi M_b = 0.70 \times 477,708 = 334,395 \text{ N} \cdot \text{m}$$

❷ 인장이 지배하는 직사각형 단면기둥의 강도

기둥은 큰 편심에 하중이 작용할 때, 인장철근이 먼저 항복하여 인장강도에 지배된다. 즉, 기둥에 작용하는 축하중이 $P_n < P_b$, 편심이 $e > e_b$일 때, 기둥은 인장파괴를 일으킨다. 인장강도 지배의 직사각형 단면의 설계강도는 앞의 식 (7·14)에서 단면이 대칭기둥이고, 파괴상태에서 압축철근이 항복한다고 가정하면 인장철근의 응력은 $f_s = f_y$이고, 압축철근의 응력은 정확하게는 $(f_y - 0.85f_{ck})$이지만 실용적으로 f_y 로 보고 다음과 같이 구할 수 있다.

$$A_s = A_s', \qquad f_s = f_s' = f_y\ , \qquad y' = h/2$$

공칭 축하중 강도는 $\sum V = 0$에서

$$P_n = 0.85f_{ck}ab + 0 \tag{7·17}$$

$$M_n = P_n e = 0.85f_{ck}ab\left(\frac{h}{2} - \frac{a}{2}\right) + A_s'f_y\left(\frac{h}{2} - d'\right) + A_sf_y\left(d - \frac{h}{2}\right)$$

또는

$$M_n = P_n e = 0.85f_{ck}ab\left(\frac{h}{2} - \frac{a}{2}\right) + A_sf_y(d - d') \tag{7·18}$$

$$= P_n\left(\frac{h}{2} - \frac{a}{2}\right) + A_sf_y(d - d')$$

식 (7·17)에서 $a = \dfrac{P_n}{0.85\,f_{ck}\,b}$ 이므로, 이를 위의 식에 대입하여 정리하면

$$P_n^2 - P_n\left(\frac{h}{2} - e\right) - A_sf_y(d - d') = 0$$

위의 식을 정리하면

$$P_n = 0.85f_{ck}b\left[\left(\frac{h}{2} - e\right) + \sqrt{\left(\frac{h}{2} - e\right)^2 + \frac{2A_sf_y(d - d')}{0.85\,f_{ck}b}}\ \right] \tag{7·19}$$

여기에 $e = e' = \dfrac{A_s}{bd}$, $m = \dfrac{f_y}{0.85f_{ck}}$ 를 대입하면 공칭 축하중 강도는

$$P_n = 0.85\,f_{ck}\,b\,d\left[\frac{(h - 2e)}{2d} + \sqrt{\left(\frac{h - 2e}{2d}\right)^2 + 2pm\left(1 - \frac{d'}{d}\right)}\right] \tag{7·20}$$

그림 7·5에서 $e' = e + (d - h/2)$로 할 수 있고 $\dfrac{(h - 2e)}{2d} = 1 - \dfrac{e'}{d}$이므로, 위의 식을 다시 정리하면 다음과 같은 대칭단면의 경우, 인장강도가 지배하는 직사각형

단면의 설계 축하중 강도 식을 얻을 수 있다.

$$P_d = \phi P_n = \phi 0.85 f_{ck} b d \left[(1 - \frac{e'}{d}) + \sqrt{(1 - \frac{e'}{d})^2 + 2pm(1 - \frac{d'}{d})} \right] \quad (7 \cdot 21)$$

기둥단면의 치수와 철근량, 축하중의 작용위치가 주어지면 P_n은 구할 수 있다. 실제로 기둥단면이 대칭이 아닌 경우는 거의 없고, 비대칭의 경우는 위의 식(7·21)보다 복잡하므로 여기서는 생략하였다.

3 압축이 지배하는 직사각형 단면기둥의 강도

기둥에 작용하는 축하중 $P_n > P_b$, 편심 $e < e_b$일 때, 기둥은 인장철근이 항복하기 전에 콘크리트가 먼저 압축파괴를 일으킨다. 이런 경우 콘크리트의 변형률은 0.003에 도달하지만 인장철근의 변형률은 항복점 변형률에 못 미친다. 즉, $\varepsilon_s < \varepsilon_y$ 이다. 이 때 중립축은 인장철근에 가깝게 있고, 중립축 깊이 c는 평형단면의 경우 보다 크게 된다.

주어진 기둥단면이 압축파괴인가를 판단하는 것은 간단하지 않으므로, 압축파괴가 일어난다고 가정하고 앞의 식 (7·14), (7·15)를 이용하여 시산법으로 구할 수 있다.

축방향 철근이 대칭으로 배근된 직사각형 단면의 공칭 축하중 강도에 대하여 Whitney는 다음과 같은 근사식을 추천하고 있다. 이 식을 이용하면 압축강도가 지배하는 공칭 축하중 강도에 대한 간단하고 안전한 근사값을 얻을 수 있다.

$$P_n = \frac{f_y A_s'}{\dfrac{e}{d - d'} + 0.5} + \frac{btf_{ck}}{\dfrac{3te}{d^2} + 1.18} \quad (7 \cdot 22)$$

여기서, $A_s = A_s'$, b 는 단면의 폭이고, t는 편심방향의 단면 폭이다.

예제 7·2

그림 7·7(a)와 같이 300×400 mm의 직사각형 단면에 D29철근 4개를 배치한 띠 철근 기둥이 있다. f_{ck} = 21 MPa이고 f_y =300 MPa이다. 다음 것들을 구하여라.

(1) 균형하중 P_b와 M_b 그리고 균형 편심을 계산하라

(2) 편심이 0일때 축하중 강도를 계산하여라.

(3) 압축 파괴시 축하중과 모멘트를 계산하여라.

(4) 편심이 0일 때의 축하중 강도를 구하여라.

(5) 이 기둥의 P－M상관도를 그려라.

(6) 띠철근을 설계하여라.

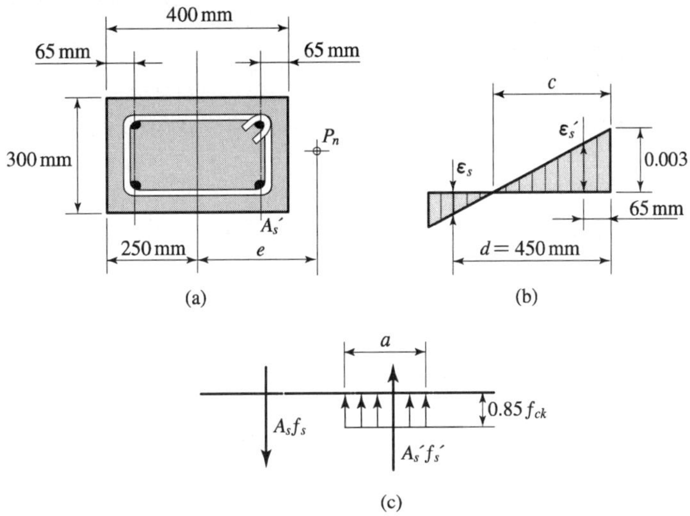

그림 7·7 변형률도

풀이

(1) 균형파괴상태 때의 중립축은 그림 7.7(b)의 변형률도를 참고하면

$$c_b = \frac{0.003}{0.003 + \varepsilon_s} d = \frac{0.003}{0.003 + \dfrac{f_y}{E_s}} d = \frac{0.003}{0.003 + \dfrac{300}{200,000}} \times 335 = 223 \text{ mm}$$

따라서 콘크리트의 응력분포사각형의 깊이는

$$a_b = \beta_1 c_b = 0.85 \times 223 = 190 \text{ mm}$$

균형파괴상태에서는 인장철근 A_s의 응력은 f_y에 달해야 한다. 이때 압축철근 A_s'의 응력은 다음과 같다.

$$f_s' = E_s \varepsilon_s' = E_s \times \left(0.003 \frac{c - d'}{c}\right) = 200,000 \times 0.003 \times \frac{223 - 65}{223}$$
$$= 425 \text{ MPa} > f_y$$

즉, 압축철근 A_s'도 항복한다. 따라서, 균형하중 P_b는 다음과 같이 된다.

$A_s = A_s' = 2 \times 642.4 = 1284.8 \text{ mm}^2$이므로

$$P_b = 0.85 f_{ck} a_b b + f_y A_s' - f_y A_s$$
$$= 0.85 \times 21 \times 190 \times 300 + 300 \times 1284.8 - 350 \times 1284.8$$

$$= 1,332,476\ \text{N} = 1,332\ \text{kN}$$

$$\therefore \phi P_b = 0.70 \times 1,332 = 933\ \text{kN}$$

소성 중심의 계산(인장철근 중심으로부터 거리 d''의 계산

$(0.85 \times f_{ck} \times b \times h + A_s f_y + A_s' \times f_y) d'' = A_s' f_y \times (d - d') + 0.85 f_{ck} \times b \times$ $h\left(\frac{h}{2} - d''\right)$로 부터 계산하면

$$d'' = (A_s f_y (d - d') + 0.85 f_{ck} \times b \times h(\frac{h}{2} - d'))/(0.85 f_{ck} \times b \times h + A_s f_y + A_s' f_y)$$

$$\therefore d'' = 135\ \text{mm}$$

균형모멘트 M_b는 단면의 중심선(소성중심)에 대하여 모멘트를 취함으로서 다음과 같이 된다.

$$P_b \times e_b - C_c(d - d'' - \frac{a_b}{2}) - C_s(d - d'' - d'') - T \times d'' = 0 \qquad \therefore M_b = e_b$$

$$M_b = C_c(d - d'' - \frac{a_b}{2}) + C_s(d - d'' - d'') + T \times d'' = 243,403,754\ \text{N}\cdot\text{mm}$$

$$\therefore \phi M_b = 0.70 \times 243,403,754 = 170,382,628\ N \cdot m$$

따라서 균형편심은

$$e_b = \frac{M_b}{P_b} = 182.7\text{mm}$$

이상의 계산결과가 그림 7·8에 나타나 있다.

(2) 축하중 강도는 $P_o = 0.85 f_{ck}(A_g - A_{st}) + A_{st} f_y) = 3,581,013\ N$

$$\phi P_o = 2,506,709\ N$$

$$\therefore P_b = \alpha \times \phi \times P_o = 2,006,709\ N$$

(3) 압축파괴시 중립의 위치 C가 $C > C_b$ 이거나 $e < e_b$ 이면 압축파괴로 된다.

1. 편심 e가 주어질 때 $e = 139$ mm

1) $P-M$ 상관도를 직선으로 고려했을때

$$P_n = \frac{P_o}{1 + \frac{e}{e_b}\left(\frac{P_o}{P_b} - 1\right)} = 1,567,823\ N$$

2) 대칭철근을 가지는 직사각형 단면의 근사값 P_n은?

$$P_n = \frac{f_y A_s'}{\frac{e}{d - d'} + 0.5} = \frac{b \times h \times f_{ck}}{\frac{3h \times e}{d^2}} = 1,639,986\ N$$

2. 중립축까지의 거리 C가 주어질때 : C=350 mm

$$a = \beta_1 \times C = 297.5 = 297.5\ \text{mm}$$

압축철근의 변형률 ε_s을 구하려면 $C:0.003=(c-d):\varepsilon_s'$를 이용하면 된다.

$$\varepsilon_s'=0.00244286$$

압축철근의 응력 $f_s=E_s'\times\varepsilon_s'=489\ MPa > fy$

압축철근의 응력 $f_s=300=300\ MPa$

인장철근의 변형률 ε_s'을 구하려면 $C:0.003=(c-d):\varepsilon_s'$를 이용하면 된다.

$$\varepsilon_s'=-0.000128571$$

인장철근의 응력 $f_s=E_s'\times\varepsilon_s'=26\ MPa > fy$

인장철근의 응력 $f_s=25.71=26\ MPa$

기둥 각 부분이 저항할 수 있는 힘의 계산하면

콘크리트의 압축력 $C_c=0.85f_{ck}\times a\times b=\ 2,124,150\ N$

압축철근의 압축력 $C_s=(f_s'-0.85f_{ck})A_s=\ 362,506\ N$

인장철근의 인장력 $T=A_sf_y=\ -33,038\ N$

축하중 P_n 계산을 위해 평형 방정식 $\sum V=P_n+T-C_c-C_s=0$ 을 사용하면

축하중 $P_n=C_c+C_s+T=\ 2,519,694\ N$

$$\therefore P_d=\phi\times P_n=1,763,786\ N$$

소성중심에 대해 $\sum M=0$을 적용하여 균형 모멘트 M_d를 계산하라

$$P_b\times e_b\ \ C_c\left(d-d''-\frac{a_b}{2}\right)-C_s(d-d''-d'')-T\times d''=0\quad \therefore M_n=P_n\times e$$

$$M_n=C_c\left(d-d''-\frac{a}{2}\right)+C_s(d-d''-d'')+T\times d''=153,340,949\ \text{N·mm}$$

$$\therefore \phi M_n=107,338,664\ \text{N·m}$$

소성줌심에 대한 균형 편심 e를 계산하면

$$e=\frac{M_n}{P_n}=60.9\ \text{mm}$$

(4) 중립축의 위치 C가 $C<C_b$ 이거나 $e>e_b$ 이면 인장피괴로 된다.

중립축까지의 거리 C가 주어질 때 $C=100\,\text{mm}$

$$a=\beta_1\times C=\ 85.0\ \text{mm}$$

압축 철근의 변형률 ε_s을 구하기 위해 $(d-C):\varepsilon_y=(C-d'):\varepsilon_s'$ 를 이용하면

$$\varepsilon_s'=\varepsilon_y(C-d')/(d-C)=\ 0.0002234$$

압축철근의 응력 $f_s=E_s\times\varepsilon_s'=\ 45\ \text{MPa} > f_y$

압축철근의 응력 $f_s=45\ \text{MPa}$

인장 철근의 변형률 $\varepsilon_s = f_y / E_s =$ 0.0015

인장철근의 응력 $f_s = 300$ MPa

기둥 각 부분이 저항할 수 있는 힘의 계산하면

콘크리트의 압축력 $C_c = 0.85 f_{ck} \times a \times b =$ 606,900 N

압축철근의 압축력 $C_s = (f_s' - 0.85 f_{ck}) A_s =$ 34,472 N

인장철근의 인장력 $T = A_s f_y =$ 385,400 N

축하중 P_n계산을 위해 평형 방정식 $\sum V = P_n + T - C_c - C_s = 0$ 을 사용하면

축하중 $P_n = C_c + C_s + T =$ 255,932 N

$\therefore P_d = \phi \times P_n =$ 179,153 N

소성중심에 대해 $\sum M = 0$을 적용하여 균형 모멘트 M_d를 계산하라

$$P_b \times e_b - C_c\left(d - d'' - \frac{a_b}{2}\right) - C_s(d - d'' - d'') - T \times d'' = 0 \quad \therefore M_n = P_n \times e$$

$$M_n = C_c\left(d - d'' - \frac{a}{2}\right) + C_s(d - d'' - d'') + T \times d'' = 152,274,907 \text{ N·mm}$$

$$\therefore \phi M_n = 106,592,435 \text{ N·m}$$

소성중심에 대한 균형 편심 e를 계산하면

$$e = \frac{M_n}{P_n} = 595.0 \text{ mm}$$

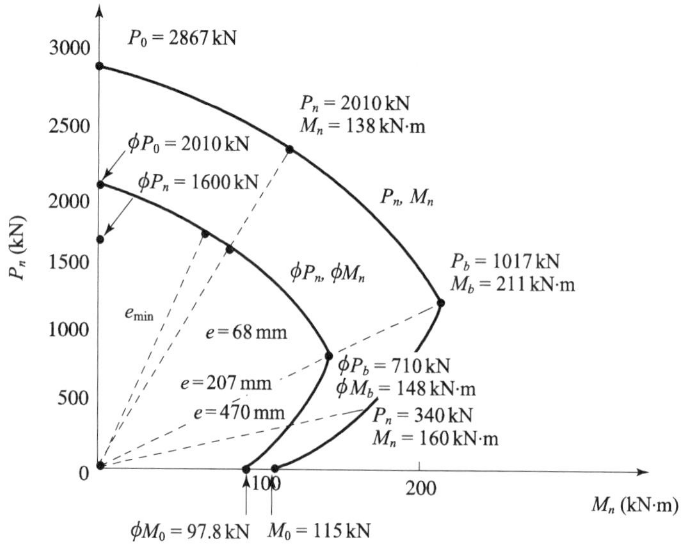

그림 7·8

7·4·3 압축과 휨을 받는 원형 기둥

1 압축이 지배하는 원형단면 기둥의 강도

원형단면에 대한 균형 축하중과 균형 모멘트는 직사각형 단면의 경우와 같이 균형 방정식으로 구할 수 있다. 압축강도가 지배하는 경우는 편심 $e < e_b$, 축하중 $P_n > P_b$ 로 된다. 이 경우 원형단면을 직사각형 단면으로 환산 한 그림 7·9와 같은 등가단면을 해석할 수 있다.

다음과 같은 가정에서 총 철근을 단면의 양측에 배치하고, 지름 D의 원형단면을 직사각형 bt 단면으로 환산한다.

$$A_s = A_s' = \frac{A_{st}}{2} \;, d - d' = \frac{2}{3} D_s$$

$$t = 0.8D \;,\; d = 0.4D + \frac{D_s}{3},\; bt = A_g \,,\; b = \frac{A_g}{0.8D}$$

이상과 같은 가정 아래, 압축이 지배하는 원형단면에 대한 Whitney 근사식의 공칭 축하중 강도 P_n은 다음과 같다.

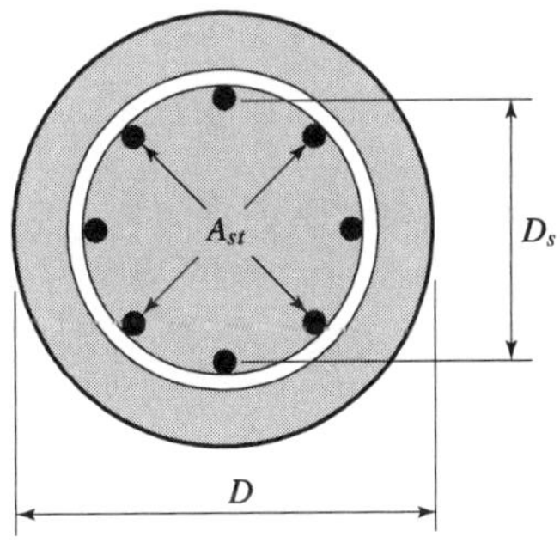

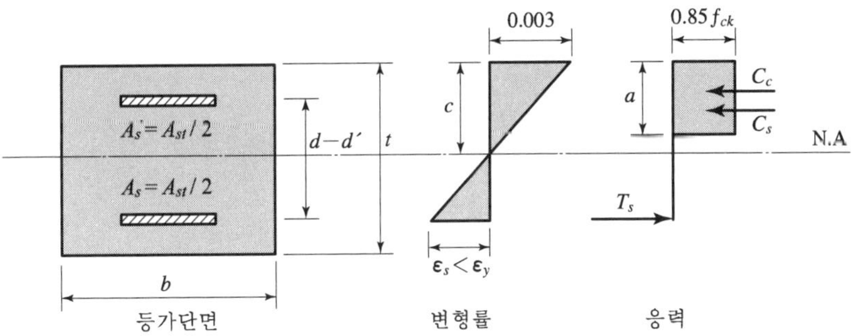

그림 7·9 압축파괴의 등가 직사각형 단면

$$P_n = \frac{A_{st} f_y}{\frac{3e}{D_s} + 1} + \frac{A_g f_{ck}}{\frac{9.6 De}{(0.8D + 0.67D_s)^2} + 1.18} \quad (7 \cdot 23)$$

여기서, A_g : 총 단면적

D : 원형단면의 외부 지름

D_s : 축철근의 중심선이 그리는 원의 지름

t : 편심방향의 단면 폭

A_{st} : 총 축방향 철근의 단면적

e : 소성중심에서 편심 거리

❷ 인장이 지배하는 원형단면 기둥의 강도

인장강도가 지배하는 경우, 편심 $e > e_b$, 축하중 $P_n < P_b$ 로 된다. 이 경우 모멘트가 크기 때문에 인장철근과 압축철근의 응력은 모두 항복응력 f_y에 달하게 된다.

그림 7·10과 같이 $A_s = A_s' = 0.4 A_{st}$ 로 보고, 또 A_s와 A_s' 사이의 거리를 $0.75 D_s$로 본다. 그리고 단면의 압축부분에는 $0.85 f_{ck}$가 고르게 작용한다고 가정하면, $\sum V = 0$에 의하여 원형단면의 공칭 축하중 P_n을 구할 수 있다. 이상과 같은 가정 아래 만들어진 다음의 Whitney의 공칭 축하중 강도에 대한 근사식이 사용된다.

$$P_n = 0.85 f_{ck} D^2 \left\{ \sqrt{\left(\frac{0.85e}{D} - 0.38 \right)^2 + \frac{\rho_g m D_s}{2.5D}} - \left(\frac{0.85e}{D} - 0.38 \right) \right\} \quad (7 \cdot 24)$$

여기서, 전체 철근비(ρ_g) = $\dfrac{A_{st}}{A_g}$

$m = \dfrac{f_y}{0.85 f_{ck}}$

A_g : 총 단면적

D : 원형단면의 외부 지름

D_s : 축철근의 중심선이 그리는 원의 지름

A_{st} : 총 축방향 철근의 단면적

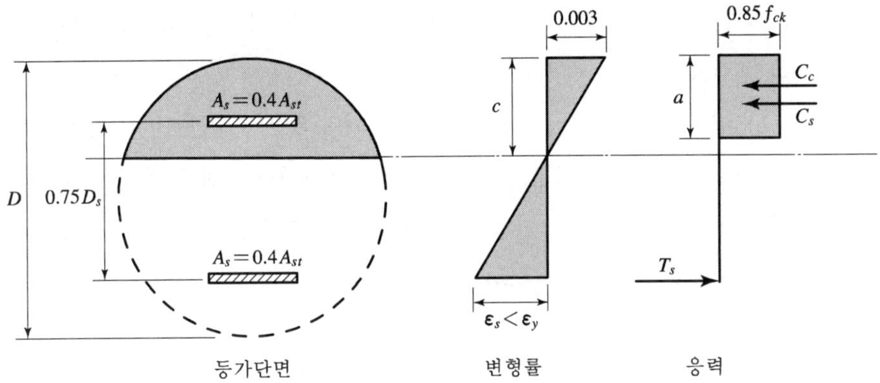

그림 7·10 인장파괴의 등가단면

7·5 장주설계

지금까지 설명한 단주의 해석과 설계에 있어서 좌굴, 탄성변형, 횡방향 처짐에 의한 2차 모멘트는 기둥의 극한강도에 거의 영향을 미치지 않으므로 이러한 영향은 설계과정에 포함되지 않았다. 그러나 기둥이 길 때 즉 장주일 때 이 영향은 고려되어야 한다. 장주인 경우 기둥의 유효높이, 단면의 세장비 그리고 기둥단부의 조건에 따라서 기둥의 강도를 감소시킨다.

따라서 기둥은 단주와 장주의 구분에 의하여 다음과 같은 특징을 갖는다.

- 세장비가 비교적 짧은 약간의 강도감소를 가져오는 단주.
- 기둥의 강도감소를 가져오는 비교적 중간치의 세장비 값을 지닌 장주 : 이 경우는 횡브레이싱이 필요치 않다.
- 비교적 큰 세장비 값을 지닌 장주 : 이 경우는 횡브레이싱이나 전단벽이 필요하다.

7·5·1 기둥 길이의 영향

중심 축하중을 받는 장주의 좌굴에 대한 기둥의 좌굴응력(임계응력)은 Euler의 공식으로부터 구할 수 있다.

$$P_{cr} = \frac{\pi^2 EI}{(kl_u)^2} \tag{7·25}$$

$$f_{cr} = \frac{P_{cr}}{A} = \frac{\pi^2 E}{\left(\frac{kl_u}{r}\right)^2} \tag{7·26}$$

여기서, l_u는 기둥의 비지지 길이, l_u/r는 세장비이다. kl_u를 유효길이, k를 유효길이 계수라고 한다.

비지지 길이 l_u는 두 바닥 사이의 지지되지 않은 순수한 기둥길이를 의미한다. 유효길이 계수 k는 기둥에서 모멘트가 0인 두 점 사이의 거리를 기둥의 비지지 길이로 나눈 값으로 나타낸 것이다. 만약, 기둥의 양단이 고정되어 있고, 모멘트가 0인 변곡점이 $l_u/4$ 지점에 있다면 $k=0.5\,l_u/\,l_u=0.5$가 된다.

또, 기둥의 유효 길이 계수 k는 기둥 양단의 지지조건과 가로방향 상대변위에 따라서도 달라지는데, 그림 7·11과 그림 7·12에서 보여 주는 것과 같으며, 다음의 표 7·1과 같이 0.5~2.0 사이에서 변한다.

세장비란 기둥의 길이 l의 회전반경 r에 대한 비를 말한다. 여기서 회전반경 $r=\sqrt{I/A}$, I는 단면의 관성모멘트, A는 단면적이다. 단면의 회전 반지름 r을 근사값으로 하면 직사각형 압축부재의 경우 검토하고자 하는 방향으로 단면치수의 0.3배, 원형부재의 경우 지름의 0.25배를 사용할 수 있다.

폭이 b이고 높이가 h인 직사각형 단면에서 $I_x=bh^3/12$, $A=bh$이다. 그러므로 $r_x=\sqrt{I/A}=0.288\,h$ (근사치 $r_x=0.3\,h$)이고, $I_y=hb^3/12$, $r_y=0.288\,b$ (근사치 $r_y=0.3\,b$)이다. 직경이 D인 원형기둥일 경우 $I_x=I_y=\pi D^4/64$, $A=\pi D^2/4$이므로 $r_x=r_y=0.25\,D$이다.

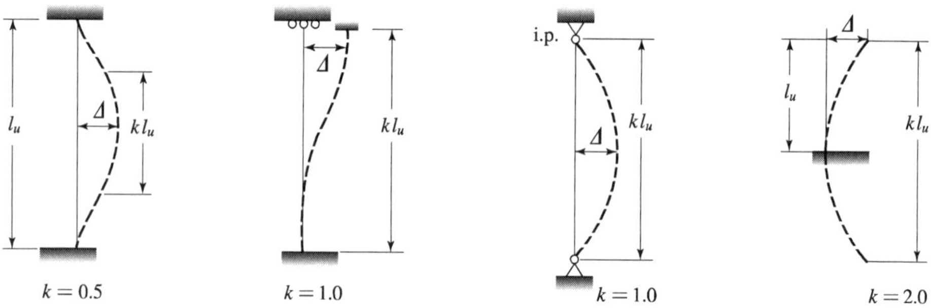

(a) 양단고정 (b) 고정, 가로방향 운동 (c) 양단힌지 (d) 고정 · 자유

그림 7·11 단부조건에 의한 기둥 유효 길이

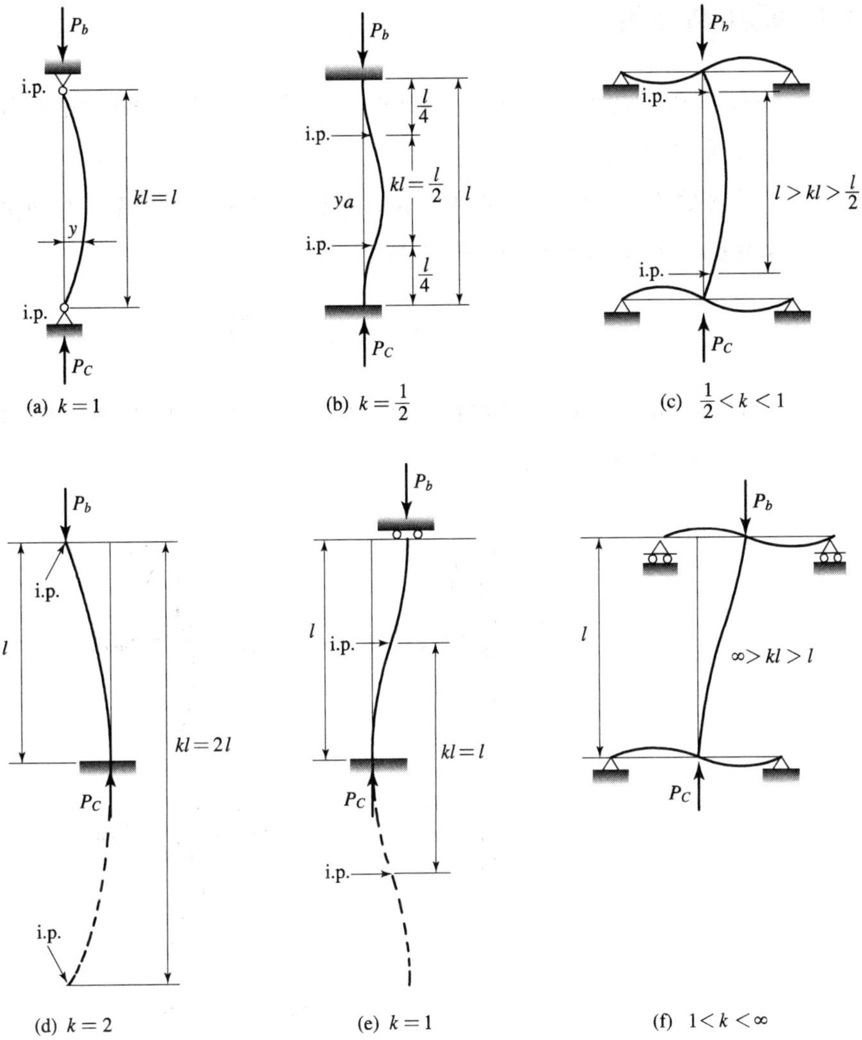

i.p : 기둥의 처짐곡선의 반곡점(inflection point)

그림 7·12 하중을 받는 기둥의 좌굴과 유효길이

표 7·1 기둥의 유효 길이 계수 k

양단고정	$k = 0.5$
양단고정, 가로방향 운동이 있을 경우	$k = 1.0$
양단힌지 연결	$k = 1.0$
일단고정, 일단자유	$k = 2.0$

7·5·2 세장비의 한계

콘크리트 구조설계기준에서는 횡구속 골조 구조물에서 단주와 장주의 한계를 다음과 같이 제시하고 있다.

① 횡방향 상대변위가 구속되어 있는 경우, 아래의 식을 만족할 때 세장비의 영향은 무시되고 기둥은 단주로 설계될 수 있다.

$$\frac{kl_u}{r} < 34 - 12\left(\frac{M_1}{M_2}\right) \tag{7·27}$$

여기서, M_1 와 M_2 는 기둥에서 단부 계수모멘트이고 M_2 는 M_1 보다 절대값이 크다 (콘크리트 구조설계기준).

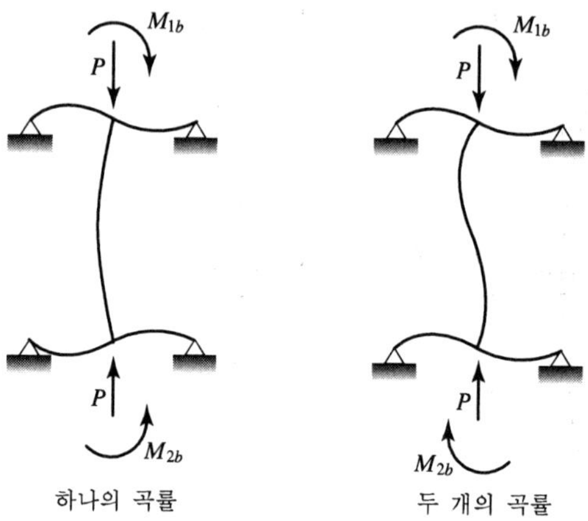

그림 7·13 하나의 곡률과 두 개의 곡률

② M_1/M_2 의 부호는 부재가 하나의 곡률로 굽어질 때는 (+)이고 두 개의 곡률로 굽어질 때는 (−)이다(그림 7·13).

③ 만약 부재가 기둥의 길이 내에서 지점의 모멘트보다 더 큰 모멘트를 발생시키는 횡하중을 받는다면 M_1/M_2 는 1로서 간주될 수 있다. 결과적으로 모멘트 확대계수 $C_m = 1.0$ 이다

④ 기둥의 지점에 모멘트가 작용하지 않을 때는 M_1/M_2 는 1이고 모멘트 확대계수 $C_m = 1.0$ 이다.

⑤ 만약 하중계수를 곱한 모멘트가 0이거나 $e = M_u/P_u < e_{\min}$ 일 때는 M_2 값은 큰

크리트 설계기준에 따라 각 주축에 대해 다음과 같이 최소 편심을 사용하여 계산하여야 한다.

$$e_{\min} = (15+0.03h)$$

그러므로

$$M_u = M_{2,\min} = P_u(15+0.03h) \tag{7·28}$$

여기서 15와 h는 mm 단위

횡방향 상대변위가 지지되지 않은 기둥에서 세장비의 영향은 콘크리트 구조설계기준에 따라 다음 식을 만족할 때 무시할 수 있다.

$$\frac{kl_u}{r} \leq 22$$

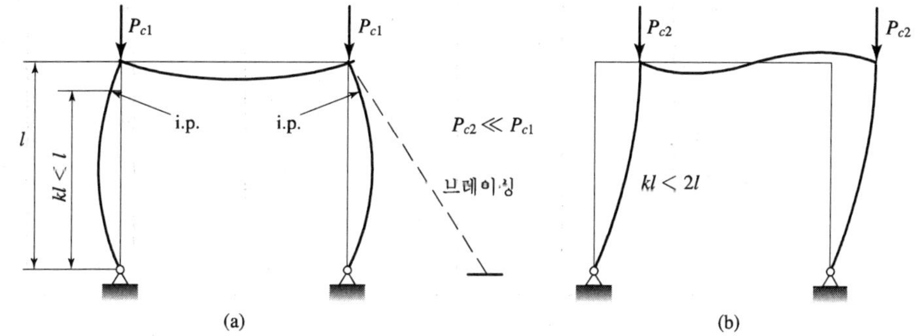

그림 7·14 라멘 부재의 좌굴

7·5·3 직선연결도표

기둥이 유효길이는 그림 7·15에서 보여주는 직선연결도표(aligmment chart)를 이용하여 구할 수도 있다. 유효길이계수 k를 구하기 위하여 첫째로 기둥의 윗 지점에서 강성비(restraint factor) Ψ_A 와 기둥 밑 지점에서의 강성비 Ψ_B를 계산하여야 한다. 여기서

$$\Psi = \frac{\Sigma EI/L(\text{기둥})}{\Sigma EI/L(\text{보})} \tag{7·29}$$

한쪽 지점의 인자 Ψ은 조인트 부분에서 접합하는 모든 기둥과 보의 조건을 포함하고 있다. 힌지지점에 대해서는 Ψ값은 무한한데 보통 10으로 가정한다. 고정지점에 있어서 Ψ은 0인데 1로 가정한다. 이러한 가정치들은 철근콘크리트 구조물에 있어서 완전히 마찰이 없는 힌지와 완전히 고정된 지점이란 있을 수 없기 때문에 사용될 수 있다. k를 구

하는 과정은 먼저 기둥의 윗 지점에서의 Ψ_A 와 기둥의 밑 지점에서의 Ψ_B 를 계산하여 계산 도표에 표시한 다음 두 점을 연결했을 때 중간의 k선과 교차점의 값이다. 계산도표에는 두 개의 도표가 있는데, 하나는 횡구속골조에 대한 것이고, 하나는 비횡구속골조에 관한 것이다.

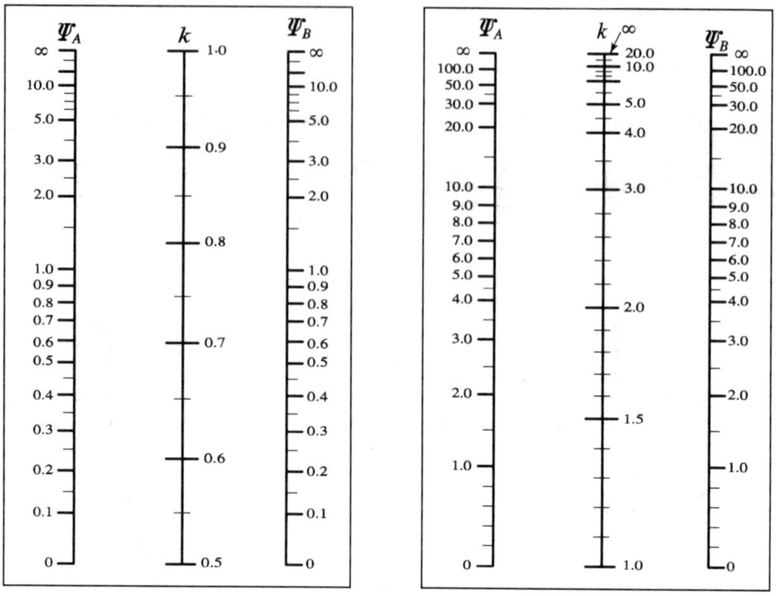

(a) 횡구속 골조　　　(b) 비횡구속 골조

그림 7·15 직선연결도표

이 직선 연결도표의 적용은 다음의 가정에 기초를 두고 있다.

- 구조물은 대칭형의 직사각형 골조로 구성되어 있다.
- 절점에서의 거더의 모멘트는 상대강성에 따라서 기둥에 전달된다.
- 모든 기둥은 동시에 파괴하중에 도달한다.

7·5·4 부재의 강성

축하중의 영향, 부재 전길이에 걸친 균열구역의 존재, 하중의 지속효과 등을 고려해 계수 축하중 P_u 기둥단부의 계수모멘트 M_1, M_2, 층간 기둥의 상대변위 Δ_0를 얻는다. 이때 구조부재의 휨강성 E_cI가 필요하며, 기둥부재 단부의 강성도 비 Ψ를 계산하는 데도 필요하다. 이러한 목적을 위해 단면의 부재 특성값으로 다음 값을 사용한다.

❶ 탄성계수 E_c

철근콘크리트 부재의 탄성계수 E_c는 구조설계기준에 따라 2장에서 설명된 값으로 한다.

❷ 단면 2차 모멘트(I)를 다음으로 취한다.

보 : $0.35I_g$

기둥 : $0.70I_g$

비균열 벽체 : $0.70I_g$

균열 벽체 : $0.35I_g$

flat plates, flat slabs : $0.25I_g$

여기서 I_g는 철근을 무시한 도심축에 대한 콘크리트 전단면의 단면 2차 모멘트이다.

❸ 단면적 1.0 A_g

여기서 A_g– 기둥의 전 단면적이다.

다만, 수평 지속하중이 작용할 경우와 안전성을 검토할 경우에 크리프를 고려하여 단면 2차 모멘트를 $(1+\beta_d)$로 나누어야 한다.

여기서 β_d = (최대 계수지속축하중)/(전체 계수축하중)

$$= \frac{1.4D}{1.4D+1.7L} \tag{7·30}$$

7·5·5 모멘트 확대법

일반적으로 압축부재는 2차 모멘트를 발생시키는 횡방향처짐을 받을 수도 있다. 만약 2차 모멘트 M'가 기둥에 원래 작용하고 있던 모멘트 M_a에 더해진다면, 총 모멘트 $M = M_a + M'$ 이다.

총 모멘트 M을 계산하기 위한 근사적인 방법은 작용되고 있는 모멘트 M_a에 모멘트 확대계수 δ를 곱하는 방법이다. 여기서 δ는 1.0보다 크거나 같아야 한다. 즉, $M_{max} = \delta M_a$, $\delta \geq 1.0$ 이다. 또한, 모멘트 M_a는 하중계수를 곱한 하중을 사용하여 탄성구조 해석으로부터 얻어지고 양단부에서의 최대 모멘트 혹은 횡하중이 존재할 때는 기둥 내에 작용하는 최대 모멘트이다. 모멘트 확대계수 C_m를 계산하기 위해서는

① 뼈대가 횡방향 변위에 대해서 지지된 것으로 취급할 것인가를 결정하고 비지지 길이 l_u와 유효길이 계수 k를 구한다.

② 아래의 두 방정식을 이용하여 얻은 값 중 큰 값을 사용하여 부재의 강성계수 EI를 계산한다(정밀식).

$$EI = \frac{0.2E_c I_g + E_s I_{se}}{1 + \beta_d} \tag{7·31}$$

약식은 다음과 같다.

$$EI = \frac{0.4E_c I_g}{1 + \beta_d} \tag{7·32}$$

여기서 E_c 는 콘크리트 탄성계수

I_g = 기둥 총 단면의 2차 모멘트

I_{se} = 부재 단면의 중심축에 대한 철근의 단면 2차 모멘트

③ Euler의 좌굴하중 P_c를 결정한다.

$$P_c = \frac{\pi^2 EI}{(k\,l_u)^2} \tag{7·33}$$

여기서 EI, k 및 l_u의 값은 상기 1, 2단계에서 계산된 값이다.

④ 모멘트 확대계수 공식 내에서 사용될 C_m을 계산한다. 횡하중이 없는 지지된 부재에 있어서

$$C_m = 0.6 + 0.4\frac{M_1}{M_2} \geq 0.4, \quad \text{그리고} \quad |M_{1b}| < |M_{2b}| \tag{7·34}$$

여기서 M_1와 M_2는 단부의 모멘트이다. 앞서 언급한 바와 같이 횡하중을 받는 지지된 부재이거나 지지되지 않은 모든 부재에서의 $C_m = 1.0$ 이다.

⑤ 모멘트 확대계수 δ를 계산한다.

$$\delta_{ns} = \frac{C_m}{1 - \left(\dfrac{P_u}{0.75\,P_c}\right)} \geq 1.0 \tag{7·35}$$

$$\delta_s = \frac{1.0}{1 - \left(\dfrac{\Sigma P_u}{0.75\,\Sigma P_c}\right)} \geq 1.0 \tag{7·36}$$

여기서 δ_{ns} = 횡방향으로 지지된 뼈대에서의 모멘트 확대계수

δ_s = 횡방향으로 지지되지 않은 뼈대에서의 모멘트 확대계수

ΣP_u = 한 층에서 기둥에 작용하는 계수 축하중의 합

ΣP_c = 한 층에서 기둥에 작용하는 Euler 하중의 합

모멘트 확대계수 δ_{ns}는 압축부재 양지점 사이의 곡률의 영향을 반영하고 있고, δ_s는 횡하중 및 자중하중으로부터 야기되는 횡방향 처짐의 영향을 반영하고 있다.

⑥ 일반적인 골조해석으로부터 얻어진 축하중 P_u와 아래식으로 얻어진 확대 모멘트 M_c를 사용하여 압축부재를 설계한다.

$$M_c = \delta_{ns} M_{2b} + \delta_s M_{2s}$$

여기서, M_{2b}는 횡방향변위를 일으키지 않는 하중으로 인한 하중계수를 곱한 단모멘트 중 큰값이고, M_{2s}는 횡방향 변위를 일으키는 하중으로 인한 하중계수를 곱한 단모멘트 중 큰값이다. 횡방향변위에 대해 지지된 뼈대에 있어서 $\delta_s = 0$, $M_c = \delta_{ns} M_{2b}$이고, 횡방향 변위에 대해 시시되지 않은 뼈대에 있어서, δ_{ns}와 δ_s는 모두 계산되어져야 한다. M_c값이 계산되고 나면, 결국 $P_n = P_u/\phi$이고 $M_n = M_c/\phi$이다.

식 (7·35)와 (7·36)을 구조설계기준에서는 자중 하중으로 인한 nonsway moment의 확대계수 δ_{ns}, 바람 혹은 다른 횡하중으로 인한 횡방향변위가 있는 모멘트 확대계수 δ_s에 의한 확대계수의 합으로서 지지되지 않은 뼈대의 2차 모멘트를 표시하고 있음을 주의해야 한다. 구조뼈대가 전단벽이나 지지요소로서 지지되지 않았을 때 δ_{ns}와 δ_s는 계산되어지고 M_c를 계산하는데 사용된다. 이런 경우, 구조물이 자중 혹은 횡하중을 받을 때 제3장에서 언급되었듯이 감소된 하중계수가 사용된다(콘크리트 구조설계기준 3.2). 골조구조로서의 기둥은 (1.4D + 1.7L)인 하중계수를 사용하여 자중의 영향에 대해 별도로 검토되어야 한다.

⑦ 만약 kl_u/r가 100보다 크다면 콘크리트 구조설계기준 6·5·2는 구조물의 해석에서 결정되는 휨과 모멘트를 토대로 하여 정밀한 해석을 요구하고 있다. 이 경우는 콘크리트 구조설계기준 6·5의 규정에 따라 2차 정밀해석을 해야 한다.

연습문제

7·1 고정하중에 의한 $P=900$ kN, $M=200$ kN · m와 활하중에 의한 $P=700$ kN, $M=100$ kN · m를 지지하는 정사각형 철근콘크리트 띠철근기둥(단주)을 설계하여라. 단, 철근비는 약 3%이고, 철근은 대칭으로 배근되며 $f_{ck}=28$ MPa, $f_y=350$ MPa이다.

7·2 다음 그림과 같은 철근콘크리트 기둥의 y축 ($h=550$ mm)에 대하여 주어진 조건의 각 편심에 대한 P_n, M_n을 산정한 후 $P-M$ 곡선을 개략적으로 그려라.

단, $f_{ck}=24$ MPa, $f_y=350$ MPa이다.

① $e=0(P_0)$ ② $e=0.4h$

③ $e=e_b$ ④ $P_n=0.6P_0$

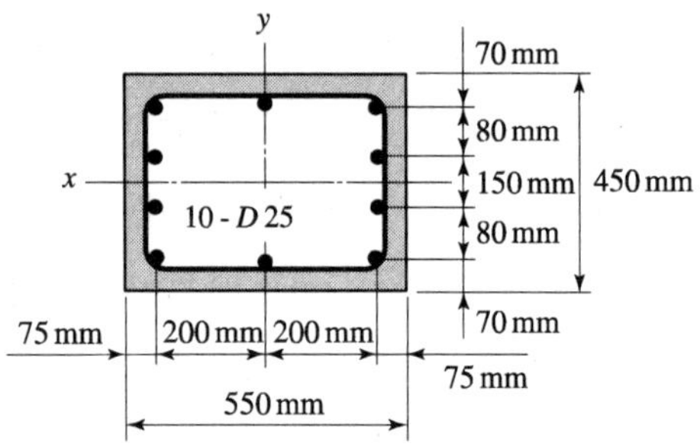

그림 7·16

7·3 한변이 600 mm인 정사각형 단면에 축방향철근 16-D32를 단면의 네변에 등간격으로 배치하고, D10을 띠철근으로 사용한 단주가 있다. 이 기둥에 계수 축하중 P_u=3,000 kN이 단면의 주축에 대하여 편심거리 $e_x=e_y=1850$ mm의 복편심으로 작용하고 있다. 이 기둥의 안전을 검사하여라. 단, $f_{ck}=28$ MPa, $f_y=400$ MPa 이다.

7·4 아래의 그림과 같은 단면의 단주에 대하여 다음 것들을 계산하여라.

단, $f_{ck}=21$ MPa, $f_y=350$ MPa이다.

① 이 기둥의 중심축방향 압축강도를 계산하여라.

② 이 기둥에 허용될 수 있는 최대 축하중을 구하여라.

③ 균형하중 P_n 및 M_n을 계산하여라.

④ 이 기둥의 P－M 상관도를 작성하여라.

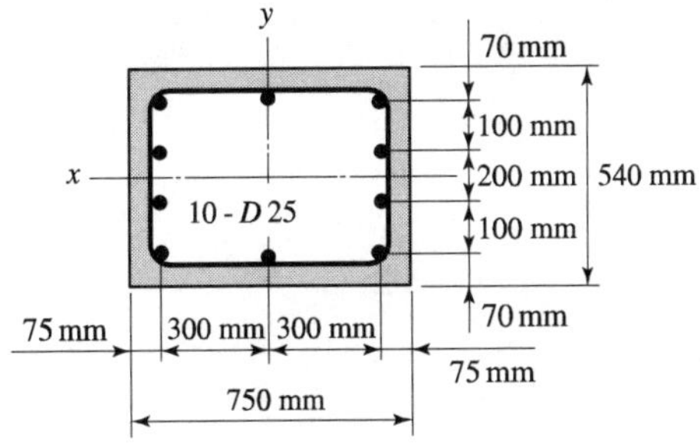

그림 7·17

7·5 $e = 140$ mm, $f_{ck} = 21$ MPa, $f_y = 350$ MPa일 때, D29철근 8개로 보강된(5139 mm^2) 지름 500 mm의 원형단면에 대한 P_n을 계산하여라.

7·6 $P_u = 1,200$ kN의 극한 축하중과 $M_{ux} = 300$ kN · m, $M_{uy} = 100$ kN · m 의 2축 휨모멘트를 받을 수 있는 띠철근 단주의 사각형 단면을 설계하여라.
단, $f_{ck} = 24$ MPa, $f_y = 400$ MPa, $b = 350$ mm를 사용하여라.

8장 슬래브

8·1 개 요

슬래브(slab)이란 판두께의 치수가 그것에 직각인 방향의 치수에 대하여 대단히 작은 평면상의 물체로 정의된다. 슬래브(또는 판)에 수직횡하중이나 휨모멘트가 가해지면 곡면상으로 변형하여 그 내부에는 응력장이 발생한다. 그때의 판의 휨이나 응력분포를 해석하는 문제를 판의 휨문제라 한다. 판구조에 대해 Kirchhoff와 Love가 발전시킨 미소처짐 이론의 기본적인 가정은 다음과 같다.

① 판의 재료는 탄성, 균질, 등방성이다.
② 판의 초기형상은 편평하다.
③ 판의 두께는 다른 치수에 비하여 작다.
④ 처짐은 판의 두께에 비하여 작다.
⑤ 전단에 의한 처짐은 작다.
⑥ 판의 처짐은 중립면의 수직변위로 나타낸다.
⑦ 중립면에 수직인 응력은 무시한다.

⑧ 중립면에서의 변형은 굽힘에 의한 것과 비교할 때 무시한다.

8·1·1 슬래브의 정의 및 종류

두께에 비하여 길이나 폭이 큰 구조물을 슬래브(slab)라 하며, 건물의 바닥과 지붕, 교량 등의 구조물에 있어서 일반적으로 수평방향으로 편평한 면을 제공하기 위하여 사용된다. 철근 콘크리트 슬래브는 구조적으로 다음과 같이 분류된다(그림 8·1).

❶ 1 방향 슬래브 (one-way slab)

1방향 슬래브란 마주보는 두 변에 의해서만 지지되는 경우(그림 8·1(a))와 4변이 지지되나 긴 변의 길이가 짧은 변 길이의 2배 이상이 되는 경우(그림 8·1(b))를 말한다. 하중은 짧은 변의 처짐방향으로 슬래브에 의해서 전달되므로, 주철근은 지간방향으로 1 방향으로만 배치된다.

❷ 2 방향 슬래브 (two-way slab)

2방향 슬래브란 네 변으로 지지되며 긴 변의 길이가 짧은 변 길이의 2배 이하인 경우로, 하중이 양방향으로 배분되기 때문에 2 방향으로 주철근을 배치한다(그림 8·1(c)).

❸ 평 슬래브 (flat slab)

보를 갖지 않고 두 방향으로 보강된 2 방향 슬래브로서 하중은 직접적으로 지지기둥에 전달된다. 기둥둘레의 전단력과 부모멘트를 감소시키는 방안으로 지판(drop panel)과 기둥머리(column capital)를 사용한다(그림 8·1(d)).

❹ 평판 슬래브 (flat plate slab)

보나 기둥머리를 갖지 않고 기둥 위에 직접 거치함으로서 균일한 두께를 가지는 2 방향 슬래브 구조이다. 주로 하중이 크지 않거나 경간이 짧은 경우에 사용된다(그림 8·1(e)).

❺ 리브 슬래브 (ribbed slab)

2 방향 장선구조(joist floor slab)로써 기둥주위에는 격자(grid)형태를 하지 않아 두꺼운 슬래브 형태를 취하여 지판과 같은 효과를 얻는다(그림 8·1(f)).

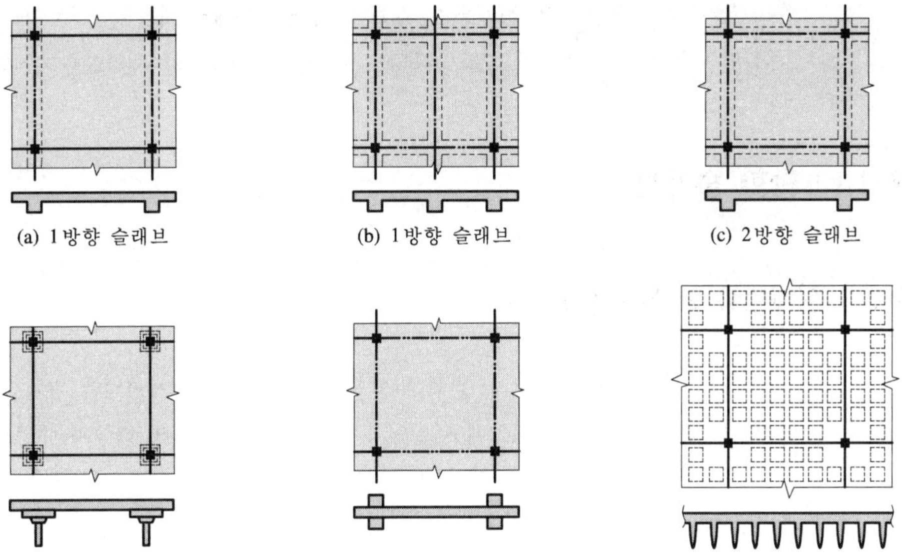

그림 8·1 슬래브의 종류

8·1·2 슬래브의 설계개념

슬래브는 판 이론에 의해 해석하는 것이 원칙이나 매우 복잡한 과정을 수행하여야 하므로 일반적으로 근사적인 방법에 의해 설계한다. 현행 콘크리트 구조설계기준에는 1 방향 슬래브의 경우에는 단위 폭을 가지는 보(beam)로 취급하여 설계하고, 2 방향 슬래브의 설계에 있어서는 다음과 같은 두 가지 방법을 규정하고 있다.

❶ 직접설계법 (direct design method, **콘크리트 구조설계기준** 10.4)

2 방향 슬래브의 근사적인 해석 및 설계방법으로서, 등분포 하중을 받고 지간의 길이가 거의 동일한 연속 슬래브에 한정한다. 이 방법에서는 위험단면에서의 설계 모멘트를 결정하기 위해 계수를 사용한다. 콘크리트 구조설계기준 10·4·1의 세한사항을 빗이나는 슬래브는 더욱 정확한 방법에 의해 설계되어야 한다.

❷ 등가골조법 (equivalent frame method, **콘크리트 구조설계기준** 10.5)

3 차원 건물을 기둥 사이의 중앙선을 따라 절단하므로 2 차원 등가골조로 분할하는 방법이다. 골조의 절단은 건물의 종방향과 횡방향으로 분리하여 실시한다.

이 두 가지 방법은 극한 하중을 사용한 전체 구조물의 탄성해석 결과를 토대로 한다.

설계기준에서 규정한 방법 외에도, 슬래브의 해석과 설계에 사용되는 몇 가지 다른 방법들이 있는데 각각의 방법에 따라 계산된 철근량에 약간의 차이는 있을 수 있다.

8·2 1방향 슬래브

8·2·1 설계원칙 및 설계경간

1방향 슬래브는 마주보는 두 변에 의해서만 지지되는 경우와 4변에 의해 지지되나 긴 변의 길이가 짧은 변 길이의 2배 이상이 되는 경우를 의미하며, 하중이 주로 짧은 변 방향으로 전달된다. 따라서 이 경우 일반적으로 슬래브의 짧은 변의 방향을 지간으로 하여 폭이 1 m인 직사각형단면의 보로 취급하여 설계한다.

1방향 슬래브 설계시 사용하는 경간의 규정은 다음과 같다. 받침부와 일체로 되어있지 않은 부재에서는 순경간에 보나 슬래브의 두께를 더한 값을 경간으로 하나, 그 값이 받침부의 중심간 거리를 넘을 수는 없다. 연속슬래브의 경우에 휨모멘트를 구할 때는 받침부의 중심간 거리를 경간으로 하되, 받침부와 일체로 시공된 보에 대해서는 받침부 내면에서의 모멘트로 설계하여도 좋다. 그림 8·2(a)와 같이 받침부와 일체로 된 3.0 m 이하의 순경간을 갖는 슬래브에서는 그 지지보의 폭을 무시하고 순경간을 경간으로 하는 연속보(그림 8·2(b))로 해석한다.

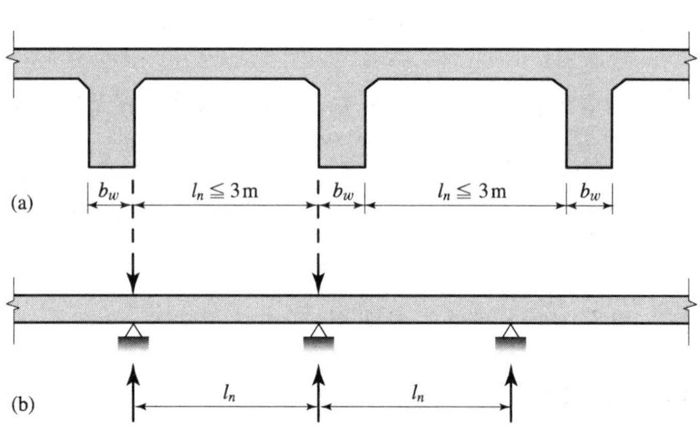

그림 8·2 슬래브의 지간

8·2·2 구조세목

① 1 방향 슬래브의 두께는 최소 100 mm 이상으로 하여야 한다. 또한, 처짐계산을 하지 않는 경우의 휨 부재의 최소두께는 표 8·1과 같다.

표 8·1 처짐계산을 하지 않는 경우의 휨 부재의 최소두께 (l: 경간)

부 재	최소두께 또는 높이 t			
	단순지지	일단연속	양단연속	캔틸레버
1 방향 슬래브	$l/20$	$l/24$	$l/28$	$l/10$
보	$l/16$	$l/18.5$	$l/21$	$l/8$

표 8·1은 보통콘크리트($w_c=2{,}300$ kg/m^3)와 항복강도 $f_y=400$ MPa인 철근을 기준으로 하여 만든 것이기 때문에 다른 조건에 대해서는 다음과 같이 수정해야 한다. 첫째, 1,500∼2,000 kg/m^3 범위의 단위질량을 갖는 구조용 경량콘크리트에 대해서는 표의 값에 $1.65-0.00031w_c \geq 1.09$를 곱한다. 여기서 w_c는 콘크리트 단위질량(kg/m^3)이다. 둘째, 철근의 항복강도가 $f_y=400$ MPa이 아닌 경우에는 표 8·1의 값에 $(0.43+f_y/700)$를 곱한다.

② 슬래브의 정철근 및 부철근의 중심 간격은 최대휨모멘트가 일어나는 단면에서는 슬래브 두께의 2 배 이하이어야 하고, 또한 300 mm 이하로 하여야 한다. 기타의 단면에서는 슬래브 두께의 3 배 이하이어야 하고, 또한 400 mm 이하로 하여야 한다.

③ 1 방향 슬래브에서는 건조수축 및 온도변화에 따른 균열의 방지를 위하여, 정철근 및 부철근의 직각방향으로 배력철근을 배치하여야 한다. 건조수축 및 온도철근의 콘크리트 총 단면적에 대한 철근비 ρ는 다음 값 이상이라야 한다. 항복강도가 400 MPa 이하인 이형철근을 사용할 때는 0.0020이고, 0.0035의 항복변형률에서 측정한 철근의 항복강도가 400 MPa를 초과할 때는 $0.0020\times400/f_y$이다. 이때의 배력철근의 간격은 슬래브 두께의 5 배 이하, 또한 400 mm 이하이어야 하며, 항복강도의 인장강도를 받을 수 있도록 정착시켜야 한다.

④ 슬래브 끝의 단순지지부에서도 부모멘트가 일어난다고 생각되는 경우에는 이에 대하여 배근하여야 한다.

⑤ 슬래브의 장변방향과 직교하는 보의 상부에 부휨모멘트로 인해 발생하는 균열을 방

지하기 위하여 슬래브의 장변방향 상부에 철근을 배치하여야 한다.

8·2·3 1 방향 슬래브의 모멘트강도와 전단강도

철근콘크리트 보와 일체로 만든 연속슬래브의 휨모멘트 및 전단력을 구하기 위해서는 단순받침 위에 놓인 연속보에 대한 근사적인 계산방법을 사용한다. 근사해법의 적용범위와 근사 모멘트와 전단력계수는 다음과 같다.

1 근사해법의 적용범위

1 방향 슬래브에서 근사해법을 사용할 수 있는 적용범위는 다음과 같다. 하중은 등분포하여야 한다. 2경간 이상이어야 한다. 서로 이웃한 경간이 20%이상 차이가 나지 않아야 한다. 활하중이 고정하중의 3배를 넘지 않아야 한다. 부재는 균질하고 일정한 단면이어야 한다. 이러한 조건이 만족하지 않을 경우에는 정확한 구조해석 결과를 이용하여 설계하여야 한다.

2 근사 모멘트와 전단력계수

근사해법이 적용가능 한 1 방향 슬래브에 대해서는 다음과 같은 근사 모멘트계수와 전단력계수를 사용하여 설계한다.

① 정모멘트

ⓐ 최외측 경간

불연속 단부가 구속되지 않은 경우 : (+) $\frac{1}{11} w_u l_n^2$

불연속 단부가 받침부와 일체로 된 경우 : (+) $\frac{1}{14} w_u l_n^2$

ⓑ 내부경간 : (+) $\frac{1}{16} w_u l_n^2$

② 첫 내부 받침부 외면에서의 부모멘트

ⓐ 2경간 : (−) $\frac{1}{9} w_u l_n^2$

ⓑ 3경간 이상 : (−) $\frac{1}{10} w_u l_n^2$

③ 일반 내부받침부 내외면에서의 부모멘트 : (−) $\frac{1}{11} w_u l_n^2$

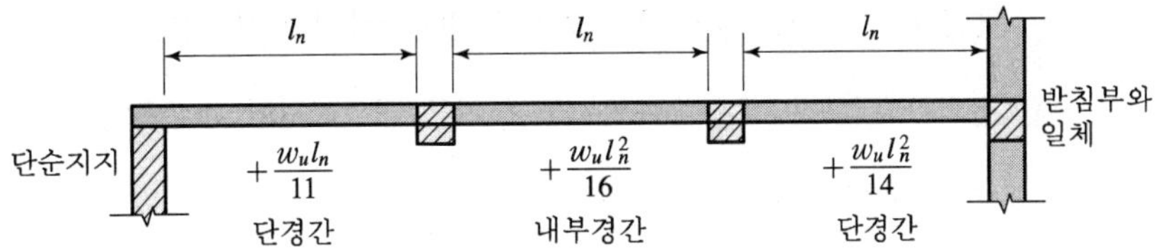

(a) 정모멘트 계수(모든 경우)

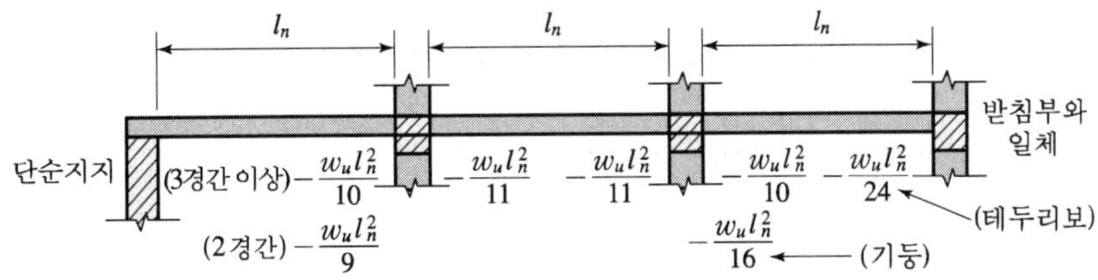

(b) 부모멘트 계수(보와 슬래브)

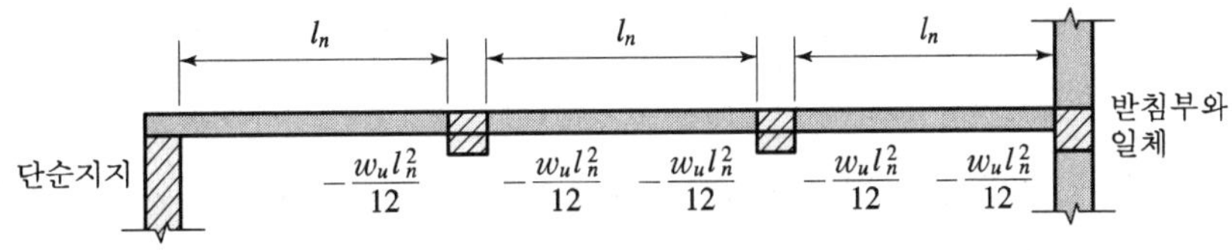

(c) 부모멘트 계수(슬래브 경간이 ≦3m일 경우)

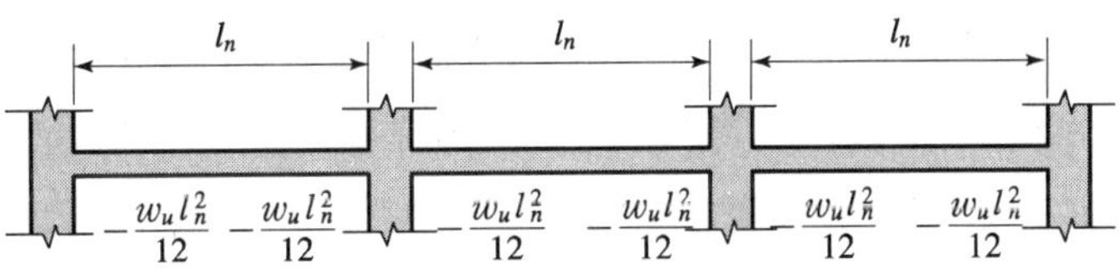

(d) 부모멘트 계수($\Sigma K_c > 8\Sigma K_b$일 경우)

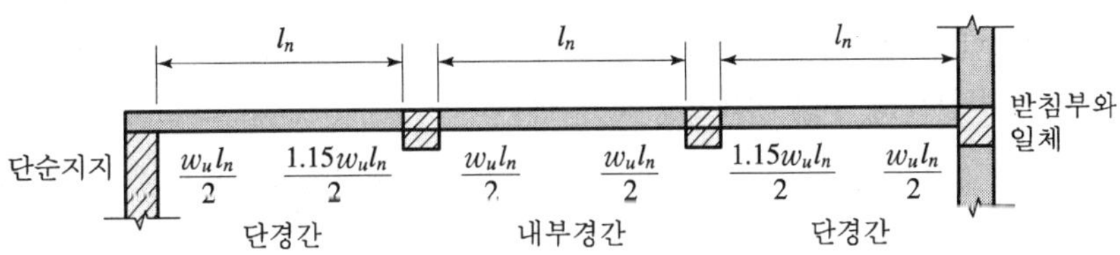

(e) 전단력 계수(모든 경우)

그림 8·3 모멘트 계수와 전단계수

④ 경간이 3 m 이내인 슬래브의 받침부 내외면에서의 부모멘트 : $(-)\frac{1}{12} w_u l_n{}^2$

⑤ 경간의 각 단에서의 기둥강성의 합이 보의 강성의 8배를 넘는 경우

($\Sigma K_c > 8\ \Sigma K_b$)의 보의 받침부 내외면에서의 부모멘트 : $(-)\frac{1}{12} w_u l_n^2$

⑥ 받침부와 일체로 된 부재의 외단받침부 내면에서의 부모멘트

ⓐ 받침부가 테두리보인 경우 : $(-)\frac{1}{24} w_u l_n^2$

ⓑ 받침부가 기둥인 경우 : $(-)\frac{1}{16} w_u l_n^2$

⑦ 첫 내부받침부에서의 단지간 부재의 전단력 : $1.15\frac{w_u l_n}{2}$

⑧ 일반 받침부에서의 전단력 : $\frac{w_u l_n}{2}$

3 휨모멘트의 수정

위와 같이 산정되는 휨모멘트는 다음과 같이 수정하여 설계한다.

① 활하중에 의한 경간중앙의 부모멘트는 산정된 값의 1/2만 취한다. 그림 8·4와 같이 하중이 작용하는 경우에 C점에 부모멘트가 생기는데, 슬래브와 일체성을 생각하면 그 일체성을 무시하고 연속보의 내부지점으로 생각할 때보다 부모멘트의 크기가 크게 감소할 것이다. 그래서 이때 C점의 모멘트를 위의 가정에서 구한 값의 절반만 취하는 것이다.

② 경간중앙의 정모멘트는 양단고정보로 보고 계산한 값보다 작게 취해서는 안 된다. 슬래브와 보가 일체로 된 구조물을 단순지지 된 연속보로 보고 슬래브의 모멘트를 계산하면, 지점 부모멘트가 양단고정으로 본 것보다도 커져 경간 중앙부의 정모멘트가 매우 작아지는 경우가 있다. 그러나 강성이 큰 보에서는 그 부모멘트가 고정단으로 본 것보다 더 크게 나올 수 없다. 그래서 이 경우의 안전을 위하여 경간 중앙부의 정모멘트는 이 슬래브의 양단이 고정되었을 경우(이때 경간길이는 지지보 또는 기둥의 중심간 거리로 한다)의 값보다 작게 취해서는 안 된다.

③ 순경간이 3.0 m를 초과할 때 순경간 내면에서의 휨모멘트를 사용해도 좋다. 그러나 이 값들이 순경간을 경간으로 하여 계산한 고정단 휨모멘트 이상으로 하여야 한다. 연속보의 내부지점을 가진 슬래브에서는 받침부 위의 슬래브 상면에 균열이 생기게 되므로 접합부 내면에서의 휨모멘트를 설계모멘트로 취하도록 되어 있다. 그러나 이 값들은 받침보와 슬래브가 일체로 되어 있으므로 접합부 내면에서의 휨모멘트는 $(-)\frac{1}{12} W_u l_n^2$ 이상이어야 한다.

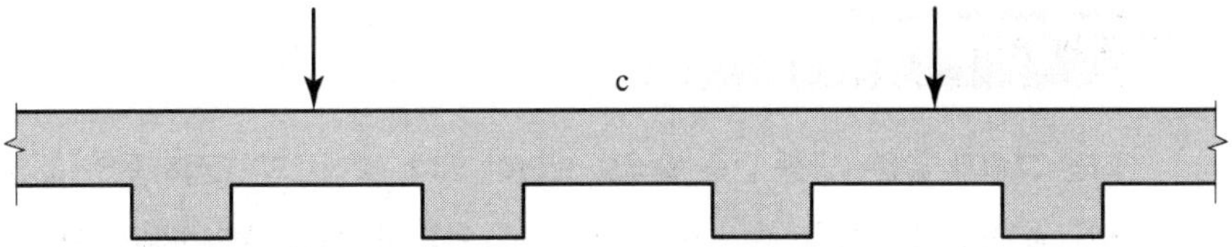

그림 8·4 보와 일체로 된 연속 슬래브

8·2·4 철근의 배근상세

연속 1 방향 슬래브에서 주철근의 면적은 모든 위험단면, 지간의 중앙부 및 지지점에서 계산된다. 철근직경과 배근의 상세는 주로 소요철근량, 철근간격에 대한 제한사항 그리고 정착길이에 따라 결정된다. 철근의 배근방법에는 다음과 같은 두 가지가 있다. 우선 철근이 모든 지간에서의 상부철근과 하부철근으로 사용된다. 이 방법은 두께가 약 150 mm 혹은 그 이하의 작은 두께를 갖는 슬래브에 주로 사용된다. 직선철근을 사용하므로 절곡철근을 만드는데 소요되는 시간을 줄일 수 있다. 절곡철근 혹은 트러스 형상의 철근을 사용하는 배근방법에서는 직선철근과 절곡철근을 슬래브에 번갈아 배근한다. 철근의 절곡위치는 휨, 전단, 정착길이의 요구조건 등에 따라 검토되어야 한다. 일반 건물에 있어서 1 방향 슬래브의 내측 및 외측지간에서의 배근상세는 일반적으로 그림 8·5와 같다.

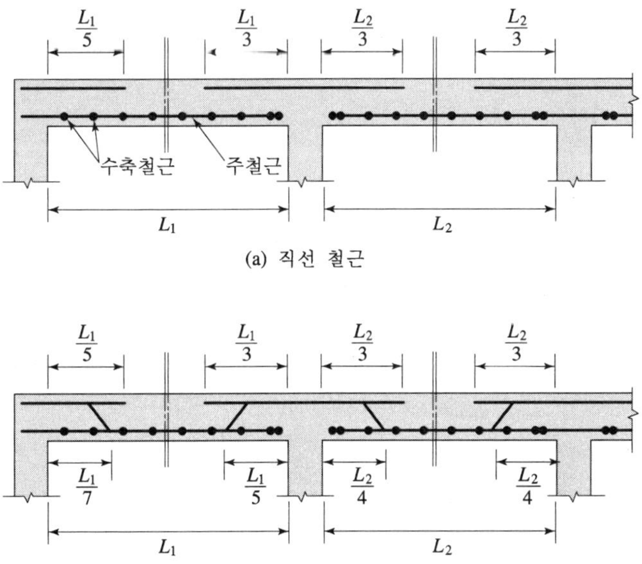

그림 8·5 연속 1 방향 슬래브에서의 배근 상태

예제 8·1

다음 그림과 같은 1방향 연속 슬래브 단면이 있다. 슬래브의 고정하중은 ω_D(자중포함) = 6.75 KN / m^2이고, 활하중은 ω_L = 6 kN / m^2일 때, 연속 슬래브를 설계하여라. 단, f_{ck} =28 MPa, f_y =350 MPa이다.

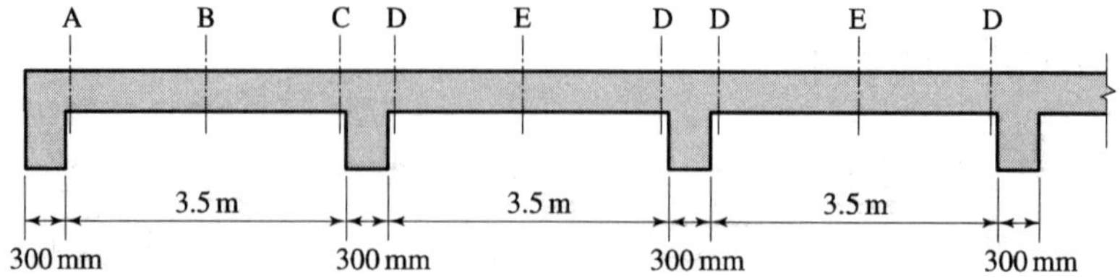

그림 8·6 예제 8·1

풀이

(1) 슬래브의 두께 가정

슬래브의 최소 두께

$$t_{\min} = \frac{l}{28} = \frac{3,800}{28} = 135.7 \text{ mm}$$

f_y = 350 MPa 사용으로 인한 수정

$$\text{수정된 } t_{\min} = t_{\min}\left(0.43 + \frac{f_y}{700}\right) = 135.7 \times \left(0.43 + \frac{350}{700}\right) = 126.2 \text{ mm}$$

따라서, 슬래브 두께를 130 mm로 가정한다.

(2) 설계하중 모멘트의 계산(단위폭당)

$\omega_D = 6.75 \text{kN/m}$ $\qquad$ $\omega_L = 6 \text{ kN/m}$

$\omega_u = 1.4\omega_D + 1.7\omega_L = 1.4 \times 6.75 + 1.7 \times 6 = 19.65 \text{ kN/m}$

$$M_u = \frac{\omega_u l_n^2}{10} = \frac{19.65 \times 3.5^2}{10} = 24.07 \text{ kN·m} = 24,070,000 \text{ N·mm}$$

(3) 슬래브의 두께 결정

철근비를 $0.5\rho_b$로 가정하면, 식 (3.12)로부터

$$\rho = 0.5\rho_b = 0.5 \times \left(0.85\frac{f_{ck}}{f_y}\beta_1 \frac{600}{600+f_y}\right)$$

$$= 0.5 \times 0.85 \times \frac{28}{350} \times 0.85 \times \frac{600}{600+350} = 0.0183$$

$$m = \frac{f_y}{0.85 f_{ck}} = \frac{320}{0.85 \times 28} = 14.71$$

$$R_n = \rho f_y \left(1 - \frac{1}{2}\rho m\right) = 0.0183 \times 320 \times \left(1 - \frac{1}{2} \times 0.0183 \times 14.71\right)$$

$$= 5.54 \text{ N/mm}^2 = 5.54 \text{Mpa}$$

$$bd^2 = \frac{M_u}{\phi R_n} \text{에서,} \quad d = \sqrt{\frac{M_u}{\phi R_n b}} = \sqrt{\frac{24,070,000}{0.85 \times 5.54 \times 1,000}} = 71.49 \text{ mm}$$

$$A_s = \rho b d = 0.0183 \times 1,000 \times 71.49 = 1,308.27 \text{ mm}^2$$

철근 배근을 $D13(d_b = 12.7 \text{ mm})$ 철근으로 선정하고, 슬래브의 두께 t를 검토하면

$$t = d + \frac{1}{2} d_b + \text{피복두께} = 71.49 + \frac{1}{2} \times 12.7 + 30 = 107.84 \text{ mm} < 130 \text{ mm}$$

이 되며, 앞에서 가정한 값이 충분하므로, $t = 130$ mm로 결정하고 실제의 유효깊이 d를 구하면 다음과 같다.

$$d = 130 - \frac{1}{2} \times 12.7 - 30 = 93.65 \text{ mm}$$

(4) 철근량 계산

이 예제는 서로 이웃한 경간의 20% 이상 차이가 나지 않고, 활하중이 고정하중의 3배를 넘지 않으며, 부재는 균질이고 일정한 단면이기 때문에 근사해석이 가능하다.

$$\rho_{\max} = 0.75 \rho_b = 0.75 \times \left(0.85 \frac{f_{ck}}{f_y} \beta_1 \frac{600}{600 + f_y}\right)$$

$$= 0.75 \times 0.85 \times \frac{28}{350} \times 0.85 \times \frac{600}{600 + 350} = 0.0274$$

위치	A	B	C	D	E
모멘트계수	$-\frac{1}{24} w_u l_n^2$	$+\frac{1}{14} w_u l_n^2$	$-\frac{1}{10} w_u l_n^2$	$-\frac{1}{11} w_u l_n^2$	$+\frac{1}{16} w_u l_n^2$
M_u(kN·m)	10.03	17.19	24.07	21.88	15.04
R_n (MPa)	1.35	2.31	3.23	2.94	2.02
철근비 ρ	0.0040	0.0070	0.0100	0.0090	0.0060
소요철근량 A_s (mm^2)	374.60	655.55	936.50	842.85	561.90

$$\max A_s = \rho_{\max} bd = 0.0274 \times 1{,}000 \times 93.65 = 2{,}566.01 \text{ mm}^2$$

$f_{ck} = 28$ MPa < 31.36 MPa이므로, $\rho_{\min} = \dfrac{1.4}{f_y} = \dfrac{1.4}{350} = 0.004$

$$\min A_s = \rho_{\min} bd = 0.004 \times 1000 \times 93.65 = 374.60 \text{ mm}^2$$

(5) 주철근의 배근

위치	철근간격	사용철근량
A	절곡 $D13@250$ mm	As = 507 mm² > 374.60 mm²
B	절곡 $D13@250$ mm 직선 $D13@250$ mm	As = 1,013 mm² > 655.55 mm²
C	절곡 $D13@250$ mm 직선 $D13@250$ mm	As = 1,013 mm² > 936.50 mm²
D	절곡 $D13@250$ mm 절곡 $D13@250$ mm	As = 1,013 mm² > 842.85 mm²
E	절곡 $D13@250$ mm 직선 $D13@250$ mm	As = 1,013 mm² > 561.90 mm²

$A_s = 1{,}013 \text{ mm}^2 < \max A_s = 2{,}566.01 \text{ mm}^2$ *O.K.*

슬래브의 주철근의 간격은 최대 모멘트가 일어나는 단면에는 슬래브 두께의 2배 이하 ($2t = 260$ mm), 그리고 300 mm 이하로 하고, 기타의 단면에서는 슬래브 두께의 3배 이하 ($3t = 390$ mm), 400 mm 이하로 한다. 이상에서 계산된 철근을 다음 그림 8·7과 같이 배근한다.

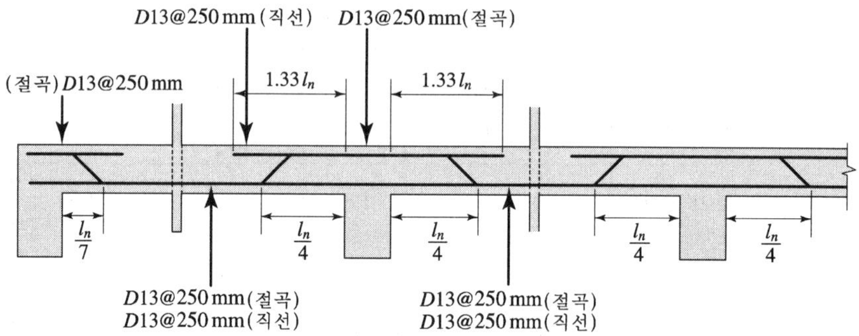

그림 8·7 예제의 철근 상세도

(6) 배력철근의 배근

배력철근의 최소량은 시방서에 의해 다음과 같이 규정한다.

$$0.002\,bt = 0.002 \times 1000 \times 130 = 260\ \text{mm}^2$$

또한 배력철근의 간격은 슬래브 두께의 5배(5×130 = 650 mm) 그리고 400 mm 이하로 해야 한다. 따라서, $D10$ 철근을 200 mm 간격으로 주철근에 직각방향으로 배치한다.

$$71 \times \frac{1,000}{200} = 355\ \text{mm}^2 > 260\ \text{mm}^2 \qquad O.K.$$

(7) 전단에 대한 검토

전단에 대하여 검토하면, 첫 내부 받침부의 전단력이 제일 크게 되며, 위험단면은 받침면으로부터 d 만큼 떨어진 지점이다. 그러므로 최대 전단강도는 다음과 같다.

$$V_u = 1.15\frac{w_u l_c}{2} - w_u d = 1.15 \times \frac{19,650 \times 3.5}{2} - 19,650 \times 0.09365$$

$$= 37,705.40\ \text{N} = 37.71\,\text{kN}$$

콘크리트가 부담할 수 있는 단면의 설계강도를 구하면,

$$\phi_v V_c = \phi_v \frac{1}{6}\sqrt{f_{ck}}b_{wd} = 0.8 \times \frac{1}{6} \times \sqrt{28} \times 1,000 \times 93.65 = 66,073.23\ \text{N} > \text{V}_\text{u}$$

$$= 37,705.40\ \text{N}$$

이므로 전단에 대하여 안전하다.

8·3 2방향 슬래브

8·3·1 설계개요

2 방향 슬래브는 그림 8·8(a)와 같이 4변에서 지지되어 서로 직교하는 2 방향으로 주철근을 배치한 슬래브이다. 따라서 하중이 슬래브에 작용할 때 변형은 양 방향의 접시모양으로 휘게 되고, 이것은 슬래브의 어느 점에서나 휨모멘트가 생긴다는 것을 뜻하고 이때 휨모멘트는 곡선에 비례하게 된다. 이와 같은 모멘트에 저항하기 위해서는 철근을 직각이 되는 2 방향으로 배근해야 한다.

슬래브는 각 방향으로 하중배분이 되도록 설계되어야 하는데, 가장 간단한 경우는 직사각형 콘크리트 슬래브가 4변이 모두 단순지지 된 경우로서 그림 8·8(a)에 표시되어 있다. 이와 같은 슬래브의 휨작용을 잘 나타내기 위해서는 2 방향으로 서로 교차하는 2폭의 띠로 이루어졌다고 생각하면 편리하다. 이때 하중은 양 띠로 분담되어 양변 지점으로 전달된다고 본다.

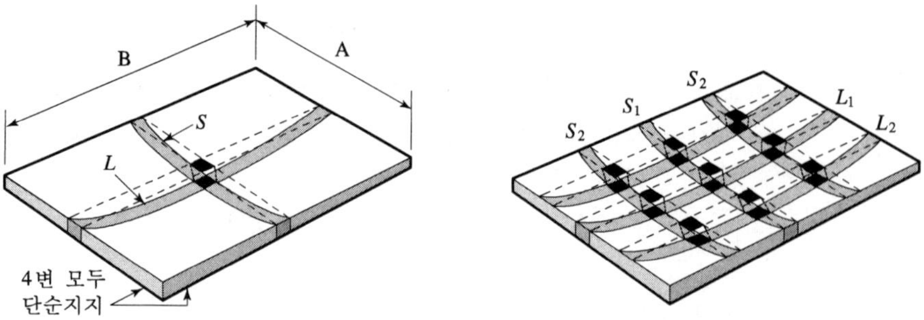

(a) 슬래브 중앙부 띠의 휨

(b) 슬래브의 격자모델

그림 8·8 4주변 단순지지의 2 방향 슬래브

그림 8·8(a)는 단변이 A, 장변이 B인 직사각형 슬래브 중에서 중앙부 띠를 나타낸 것으로 1 m^2당 슬래브에 w인 등분포하중이 작용하면 2개의 띠는 거의 각각 w에서 분담되는 등분포하중을 받는 단순보처럼 작용한다. 이 가상의 띠들은 실제로는 일체로 된 슬래브의 부분이므로 교차점에서의 처짐량은 같아야 한다. 단변띠와 장변띠의 중앙부 처짐은 같으므로

$$\frac{5w_s A^4}{384EI} = \frac{5w_l B^4}{384EI} \tag{8·15}$$

여기서, w_s는 단변방향으로 전달되는 w의 분담하중이고, w_l은 장변방향으로 전달되는 w의 분담하중이다. 따라서

$$\frac{w_s}{w_l} = \frac{B^4}{A^4} \tag{8·16}$$

$w_s + w_l = w$ 이므로 이를 식 (8·16)에 대입하면

$$w_s = \frac{B^4}{B^4 + A^4} \cdot w, \quad w_l = \frac{A^4}{B^4 + A^4} \cdot w \tag{8·17}$$

또, 집중하중 P가 그림 8·8(a)의 중앙에 작용할 때 단변 및 장변에 분담되는 하중 P_s 및 P_l는 위와 같은 방법에 의하여 다음 식으로 표시된다.

$$P_s = \frac{B^3}{B^3 + A^3} \cdot P, \quad P_l = \frac{A^3}{B^3 + A^3} \cdot P \tag{8·18}$$

즉, 등분포하중 w에 대하여

$B = 1.5A$ 일 때 $w_s = 0.835w,\ w_l = 0.165w$

$B = 2.0A$ 일 때 $w_s = 0.941w,\ w_l = 0.059w$

또 집중하중 P 에 대해서는

$$B = 1.5A \text{ 일 때} \quad P_s = 0.771P, \ P_l = 0.229P$$

$$B = 2.0A \text{ 일 때} \quad P_s = 0.886P, \ P_l = 0.111P$$

위와 같이 $B = 2.0A$일 때는 짧은 경간이 대부분의 하중을 분담하게 됨을 알 수 있다. 즉 장변이 단변의 두 배가 되므로, 슬래브에 작용되는 분포하중의 94.1%를 단변방향의 슬래브 띠가 받게 되고, 장변 방향의 슬래브 띠가 단지 5.9%의 하중을 받는다. 따라서 장변과 단변의 비가 2를 넘으면 1 방향 슬래브의 거동을 하므로, 단경간을 경간으로 하는 1 방향슬래브로 설계하여야 한다. 즉, 단경간(A)과 장경간(B)의 비가 다음과 같은 범위에 있을 때만 2 방향 슬래브로 되는 것이다.

$$\frac{1}{2} < \frac{A}{B} \leq 1.0 \tag{8·19}$$

8·3·2 주열대와 중간대

주열대(column strip)는 기둥 중심선을 기준으로 양쪽으로 0.25 l_2 와 0.25 l_1 중 작은 값을 한 쪽의 폭으로 하는 슬래브의 영역을 가리키며 보를 포함한다 (그림 8·9). 여기서 l_1 은 모멘트가 결정되는 방향의 받침부 중심간의 지간길이이고, l_2 는 l_1 과 직각방향의 받침부 중심간의 길이이다.

중간대(middle strip)는 두 주열대 사이의 슬래브 영역을 가리킨다. 패널(panel)은 그 주변이 기둥이나 보 또는 벽체의 중심선으로 구분되는 슬래브 부분을 말한다.

보가 슬래브와 일체로 되거나 완전한 합성구조로 되어 있을 때, 보의 단면은 보가 슬래브의 위 또는 아래로 내민 높이 중, 큰 높이만큼을 보의 양측으로 연장한 슬래브 부분을 포함한 것으로서, 보의 한 측으로 연장되는 거리는 슬래브 두께의 4배 이하로 하여야 한다.

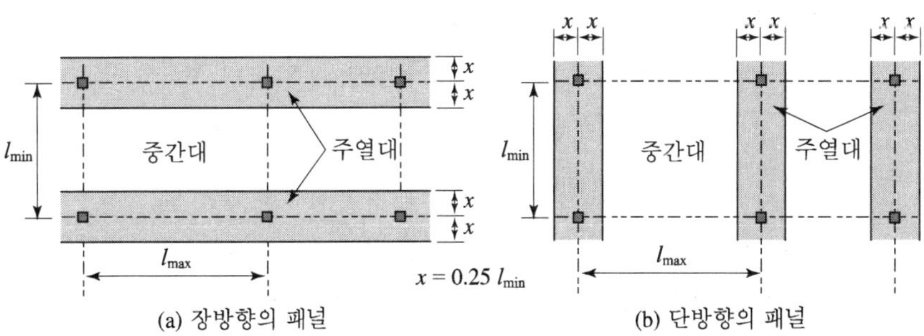

그림 8·9 주열대와 중간대

8·3·3 2방향 슬래브의 최소두께

2 방향 슬래브의 처짐을 조절하기 위하여 콘크리트 구조설계기준에는 최소슬래브 두께를 제시하고 있다. 2방향 슬래브는 처짐 계산이 복잡하고, 또한 과도한 처짐을 피하기 위하여, 시방서에서는 실험연구에 근거한 다음 식들을 제시하여 제한하고 있다.

① 테두리보를 제외하고 슬래브 주변에 보가 없거나 보의 강성비 $\alpha_m \leq 0.2$인 경우로서, 표 8·2의 값을 만족하고, 또한 다음 값 이상으로 하여야 한다.

ⓐ 지판(drop panels)이 없는 슬래브: 120 mm

ⓑ 지판(drop panels)이 있는 슬래브: 100 mm

표 8·2 내부에 보가 없는 슬래브의 최소 두께

설계기준항복강도 f_y (Mpa)	지판이 없는 경우			지판이 있는 경우		
	외부 슬래브		내부 슬래브	외부 슬래브		내부 슬래브
	테두리보가 없는 경우	테두리보가 있는 경우		테두리보가 없는 경우	테두리보가 있는 경우	
300	l_n / 32	l_n / 35	l_n / 35	l_n / 35	l_n / 39	l_n / 39
350	l_n / 31	l_n / 34	l_n / 34	l_n / 34	l_n / 37.5	l_n / 37.5
400	l_n / 30	l_n / 33	l_n / 33	l_n / 33	l_n / 36	l_n / 36

② 보로 지지 된 슬래브 $0.2 \leq \alpha_m \leq 2.0$: 보통 강성을 갖는 보로 지지 된 경우이며 다음 식 (8·20)의 값 이상으로 하되 120 mm 이상이어야 한다.

$$h = \frac{l_n(800 + f_y/1.4)}{36,000 + 5,000\beta(\alpha_m - 0.2)} \tag{8·20}$$

여기서, l_n = 2방향 슬래브의 장변의 순경간

$\alpha = E_{cb}I_b / E_{cs}I_s$= 슬래브 휨강성에 대한 보의 휨강성 비

α_m= 한 슬래브 주변의 모든 보의 α의 평균값

β = 단변 방향에 대한 장변 방향의 순경간 비

또한, E_{cb}는 보에서의 콘크리트 탄성계수이고, E_{cs}는 슬래브에서의 콘크리트 탄성계수, I_b는 도심축에 대한 보의 단면의 총 단면 2차모멘트, I_s는 슬래브 총 단면의 2차모멘트이다.

③ 보로 지지 된 슬래브 $\alpha_m>2.0$: 매우 큰 강성의 보로 지지 된 경우로 식 (8·21)의 값 이상으로 하되 90 mm 이상으로 하여야 한다.

$$h = \frac{l_n(800+f_y/1.4)}{36,000+9,000\beta} \tag{8·21}$$

8·3·4 2 방향 슬래브의 전단강도

2 방향 슬래브에서 슬래브는 휨모멘트와 전단력에 저항하기 위해 적당한 두께를 가져야 한다. 2 방향 슬래브의 전단강도를 결정하기 위해서는 다음의 각 경우가 고려되어야 한다.

1 전단강도 산정

보가 없는 2 방향 슬래브에서는 다음 두 종류의 전단응력이 조사되어야 하는데, 첫째는 1 방향 전단 혹은 보의 전단이다. 위험단면은 기둥내면에서 거리 d인 점에 위치하고, 슬래브는 보의 경우와 같이 지지점 사이를 경간으로 하는 폭이 넓은 보로 간주된다. 콘크리트 단면의 전단강도는 $\phi V_c = \phi(1/6\sqrt{f_{ck}}bd)$이다. 두 번째는 2 방향 전단 혹은 펀칭전단이다. 파괴는 기둥주위를 따라 원추형 혹은 피라미드형으로 발생한다. 위험단면은 기둥면, 기둥머리 혹은 드롭패널(그림 8·10)로부터 거리 d/2점에 위치한다. 만약 전단철근이 보강되지 않은 경우, 전단강도는 다음 세 값 중 제일 작은 값으로 취해야 한다.

$$V_c = 1/6\left(1+\frac{2}{\beta_c}\right)\sqrt{f_{ck}}\, b_o\, d \tag{8·24}$$

$$V_c = 1/6\left(1+\frac{\alpha_s d}{2b_o}\right)\sqrt{f_{ck}}\, b_o\, d \tag{8·25}$$

$$V_c - 1/3\sqrt{f_{ck}}\, b_o\, d \tag{8·26}$$

여기서, β_c =전단작용면에서 긴변(y)과 짧은변(x)의 비

b_o =위험단면의 둘레길이

α_s = 40 : 내부기둥

30 : 외부기둥

20 : 모서리기둥

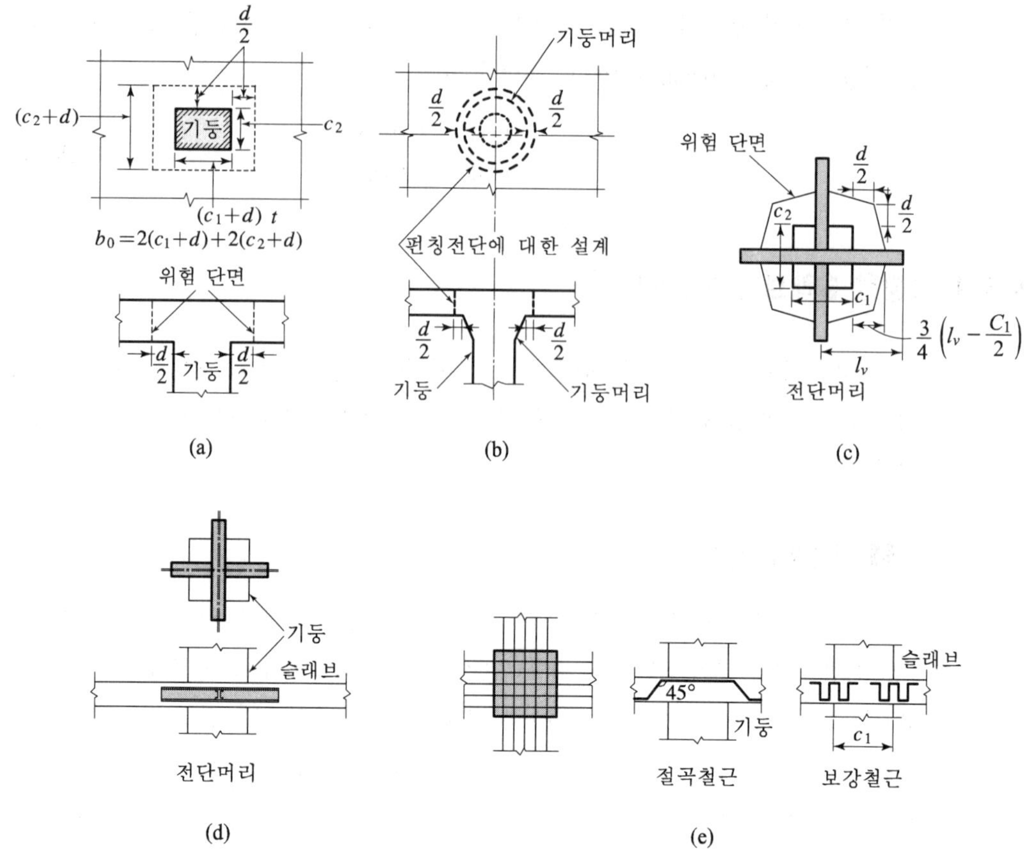

그림 8·10 편칭전단에 대한 위험단면

❷ 전단철근 배근

평슬래브 및 평판슬래브에서 선택된 슬래브의 두께가 작용 전단응력에 저항하지 못할 수도 있다. 이 경우 슬래브의 두께를 증가시키거나 전단철근이 보강되어야 한다. 콘크리트 구조설계기준에서는 슬래브의 전단보강 방법으로서 전단머리와 전단철근을 사용하는 방법을 규정하고 있다.

전단머리는 I형 또는 ㄷ형 강을 십자형으로 용접하여 기둥 위의 슬래브 속에 둔다(그림 8·10 (c), (d)). 전단머리의 설계는 상당히 큰 비틀림 모멘트와 휨모멘트가 슬래브와 기둥 사이에 전달되어야 하는 외부기둥에는 적용되지 않는다. 콘크리트 구조설계기준에서는 위험단면에서의 공칭전단강도 V_n은 $\frac{1}{3}\sqrt{f_{ck}}b_o d$를 초과할 수 없으나, 전단머리가 사용된 경우에는 V_n은 $0.59\sqrt{f_{ck}}b_o d$를 초과해서는 안된다고 규정하고 있다. 전단머리의 크기를 정하기 위해서 시방서는 다음의 한계조건을 제시하고 있다.

① 전단머리의 팔의 강성 $E_s I$ 와 폭이 $(C_1+\mathrm{d})$ 인 주위의 합성균열 슬래브단면의 강성비 α_v는 0.15 이상으로 하여야 한다.

② 구조강의 압축플랜지는 슬래브의 압축면 0.3d 내에 위치하여야 한다.

③ 전단머리의 깊이는 구조강의 복부두께의 70배 이하로 해야한다.

④ 전단머리 각 부재에 필요한 소성모멘트강도 M_p는 다음 식으로 구해야 한다.

$$\phi M_p = \frac{V_u}{2\eta}\left[h_v + \alpha_v\left(l_v - \frac{c_1}{2}\right)\right] \tag{8·27}$$

여기서, ϕ는 휨에 대한 강도감소계수(0.85)이고, V_u는 기둥면 주변의 계수 전단력, η는 부재의 수, h_v는 전단머리의 두께, l_v는 기둥중심선으로부터 측정된 전단머리 길이이다.

⑤ 그림 8·10(c)에 나타난 바와 같이 전단에 대한 슬래브의 위험단면은 슬래브의 평면에 직각이어야 하고, 기둥면에서 전단머리의 팔끝까지 거리 $[l_v-(c_1/2)]$의 3/4에 위치에서 각 전단머리와 교차해야 하다. 위험단면은 그 둘레길이 b_p가 최소가 되도록 위치시켜야 한다. 기둥의 면에서 d/2보다 가까이 위치시킬 필요는 없다.

⑥ 전단머리는 다음 식으로 구하는 저항모멘트 M_v만큼 각 슬래브 주열대에 기여한다고 가정해도 좋다.

$$M_v = \frac{\phi}{2\eta}\alpha_v V_u\left(l_v - \frac{c_1}{2}\right) \tag{8·28}$$

그러나 이 값은 주열대에 필요한 총 극한 모멘트의 30% 혹은 길이 l_v 상에서의 주열대에서의 모멘트 변화량 혹은 식 (8·27)에 주어진 M_p보다 커서는 안된다.

콘크리트 구조설계기준에서는 전단철근에 대해서 규정하고 있다. 이 철근은 기둥의 윗부분에 배치되는데, 그 배근도는 그림 8·10(e)에 나타나 있다. 전단 철근으로 사용할 때, 공칭전단강도는 다음 식과 같이 나타낼 수 있다.

$$V_n = V_c + V_s = 1/6\sqrt{f_{ck}}\, b_o d + \frac{A_v f_y d}{s} \tag{8·29}$$

여기서, A_v는 간격 s내의 스터럽 철근의 총면적이고, b_p는 기둥면으로부터 거리 d/2에 위치한 2 방향 전단의 위험단면의 길이이다. 공칭전단강도 V_n은 $1.6\sqrt{f_{ck}}\, b_0\, d$를 초과해서는 안된다.

8·3·4 직접설계법에 의한 2방향 슬래브의 설계

직접설계법은 등분포하중을 받는 2 방향 슬래브의 설계모멘트를 결정하기 위한 근사적인 방법이다.

1 직접설계법의 제한사항

직접설계법을 사용하여 슬래브 구조를 설계하려면 다음 사항을 만족하여야 한다.

① 각 방향으로 3지간 이상이 연속되어야 한다.

② 패널은 짧은 지간에 대한 긴 지간의 비가 2 이하인 직사각형 단면이어야 한다.

③ 각 방향으로 연속되는 지간길이는 긴 지간길이의 1/3 이상 차이가 있어서는 안된다.

④ 기둥들을 어느 측에 대해서도 연속되는 기둥의 중심선으로부터 지간길이의 10% 이상 벗어날 수 없다.

⑤ 모든 하중은 연직하중으로서 패널 전체에 걸쳐 균일하게 분포하는 것으로 간주한다. 활하중은 사하중의 3배 이하이어야 한다.

⑥ 보가 모든 연단에서 패널을 지지할 경우, $(\alpha_1\ l_2^2)/(\alpha_2\ l_1^2)$에 의한 서로 직교하는 보의 상대강성이 0.2 이상 5.0 이하이어야 한다.

⑦ 연속 휨부재의 모멘트재분배는 직접설계법으로 설계하는 슬래브 구조에서는 적용할 수 없다.

2 전체 정적 계수모멘트

등분포하중(w)을 받는 단순지지보의 최대 휨모멘트는 $wl^2/8$이고, 이는 지간의 중앙에서 발생한다. 그리고, 양단 고정보이거나 양단에서 같은 크기의 부 모멘트를 받는 연속보의 경우에는 그림 8·11과 같이 총모멘트가 지간의 중앙에서의 정모멘트와 지지점에서의 부모멘트의 합인 $wl_n^2/8$이다. 또한, AB보가 l_1에 수직한 폭이 l_2인 슬래브로부터 하중 w를 받는다면, $w=w_u l_2$이고 총모멘트는 $(w_u l_2) l_1{}^2/8$이 된다. 이때 실제 모멘트의 크기는 l_1이 지지점 A와 B 사이인 순경간인 경우이다. 순경간을 l_n으로 표시하면 식 (8·34)와 같이 나타낼 수 있다.

$$M_0 = \frac{w_u\, l_2\, l_n^2}{8} \tag{8·34}$$

여기서, M_0는 정적계수모멘트이고, w_u는 단위면적당 극한하중, l_n은 모멘트가 결정되는 방향의 받침부 내면간의 순경간 길이이다.

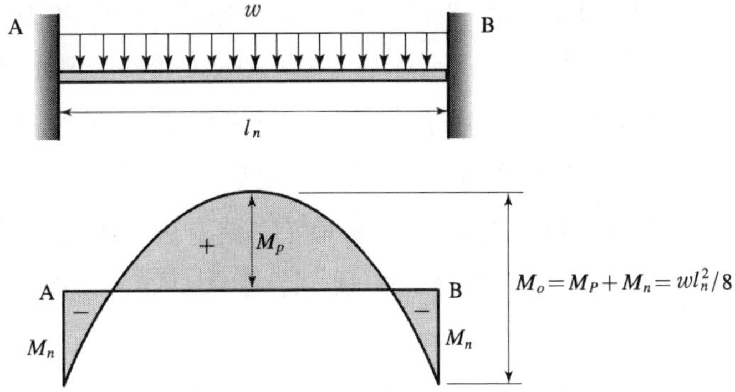

그림 8·11 양단고정단 보에서의 휨모멘트

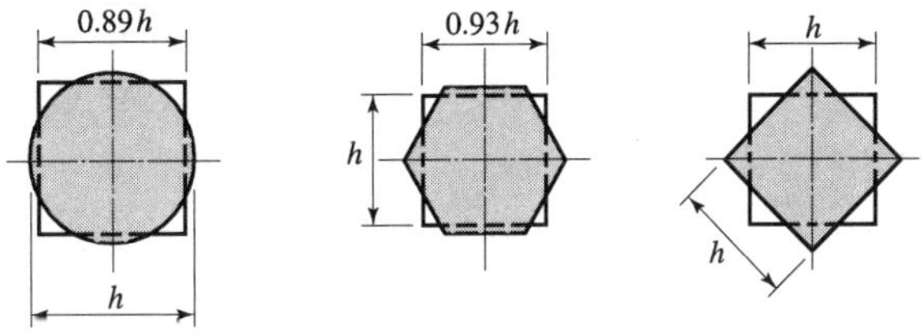

그림 8·12 등가 4각형단면의 해

지지부 중심선 양측 패널의 횡지간이 다를 경우 식 (8·31)의 l_2는 이들 횡지간의 평균값으로 하고, 단에 인접하고 평행한 지간을 고려할 경우에는 l_2는 단에서 패널 중심선까지의 거리로 하여야 한다.

순경간 l_n은 기둥, 기둥머리, 브래킷 또는 벽체 등의 내면 사이의 거리이다. 식 (8·31)에서 사용되는 l_n 값은 0.65 l_1 이상이어야 한다. 원형이나 정다각형모양의 지지부는 그림 8·12와 같이, 동일한 단면적을 갖는 정사각형 지지부로 환산하여 취급하여야 한다.

❸ 부 및 정모멘트의 분배

부모멘트는 직사각형 지지부의 전면에 위치시켜야 한다. 원형 또는 정다각형지지부는 동일한 단면적을 갖는 정사각형 지지부로 환산하여 취급해야 한다. 내부지간에서는 정역학적 계수모멘트는 다음과 같이 분배하여야 한다.

부계수모멘트 0.65

정계수모멘트 0.35

단지산에서는 정역학적 계수모멘트를 단부의 구속상태에 따라 표 8·3과 같이 분배하여야 한다. 그림 8·13은 총 정적 모멘트의 정 및 부 모멘트의 분포를 나타낸 것이다.

불균형 모멘트를 인접한 부재의 강성에 따라 분배되도록 해석하지 않는다면 부모멘트 단면은 두 인접 부재의 단부의 부모멘트 중 큰 값에 저항하도록 설계해야 하고, 외단의 부모멘트 중 슬래브의 단부 또는 단부보가 저항하는 모멘트 분담률만큼 비틀림에 대해서도 설계해야 한다. 또한, 슬래브와 단부 기둥 사이의 모멘트 전달을 위하여 주열대의 공칭모멘트 강도는 연직하중에 대한 전달모멘트로 사용해야 한다.

표 8·3 단부 경간에서의 정 및 부계수 휨모멘트의 분배율

구 분	(1)	(2)	(3)	(4)	(5)
	외단이 구속되지 않는 경우	모든 지지부 사이에 보가 있는 경우	내 부지지부 사이에 보가 없는 경우		외단이 완전히 구속된 경우
			단부보가 없는 경우	단부보가 있는 경우	
내단의 부계수모멘트	0.75	0.70	0.70	0.70	0.65
정계수모멘트	0.63	0.57	0.52	0.50	0.35
외단의 부계수모멘트	0	0.16	0.26	0.30	0.65

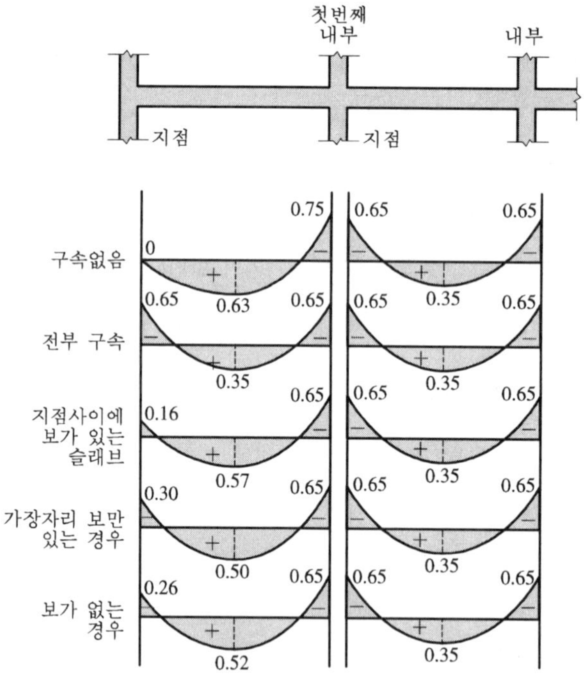

그림 8·13 총 정적 모멘트의 정 및 부계수모멘트의 분포

4 주열대와 중간대의 계수모멘트

주열대는 내단과 외단부계수모멘트에 저항하도록 설계할 때 사용되는 분담율을 나타낸다(표 8·4, 표 8·5). 분담율 값 사이에서는 직선보간법을 적용해야 한다.

표 8·4 내단 부모멘트에 대한 주열대의 분담율

l_2 / l_1	0.5	1.0	2.0
$(a_1\ l_2 / l_1) = 0$	75	75	75
$(a_1\ l_2 / l_1) \geq 1.0$	90	75	45

표 8·5 외단 부모멘트에 대한 주열대의 분담율

l_2 / l_1		0.5	1.0	2.0
$(a_1\ l_2 / l_1) = 0$	$\beta_t = 0$	100	100	100
	$\beta_t \geq 0$	75	75	75
$(a_1\ l_2 / l_1) \geq 1.0$	$\beta_t = 0$	100	75	45
	$\beta_t \geq 2.5$	90	75	45

여기서 β_t는 받침부 중심간의 보 지간길이와 같은 슬래브폭의 휨 강성에 대한 단부 보 단면의 비틀림강성의 비로 다음과 같다.

$$\beta_t = \frac{E_{cb}\,C}{2E_{cs}\,I_s} \tag{8·32}$$

여기서 E_{cb}와 E_{cs}는 보 콘크리트와 슬래브콘크리트의 탄성계수이고, C는 비틀림 특성을 정의하는 계수, I_s는 슬래브 총 단면의 중심축에 대한 단면 2차 모멘트이다.

외단 지지부가 M_0 계산에 사용되는 지간길이 l_2의 3/4 이상이 연장된 기둥이나 벽체의 경우에는 외단 부모멘트는 l_2상에 균등하게 분포된다고 생각해야 한다. 주열대는 표 8·6와 같은 분담률(%)의 정모멘트에 저항하도록 설계해야 한다.

표 8·6 정모멘트에 대한 주열대의 분담율

l_2 / l_1	0.5	1.0	2.0
$(a_1\ l_2 / l_1) = 0$	60	60	60
$(a_1\ l_2 / l_1) \geq 1.0$	90	75	45

지지부 사이에 보를 가진 슬래브의 경우에 주열대 내의 슬래브 부분은 주열대 모멘트 중 보가 부담하지 않는 일부의 주열대 모멘트에 대해 견디도록 설계해야 한다.

중간대의 모멘트에 대한 구조설계기준의 규정사항은 다음과 같다. 주열대가 부담하지 않은 부 및 정모멘트는 해당 1/2중간대에 비례하여 할당해야 하고, 각 중간대는 2개의 1/2 중간대에 할당된 모멘트의 합에 견디도록 설계해야 한다. 그리고, 벽체로 지지되는 단부에 인접하고 평행한 중간대는 첫 번째 내부지지부의 1/2중간대에 할당된 모멘트의 2배를 저항하도록 설계해야 한다.

5 보의 설계모멘트

$(a_1 l_2 / l_1)$의 값이 1.0 이상인 경우에는 지지부 사이의 보는 주열대 휨모멘트의 85 %를 견디도록 설계해야 하고, $(a_1 l_2 / l_1)$의 값이 1.0과 0 사이인 경우에는 주열대 모멘트 중에서 보가 견딜 모멘트의 분담율은 85 %와 0 % 사이를 직선보간법에 의해서 구해야 한다.

등분포하중에 대해 계산된 모멘트에 추가해서 보는 슬래브의 위 또는 아래로 내민 보의 복부부분의 무게를 포함한 보에 직접 작용하는 집중하중이나 선형분포하중에 의해 발생하는 모든 모멘트에 견디도록 설계해야 한다.

6 보를 가진 슬래브의 설계전단력

① $a_1 \ l_2 / l_1$값이 1.0 이상인 보는 패널의 네 모서리에서 변과 45°의 각을 이루는 선과 긴 변에 평행한 패널 중심선이 이루는 분담면적에 작용하는 설계하중에 의한 전단력에 견디도록 설계해야 한다.

② $a_1 \ l_2 / l_1$값이 1.0보다 작은 경우의 보는 $a = 0$일 때 보가 하중을 받지 않는다고 가정하여 직선보간법에 의해 구한 전단력에 저항하도록 설계해야 한다.

③ 위에서 산정된 전단력에 추가하여, 보는 그 위에 직접 작용하는 설계하중에 의해 생긴 전단력에 견디도록 설계해야 한다.

④ 슬래브의 전단강도는 하중이 상기 (1), (2)항의 규정에 따라 보에 분배된다는 가정하에 구해도 좋다. 또한 슬래브는 패널에 일어나는 총전단력에 저항하도록 설계해야 한다.

7 기둥에서의 설계모멘트

직접설계법으로 등가골조를 해석할 때, 인접 패널의 불균형 하중에 의한 기둥에서의 모멘트는 콘크리트 설계기준에 다음과 같이 규정되어진다.

$$M_u = 0.07[(w_d+0.5w_l)l_2 l_n^2 - w_d' l_2' l_n^2] \tag{8·33}$$

만약 수정강성도 K_{ec}와 α_{ec}를 사용하면, 모멘트 M_u는 다음과 같이 계산된다.

$$M_u = \frac{0.08[(w_d+0.5w_l)l_2 l_n^2 - w_d' l_2' l_n^2]}{(1+1/\alpha_{ec})} \tag{8·34}$$

여기서, w_d,와 w_l은 긴 지간에서 극한 사하중과 활하중이고, w_d'는 짧은 지간에서 극한 사하중이며, l_n과 l_n'은 긴 지간과 짧은 지간의 길이이다.

$$\alpha_{ec} = \frac{K_{ec}}{\sum(K_s+K_b)} \tag{8·35}$$

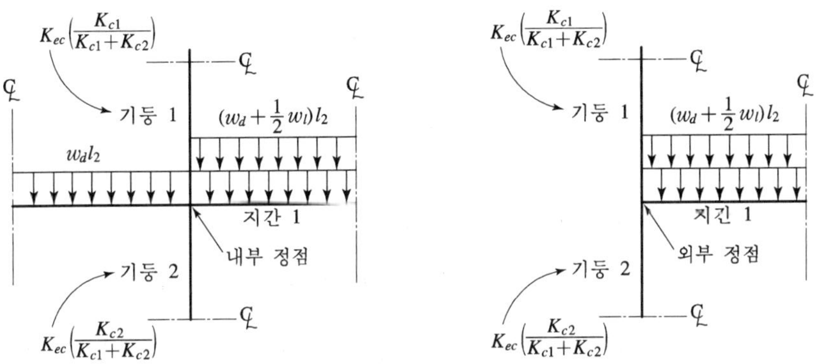

그림 8·14 기둥의 강성과 하중재하

식 (8·35)의 모멘트는 슬래브 상하 기둥의 휨강성에 비례하여 분포시켜야 한다. 지간이 같을 때, 즉 $l_2 = l_2'$이고, $l_n = l_n'$ 일 때

$$M_u = 0.07(0.5w_l l_2 l_n^2) \tag{8·36}$$

$$M_u = \frac{0.08(0.5w_l l_2 l_n^2)}{(1+1/\alpha_{ec})} \tag{8·37}$$

위 식은 활하중의 반은 긴 지간에만 작용하고 사하중은 양지간에 같이 작용한다는 가정을 토대로 유도된 것이다. 식에서 짧은 지간의 길이를 0으로 놓으면 외부기둥에도 적용할 수 있다.

8 기둥에 전달되는 불균형 모멘트

a. 모멘트의 전달

풍하중, 지진, 혹은 불평형 연직하중과 같은 횡하중이 슬래브와 기둥의 연결부에 작용하게 되면 슬래브와 접합부 양쪽에서 불균형 모멘트가 발생하게 된다. 이 불균형 모멘트의 일부는 휨에 의해 기둥에 전달되어야 하고, 나머지는 펀칭전단에 대한 위험단면에 작용하는 수직전단에 의해 전달되어야 한다. 접합점에서 기둥의 양끝으로 전달된 모멘트의 약 60%는 휨에 의해 전달되고, 나머지 40%는 기둥면으로부터 거리 d / 2점에 위치한 단면에서 전단의 편심(또는 비틀림)에 의해 전달된다. 콘크리트 구조설계기준에서는, 슬래브와 기둥의 접합부에서 휨에 의해 전달되는 불균형 모멘트를 다음과 같이 규정하고 있다.

$$M_f = \gamma_f M_u \tag{8·38}$$

$$\gamma_f = \frac{1}{1+\frac{2}{3}\sqrt{\frac{c_1+d}{c_2+d}}} \tag{8·39}$$

또한 전단에 의해 전달되는 모멘트는 다음과 같다.

$$M_v = (1-\gamma_f)M_u = M_u - M_f \tag{8·40}$$

여기서, c_1과 c_2는 사각형 혹은 등가 사각형 기둥의 두 변의 길이이다. $c_1 = c_2$일 때 $M_f = 0.6M_u$, $M_v = 0.4M_u$ 로 된다.

b. 기둥 위의 철근의 집중

모멘트가 기둥으로 직접 전달되기 위해서는 기둥 위의 규정된 폭내에 주열대 철근의 일부를 집중시키거나 또는 추가 배근할 필요가 있다. 모멘트가 전달되는 슬래브의 유효폭은 기둥 또는 기둥머리의 전면 양측으로 슬래브 또는 드롭패널 두께의 1.5배 밖으로 나단선 사이에 잇는 슬래브 구간 폭으로 생각된다.

c. M_v에 의한 전단응력

불균형 모멘트 M_v에 의해 발생되는 전단응력은 수직하중으로 인한 전단력 V_u에 의해 발생되는 전단응력과 조합되어야 한다. 그림 8·15와 같이 전단응력은 기둥면으로부터 거리 d/2점에 위치한 평면의 주변에 작용한다고 가정된다. 전단응력을 계산하기 위한 식은

$$v_{1,2} = \frac{V_u}{A_c} \pm \frac{M_v C}{J_c} \tag{8·41}$$

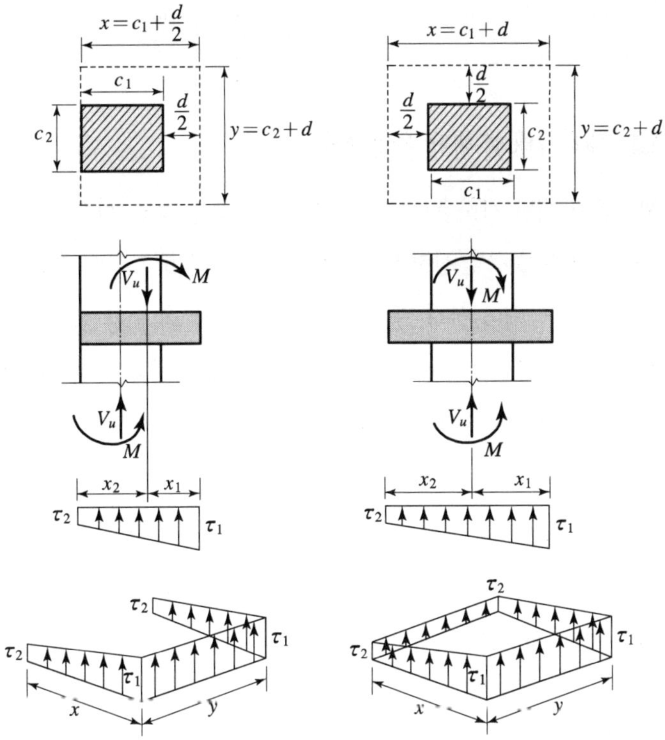

그림 8·15 Vn과 M에 의한 전단응력

여기서 A_c는 기둥주위의 임계단면의 면적이고, J_c은 위험단면의 도심축에 대한 단부면적의 극관성 2차 모멘트와 작용모멘트와 평행한 면적의 극관성 2차 모멘트의 합이다.

내부기둥에서는

$$A_c = 2d(x+y) \tag{8·42}$$

$$J_c = \frac{d}{2}\left(\frac{x^3}{3} + x^2 y\right) + \frac{xd^2}{6} \tag{8·43}$$

외부기둥에서는

$$A_c = d(2x+y) \tag{8·44}$$

$$J_c = \frac{2}{3}dx^3 - (2x+y)dx_1^2 + \frac{xd^3}{6} \tag{8·45}$$

여기서 x, x_1과 y는 그림에서 나타낸 바와 같다. 최대전단응력은 식 (8·46)과 같으며, $\phi(1.1\sqrt{f_{ck}})$ 보다 작아야 하며, 그렇지 않으면 전단철근은 보강되어야 한다.

$$v_1 = \frac{V_u}{A_c} + \frac{M_v c}{J_c} \tag{8·46}$$

9 재하형태에 대한 특별규정

활하중에 대한 사하중의 비 β_a가 2보다 작을 경우, 다음 중 한 가지 조건을 만족시켜야 한다. 첫째 슬래브 상하기둥의 휨강성의 합이 비 α_c가 표 8·7에 규정된 최소값 $\alpha_{\min}$ 이상이 되도록 해야 한다. 둘째, 슬래브 상하기둥의 휨강성의 합의 비 α_c가 표 8·7에 규정된 $\alpha_{\min}$ 보다 작은 경우, 이들 기둥에 의해 지지되는 패널의 정모멘트는 식 (8·47)에서 구한 계수 δ_s를 곱해야 한다.

$$\delta_s = 1 + \frac{2-\beta_a}{4+\beta_a}\left(1-\frac{\alpha_c}{\alpha_{\min}}\right) \tag{8·47}$$

여기서, α_c는 단위면적당 활하중에 대한 사하중의 비로서, 두 하중 모두 하중계수를 곱하지 않은 하중이다.

표 8·7 $\alpha_{\min}$값

β_a	형상비	보의 상대강성				
	l_2 / l_1	0	0.5	1.0	2.0	4.0
2.0	0.5 ~ 2.0	0	0	0	0	0
1.0	0.5	0.6	0	0	0	0
	0.8	0.7	0	0	0	0
	1.0	0.7	0.1	0	0	0
	1.25	0.8	0.4	0	0	0
	2.0	1.2	0.5	0.2	0	0
0.5	0.5	1.3	0.3	0	0	0
	0.8	1.5	0.5	0.2	0	0
	1.0	1.6	0.6	0.2	0	0
	1.25	1.9	1.0	0.5	0	0
	2.0	4.9	1.6	0.8	0.3	0
0.33	0.5	1.8	0.5	0.1	0	0
	0.8	2.0	0.9	0.3	0	0
	1.0	2.3	0.9	0.4	0	0
	1.25	2.8	1.5	0.8	0.2	0
	2.0	13.0	2.6	1.2	0.5	0.3

8·3·5 등가골조법에 의한 설계 및 해석

1 일반사항

① 등가골조법에 의해 슬래브 구조를 설계할 때는 아래의 2부터 6까지의 가정에 근거해야 하며, 이로부터 구한 모멘트와 전단력을 이용하여 슬래브 및 이를 지지하는 부재의 모든 단면을 설계해야 한다.

② 강재로 된 기둥머리가 사용되는 경우, 모멘트와 전단력에 대해 저항하는 이들 강재 기둥머리의 강성기여도를 고려하여도 좋다.

③ 직접적 응력에 의한 기둥과 슬래브의 길이 변화와 전단에 의한 처짐은 무시해도 좋다.

2 등가골조

① 구조물은 종횡 2 방향으로 취해진 기둥선상의 등가골조들로 구성된다고 생각하여야 한다.

② 각 골조는 일렬로 된 기둥 또는 받침부와 슬래브－부재로 구성되고, 이 슬래브－보 부재는 기둥 또는 받침부의 중심선을 기준으로 양측 패널의 중심선에 의해서 구분된다.

③ 기둥이나 받침부는 모멘트가 결정되는 지간방향에 횡방향인 비틀림부재에 의해 슬래브－보에 연결되어 있다고 가정해야 하며, 이 비틀림부재는 기둥의 양측으로 패널중심선까지 횡방향으로 연장되는 것으로 가정한다.

④ 단부에 인접하고 평행한 골조는 단부와 인접한 패널의 중심선에 의해 구분된다.

⑤ 각각의 등가골조는 전체적으로 해석할 수도 있고, 연직하중에 대해서는 각 바닥과 지붕(슬래브－보)은 상하 기둥의 먼쪽 단부가 고정된 것으로 하여 따로따로 해석해도 좋다.

⑥ 슬래브－보를 별도로 해석하는 경우, 어느 한 지점에서의 휨모멘트는 그 지점에서 두 지간 이상 슬래브가 연속된 경우에는 이 두 패널밖에 있는 슬래브－보들의 지점은 고정된 것으로 가정해도 좋다.

3 슬래브－보

① 연결부 혹은 기둥머리 밖의 어떤 단면에서나 슬래브－보의 단면 2차모멘트는 콘크리트의 총단면적에 대하여 계산해도 좋다.

② 슬래브－보의 축을 따라 단면 2차모멘트가 변화하는 것을 설계에 고려하여야 한다.

③ 기둥중심에서 기둥, 브래킷 또는 기둥머리의 전면까지의 슬래브-보의 단면 2차 모멘트는 기둥, 브래킷 또는 기둥머리의 전면에서의 슬래브-보의 단면 2차모멘트를 $(1-c_2/l_2)^2$으로 나눈 값과 같다고 가정해야 한다. 여기서, c_2와 l_2는 모멘트가 결정되는 방향에 직각방향으로 측정한 값들이다.

4 기 둥

① 연결부 혹은 기둥머리밖의 어떤 단면에서나 기둥의 단면 2차모멘트는 콘크리트의 총단면적에 의해 계산해도 좋다.

② 기둥의 축을 따라 단면 2차모멘트가 변화하는 것을 설계에 고려해야 한다.

③ 연결부에서 슬래브-보의 상면과 하면까지의 기둥의 단면 2차 모멘트는 무한대로 가정해야 한다.

5 비틀림부재

① 비틀림 부재들은 전 길이에 걸쳐서 일정한 단면을 갖는다고 가정해야 한다. 이 단면은 다음 중 큰 값을 택한다.

ⓐ 모멘트가 고려되는 지간방향의 기둥, 브래킷 또는 기둥머리의 폭과 같은 폭의 슬래브 부분

ⓑ 일체로 된 구조물이나 합성구조물일 경우, (가)에서 규정된 슬래브 부분에 슬래브 상하의 횡방향보를 더한 부분

ⓒ 횡방향보

② 비틀림부재의 강성 K_t는 다음 식에 의해 구해야 한다.

$$K_t = \Sigma \frac{9E_{cs}C}{l_2\left(1-\frac{c_2}{l_2}\right)^3} \tag{8·48}$$

여기서, c_2와 l_2는 기둥 양측의 횡지간 방향으로 측정된 값들이다.

③ 식 (8·48)의 상수 C는 단면을 하나하나의 직사각형 부분으로 나눈 후 다음과 같이 그 합을 구하여 평가해도 좋다.

$$C = \Sigma\left(1-0.63\frac{x}{y}\right)\frac{x^3y}{3} \tag{8·49}$$

④ 모멘트가 결정되는 지간방향으로 보가 기둥에 연결되어 있는 경우, 식 (8·48)에 의해 구한 K_t의 값에 보가 없는 슬래브만의 단면 2차모멘트에 대한 보를 포함한 슬래브의

단면 2차 모멘트의 비를 곱해야 한다.

6 활하중의 배열

① 하중의 재하형태를 알고 있는 경우, 등가골조는 그 하중에 대하여 해석되어야 한다.

② 활하중이 변하지만 사하중의 3/4을 초과하지 않는 경우, 또는 활하중이 모든 패널에 동시에 작용하는 것과 같은 경우에는, 모든 단면에서의 최대설계모멘트는 전체 슬래브 구조에 전설계활하중이 작용할 때 일어나는 것으로 가정하여도 좋다.

③ 위의 ②에 규정된 이외의 하중조건인 경우, 패널중앙부근에서의 최대정설계모멘트는 전설계활하중의 3/4이 인접 두 패널에만 작용할 때 일어난다고 가정해도 좋다.

④ 어느 경우에나 설계모멘트는 전설계활하중이 모든 패널에 작용할 때 일어나는 모멘트값 이상이라야 한다.

7 설계모멘트

① 내부지지부에서 부설계모멘트에 대한 주열대와 중간대의 위험단면은 직선형의 지지부의 전면에서 취해야 한다. 그러나, 그 위치는 기둥의 중심에서 0.175 l_2 이내라야 한다.

② 브래킷이나 기둥머리를 갖는 외부지지부에서는 단부에 직각방향의 부설계모멘트에 대한 위험단면은 지지부재의 전면에서 브래킷과 기둥머리가 내민길이의 1/2이내에 있어야 한다.

③ 원형이나 정다각형으로 된 지지부재는 부설계모멘트에 대한 위험단면을 위하여 같은 단면적을 갖는 정사각형 지지부재로 취급해야 한다.

④ 직접설계법의 제한조건 내에 포함되는 슬래브 구조를 등가골조법에 의해 설계할 경우, 계산결과 구한 해석모멘트는 설계에 사용되는 정모멘트와 평균부모멘트의 절대값의 합이 식 (8·31)으로부터 구한 값을 초과하지 않는 비율로 해석모멘트를 감소시켜도 좋다.

⑤ 각 골조의 슬래브-보의 위험단면에서의 모멘트는, 직접설계법의 제한사항중 ⑥항의 요구조건을 만족시킨다면, 주열대, 보 및 중간대에 분배해도 좋다.

8·3·6 철근의 배근상세

2 방향 슬래브 구조의 각 방향으로의 철근량은 위험단면에서의 모멘트로부터 결정되어야 한다. 위험단면에서의 철근의 간격은 격막(cellular) 혹은 리브(rib)를 갖는 슬래브나 워플슬래브를 제외하고는 슬래브 두께의 2배 이하 또는 300 mm 이하 이어야 한다.

1 철근의 정착 및 배근

철근의 정착 및 배근은 시방서에서 규정한 다음사항을 따라야 한다.

① 단지간에서 불연속단에 수직한 모든 정철근은 슬래브의 연단으로 연장되어 직선 또는 갈고리로 15 cm 이상의 길이를 단부보, 기둥 또는 벽체에 묻어야 한다.

② 불연속단에 수직한 모든 부철근은 지지부의 전면에서 정착되도록 단부보, 기둥 또는 벽체에서 구부리거나 갈고리로 하거나, 그렇지 못하면 정착시켜야 한다.

③ 슬래브가 불연속단에서 단부보 또는 벽체에 의해 지지되지 않거나 슬래브가 지지부를 지나 내민보(cantilever) 형태의 경우에는 철근은 슬래브 내에 정착시켜도 좋다.

④ α값이 1.0보다 큰 보에 지지된 슬래브 내에서는 모서리부분의 슬래브 상하단에 다음과 같은 특별한 철근을 두어야 한다.

ⓐ 슬래브 상하에 두는 이러한 특별한 철근은 슬래브 단위폭당 최대정모멘트와 같은 크기의 모멘트에 견딜만큼 충분해야 한다.

ⓑ 모멘트의 방향은 슬래브 상부에서는 모서리에서 그은 대각선에 평행하고, 슬래브의 하부에서는 이 대각선에 수직인 것으로 가정한다.

ⓒ 이 특별한 철근은 모서리에서부터 각 방향으로 긴 지간의 1/5 길이만큼 배근되어야 한다.

ⓓ 슬래브의 상부 또는 하부 어느 쪽에서든 철근은 모멘트방향으로 1개조로 배치해도 좋고, 또는 슬래브의 양측 면에 나란하게 2개조로 배치해도 좋다.

⑤ 평 슬래브의 기둥 위의 부철근량을 감소시키기 위해 드롭패널을 사용하는 경우에 드롭패널의 크기는 다음 규정을 따라야 한다.

ⓐ 이러한 드롭패널은 지지부 중심간 지간길이의 1/6 이상을 각 방향으로 연장시켜야 한다.

ⓑ 슬래브 아래의 드롭패널의 두께는 드롭패널이 없는 부분의 슬래브 두께의 1/4이상이라야 한다.

ⓒ 슬래브의 철근량을 결정할 때에는, 슬래브 아래의 드롭패널의 두께가 드롭패널의 단 과 기둥 또는 기둥머리단 사이의 거리의 1/4 이하로 가정해야 한다.

2 보가 없는 슬래브의 철근세목

위의 규정에 추가하여, 보가 없는 슬래브내의 철근은 그림과 같이 최소량의 연장길이를 가져야 한다.

① 인접한 지간길이가 서로 다를 경우, 그림 8·16에 보인 바와 같이 부철근의 연장길이는 지지부면 안으로 연장하되, 긴 지간 길이에 대한 규정에 따라야 한다.

② 절곡철근은 슬래브의 높이－지간비가 45° 이하의 절곡을 허용하는 경우에만 사용할 수 있다.

③ 횡방향으로 지지되지 않은 골조구조에서의 슬래브의 경우, 철근의 길이는 해석에 의해 결정하되 그림 8·16에 규정된 값보다 작아서는 안된다.

④ 각 방향의 주열대 하부 철근 중 적어도 2개는 지점에서 A급 이음으로 연속적으로 이음되거나, 또는 지지부재내에 정착되어야 한다. 이들 철근들은 기둥 위를 통과시켜야 하고 기둥의 심부에 배근해야 한다.

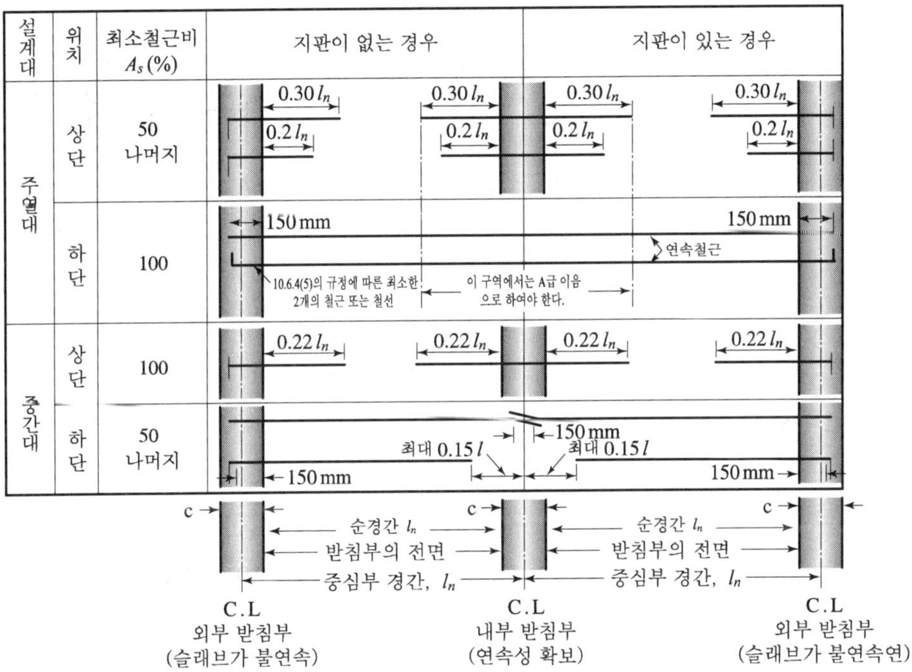

그림 8·16 보가 없는 슬래브에서의 배근상세

예제 8·2

보와 일체로 된 2 방향 슬래브가 500 mm 정사각형 기둥에 그림 8·17과 같이 지지되어 있다. 2 방향 슬래브의 최소 슬래브 두께를 결정하여라. 단, f_{ck} =21 MPa, f_y =420 MPa이다.

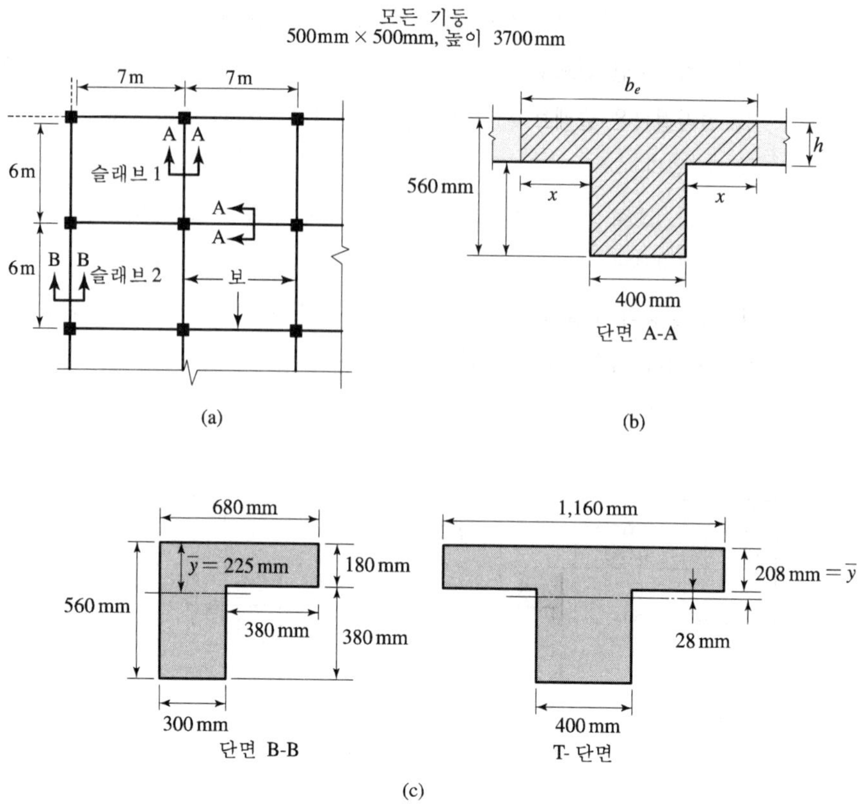

그림 8·17 예제 8·2

풀이

(1) 보의 총단면 2차모멘트 계산

보의 총단면 2차모멘트(I_b)는 그림 8·17(b)와 같이 보의 양쪽으로 $x = y$ 만큼 확장된 T형단면에 대해 계산된다. 그러나 슬래브 두께의 4배를 초과해서는 안된다.

h =180 mm로 가정하면

$y = 560 - 180 = 380 \text{ cm} < 4 \times 180 = 720 \text{ mm}$

따라서, $b_e = 400 + 2 \times 380 = 1,160 \text{mm}$

그에 따른 T단면은 그림 8·17(c)와 같다.

단면의 도심은 플랜지의 상단에서 모멘트를 취하여 결정한다.

플랜지 면적 : $180 \times 1160 = 208,800 \text{ mm}^2$

복부의 면적 : $400 \times 380 = 152,000 \text{ mm}^2$

총면적 : 360800 mm^2

$(208,800 \times 90) + 152,000 \times (180 + 190) = 360,800\ \bar{y}$

$\bar{y} = 208 \text{ mm}$

$$I_b = \left[\frac{1,160}{12} \times 180^3 + (208,800 \times 118^2)\right] + \left[\frac{400 \times (380)^2}{12} + 152,000 \times (190-28)^2\right]$$

$$= 9,289,250,000\,\text{mm}^4$$

(2) 장지간 슬래브의 2차 모멘트 계산

$$I_s = bt^3/12 = \frac{(6 \times 1000) \times (180)^3}{12} = 291,600,0000\,\text{mm}^4$$

$$\alpha_l(\text{장지간}) = \frac{EI_b}{EI_s} = \frac{9,289,250,000}{2,916,000,000} = 3.19$$

(3) 단지간 슬래브의 2차 모멘트 계산

$$I_s = bt^3/12 = \frac{(7 \times 1000) \times (180)^3}{12} = 3,402,000,000\,\text{mm}^4$$

$$\alpha_l(\text{단지간}) = \frac{EI_b}{EI_s} = \frac{9,289,250,000}{3,402,000,000} = 2.73$$

(4) α_m, β, β_s 계산

$$\alpha_m = \frac{\alpha_l + \alpha_\varepsilon}{2} = \frac{3.19 + 2.73}{2} = 2.96$$

$$\beta = \frac{6.5}{5.5} = 1.18$$

$$\beta_s = \frac{\text{연속변길이}}{\text{총주변길이}} = 1.0$$

(5) $h_{\min}$ 결정

$l_n = 6,500$ mm이므로,

$\alpha_m \geq 2.0$인 경우 다음 식의 값 이상으로 해야하며, 또한 90mm 이상으로 해야한다.

$$h = \frac{l_n\left(800 + \frac{f_y}{1.4}\right)}{36,000 + 9,000\beta}$$

$$= \frac{6,500\left(800 + \frac{420}{1.4}\right)}{36,000 + 9,000 \times 1.18} = 153.36\text{mm}$$

위 식에서 구한 최소 소요두께를 적어도 10% 이상 증대시켜야 한다.

따라서 소요두께 $t = 180$ mm.

예제 8·3

그림 8·18과 같은 평판 슬래브의 내부 패널을 직접설계법을 이용하여 설계하여라. 슬래브는 각 방향으로 7,000×6,000 mm인 4개의 패널로 구성되어 있고 모든 패널은 단면이 500×500 mm이고 길이가 3m인 기둥에 의해 지지된다. 여기서, 슬래브는 등분포 활하중 3.0 kN/m^{2}과 자중을 제외한 등분포 고정하중 1.2 kN/m^{2}을 받고 있다. 단, f_{ck}=28 MPa, f_y=400 MPa이다.

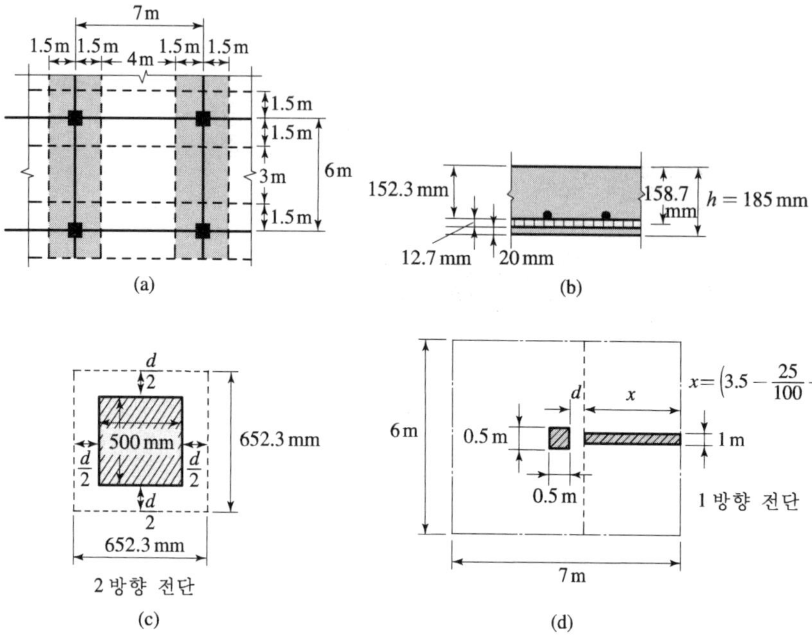

그림 8·18 예제 8·3

풀이

(1) 최소 슬래브두께

보가 사용되지 않을 때 $\alpha_m = 0$ 이다.

장지간의 순경간 l_n = 7000 − 500 = 6500 mm

단지간의 순경간 l_n = 6000 − 500 = 5500 mm

$$h = \frac{l_n}{33} = \frac{6500}{33} = 197\text{mm}$$

따라서 슬래브의 두께 h=200 mm를 사용한다.

(2) 계수하중

슬래브의 자중

슬래브의 자중 $= wgh = 2500 \times 9.81 \times 0.2 = 4905\,\text{N/m}^2 = 4.905\,\text{kN/m}^2$

$w_d = 2500 \times 9.81 \times 0.2 = 950\,\text{N/m}^2 = 4.950\,\text{kN/m}^2$

따라서 계수하중 W_u는 다음과 같다.

$$\begin{aligned} w_u &= 1.4w_d + 1.7w_l \\ &= 1.4 \times 5.950 + 1.7 \times 3 \\ &= 13.37\,\text{kN/m}^2 \end{aligned}$$

(3) 2방향전단에 대한 검토

① 기둥면에서 거리 $d/2$의 펀칭전단을 검토한다(2 방향 적용).

$$V_u = 13.37 \times (6 \times 7 - 0.6673^2) = 555.6\,\text{N} = 0.5556\,\text{kN}$$

전단보강 철근을 배치하지 않을 경우, 전단강도 V_c는 아래의 세식에 의한 값 중에서 가장 작은 값으로 해야한다.

$$\beta_c = \frac{\text{기둥의 긴 변}}{\text{기둥의 짧은 변}} = \frac{500}{500} = 1$$

$$b_0 = 4 \times 0.6673 = 2.669\,\text{m}$$

$\alpha_s = 40$ (내부 기둥임으로)

$$\begin{aligned} V_c &= \frac{1}{6}\left(\frac{1+2}{\beta_c}\right)\sqrt{f_{ck}}\,b_o d \\ &= \frac{1}{6}\left(1+\frac{2}{1}\right) \times \sqrt{28} \times 2.669 \times 0.1673 \\ &= 1.181\,\text{MN} \end{aligned}$$

$$\begin{aligned} V_c &= \frac{1}{6}\left(1+\frac{\alpha_s d}{2b_0}\right)\sqrt{f_{ck}}\,b_0 d \\ &= \frac{1}{6}\left(1+\frac{40 \times 0.1673}{2 \times 2.669}\right) \times \sqrt{28} \times 2.669 \times 0.1673 \\ &= 0.8875\,\text{MN} \end{aligned}$$

$$\begin{aligned} V_c &= \frac{1}{3}\sqrt{f_{ck}}\,b_0 d \\ &= \frac{1}{3}\sqrt{28} \times 2.669 \times 0.1673 \\ &= 0.7876\,\text{MN} \end{aligned}$$

$$V_c = 0.7876\,\text{MN}$$

$$\phi V_c = 0.080 \times 0.7876 = 0.6301\,\text{MN} > 0.5556\,\text{MN} = V_u$$

적합하다.

(4) 2방향 전단에 대한 검토

콘크리트의 최소피복두께가 20 mm이고, 휨철근으로 D13을 사용한다면, 평균유효깊이 d는 다음과 같다.

$$d = 20 - 2 - 1.27 = 167.3\text{mm}$$

1방향전단은 기둥으로부터 d만큼 떨어진 단면에서 폭 1m에 대해 검토한다. 그리고 이때 최소철근비 규정은 적용되지 않는다.

$$V_u = 13.37 \times 3.083 \times 1 = 41.22\text{ MN} = 0.04122\text{ MN}$$

$$\phi V_c = \phi \frac{1}{6}\sqrt{f_{ck}}\, b_w d$$

$$= 0.80 \times \frac{1}{6}\sqrt{28} \times 1 \times 0.1673$$

$$= 0.1180\text{ MN} > 0.04122\text{ MN}$$

적합하다.

(5) 전체정적계수휨모멘트와 정 및 부 계수휨모멘트

장경간에 대한 전체정적계수휨모멘트 M_{OL}과 내부경간일 경우에 대해 M_{OL}이 분배된 부계수휨모멘트 M_{on}, 정계수휨모멘트 M_{op}는 다음과 같다.

$$M_{OL} = \frac{(w_u l_2) l_n^2}{8} = \frac{13.37 \times 6 \times 6.5^2}{8} = 423.7\text{ kN}\cdot\text{m} = 0.4237\text{ MN}\cdot\text{m}$$

$$M_{on} = -0.65\, M_{OL} = -0.65 \times 0.4237 = -0.2754\text{ MN}\cdot\text{m}$$

$$M_{op} = 0.35 M_{OL} = 0.35 \times 0.4237 = 0.1483\text{ MN}\cdot\text{m}$$

단경간에 대한 전체정적계수휨모멘트 M_{os}와 부계수휨모멘트 M_{on}, 정계수휨모멘트 M_{op}는 다음과 같이 구해진다.

$$M_{OL} = \frac{(w_u l_2) l_n^2}{8} = \frac{13.37 \times 6 \times 6.5^2}{8} = 423.7\text{ kN}\cdot\text{m} = 0.4237\text{MN}\cdot\text{m}$$

$$M_{on} = -0.65 M_{OL} = -0.65 \times 0.4237 = -0.2754\text{ MN}\cdot\text{m}$$

$$M_{op} = 0.35 M_{OL} = 0.35 \times 0.4237 = 0.1483\text{ MN}\cdot\text{m}$$

(6) 소요 철근량 산정

장경간 방향으로 배치되는 철근을 단경간 방향으로 배치되는 철근의 아래에 두기로 하면, 장경간 방향에 대한 유효깊이 d_L과 단경간 방향에 대한 유효깊이 d_S는 다음과 같이 구해진다. 이대 철근은 D13을 사용하는 것으로 가정하였다.

$$d_L = 200 - 20 - \frac{12.7}{2} = 173.7\text{ mm}$$

$$d_S = 200 - 20 - 12.7 - \frac{12.7}{2} = 161.0\text{ mm}$$

소요철근을 구하는 과정은 다음 표에 나타내었다.

아래 표 8·7에서 R은 휨 저항계수이며, 이식을 이용하여 철근비 ρ를 구하였다.

$$R = f_{ck}\, q(1-0.59q)$$

여기서 $q = \rho \times \dfrac{f_y}{f_{ck}}$ 이다.

표 8·8 내부 평판 패널의 설계

	긴 변 방향 M_o = 0.4237 MN · m $M_n = -0.65\ M_o = -2754$ MN · m $M_p = +0.35\ M_o = 0.1483$ MN · m				짧은 변 방향 M_o = 3539 MN · m $M_n = -0.65\ M_o = -0.230$ MN · m $M_p = +0.35\ M_o = 0.1239$ MN · m			
	주열대		중간대		주열대		중간대	
	(−)	(+)	(−)	(+)	(−)	(+)	(−)	(+)
모멘트 분배(%)	75	60	25	40	75	60	25	40
M_u(MN · m)	-0.2066	0.08898	-0.06885	0.05932	-0.1725	0.07434	-0.0575	0.04956
대의 폭 b(mm)	3000	3000	3000	3000	3000	3000	4000	4000
유효높이 d(mm)	173.7	173.7	173.7	173.7	161.0	161.0	161.0	161.0
$R_u = \dfrac{M_u}{bd^2}$ (MPa)	2.685	1.157	0.8949	0.7710	2.610	1.125	0.6524	0.5623
철근비 ρ	0.00714	0.00297	0.00228	0.00196	0.00693	0.00288	0.00165	0.00142
$A_s = \rho bd(\text{mm}^2)$	3721	1548	1188	1021	3347	1391	1063	914.5
최소철근량 $A_s = 0.002\, bt(\text{mm}^2)$	1200	1200	1200	1200	1200	1200	1600	1600
철근선택	30D13	13D13	10D13	10D13	27D13	12D13	14D13	14D13

예제 8·4

예제 8·3의 외부 패널을 직접설계법을 이용하여 설계하여라. 모서리를 따라 보가 사용되지 않는다(그림 8·19 참고).

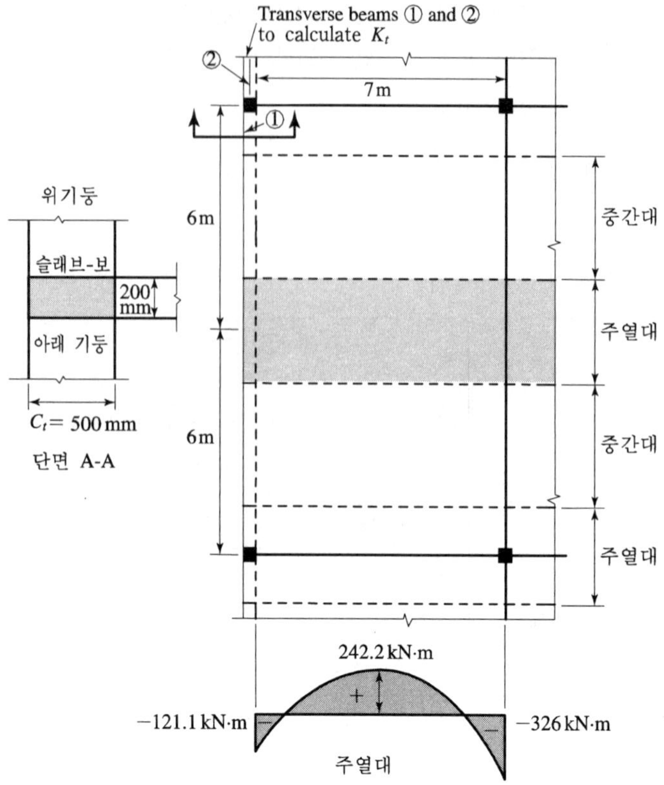

그림 8·19 예제 8·4

풀이

(1) 슬래브 두께를 결정

보가 사용되지 않으므로 $\alpha_m = 0$

$\beta_s = \dfrac{2\times7+6}{2\times7+2\times6} = 0.77$(판의 총 주변 길이에 대한 연속 변의 길이 비)

장지간의 순경간 = 7−50/100 = 6.5 m

단지간의 순경간 = 6−50/100 = 5.5 m

$$\beta = \frac{6.5}{5.5} = 1.18$$

$$h = \frac{l_n(800+f_y/1.4)}{36{,}000+5{,}000\beta[\alpha_m-0.5(1-\beta_s)(1+1/\beta)]}$$

$$= \frac{(6.5\times1000)\times(800+280/1.4)}{36{,}000+(5{,}000\times1.18)[0-0.5(1-0.77)(1+1/1.18)]}$$

$$= 186.8\ \text{mm}$$

$$h = \frac{l_n(800+f_y/1.4)}{36{,}000+5{,}000\beta(1+\beta_s)}$$

$$= \frac{(6.5\times1000)\times(800+280/1.4)}{36,000+(5,000\times1.18)\times(1+0.77)}$$

$$= 139.8 \text{ mm}$$

그러나 이 값은 아래보다 클 필요는 없다.

$$h = \frac{l_n(800+f_y/1.4)}{36,000} = \frac{(6.5\times1000)\times(800+280/1.4)}{36,000} = 180.3 \text{ cm}$$

$h_{min} = 130\text{mm}$ (콘크리트 구조설계기준 6.4.4(2))

시방서에서는 단부보가 없고 $\alpha<0.8$일 때 계산된 슬래브 두께는 10% 증가되어야 한다고 명시하였다. 그러므로 슬래브의 두께는 $h=1.1\times180.3=198.3≒200$ mm이다.

(2) 설계(극한)하중을 계산

$$w_d = 0.12 + \text{슬래브 자중} = 1200+0.2\times25000 = 6200 \text{ Pa}$$

$$w_u = 1.5\times6200+1.8\times3000 = 14700 \text{ Pa}$$

(3) 내부 지지점에서 펀칭 전단을 검토

콘크리트 덮개가 2 cm이고 $D13$ 철근을 가정할 때 평균 유효 높이는

$$d = 200 - 20 - 12.7 = 167.3 \text{ mm}$$

$$b_p = 4\times(500+167.3) = 2,670 \text{ mm}$$

$$V_u = \left[l_1\cdot l_2 - \left(\frac{66.73}{100}\times\frac{66.73}{100}\right)\right]\cdot w_u$$

$$= (7\times6-0.45)\times14700 = 610,785 \text{ N}$$

$$\phi V_c = \phi1.1\sqrt{f_{ck}}\,b_p d = 0.8\times(1.1/3)\sqrt{21}\times2670\times167.3 = 600451.96 \text{ N}$$

$V_u > \phi V_c$이므로 앞의 예제와 같은 방법으로 전단철근으로 보강될 수 있다.

$$V_n = \frac{1}{\phi}V_u = \frac{1}{0.8}\times610,785 = 763,481.3 \text{ kgf}$$

$$0.5\sqrt{f_{ck}}b_p d = 0.5\times\sqrt{21}\times2670\times167.3 = 1,023,497.66 \text{ N}$$

$$\therefore V_n < 0.5\sqrt{f_{ck}}\,b_p d$$

따라서 전난철근이 사용될 수 있으므로 식 (8·30)에서

$$V_c = \frac{1}{3}\sqrt{f_{ck}}\,b_p d = \frac{1}{3}\sqrt{21}\times2670\times167.3 = 682,331.77 \text{ N}$$

그러므로 전단철근이 부담해야 할 전단력은

$$V_s = V_n - V_c = 763,481.3-682,331.77 = 81,149.53 \text{ N}$$

그런데 기둥의 한 변에서 철근이 부담해야 할 전단력

$$V_s' = \frac{1}{4}\times81,149.53 = 20,287.38 \text{ N}$$

이므로 기둥폭 50 cm 내에 배근되어야 할 전단철근의 소요단면적은

$$A_u = \frac{V_s \cdot s}{f_y d} = \frac{20,287.38 \times 500}{280 \times 167.3} = 216.54\ \text{mm}^2$$

따라서 2-D16($A_s = 397.2\ \text{mm}^2$)의 철근을 기둥폭 500 mm 내에 등간격으로 양방향에 집중 배치시켜야 한다(그림 8·13 참조). 또한, 기둥면에서 거리 d의 보의 전단을 검토한다(1 방향 작용). 평균 d=167.3mm인, 100mm의 설계폭을 생각한다(그림 8·21). 설계폭의 길이는

$x = 3.5 - 25/100 - 16.73/100 = 3.08$ m

$V_u = w_u(1 \times 3.08) = 14,700 \times 1 \times 3.08 = 45,276$ N

$$\phi V_c = \phi(\frac{1}{6}\sqrt{f_{ck}})bd = 0.8 \times \frac{1}{6}\sqrt{21} \times 1000 \times 167.3 = 102,221.99\ \text{N}$$

이 값은 V_u=45,276 N보다 크다. 일반적인 하중조건에서는, 1 방향 전단은 설계에 있어 문제가 되지 않는다.

(4) 긴 방향과 짧은 방향에서 총 정적 모멘트를 계산

긴 방향 : $M_{ol} = \dfrac{w_u \cdot l_2 \cdot l_{n1}^2}{8} = \dfrac{14700}{8} \times 6 \times 6.5^2 = 465,806.25\ \text{N} \cdot \text{m}$

짧은 방향 : $M_{os} = \dfrac{w_u \cdot l_1 \cdot l_{n2}^2}{8} = \dfrac{14,700}{8} \times 7 \times 5.5^2 = 389,090.63\ \text{N} \cdot \text{m}$

양 방향에서 1/2 주열대의 폭 = $0.25 l_2 = 0.25 \times 6 = 1.5$ m

긴 방향과 짧은 방향에서 중간대의 폭은 3m와 4m이다. 짧은 방향의 철근이 긴 방향 철근의 위에 설치된다고 가정하면

d(긴방향) = 200 − 20 − 12.7/2 = 173.7 mm

d(짧은방향) = 200 − 20 − 12.7 − 12.7/2 = 161.0 mm

(5) 긴 방향 l_1=7m에서 설계모멘트를 계산한다. 주열대와 중간대에서 총 정적모멘트 M_{ol}=465,806.25 N · m의 종방향 분포는 다음과 같다.

① 주열대

내단지지부의 부모멘트= −0.525 M_o = −0.525×465,806.25 = −243,383.77 N · m

정모멘트= 0.312 M_o = 0.312×465,806.25 = 145,331.55 N · m

외단지지부의 부모멘트= −0.26Mo = −0.26×465,806.25 = −121,109.63 N · m

② 중간대

내단지지부의 부모멘트= −0.175Mo = −0.175×465,806.25 = −81,516 N · m

정모멘트= 0.208Mo = 0.208×465,806 = 96,887.7 N · m

외단지지부의 부모멘트= 0

(6) 긴 방향에 필요한 철근을 결정하는데 단계 5에서 계산된 모멘트가 사용된다.

주열대의 폭 = 중간대의 폭 = 300 mm

양대에 대한 유효 깊이 = 173.7 mm

철근량은 앞 예제의 경우와 같이 결정되고 그 결과가 표 8·9에 주어져 있다. 중간대에서 최대 간격=3000/12=250 mm로서 $3h$= 600 mm 또는 400 mm 보다 작다.

표 8·9 외부 평판 패널의 설계(긴 방향)

	주열대			중간대		
	외측	중앙부	내측	외측	중앙부	내측
M_u(kN · m)	−121.11	145.33	−243.4	0	96.89	−81.52
$R_u=\frac{M_u}{bd^2}$(MPa)	1.34	1.61	2.70	0	1.07	0.9
철근비 ρ	0.0049	0.0060	0.0106	0	0.0039	0.0033
$A_s=\rho bd(\text{mm}^2)$	2,553	3,127	5,524	0	2,032	1,720
최소철근량 $A_s=0.002bh(\text{mm}^2)$	1200	1200	1200	1200	1200	1200
철근선택	14D16	16D16	30D16	10D13	18D13	14D13

(7) 짧은 방향 l_2=6000 mm에서의 설계모멘트를 계산한다.

패널은 양방향으로 연속이고 따라서 예제 8·3과 비슷한 방법으로 계산된다.

M_{os}=389,090.63 N · m

M_n = −0.65Mo = −0.65×389,090.63 = −252,908.91 N · m

M_p = +0.35Mo = +0.35×389,090.63 = +136,181.72 N · m

주열대의 부의 모멘트 = −0.49 M_o = −190,654.41 N · m

주열대 정의 모멘트 = +0.21 M_o = +81,709.03 N · m

중간대 부의 모멘트 = −0.16 M_o = −62,254.5 N · m

중간대 정의 모멘트 = +0.14 M_o = +54,472.69 N · m

총 부의 모멘트 = −190,654.41−62,254.5 = −252,908.91 N · m = M_nn

총 정의 모멘트 = 81,709.03+54,472.69 = 136,181.72 N · m = M_p

(8) 짧은 방향에 필요한 철근을 결정한다.

주열대의 폭 = 3000 mm

중간대의 폭 = 4000 mm

절곡철근과 직선철근을 사용한 자세한 결과들이 표 8·10에 주어져 있다. 직선철근이 간단하여

이 예제에서 채택될 수 있다.

표 8·10 평판 패널의 설계(짧은 방향)

	주열대		중간대	
M_u(kPa · m)	−190.65	81.71	−62.25	54.47
$R_u = \frac{M_u}{bd^2}$(MPa)	2.45	1.05	0.6	0.53
철근비 ρ	0.0095	0.0039	0.0022	0.0019
$A_s = \rho bd$(mm^2)	4,589	1,884	1,419	1,224
최소철근량 $A_s = 0.002\,bh$(mm^2)	1200	1200	1600	1600
철근선택	24D16	16D13	12D13	11D13

연습문제

8·1 경간이 4m인 1 방향 연속 슬래브가 있다. 슬래브 자중을 포함해서 $w_u = 36\,\text{kPa}$가 작용한다. D−19 철근을 120 mm 간격으로 배치하기로 한다면 두께는 얼마로 해야 하는가? 강도설계법으로 구하여라. 단, $f_{ck} = 30\ \text{MPa}$, $f_y = 410\ \text{MPa}$이다.

8·2 그림과 같이 보와 일체된 1 방향 슬래브가 있다. 이 슬래브에 활하중 7 kPa가 작용한다. 슬래브 자중을 포함시켜 강도설계법에 의해 1 방향 슬래브를 설계하여라. 단, $f_{ck} = 28\ \text{MPa}$, $f_y = 400\ \text{MPa}$, 슬래브의 단위중량은 $w_c = 260\ \text{MPa}$이다.

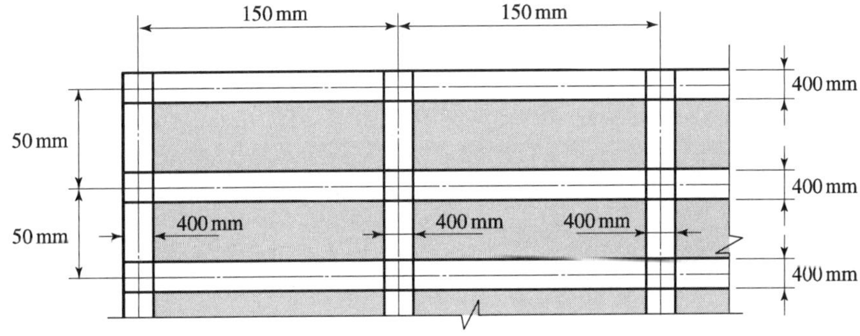

그림 8·20

8·3 자중을 포함한 극한하중 $w_u = 36\,\text{kPa}$을 받는 1 방향 단순 슬래브를 설계하여라. 이때 지간은 4 m이고, $f_{ck} = 28\ \text{MPa}$, $f_y = 400\ \text{MPa}$ 이다.

8·4 두께가 360 mm인 1 방향 슬래브가 사용하중에 의한 모멘트 $M = 74\,\text{kN}\cdot\text{m}$을 받을 경우, 필요로 하는 철근량을 구하여라. 단, $f_{ck} = 28\ \text{MPa}$, $f_y = 400\ \text{MPa}$이다.

8·5 중심간격이 4.4 m인 보와 일체로 된 그림과 같은 1 방향 슬래브를 강도설계법으로 설계하여라. 단, 슬래브 자중을 포함한 고정하중은 5 kPa, 활하중은 8 kPa이고, $f_{ck} = 28\ \text{MPa}$, $f_y = 400\ \text{MPa}$ 이다.

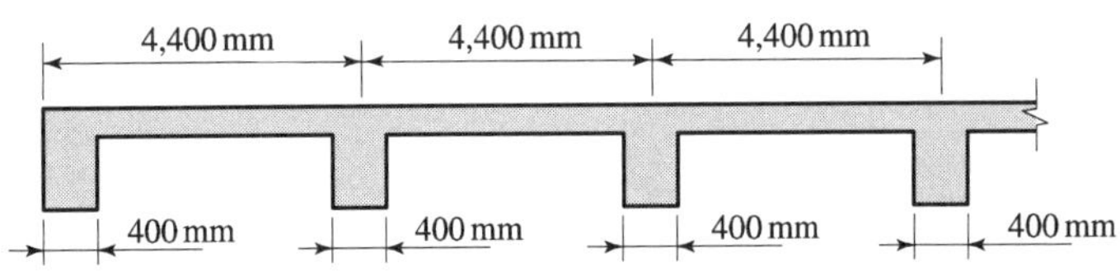

그림 8·20

9장 기초판

9·1 서 론

빌딩, 교량, 기타 구조물에 의한 하중은 기초(foundation)를 통하여 지반에 전달되어야 한다. 지반이 지지할 수 있는 지지력은 기둥 및 벽의 압축응력보다 훨씬 작기 때문에, 기초는 지반의 파괴나 과도한 변형을 방지하기 위하여 지반에 직접적으로 가해지는 압력을 감소시키기 위하여 사용된다. 즉, 기초는 구조물이 침하되는 일이 없이 안전하게 지지될 수 있도록 상부구조물의 하중을 지반에 전달시키기 위하여 설치하는 구조물이다. 그러므로 상부구조물로부터 전달된 하중에 의하여 기초 저면에 발생되는 응력은 기조 지반의 허용지지력을 초과하지 말아야 하며 또한 과다한 침하나 부등침하, 전도, 활동 등이 발생되지 말아야 한다.

9·2 기초의 형태

기초 형태의 선택은 다음의 인자들에 의해 영향을 받는다:

a. 현장의 다양한 지반 층의 강도와 압축성

b. 전달되는 하중의 크기

c. 지하수위의 위치

d. 지하층의 필요성

e. 인접한 구조물 기초의 근입깊이

기초의 형태는 대부분 그림 9·1에서와 같이 분류할 수 있다.

1 독립기초(isolated spreading footings)

그림 9·1(a)~(c)와 같이 하나의 기둥이나 받침대를 지지하는 기초를 말하며 주로 정사각형 또는 직사각형으로 만들고 때로는 원형으로 할 수도 있다. 주로 기초 사이의 거리가 길 때 사용하면 경제적이다.

2 벽식 확대기초 (wall footings)

그림 9·1(d)와 같이 벽으로부터 전달되는 모든 하중은 벽의 방향에 수직한 단일 곡률로 휘는 길고 좁은 기초로 지지된다. 따라서 벽의 확대기초는 벽의 길이에 따라 연속적으로 만들어진다. 벽의 확대기초는 휨이 1방향으로 일어나므로 폭이 1m인 1방향 슬래브로 보고 설계한다.

3 복합 또는 연결 확대기초 (cmombined footings)

그림 9·1(e)와 같이 2개 이상의 기둥을 지지하는 기초를 말한다. 이 기초는 인접 기둥 사이의 거리가 상대적으로 적어 두 기초가 겹칠 때 사용한다. 또는 토지의 경계선 또는 기타 제약으로 인하여 외측 기둥의 확대기초를 대칭으로 만들 수 없을 때 사용한다.

어떤 경우에서라도 연결 확대기초의 도심은 두 기둥하중의 합력의 작용선에 일치해야 한다. 연결확대기초는 기둥하중으로 인한 기초 지반의 상향압력을 외력으로 하는 보로 보고 설계한다.

4 캔티레버 또는 스트랩기초 (cantilever or strap footings)

그림 9·1(f)와 같이 각각의 독립 확대기초를 보로 연결시킨 구조를 캔티레버기초 또는 스트랩기초라 한다. 이 기초도 연결확대기초의 일종이라 할 수 있다. 따라서 외부와 내부 기둥을 위한 기초가 독립적으로 만들어졌다는 것을 제외하고는 연결확대기초와 유사하다. 이 기초는 토지 경계선 부근에서는 이외의 다른 기초보다 경제적이다.

캔틸레버 확대기초는 2개의 독립 확대기초를 연결보로 연결한 것으로 보고 설계한다. 외측기초는 벽의 확대기초로 보고 설계하는데, 이는 외측기둥이 외측 기초의 끝에 위치함으로써 불균등분포의 기초저면의 압력을 연결보에 의하여 균등분포로 되게 하는 것이다. 내측기초는 독립 확대기초로 보고 설계한다. 연결보의 존재로 인하여 펀칭전단이 일어나지 않는 점이 일반 독립기초와 다른 점이다.

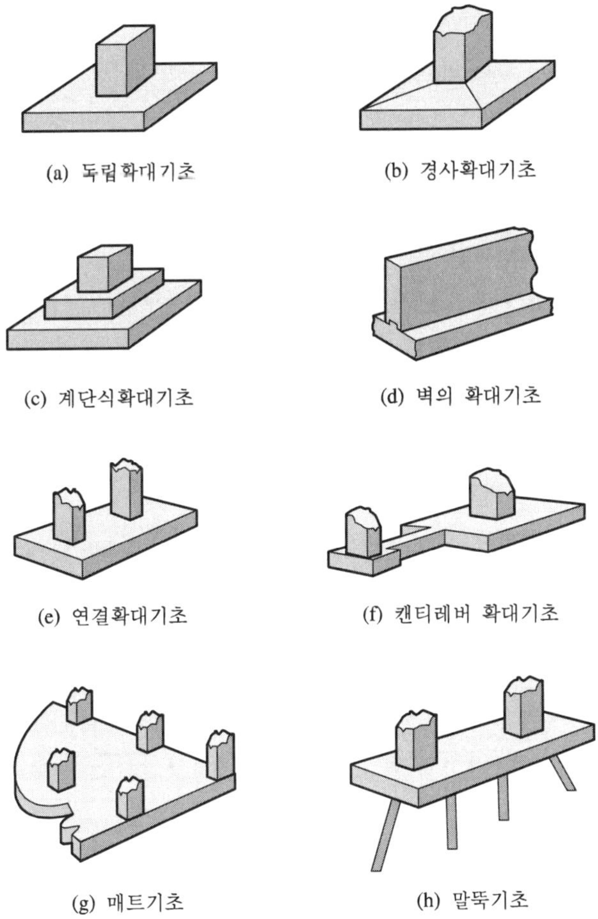

(a) 독립확대기초 (b) 경사확대기초

(c) 계단식확대기초 (d) 벽의 확대기초

(e) 연결확대기초 (f) 캔티레버 확대기초

(g) 매트기초 (h) 말뚝기초

그림 9·1 기초의 형태

연결보는 외측기초의 벽의 확대기초로부터 전달되는 상향압력을 받는다. 따라서 연결보는 외측기둥 밑에서 상향의 지지력 분포하중을 받고, 각 기둥 중심선에서 하향반력을 받는 단순보로 보고 설계한다.

5 **전면기초** (mat footings)

그림 9·1(g)와 같이 구조물의 모든 기둥을 하나의 넓고 연속적으로 지지하는 기초를 말한다. 이 기초는 지반의 상태가 약하지만 파일(pile)을 사용할 수 없을 때 사용된다.

6 **말뚝기초** (pile footings or Pile cap)

그림 9·1(h)와 같은 형태로서 상부 토질 층이 얕은 기초를 지지하기에 지지력이 부족할 때, 하중은 적당한 지지력을 갖는 재료의 층까지 전달되어야 한다. 적당한 지지층이 표면 아래에 멀리 위치할 때 기초는 종종 말뚝 위에서 지지된다. 이러한 기초를 말뚝기초라고 한다. 기둥의 모든 하중은 말뚝에 의해 적당한 지지층이 있는 지반에 전달된다.

9·3 토압분포

기초 저면 아래의 지지압력은 기초를 강성체로 기초 아래의 흙을 균질한 탄성재료로 취급함으로서 결정된다. 토압은 토질의 변형에 직접 비례되는 것으로 가정되기 때문에, 등분포 압력은 토질이 균일하게 압축되므로 축방향으로 재하되는 기초의 저면 아래에 분포하는 것으로 간주된다(9·2(a)).

실제적으로 기초 저면의 압력분포는 등분포가 아니라 점착력에 따라 변화한다. 이 변화는 기초의 휨성, 기초의 근입깊이, 토질 형태의 함수이다. 그림 9·2(b)와 (c)는 기초 아

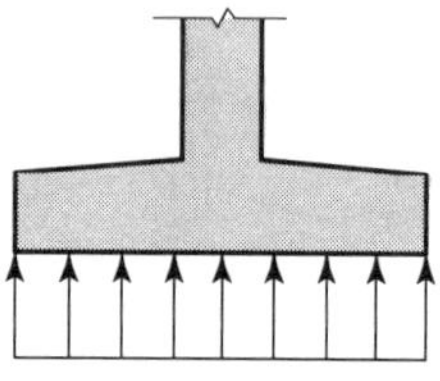

(a) 등분포 토압분포의 가정

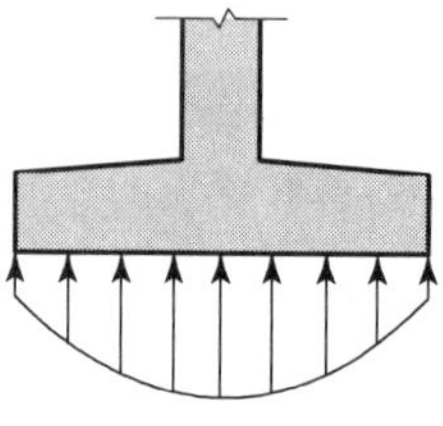

(b) 점착력이 없는 흙의 토압분포 (모래)

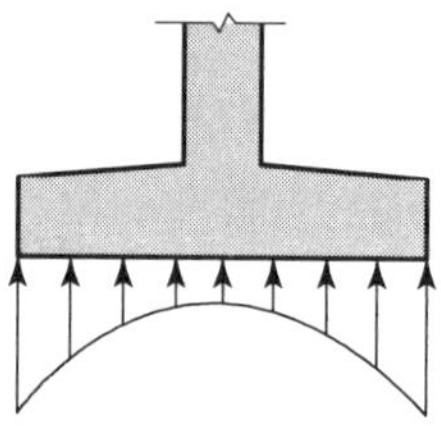

(c) 점착력이 있는 흙의 토압분포 (점토)

그림 9·2 토압의 분포

래의 흙의 점착력 유·무에 따라 상이한 토압 분포를 나타낸다.

그러나 축방향으로 재하된 기초 저면 아래의 토압의 크기가 균일하지 않을지라도, 기초 설계에서는 토질의 종류에 관계없이 해석을 단순화하기 위하여 기초 저면 아래에서 등분포 압력으로 분포하는 것으로 간주한다.

9·3·1 편심하중

기초는 균등한 침하 및 토압을 최소화하기 위하여 하중이 축방향으로 재하되는 것이 바람직하지만, 대부분 기초의 설계는 축하중과 모멘트 모두에 대하여 설계된다. 모멘트는 바람 또는 지진으로 인한 수평력, 수평토압 등에 의하여 야기될 수 있다.

편심하중이 크고 인장 휨응력이 수직응력을 초과할 때, 기초의 한 면에서는 인장응력이 발생된다. 따라서 휨응력 분포는 편심하중의 크기에 따라 달라진다. 그림 9·3과 9·4에서와 같이 세 가지 경우의 편심거리에 대하여 고려할 수 있다.

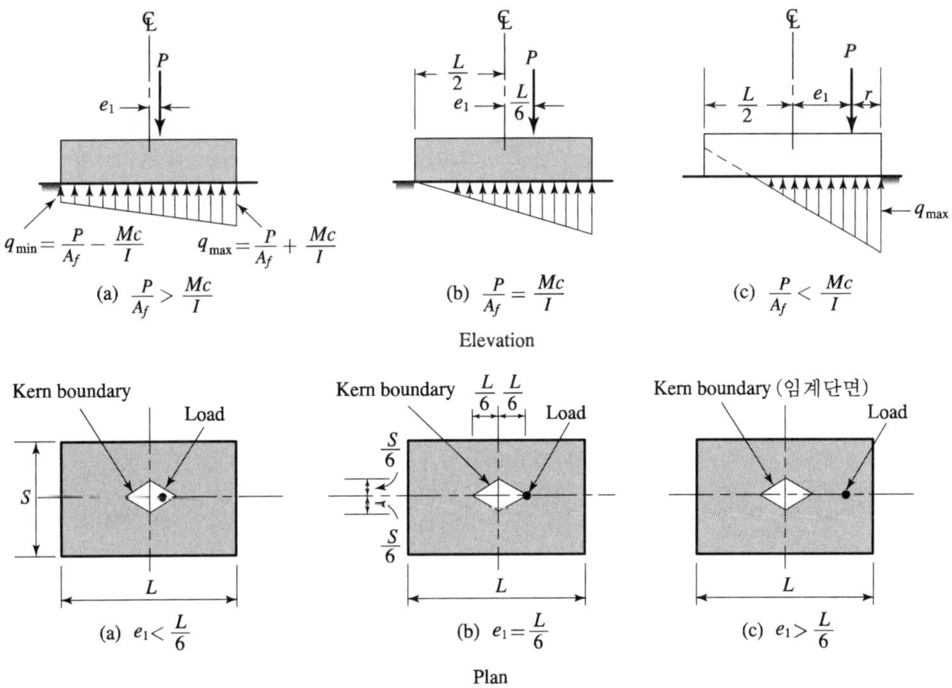

그림 9·3 편심하중을 받는 기초판

❶ 편심거리 $e_1 < \frac{L}{6}$ 인 경우(그림 9·3(a))

이 경우의 응력 P/A_f 는 휨응력 Mc/I 보다 크다. 이때의 응력은

$$q_{max} = \frac{P}{A_f} + \frac{P e_1 c}{I} \qquad (9\cdot 1a)$$

$$q_{min} = \frac{P}{A_f} - \frac{P e_1 c}{I} \qquad (9\cdot 1b)$$

여기서 $c = \frac{L}{2}$ 이다.

❷ 편심거리 $e_1 = \frac{L}{6}$ 의 경우(그림 9·3(b))

$$\text{수직응력} = \frac{P}{A_f} = \frac{P}{SL} \qquad (9\cdot 2a)$$

$$\text{휨응력} = \frac{Mc}{I} = Pe_1 \times \frac{c}{I} \qquad (9\cdot 2b)$$

$$\frac{c}{I} = \frac{L/2}{S(L^3/12)} = \frac{1}{S(L^2/6)} = \frac{6}{SL^2} \qquad (9\cdot 2c)$$

여기서, S와 L은 기초의 폭과 길이이다. 기초에 인장력이 발생하지 않으려면 수직응력 P/A_f 는 식 (9·2d)와 같이 휨응력과 같아야 한다.

$$\frac{P}{A_f} - Pe_1 \frac{c}{I} = 0 \qquad (9\cdot 2d)$$

P/A_f 와 $\frac{c}{I}$ 를 식 (9·2a)와 식 (9·2d)로부터 치환하면,

$$\frac{P}{SL} - Pe_1 \times \frac{6}{SL^2} = 0$$

또는

$$e_1 = \frac{L}{6}$$

즉, 인장응력의 발생을 피하기 위한 범위는 기초에서 편심하중이 중앙 L/3안에 하중이 존재해야 한다.

❸ 편심거리 $e_1 > \frac{L}{6}$ 의 경우(그림 9·3(c))

그림 9·3(c)에 나타난 것과 같이 하중이 중앙 L/3의 바깥쪽에 작용하면 기초의 왼쪽

측에 인장응력이 발생한다. 그러나 기초판과 지반 사이에는 인장응력이 발생하지 않고 압축력만 작용하는 것으로 본다. 재하하중에 의해 생긴 최대 지지력 q_{max}가 흙의 허용지지력을 초과하지 않는다면, 기초 왼쪽 끝단이 들려 올라가는 일은 발생하지 않을 것이고 그림 9·3(c)에서 하중 작용점과 흙의 삼각형 지지력 분포의 무게 중심이 일치하게 된다.

기초의 가장자리 끝단에서 하중 P점까지의 거리는 $r=(L/2)-e_1=$흙의 삼각형 지지력분포의 맨 우측으로부터 도심까지의 거리이다. 따라서 삼각형 지지력의 폭은 $3a=3[(L/2)-e_1]$이 된다. 그러므로 최대 압축 지압응력은

$$q_{max}=\frac{P}{\frac{3r\times S}{2}}=\frac{2P}{3rS}=\frac{2P}{3S\left(\frac{L}{2}-e_1\right)} \tag{9·3a}$$

4 복편심(2축 편심)의 경우 (그림 9·4)

기초의 장·단변 양방향으로 편심하중이 작용하는 경우의 응력은 다음과 같다.

$$P_{max}=\frac{P}{A_f}\pm\frac{Pe_1c_1}{I_1}\pm\frac{Pe_2c_2}{I_2} \tag{9·3b}$$

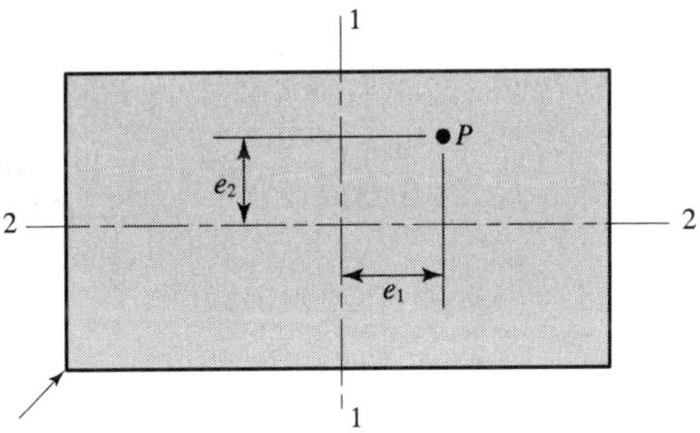

그림 9·4 2축편심을 받는 기초판

예제 9·1

그림 9·5(a)에서와 같이 1.83 m × 1.22 m 기초가 기초 중심의 오른쪽으로 x축 0.15 m에 $P=$ 889.6 kN의 하중을 받고 있다. 기초 저면에서의 토압을 계산하여라. 또한 편심이 0.38 m일 때를 계산하여라.

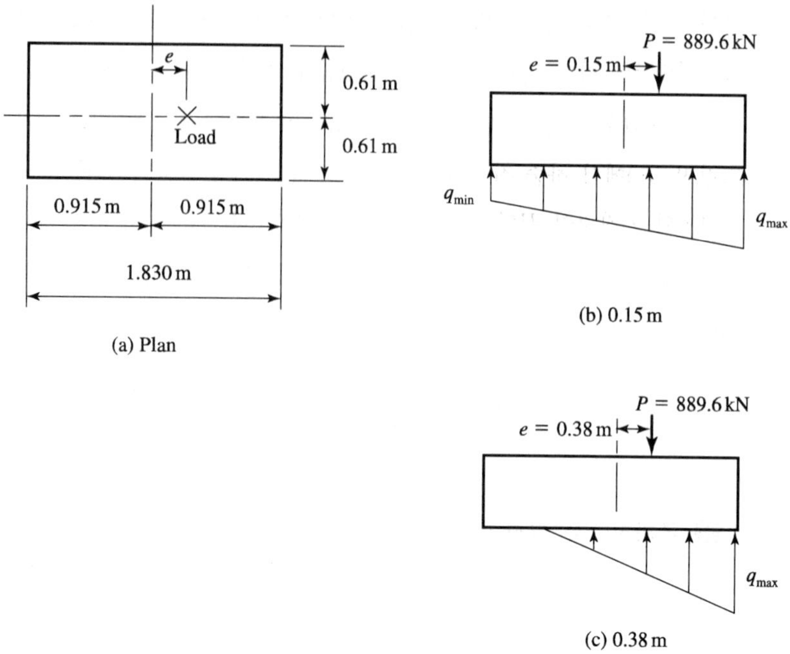

그림 9·5 (a) Plan (b) $e = 0.15$ m, (c) $e = 0.38$ m

풀이

(1) $e = 0.15\text{m} < L/6 = 0.305$이므로, 수직응력과 휨응력이 그림 9·5(b)와 같이 중첩된다.

$$q_{max} = \frac{P}{A} + \frac{Pec}{I} = \frac{889.6}{2.2336} + \frac{889.6 \times 0.15 \times 0.915}{\frac{1.22 \times 1.83^3}{12}}$$

$$= 398.28 + 195.96 = 594.24\,\text{kPa}$$

$$q_{min} = 398.28 - 195.96 = 202.32\,\text{kPa}$$

(2) $e = 0.38\text{m} > L/6 = 0.305$이므로, 응력은 길이 $3r$에 걸쳐 작용한다.

$$q_{max} = \frac{2P}{3rS} = \frac{2 \times 889.6}{3 \times 0.535 \times 1.22} = 908.63\,\text{kPa}$$

여기서 $r = \frac{L}{2} - e = \frac{1.83}{2} - 0.38 = 0.535\,\text{m}$

9·4 설계일반

기초의 설계를 단순화하기 위해서 기초는 강성체이며 지반에 의해 탄성지지된 것으로 간주한다. 순토압은 휨모멘트와 전단력을 계산할 때 사용된다.

큰 집중하중이 작용할 때는 휨보다 전단에 의해 대부분의 기초설계를 하게 된다. 기초판의 전단 파괴 메커니즘은 지지된 바닥슬래브와 유사하다. 그러나 전단용량(shear capacity)은 보의 경우보다 상당히 크다. 많은 경우의 기초가 이중으로 굽어있기 때문에 기초 설계시 휨과 전단은 반드시 고려되어야 한다. 기초 내에 있는 임의의 요소의 응력상태는 휨, 전단과 축력의 조합 결과에 따라 달라진다.

기초판은 작용하는 계수하중과 이로 인한 지반반력을 견딜 수 있도록 설계되어야 하며, 이 때 지반반력이란 기초의 저면 또는 말뚝의 상단에서 저항하여야 할 축력, 휨모멘트, 전단력을 의미한다.

허용지내력 또는 말뚝의 허용내력이 일반 설계기준 및 토질역학의 이론에 의해 결정된 다음, 기초판의 저면적, 말뚝의 개수 및 배열은 사용하중(D, L, W, E 등)을 기준으로 설계하여야 하며, 이 때 모든 하중조합을 고려하되 하중계수를 적용하지 않아야 한다.

응력해석 결과, 기둥 또는 받침대 저면의 단부 휨모멘트만이 기초판에 전달되도록 한다. 즉, 세장효과를 고려한 최소 휨모멘트에 관한 사항은 기초에 전달되는 힘과 휨모멘트에 대해서는 고려할 필요가 없다.

말뚝기초의 기초판 설계에서 말뚝의 반력은 각 말뚝의 중심에 집중된다고 가정하여 휨모멘트와 전단력을 계산할 수 있다.

기초판에서 휨모멘트, 전단력 및 철근정착에 대한 위험단면의 위치를 정할 경우, 원형 또는 정다각형인 콘크리트 기둥이나 받침대는 같은 면적의 정사각형 부재로 취급할 수 있다.

기초판 상단에서부터 하단 철근까지의 깊이는 흙에 놓이는 기초의 경우는 150mm 이상, 말뚝기초의 경우는 300mm 이상으로 한다.

강도설계법에 의해 기초판 또는 말뚝 캡을 설계할 경우, 계수하중을 적용하여 지반반력 또는 말뚝의 반력을 결정하여야 한다. 중심축력을 받는 기초판에서 계수하중에 의한 지반반력 q_s는 $q_s = U/A_f$와 같이 된다. 여기서 U는 기초판이 지지해야 할 계수 중심축력이고, A_f는 계수를 곱하지 않은 사용하중과 허용지내력에 근거하여 구한 기초판의 저면적이다.

9·5 기초판 설계

9·5·1 휨모멘트에 대한 설계

① 기초판 각 단면에서의 휨모멘트는 기초판을 자른 수직면에서 그 수직면의 한 쪽 전체 면적에 작용하는 힘에 대해 계산하여야 한다.

② 기초판의 최대 계수휨모멘트를 계산할 때, 그 위험단면은 다음에 따라 구하여야 한다.

ⓐ 콘크리트 기둥, 받침대 또는 벽체를 지지하는 기초판은 기둥 및 받침대 또는 벽체의 외면(그림 9·6(a)).

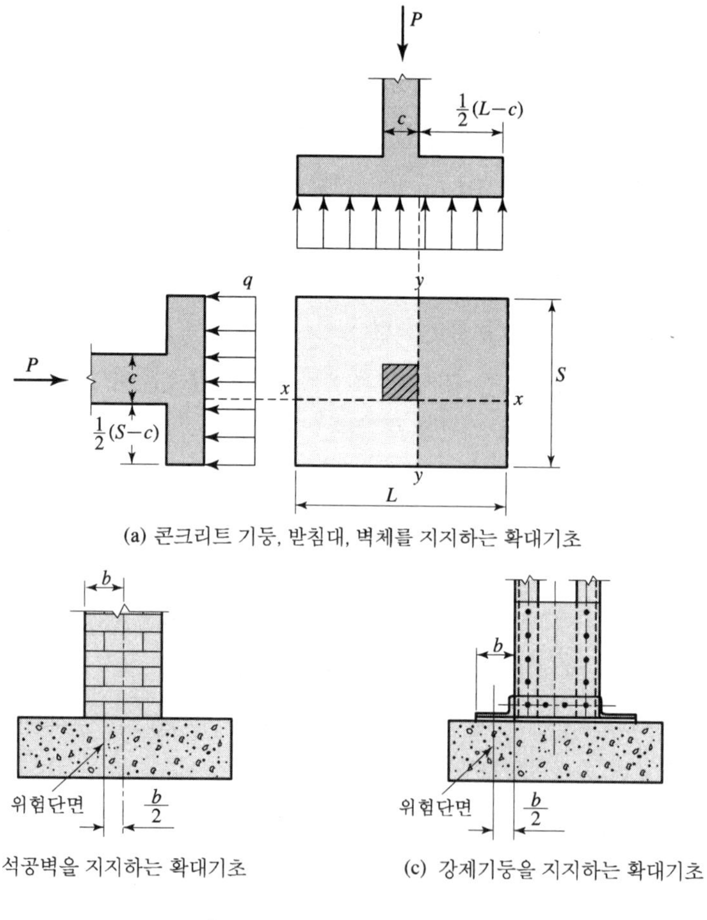

그림 9·6 휨모멘트에 대한 위험단면

ⓑ 조적조 벽체를 지지하는 기초판은 벽체 중심과 벽체면과의 중간(그림 9·6(b)).

ⓒ 강재 베이스 플레이트를 갖는 기둥을 지지하는 기초판은 기둥 외면과 강재 베이스 플레이트 단부와의 중간(그림 9·6(c)).

기초의 두께는 휨모멘트에 의한 값보다 전단에 의한 값에 지배되는 경우가 많다. 따라서 전단강도가 단면의 두께를 결정하는 것이 일반적이며, 이 단면에 대한 철근량을 구한다. 휨모멘트는 두 방향으로 기둥 전면에서 구하고, 각 방향의 위험단면에 대한 철근량을 계산해야 한다.

그림 9·6(a)에서 위험단면 $y-y$의 극한 휨모멘트는

$$M_y = q_u \times \frac{1}{2}(L-c) \times S \times \frac{1}{4}(L-c) = \frac{1}{8} q_u S(L-c)^2 \qquad (9\cdot4)$$

위험단면 $x-x$의 극한 휨모멘트는

$$M_x = \frac{1}{8} q_u L(S-c)^2 \qquad (9\cdot5)$$

1방향 기초판 또는 2방향 정사각형 기초판에서 철근은 기초판 전체 폭에 걸쳐 균등하게 배치하여야 한다.

2방향 직사각형 확대기초의 각 방향 철근 배치는 다음 규정을 따라야 한다.

① 장변 방향으로의 철근은 폭 전체에 걸쳐 균등히 배치시킨다.

② 단변 방향으로의 철근은 식 9·6에서 계산된 철근량 A_{sc}를 유효폭 내에 균등하게 배치한 후, 나머지 철근량을 이 유효폭 이외의 부분에 균등히 배치시킨다..

$$A_{sc} = \frac{2}{\beta+1} \cdot A_{ss} \qquad (9\cdot6)$$

여기서 A_{sc} : 유효폭 내에 배치되는 철근량

A_{ss} : 단변 방향의 전체 철근량

$\beta = \frac{L}{S}$ (기초판에서 단변에 대한 장변의 비) ≥ 1

유효폭은 기둥이나 받침대의 중심선이 유효폭 중심이 되도록 하며, 기초판의 단변 폭 길이로 취한다.

휨부재의 최소 철근비는 $\frac{0.25\sqrt{f_{ck}}}{f_y}$와 $1.4/f_y$ 중 큰 값으로 한다.

9·5·2 전단력에 대한 설계

확대기초의 전단거동은 집중하중을 받는 2방향 슬래브와 유사하다. 따라서 부재가 휨강도에 도달하기 전에 전단파괴가 일어나지 않도록 설계하여야 한다. 집중하중이나 반력 부근에서 기초판의 전단설계는 다음의 두 경우 중 불리한 경우에 대하여 검토하여야 한다.

❶ 1방향 전단(Beam Action)

기초판이 폭이 넓은 보와 같이 휨거동을 할 때, 즉 1방향 거동을 할 때, 전단에 대한 위험단면은 휨모멘트설계의 위험단면에서 d만큼 떨어진 곳에 위치한다. 위험단면에서 전단력은 다음과 같다.

$$V = q\left(\frac{L - c}{2} - d\right)S \tag{9·7}$$

전단력과 휨모멘트만 받는 경우. 상세한 계산을 하지 않는 경우 콘크리트에 의한 전단강도는 식 (9·7)에 의해 계산할 수 있다.

$$V_c = \frac{1}{6}\sqrt{f_{ck}}\, b_w\, d \tag{9·8}$$

또한 상세한 계산에 의한 경우 콘크리트에 의한 전단강도는 식 (9·9)에 의해 계산할 수 있다.

$$V_c = (0.16\sqrt{f_{ck}} + 17.6\rho_w \frac{V_u d}{M_u})b_w d \tag{9·9}$$

그러나 V_c 의 값은 $0.29\sqrt{f_{ck}}b_w d$를 초과할 수 없으며, M_u 는 전단을 고려하는 단면에서 V_u 와 동시에 발생하는 계수휨모멘트로서 식 (9·9)에서 $V_u d/M_u$ 의 값은 1.0 이하로 취하여야 한다.

여기서, f_{ck} 는 콘크리트의 설계기준강도(MPa), ρ_w 는 $A_s/b_w d$, b_w 는 기초의 폭(mm), d는 종방향 인장철근의 중심에서 압축측 연단까지의 거리이다. V_c 는 전단 보강을 하지 않는 한 항상 공칭전단력 $V_n = V_u/\phi$ 보다 커야 된다.

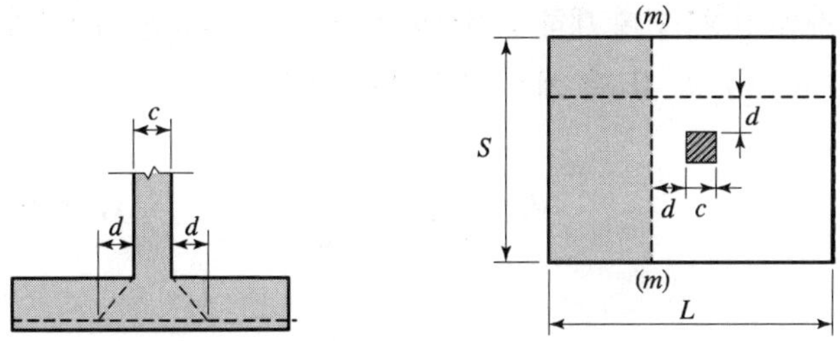

그림 9·7 1방향 전단의 위험단면

2 2방향 전단(two-way action)

2방향으로 휨을 받는 기초판에서의 전단에 대한 위험단면은 집중하중의 주위로부터 d/2 거리에서 발생하고, 위험단면에서 전단력은 다음과 같다.

$$V_u = q_u(SL - (c+d)^2) \tag{9·10}$$

콘크리트의 전단강도는 다음 값 중 가장 작은 값으로 하여야 한다.

$$V_c = \frac{1}{6}\left(1 + \frac{2}{\beta_c}\right)\sqrt{f_{ck}}\, b_0\, d \tag{9·11a}$$

$$V_c = \frac{1}{6}\left(1 + \frac{\alpha_s d}{2b_0}\right)\sqrt{f_{ck}}\, b_0\, d \tag{9·11b}$$

$$V_c = \frac{1}{3}\sqrt{f_{ck}}\, b_0\, d \tag{9·11c}$$

여기서, α_s = 내부기둥 40, 외부기둥 30, 모서리기둥 20.

β_c = 전단작용면에서 장변과 단변의 비 ≥ 1

b_0 = 위험단면의 둘레길이,

2방향 전단거동을 할 경우 위험단면에서 계수 전단력 V_u는 다음 식으로 구할 수 있다.

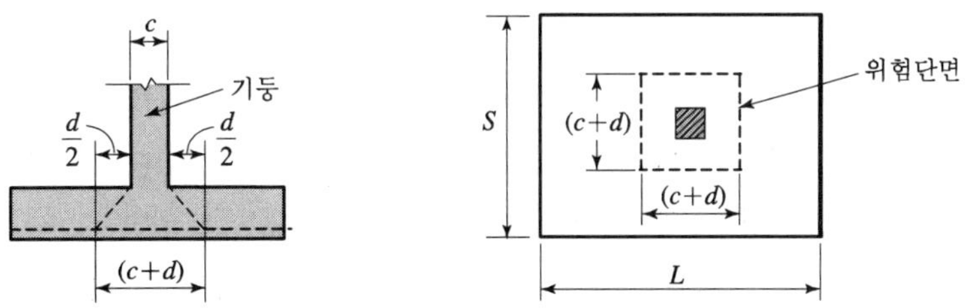

그림 9·8 2방향 전단

따라서 펀칭전단에 대하여 전단보강 철근없이 필요한 기초판의 최소 유효깊이 d는 다음의 d_1, d_2의 값 중 제일 큰 값으로 정한다.

$$d_1 = \frac{V_u}{\phi \frac{1}{3}\sqrt{f_{ck}}\, b_0} \qquad (\beta_c \leq 2) \tag{9·12a}$$

$$d_1 = \frac{V_u}{\phi \frac{1}{6}\left(1+\frac{2}{\beta_c}\right)\sqrt{f_{ck}}\, b_0} \qquad (\beta_c > 2) \tag{9·12b}$$

$$d_2 = \frac{V_u}{\phi \frac{1}{6}\left(1+\frac{\alpha_s d}{2b_0}\right)\sqrt{f_{ck}}\, b_0} \tag{9·12c}$$

여기서 초기에 가정된 d와 식 (9·12)를 비교하여 반복 계산에 의해 유효깊이 d를 결정할 수 있다. 따라서 1 방향 전단과 2 방향 전단을 고려해서 얻은 식 (9·12)에서 큰 값이 기초판의 최소 유효깊이 d가 된다.

1방향 전단거동을 하는 기초판에서 전단 철근으로 보강할 때 보에서와 같이 극한 전단강도는 $V_u \leq \phi V_n$를 만족해야 하고, 여기서 $V_n = V_v + V_s$가 되며, V_s는 전단 철근이 부담하는 전단강도로서 다음과 같다.

$$V_s = \frac{f_y A_s d}{s} \quad \text{또는} \quad \frac{f_y A_s(\sin\alpha + \cos\alpha)d}{s}$$

그러나 2방향 전단거동을 하는 대부분의 확대기초의 기초판의 경우는 얇은 기초판의 경우로서 전단철근의 고정이 어려운 실무적인 문제 때문에 2방향 슬래브처럼 전단 철근을 잘 사용하지 않는 것에 유의할 필요가 있다.

9·6 기둥, 벽체 또는 받침대 저면에서 힘의 전달

9·6·1 기둥지면의 지압강도

기둥, 벽체 또는 받침대 저면에서 힘과 모멘트는 콘크리트의 지압과 철근, 다웰 및 기계적인 연결장치에 의해지지 받침대 또는 기초판에 전달된다. 압축력은 콘크리트의 지압력에 의하여 받침부재인 주각 또는 기초판에 전달된다.

콘크리트의 설계지압강도는 $\phi(0.85 f_{ck} A_1)$을 초과할 수 없다. 이때 허용지압응력은 다음과 같다.

$$f_b = \phi(0.85 f_{ck}), \text{ 여기서 } \phi = 0.70 \quad (9\cdot 14a)$$

또는

$$0.60 f_{ck} \quad (9\cdot 14b)$$

그러나 지지표면이 하중이 가해지는 면적보다 넓을 때, 주변의 콘크리트는 지압면을 횡구속하고 지압강도는 결과적으로 증가된다. 이 때 재하면의 설계지압강도는 $\phi(0.85 f_{ck} \sqrt{A_2/A_1})A_1$까지 증가시킬 수 있다. 다만, $\sqrt{A_2/A_1}$ 값은 2.0 이하로 하여야 한다. 여기서 A_1은 재하면적이고, A_2는 확대기초의 면적이다.

받침부의 상부가 경사지거나 계단식으로 되어 있을 때도 받침부재의 경사각이 너무 크지 않다면 받침면적이 하중재하면적보다 더 크다는 이점을 취하게 된다. 그림 9.9는 A_2를 구하기 위한 절두체의 적용방법을 설명한다.

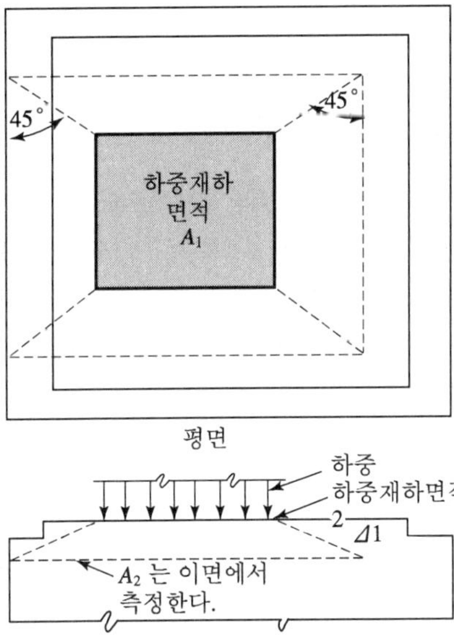

그림 9·9 계단식 또는 경사받침부에서의 A_2값의 계산

받침부재와 지지되고 있는 부재와의 사이에 있는 철근, 다웰 철근 또는 기계적 연결장치는 어느 한 쪽 부재의 콘크리트 지압강도를 초과하는 모든 압축력과 접촉면 사이의 인장력과 같은 힘들이 충분히 전달되어야 한다.

9·6·2 현장치기 시공에서 힘 전달

현장치기 시공에서 힘의 전달장치를 만족시키는 보강방법으로서 종방향 주철근을 받침부재인 주각 또는 기초판까지 연장시키거나 다웰 철근으로 연결시켜야 한다.

현장치기 기둥과 주각의 경우 양 부재 접촉면 사이의 철근 단면적은 지지되는 부재 단면적의 0.005배 이상이어야 한다.

현장치기 벽체의 경우, 양 부재 접촉면 사이의 철근 단면적은 벽체에 대한 최소 수직 철근량 이상을 배근하여야 한다.

기초에서 압축력만을 받는 $D41$과 $D51$인 주철근은 힘전달 철근으로서 다웰 철근과 겹침이음을 할 수 있다. 다웰 철근은 $D35$이하이어야 하며, 지지되는 부재 속에 묻혀야 한다. 이때 묻힘길이는 $D41$ 또는 $D51$의 정착길이나 다웰 철근의 겹침이음길이 중 큰 값보다 커야 하며, 기초판 속으로 묻히는 묻힘길이는 다웰 철근의 정착길이 이상이어야 한다.

예제 9·2

자중을 포함한 고정하중 = 400 kN와 활하중=400 kN를 받는 너비 500 mm의 콘크리트벽을 지지하기 위한 철근콘크리트 기초를 설계하여라. 기초의 바닥은 지표면 아래 1.8 m에 있고, 콘크리트의 설계기준강도 $f_{ck} = 28$ MPa, 철근 $f_y = 400$ MPa, 지반의 허용지지력은 250 kN/m^2, 콘크리트의 단위질량 2,500 kg/m^3, 흙의 단위질량, 1,700 kg/m^{3}이다.

풀이

(1) 유효 지지력을 계산.

기초의 두께를 630 mm라 가정하면, 기초의 단위면적당 중량은 $0.63 \times 25 = 15.75$ kN/m^2

기초면 위의 흙의 중량 $= (1.8 - 0.63) \times 17 = 19.89$ kN/m^2

기초의 아래에서 유효지지력 $= 250 - 15.75 - 19.89 = 214.36$ kN/m^2

(2) 벽의 길이 1 m에 대한 기초의 폭을 계산.

$$\text{기초의 폭} = \frac{\text{총하중}}{\text{유효 지지력}} = \frac{400 + 400}{214.36} = 3.73204\ \text{m},\ \text{즉 } 3.73\ \text{m}$$

(3) 순 상향압력 $= \dfrac{\text{극한하중}}{\text{기초면적}}$ (1m 길이에 대하여)

극한하중 $P_u = 1.4D + 1.7L = 1.4 \times 400 + 1.7 \times 400 = 1,240\,\text{kN/m}^2$

순 상향압력 $q_u = \dfrac{1240}{3.73 \times 1} = 332.440\ \text{kN/m}^2$

(4) 가정한 깊이에 대한 전단에 대하여 검토.

기초에서 콘크리트 덮개=80 mm, D25 철근을 가정하면 $d = 630 - \left(80 + \dfrac{25}{2}\right) = 537.5\,\text{mm}$,

1방향 전단의 위험단면은 벽면으로부터 거리 d점에 위치하므로

$$V_u = q_u\left(\frac{L}{2} - d - \frac{c}{2}\right) = 332.440\left(\frac{3.73}{2} - 0.5375 - \frac{0.5}{2}\right) = 358.204\,\text{kN}$$

1방향 전단의 콘크리트 전단강도는 b_w= 기초 1m 길이 = 1,000 mm

$$V_c = \frac{1}{6}\sqrt{f_{ck}}\,b_w d = \frac{1}{6}\sqrt{28} \times 1,000 \times 537.5 = 474.030\ \text{kN}$$

$$\phi V_c = 0.80 \times 474.030 = 379.232\,\text{kN}$$

즉 $V_u \leq \phi V_c$ 이므로 전단에 대하여 안전하다. 따라서 전단철근은 필요하지 않다.

(5) 휨모멘트와 철근량을 계산.

위험단면은 벽의 전면에 있으므로 $S = 1\,\text{m}$

$$M_u = \frac{1}{8}q_u S(L-c)^2 = \frac{332.44}{8} \times 1 \times (3.73 - 0.5)^2 = 433.539\ \text{kN}\cdot\text{m}$$

$a = 40\,\text{mm}$를 가정하면, 철근량을 계산하면

$$A_s = \frac{M_u}{\phi f_y\left(d - \frac{a}{2}\right)} = \frac{443,539,000}{0.85 \times 400 \times \left(537.5 - \frac{40}{2}\right)} = 2,521\ \text{mm}^2$$

a를 검토해 보면

$$a = \frac{A_s f_y}{0.85 f_{ck} b} = \frac{2,521 \times 400}{0.85 \times 28 \times 1,000} = 42\,\text{mm} \fallingdotseq 40\,\text{mm},$$

그런데 최소 철근량은 다음 두개의 값 중 큰 것이어야 한다.

$$\frac{0.25\sqrt{f_{ck}}}{f_y}b_w d = \frac{0.25\sqrt{28}}{400} \times 1,000 \times 537.5 = 1,778\,\text{mm}^2,$$

$$\frac{1.4}{f_y}b_w d = \frac{1.4}{400} \times 1,000 \times 537.5 = 1,881\,\text{mm}^2 \qquad \therefore 2,521\,\text{mm}^2 > 1,899\,\text{mm}^2$$

따라서 실질적인 사용 철근량은 D29철근을 200 mm 간격으로 배치한다($A_s = 3,212\,\text{mm}^2$).

(6) 휨철근의 정착길이를 검토.

인장철근의 기본 정착길이는

$$l_{db} = \frac{0.6 d_b f_y}{\sqrt{f_{ck}}} = \frac{0.6 \times 29 \times 400}{\sqrt{28}} = 1,315\,\text{mm}$$

따라서 필요한 정착길이는 5장의 철근 정착의 보정계수의 표를 참조하면 $\alpha\beta\lambda = 1$이다,. 또한 소요 철근량보다 사용 철근량의 많이 배근되므로

$$\frac{\text{소요 } A_s}{\text{사용 } A_s} = \frac{2,521}{3,212} = 0.78$$

$$l_d = 1315 \times 1.0 \times 0.78 = 1,052\,\text{mm}$$

그런데 정착에 대한 위험단면은 휨에 대한 위험단면과 같다, 따라서 예제에서 휨에 대한 위험단면은 벽체의 전면이므로, 정착에 이용될 수 있는 실제의 길이는

$$l_d = (B - 2 \times \text{피복두께} - \text{벽체두께}) \times \frac{1}{2} = (3730 - 2 \times 80 - 500)1 \times \frac{1}{2} = 1,535\,\text{mm}$$

1,535 mm > 1,052 mm 이므로 정착길이가 충분히 확보된다.

(7) 종방향으로 수축철근 보강

철근의 설계기준항복강도 f_y = 400 MPa일 때 철근비 $\rho = 0.002$

$$A_s = 0.002 \times 1000 \times 630 = 1,260\ \text{mm}^2$$

20cm의 간격을 두고 D19 철근을 사용한다($A_s = 1,433\,\text{mm}^2$).

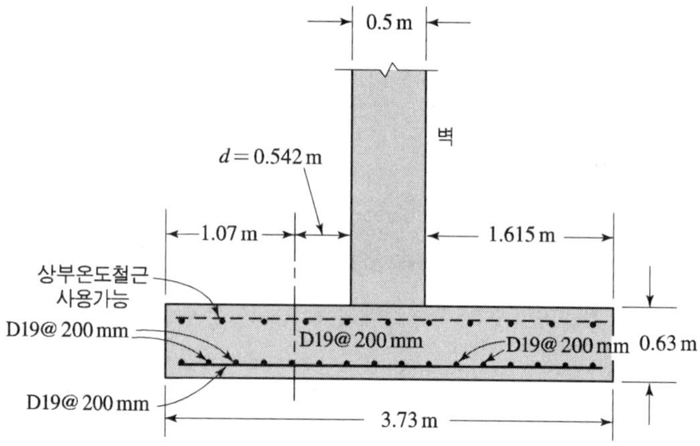

그림 9·10 벽기초

예제 9·3

고정하중 1,000 kN , 활하중 800 kN을 받고 있는 띠 철근기둥 (450×450 mm, 8－D29)을 지지할 정사각형의 확대기초를 설계하여라. 단, 확대기초의 저면은 지면 아래 1.3m에 위치하며, 지반의 허용지지력은 250 kN/㎡, $f_{ck}=25$ MPa, $f_y=300$ MPa, 콘크리트 단위질량은 2500 kg/m^3, 흙의 단위질량은 1,700 kg/m^{3}이다.

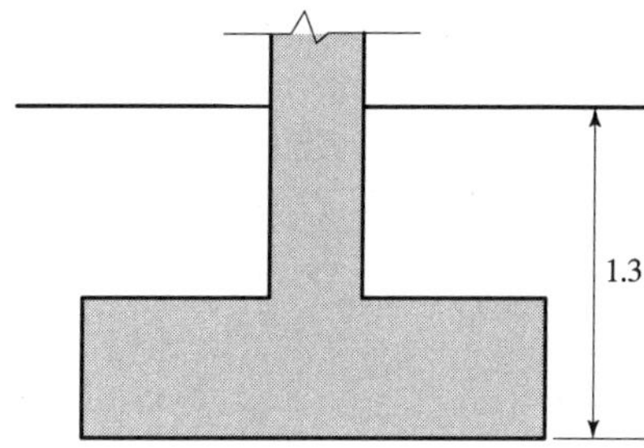

그림 9·11

풀이

(1) 확대기초의 단면 결정

확대기초의 두께를 650 mm로 가정하면, 확대기초의 중량은 0.65×25= 16.25 kN/m^2,
확대기초 위에 650 mm로 덮여 있는 흙의 무게는 (1.3－0.65)×17= 11.05 kNf/m^{2}이다.
따라서, 기초 지반의 유효지지력은 250－16.25－11.05= 222.7 kNf/m^2
확대기초의 면적은 전체 사용하중에 의해 결정되므로, 따라서 확대기초의 소요면적은

$$\text{확대기초의 소요면적} = \frac{1,000+800}{222.7} = 8.083\,\mathrm{m}^2$$

정사각형의 확대기초이므로, 한 변의 길이는 $\sqrt{8.083}=2.84$ m가 된다.
따라서, 단면은 2.92 ×2.92 m로 확대기초의 단면을 결정한다.

(2) 토압의 순 상향압력의 계산

토압의 순 상향압력 q_u는 하중계수를 곱한 하중을 확대기초의 단면적으로 나누어 계산한다.

$$\text{즉,}\quad q_u=\frac{1.4D+1.7L}{2.92\times2.92}=\frac{1.4\times1,000+1.7\times800}{2.92\times2.92}=323.7\,\mathrm{kN/m^2}$$

(3) 확대기초의 가정된 깊이에 대한 전단 검토

① 2방향 전단 작용(펀칭전단)에 대한 검토

전단 철근이 배치되지 않을 경우에 대하여 검토해보자.

확대기초의 주철근을 D22로 하여 양방향으로 배치하면 유효높이 d는

$$d = 650 - 80 - 22.2 = 547.8\,\text{mm}$$

위험단면 둘레에 작용하는 전단력은 $V_u = P_u - q_u(c+d)^2$에서

$$P_u = 1.4D + 1.7L = 1.4\times1,000 + 1.7\times800 = 2,760\ \text{kN}$$

따라서,

$$V_u = P_u - q_u(c+d)^2 = 2760 - 323.7\times(0.45+0.5478) = 2,437.722\,\text{kN} = 2,437,722\,\text{N}$$

위험단면의 길이는

$$b_0 = 4(c+d) = 4\times(45+547.8) = 3,991.2\,\text{mm}$$

전단작용면에서 장변과 단변의 비 : $\beta_c = \dfrac{c+d}{c+d} = 1$

여기서, 최소 유효깊이 d는 $\beta_c = 1$이므로 다음의 값 중 큰 값으로 정한다.

$$d_1 = \frac{V_u}{\phi\frac{1}{3}\sqrt{f_{ck}}\,b_0} = \frac{2,437,722}{0.8\times\frac{1}{3}\times\sqrt{25}\times3,991.2} = 458\,\text{mm}$$

$$d_2 = \frac{V_u}{\phi\frac{1}{6}\left(1+\frac{\alpha_s d}{2b_0}\right)\sqrt{f_{ck}}\,b_0} = \frac{2,437,722}{0.8\times\frac{1}{6}\times\left(1+\frac{40\times547.5}{2\times3,991.2}\right)\sqrt{25}\times3,991.2} = 245\,\text{mm}$$

여기서, $\alpha_s = 40$: 내부기둥

∴ 소요 d = 453 mm < 가정한 d = 547.8 mm

따라서, 소요유효깊이 d=453 mm가 가정한 유효깊이 d=548 mm 보다 작기 때문에 가정한 확대기초의 두께는 적절하다.

따라서 확대기초의 콘크리트 전단강도는 식 (9.11)로부터

식 (9.1a)로부터

$$V_c = \frac{1}{6}\left(1+\frac{2}{\beta_c}\right)\sqrt{f_{ck}}\,b_0\,d = \frac{1}{6}\times(1+2)\times\sqrt{25}\times3,991.2\times547.8 = 5,465,948\,\text{N}$$

식 (9.1b)로부터

$$V_c = \frac{1}{6}\left(1+\frac{\alpha_s d}{2b_o}\right)\sqrt{f_{ck}}\,b_0\,d = \frac{1}{6}\times\left(1+\frac{40\times547.8}{2\times3,991.2}\right)\times\sqrt{25}\times3,991.2\times547.8 = 6,823,397\,\text{N}$$

식 (9.1c)로부터

$$V_c = \frac{1}{3}\sqrt{f_{ck}}\,b_0\,d = \frac{1}{3}\times\sqrt{25}\times3,991.2\times547.8 = 3,643,966\,\text{N}$$

따라서 콘크리트가 부담할 수 있는 전단강도는 $V_c = 3,643,966\,\text{N}$이다.

$\phi V_c = 0.8 \times 3,640,966 = 2,915,172\,\text{N} \;> 2,437,722\,\text{N}$

즉, $\phi V_c > V_u$이므로 펀칭전단에 안전하다.

② 1방향 전단작용에 대한 검토

위험단면은 기둥전면에서 d만큼 떨어진 위치이다. 위험단면의 위치를 구하면,

$$\frac{l}{2} - \frac{c}{2} - d = \frac{2,920}{2} - \frac{450}{2} - 547.5 = 687.2\,\text{mm}$$

위험단면에 작용하는 전단력,

$$V_u = q_u S\left(\frac{l}{2} - \frac{c}{2} - d\right) = 323.7 \times 2.92 \times 0.6872 = 649.544\,\text{kN} = 649,544\text{N}$$

콘크리트가 부담할 수 있는 전단강도 V_c의 계산

$$V_c = \frac{1}{6}\sqrt{f_{ck}}\, b_w d = \frac{1}{6} \times \sqrt{25} \times 2920 \times 547.8 = 1,332,980\,\text{N}$$

$\phi V_c = 0.8 \times 1,332,980 = 1,065,384\,\text{N} > 649{,}544\,\text{N}$

즉, $\phi V_c > V_u$이므로 전단에 대하여 안전하다.

위의 어느 경우에도 전단철근은 필요하지 않으며, 가정한 확대기초의 두께 65cm는 충분하다.

(4) 휨모멘트와 철근량을 계산

위험단면은 기둥전면에 위치하므로,. 위험단면에서의 휨모멘트는 .

$$M_u = \frac{1}{8} q_u L(S-c)^2 = \frac{1}{8} \times 323.7 \times 2.92 \times (2.92 - 0.45)^2 = 720,825,000\,\text{N·m}$$

$$= 720,824,000\,\text{N} \cdot \text{mm}$$

확대기초는 전단에 요구되는 유효높이가 휨에서 요구되는 유효높이보다 큰 것이 보통이기 때문에, 콘크리트의 응력 사각형의 깊이 a는 일반적으로 작다.

$a = 40\,\text{mm}$를 가정하면, 철근량을 계산하면

$$A_s = \frac{M_u}{\phi f_y\left(d - \frac{a}{2}\right)} = \frac{720,825,000}{0.85 \times 300 \times \left(547.8 - \frac{40}{2}\right)} = 5,356\,\text{mm}^2$$

a를 검토해 보면

$$a = \frac{A_s f_y}{0.85 f_{ck} b} = \frac{5356 \times 300}{0.85 \times 25 \times 2920} \fallingdotseq 26\,\text{mm} \fallingdotseq 40\,\text{mm},$$

그런데 최소 철근량은 다음 두개의 값 중 큰 것이어야 한다.

$$\frac{0.25\sqrt{f_{ck}}}{f_y} b_w d = \frac{0.25\sqrt{25}}{300} \times 2920 \times 547.5 = 6,661\,\text{mm}^2,$$

$$\frac{1.4}{f_y} b_w d = \frac{1.4}{300} \times 2920 \times 547.8 = 7,465\,\text{mm}^2 > 5{,}359\text{mm}^2$$

따라서 실질적인 사용 철근량은 7,460mm^{2}이상이 배치되어야 한다. 따라서 20-D22(7,742mm^2)를 양방향으로 등간격으로 배근한다.

휨에 대하여 검사하면

$$d = 650-80-22.2=547.8\,\text{mm}$$

$$C = 0.85 f_{ck}ab=0.85\times25\times2920\times a=62,050a$$

$$T = A_s f_y=6194\times300=1,858,200\,\text{N}$$

C = T로부터 a = 30 mm

$$\phi M_n=\phi A_s f_y\left(d-\frac{a}{2}\right)=0.85\times7742\times300\times\left(547.5-\frac{30}{2}\right)=1,051,266,825\,\text{N}\cdot\text{mm}$$

$$=1,051,266,825\,\text{N}\cdot\text{mm} > 720,824,000\,\text{N}\cdot\text{mm}$$

즉, $M_u < \phi M_n$이므로 휨에 대하여도 안전하다.

(5) 휨철근의 정착길이를 검토.

인장철근의 기본 정착길이는

$$l_{db}=\frac{0.6d_b f_y}{\sqrt{f_{ck}}}=\frac{0.6\times22.2\times300}{\sqrt{25}}=799.2\,\text{mm}\fallingdotseq800\,\text{mm}$$

따라서 필요한 정착길이는 5장의 철근 정착의 보정계수의 표를 참조하면 $\alpha\beta\lambda=1$이다. 또한 소요철근량보다 사용 철근량의 많이 배근되므로

$$\frac{\text{소요 } A_s}{\text{사용 } A_s}=\frac{7465}{7742}=0.964$$

$$l_d=800\times1.0\times0.964=771\,\text{mm}$$

그런데 정착에 대한 위험단면은 휨에 대한 위험단면과 같다, 따라서 예제에서 휨에 대한 위험단면은 기둥의 전면이므로, 정착에 이용될 수 있는 실제의 길이는

$$l_d=(B-2\times\text{피복두께}-\text{벽체두께})\times\frac{1}{2}=(2920-2\times80-450)\times\frac{1}{2}=1,155\,\text{mm}$$

1,155 mm > 771 mm 이므로 정착길이가 충분히 확보된다.

(6) 기둥 저면에서의 힘의 전달 검토

기둥 하부의 계수 지압하중은

$$P_u=1.4\times1,000+1.7\times800=2,760\,\text{kN}=2,769,000\,\text{N}$$

확대기초 지지표면이 재하면보다 모든 측변에서 큰 경우 재하면의 설계 지압강도는

$$\alpha_b=\sqrt{\frac{A_2}{A_1}}=\sqrt{\frac{2920\times2920}{450\times450}}=6.49>2,$$

$\alpha_b\le2$이어야 한다. 따라서 확대기초의 설계지압강도는

$$f_{dc} = \phi(0.85 f_{ck} \alpha_b) A_1 = 0.7 \times (0.85 \times 25 \times 2) \times 450^2 = 6,024,375\,\text{N} > P_u = 2,769,000\,\text{N}$$

이것은 확대기초의 콘크리트 설계지압강도가 기둥의 계수 지압하중보다 크므로, 기둥저면의 기둥하중을 확대기초에 전달하는 것은 콘크리트의 지압강도 만으로 충분하다, 즉, 이것은 기둥의 힘을 확대기초에 전달할 별도의 다웰 철근은 필요하지 않는 것을 의미한다.

그러나 콘크리트 구조설계기준에서는 최소 철근량의 연결철근을 요구한다.

$$A_s = 0.005 A_g = 0.005 \times 450^2 = 1013\,\text{mm}^2$$

4-D19($A_s = 1146\,\text{mm}^2$)를 기둥 각 모서리에 배치해도 충분하지만, 일반적으로 기둥 축방향 철근과 동일한 직경의 철근을 네 모서리에 배치한다. 기둥의 축방향 철근이 D22가 사용되었다고 가정하면 4-D22(1548 mm^2)를 연결철근으로 기둥의 네 모서리에 배치한다.

연결철근은 기둥과 확대기초 속으로 소정의 정착길이를 가져야 한다. 다웰 철근은 압축을 받으므로 D22철근의 압축정착길이를 구한다.

압축철근의 기본정착길이

$$l_{db} = \frac{0.25 d_b f_y}{\sqrt{f_{ck}}} = \frac{0.25 \times 22.2 \times 300}{\sqrt{25}} = 333\,\text{mm}$$

위의 값은 다음과 이상이라야 한다.

$0.004 d_b f_y = 0.04 \times 22.2 \times 300 = 266.4\,\text{mm} \;\; < \; 333\,\text{mm}$, ∴ O.K.

소요 이상의 철근을 사용하므로 기본정착길이는 보정되어야 한다.

보정계수 = 소요 A_s / 배근 A_s = 1013 / 1548 = 0.654

따라서 다웰 연결철근의 필요한 정착길이는

l_d = l_{db} × 보정계수 = 333 × 0.654 = 218 mm

압축철근의 정창길이는 200 mm 이상이다.

따라서 확대기초와 기둥 속으로 다웰 연결철근을 220 mm를 연장하여 그림과 같이 배치한다. 확대기초속으로 연장시킨 연결철근은 그림과 같이 90° 갈고리로 한다.

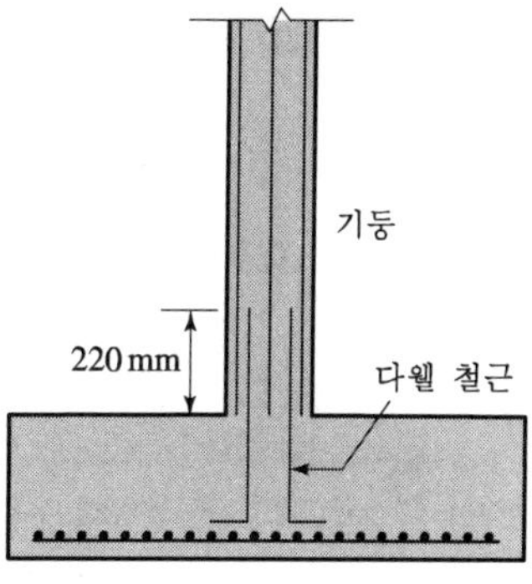

그림 9·12

예제 9·4

그림 9·13과 같은 2개의 기둥을 지지할 확대기초를 설계하여라. $P_A = 1,500$ kN(60%는 활하중), $P_B = 1,700$ kN(60%는 활하중)이다. 지반의 허용 지지력은 250 kN/m^{2}이고 $f_{ck} = 24$ MPa, $f_{cy} = 300$ MPa이다.

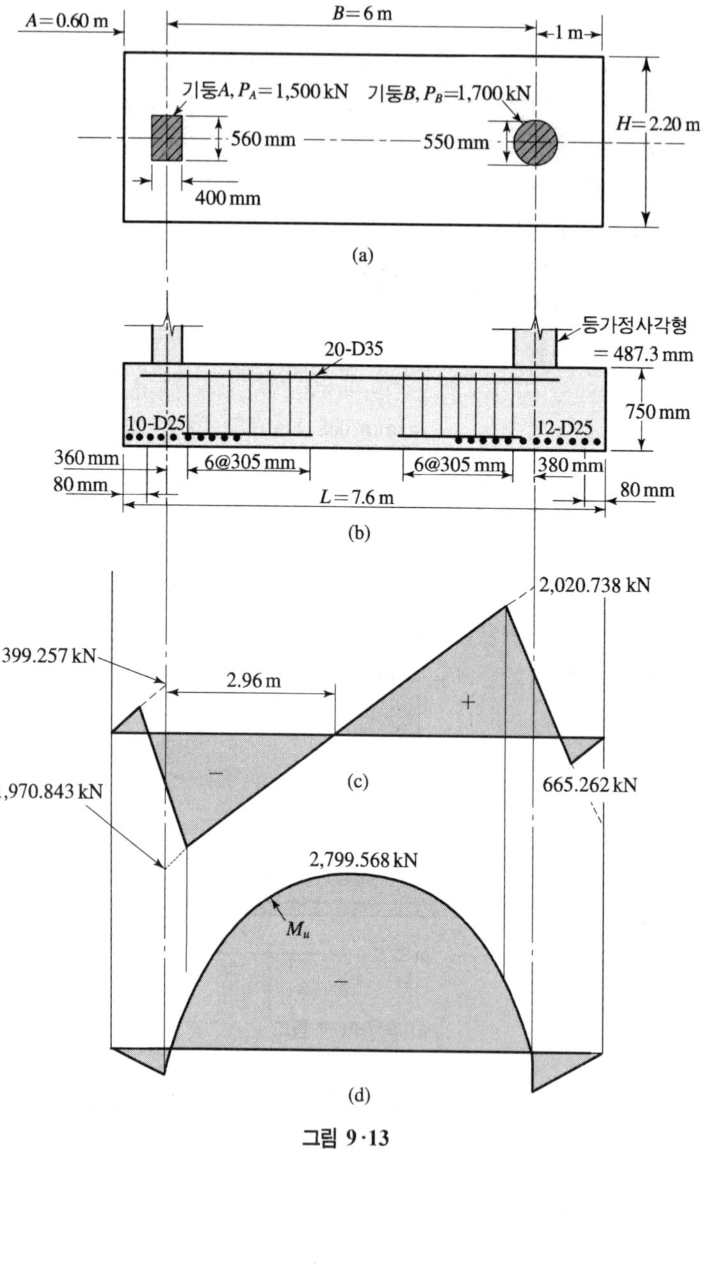

그림 9·13

풀이

(1) 확대기초의 넓이

확대기초의 필요한 넓이는 사용하중으로 계산한다. 기둥하중의 합력 작용선이 왼쪽의 경계선에서 x의 거리에 있다면

$(1,500+1,700)\times x=1,500\times 0.60+1,700\times 6.6\text{m}$

$\therefore x= =3.3875\text{ m}$

기둥하중의 합력의 작용선이 확대기초의 도심을 통과해야 하므로, 확대기초의 필요한 길이는 다음과 같다.

$L=3.7875\times 2=7.575\text{ m}$

이에 $L=7.6\text{m}$를 사용한다.

확대기초의 두께를 80cm로 가정하면 자중(自重)은 $25\times 0.8=20\text{kN/m}^2$이다.

따라서 확대기초 저면에서의 지반의 허용지지력은 $250-20=230\text{ kN/m}^2$

확대기초의 필요한 가로치수는

$$H=\frac{1,500+1,700}{7.6\times 230}=1.831\text{ m}$$

이에 $H=2.20\text{m}$로 한다.

따라서 확대기초의 넓이는 $7.6\times 2.2=16.72\text{ m}^2$

(2) 전단력과 휨모멘트

A기둥의 사용 활하중 = 1,500 × 0.6 = 900kNf

A기둥의 사용 고정하중 = 1,500 − 900 = 600kN

B기둥의 사용 활하중 = 1,700 × 0.6 = 1,020kN

B기둥의 사용 고정하중 = 1,700 − 1020 = 680kN

각 기둥의 계수하중은

기둥 A : $P_U=1.4\times 600+1.7\times 900=2,370\text{kN}$

기둥 B : $P_u=1.4\times 680\times 1.7\times 1,020=2686\text{kN}$

계수하중에 의하여 기초저면에 일어나는 압력은

$$q_u=\frac{237o+2686}{7.6\times 2.2}=302.392\text{kN/m}^2$$

긴 변 방향 1m에 대한 상향(上向)의 압력은

$w_u=302.392\times 2.2=665.262\text{ kN/m}$

연결 확대기초의 전단력과 휨모멘트는 연결 확대기초를 보로 보고 계산한다.

A기둥의 중심선에서의 전단력은

$+V_u=665.262\times 0.6=+399.157\text{ kN}$

$-V_u=+399.157-2370=-1970.843\text{ kN}$

B기둥의 중심선의 전단력은

$$-V_u = -665.262 \times 1 = -665.262 \text{ kN}$$

$$+V_u = -665.262 + 2686 = +2,020.738 \text{ kN}$$

전단력이 0인 곳이 A기둥의 중심에서 x거리에 있다면

$$x = 6 \times \frac{1970.843}{1970.843 + 2020.738} = 2.96 \text{ m}$$

전단력도가 그림 9·13(c)에 나타나 있다. 이 때 B기둥은 동일한 단면적을 가진 정사각형으로 보아야 하므로, 그 한 변의 길이는 487.4mm가 된다.

휨모멘트 역시 보로 보고 계산한다. 최대 휨모멘트는 전단력이 0인 단면에서 일어나므로, 전단력이 0인곳의 단면의 왼쪽 부분을 고려하면 최대 휨모멘트는

$$M_u = \frac{665.262 \times 3.56^2}{2} - 2,370 \times 2.96 = -2,799.568 \text{ kN} \cdot \text{m}$$

오른쪽 부분을 생각하면

$$M_u = \frac{665.262 \times 4.04^2}{2} - 2,686 \times 3.02 = -2,736.270 \text{ kN} \cdot \text{m}$$

두 값이 동일한 크기를 나타내지 않은 이유는 $L = 7.575$m 대신에 $L = 7.60$m을 사용하였기 때문이다.

그림 9·13(d)는 휨모멘트도를 나타낸 것이다. 기둥 바깥쪽의 양쪽으로 내민 부분은 기둥하중을 집중으로 보고 나타낸 것이다.

(3) 확대기초의 두께

이러한 직사각형 확대기초에 있어서는 장변 방향의 유효깊이가 단변 방향의 유효깊이보다 크다. 그러므로 연결 확대기초는 폭이 넓은 보로 보고 유효깊이를 계산한다. 휨에 의하여 확대 기초의 유효깊이를 구해보자. 최대 철근비를 계산하면

$$\rho_{\max} = 0.75\rho_b = 0.75 \times 0.85\beta_1 \frac{f_{ck}}{f_y}\frac{600}{f_y + 600} = 0.85 \times 0.85 \frac{24}{300}\frac{600}{300 + 600} = 0.0289$$

처짐 등을 고려하여 철근비를 위의 값의 반 정도로 보면, 즉 $\rho = 0.014$로 보고 유효깊이 d를 계산해 보면,

$$M_u = \phi\rho f_y b d^2\left(1 - 0.59\rho\frac{f_y}{f_{ck}}\right)$$

$$= 0.85 \times 0.014 \times 300 \times 2,200 d^2\left(1 - 0.59 \times 0.014 \times \frac{300}{24}\right)$$

$$= 2.799.568,000 \text{ N} \cdot \text{mm}$$

$$\therefore d = 6307 \text{ mm}$$

전단에 필요한 유효깊이를 계산해 보자. 연결 확대기초의 전단도 1방향 작용의 보로 보고 계산한다. 전단에 대한 위험단면은 기둥 B의 등가 사각형(487.4mm×487.4mm)의 전면 (前面)에서 d만큼 안쪽으로 떨어진 단면이므로

$$V_u = 2,020,738 - 665.262 \times \left(\frac{487.4}{2} + d\right) = 1,858,614 - 665.262d$$

전단철근 없이 콘크리트가 부담할 수 없는 보의 설계 전단강도는

$$\phi V_c = \phi \frac{1}{6}\sqrt{f_{ck}}\, b_w d = 0.80 \times \frac{1}{6} \times \sqrt{24} \times 2200 \times d = 1437.034d$$

$V_u \le \phi V_c$이여야 하므로

$1,858,614 - 665.262d \le 1437.034d$

$\therefore d \ge 885\,\text{mm} > 630\ \text{mm}$

여기서, 확대기초의 유효깊이는 전단에 의해 지배되는 것을 알 수 있다.

그러나 앞에서 확대기초의 두께를 80cm로 가정하였으므로 $d = 630\text{mm}$로 하고, 전단철근을 사용하기로 한다(전단철근의 설계는 보의 경우와 같으므로, 여기서는 계산을 생략한다).

그러면 확대기초의 두께는

$h = 63.0 + 8$(피복두께)$+1.27$(스트럽 $D13$의 지름)$+1.59$($D32$의 지름의 1/2)$\equiv 73.86\,\text{cm}$

$h = 75\text{cm}$로 하면, 확대기초의 자중은 $25 \times 0.75 = 18.75\,\text{kN/m}^2$

기초저면의 최대압력은 $\dfrac{1500+1700}{7.6 \times 2.22} + 18.75 = 210.138\,\text{kN/m}^2 < 250\text{kN/m}^2$

즉, 기초저면의 최대압력은 허용지지력 이내에 있기 때문에 지지력에 대하여 안전하다.

확대기초의 유효깊이는 $d = 75 - (8 + 1.27 + 1.59) = 64\ \text{cm}$

(4) 2방향 작용에 대한 전단 검토

기둥 B의 편칭전단을 검사해 보자. 위험단면은 등가 사각형(48.74 cm×48.74 cm)의 전면(前面)으로부터 $\dfrac{d}{2}$ 되는 곳이므로 위험단면의 한 변의 길이는

$$0.4874 + \frac{0.64}{2} \times 2 = 1.13\ \text{m}$$

위험단면에서의 전단력은

$$V_u = 2020.738 - 302.392 \times 1.13^2 = 1,637.614\,\text{kN} = 1,637,614\,\text{N}$$

콘크리트가 부담하는 전단강도는 식 (9·11c)에 지배된다.

$$\phi V_c = \phi \frac{1}{6}\sqrt{f_{ck}}\, b_0 d = 0.8 \times \frac{1}{3}\sqrt{24} \times (4 \times 1,130) \times 640 = 3,779,138\,\text{N} > V_u$$

(5) 장변 방향의 철근

$a = 11.2\text{cm}$로 가정을 하면

$$A_s = \frac{M_u}{\phi f_y\left(d - \dfrac{a}{2}\right)} = \frac{2,799,568,000}{0.85 \times 300\left(640 - \dfrac{112}{2}\right)} = 18,799\ \text{mm}^2$$

$$a = \frac{A_S f_y}{0.85 f_{ck} b} = \frac{18799 \times 300}{0.85 \times 24 \times 2200} = 126\,\text{mm} \fallingdotseq 112\text{mm}$$

$20 - D35(=19132\,\text{mm}^2)$를 약 10.5cm 간격으로 그림 9·13(b)와 같이 배치한다.

(6) 단변 방향의 철근

가로방향의 휨철근은 독립 확대기초의 경우와 같은 방법으로 처리한다. 각 기둥의 저부(底部)의 가로방향 철근은 그림 9·14에 보인 바와 같이 기둥을 중심으로 하여 기둥 폭에 확대기초의 유효깊이의 2배를 더한 값을 넘지 않는 구간에 등간격으로 배치한다.

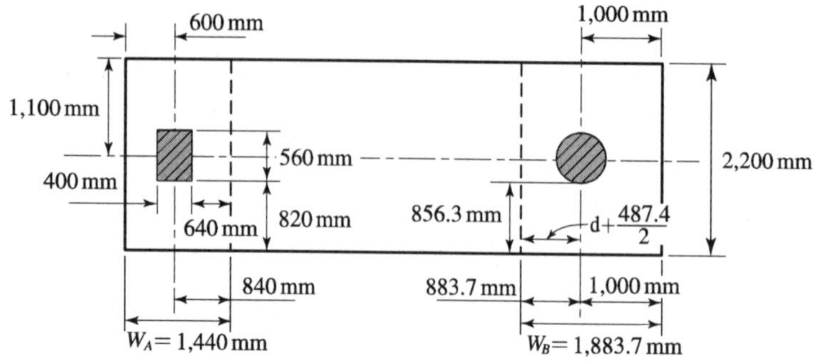

그림 9·14

이 예제와 같이 기둥의 간격이 넓어서 확대기초의 폭이 비교적 좁은 경우는 기둥과 기둥 사이에서는 주로 장변 방향의 휨을 받고, 기둥 근처에서는 2방향의 휨을 받는다. 기둥 A에서 가로 방향 철근을 배치할 구간 W_A 는 그림 9·14를 참고하면

$$W_A = 60 + \frac{60}{2} + 64 = 144 \text{ cm}$$

확대기초 가로방향 1m에 대한 상향압력(上向壓力)은

$$\frac{2,370}{2.2} = 1077,3 \text{ kN/m}$$

위험단면, 축기둥 A의 전면(前面)에 대한 휨모멘트는

$$M_u = \frac{1}{2} \times 1077.3 \times 0.82^2 = 362.188 \text{ kN} \cdot \text{m} = 36,218,800 \text{N} \cdot \text{m}$$

유효높이는 $d = 75 - 8$ (피복두께) $- 1.27 \left(D25\text{의 지름의} \frac{1}{2} \right) = 65.73$ cm

이에 대한 콘크리트 등가 직사각형 응력블럭의 깊이 a 는 매우 작으므로 휨철근의 최소량을 배치한다.

$$A_{s.\min} = \frac{0.25\sqrt{f_{ck}}}{f_y} b_w d = \frac{0.25 \times \sqrt{24}}{300} \times 1440 \times 657.3 = 3864 \text{ mm}^2 \text{ 또는}$$

$$A_{s.\min} = \frac{1.4}{f_y} b_w d = \frac{1.4}{300} \times 1440 \times 657.3 = 4417 \text{ mm}^2 \text{ 중 큰 값을 사용}$$

따라서 $10 - D25\,(= 5067 \text{ mm}^2)$를 그림 9·14의 W_A 구간에 등간격으로 배치한다. 이 철근들을 기초저부에서 짧은 변 방향으로 배치한다.

기둥 B에서 가로방향 철근의 배치구간은 $W_b = 100+\left(\frac{48.74}{2}+64\right) = 188.37$ cm

가로방향에 대한 상향압력은 $\frac{2686}{2.2} = 5909.2$ kN/m

기둥 B의 등가정사각형 단면의 전면(前面)에 대한 휨모멘트는

$M_u = \frac{1}{2} \times 5909.2 \times 0.8569^2 = 2,169.497 \text{ kN}\cdot\text{m} = 216,949,700 \text{ N}\cdot\text{mm}$

이에 대하여 휨철근의 최소량을 사용한다.

$A_{s.\min} = \frac{0.25\sqrt{f_{ck}}}{f_y} b_w d = \frac{0.25\times\sqrt{24}}{300} \times 1883.7 \times 657.3 = 5055 \text{ mm}^2$ 또는

$A_{s.\min} = \frac{1.4}{f_y} b_w d = \frac{1.4}{300} \times 1883.7 \times 657.3 = 5778 \text{ mm}^2$ 중 큰 값을 사용

따라서 $12-D25\,(=6080 \text{ mm}^2)$를 그림 9·14의 W_B 구간에 등간격으로 배치한다.

$12-D25$를 그림 9·14의 W_B 구간에 등간격으로 배치한다. 휨에 대하여 검사해 보면

$C - 0.85 f_{ck} a b = 0.85 \times 24 \times 1883.7 \times a = 38427.48a$

$T = A_s f_y = 60804 \times 300 = 1,824,000 \text{ N}$

$\therefore u = 47.5 \text{ mm}$

$\phi M_n = \phi A_s f_y\left(d - \frac{a}{2}\right) = = 0.85 \times 6080 \times 300 \times \left(657.3 - \frac{47.5}{2}\right) = 982,255,920 > M_u$

철근의 정착길이, 지압강도, 연결철근 등은 예제 9·3의 경우와 같은 방법으로 계산한다.

예제 9·5

다음과 같은 그림과 조건하에서 확대기초를 설계하여라.

사용 고정하중 800 kN, 사용 활하중 600 kN을 받고 있는 띠철근 기둥이 있다. 기둥의 단면은 50 cm×50 cm이고 D25를 축방향 철근으로 사용하고 있다. 현장 사정으로 인해 확대기초의 한 변의 길이는 2.1 m로 제한을 받는다. 기초지반의 허용 지지력은 220 kN/m^{2}이고, 기둥 및 확대기초의 콘크리트의 설계기준강도는 $f_{ck} = 24$ MPa이고 철근의 설계기준항복강도 $f_y = 300$ MPa이다.

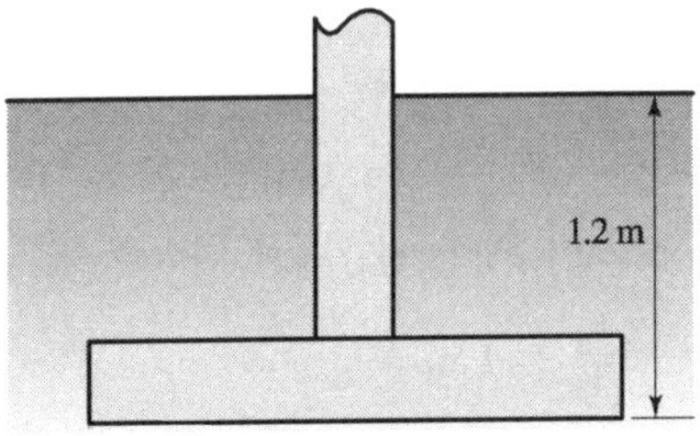

그림 9·15

풀이

(1) 확대기초의 면적

확대기초 위의 복토무게와 확대기초의 자중을 합한 것의 평균중량을 20 kN/㎥로 가정하면, 이 중량에 의한 확대기초 저면의 압력 : $20 \times 1.2 = 24\ \mathrm{kN/m^2}$

따라서, 기초저면에서의 실제의 허용 지지력 : $220 - 24 = 196\ \mathrm{kN/m^2}$

확대기초의 필요한 넓이 : $A = \dfrac{800 + 600}{196} = 7.143\ \mathrm{m^2}$

그러므로 다음과 같은 직사각형을 사용한다.

$A = 2.10 \times 3.50 = 7.35\ \mathrm{m^2} > 7.143\ \mathrm{m^2}$

(2) 확대기초의 두께

이러한 직사각형 확대기초는 긴 변 방향의 1방향 작용으로 전단이 지배된다고 보고 유효 높이를 계산해야 한다. 기둥의 계수하중은

$P_u = 1.4 \times 800 + 1.7 \times 600 = 2,140\ \mathrm{kN}$

따라서, 계수압력은

$$p_u = \frac{P_u}{A} = \frac{2,140}{7.358} = 291.156\ \mathrm{kN/m^2} = 0.291\mathrm{MPa}$$

1방향 작용의 보로 보면, 그림 9·16(b)의 위험단면에서의 전단력은

$$V_u = p_u \times H \times \left(\frac{L}{2} - \frac{50}{2} - d\right) = 0.291 \times 2100 \times \left(\frac{3500}{2} - 250 - d\right) = 916,650 - 611.1d$$

보라고 생각할 때 콘크리트만으로 부담할 수 있는 전단강도는

$$\phi I\ V_c = \phi \frac{1}{6}\sqrt{f_{ck}}\, b_w d = 0.80 \times \frac{1}{6} \times \sqrt{24} \times 2100 \times d = 1,372d$$

$V_u \le \phi V_c$이라야 하므로

$916,650 - 611.1d \le 1,372d$

$\therefore d \ge 462\ \mathrm{mm}$

그러므로 유효길이 $d = 500\mathrm{mm}$로 취한다. 그러면 확대기초의 두께는 다음과 같이 된다.

$h = 500 + 80(\text{덮개}) + 25(\text{철근지름}) = 605\ \mathrm{mm}$

위의 유효 높이로 2방향 작용의 전단을 검사해 보자. 그림 9.16(a)에서

$$B = 50 + \frac{50}{2} \times 2 = 100\ \mathrm{cm}$$

위험단면 둘레에 작용하는 전단력은

$V_u = p_u \times (A - B^2) = 291.156 \times (7.35 - 1^2) = 1,849\,\mathrm{kN} = 1,849,000\mathrm{N}$

그림 9.16을 참고하여 2방향 전단 식에 관련된 각 계수들은 보면

$$\beta_c = \frac{L}{H} = \frac{3.5}{2.1} = 1.67$$

$b_0 = 4 \times B = 4 \times 1000 = 4000\ \mathrm{mm}$

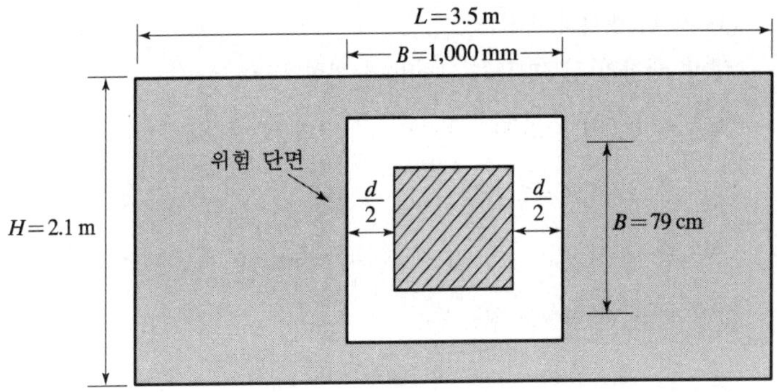

(a) 2방향 작용

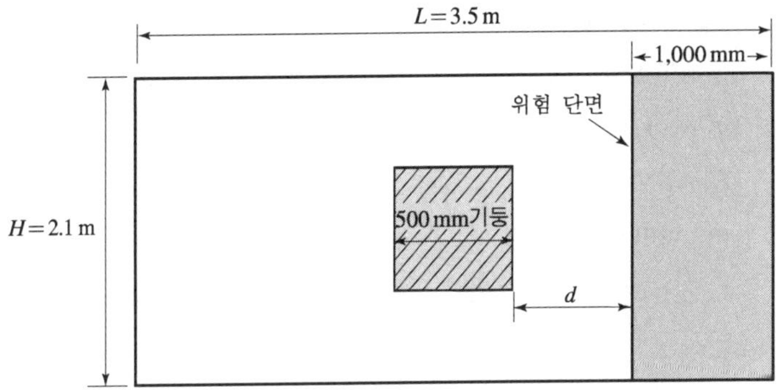

(b) 1방향 작용

그림 9·16 전단에 대한 위험단면

$a_s = 40$

그러면 V_c는 다음과 같이 계산된다.

$$V_c = \frac{1}{6}\left(1+\frac{2}{\beta_c}\right)\sqrt{f_{ck}}\, b_0\, d = \frac{1}{6}\times(1+\frac{2}{1.67})\times\sqrt{24}\times 4,000\times 500 = 3,588,674\,\text{N}$$

$$V_c = \frac{1}{6}\left(1+\frac{\alpha_s d}{2b_o}\right)\sqrt{f_{ck}}\, b_0\, d = \frac{1}{6}\times\left(1+\frac{40\times 500}{2\times 4,000}\right)\times\sqrt{24}\times 4000\times 500 = 5,715,476\,\text{N}$$

$$V_c = \frac{1}{3}\sqrt{f_{ck}}\, b_0\, d = \frac{1}{3}\times\sqrt{24}\times 4000\times 500 = 3,265,986\,\text{N}$$

따라서 콘크리트가 부담할 수 있는 전단강도는 위 세 가지 중에 가장 작은 값인 $V_c = 3,265,986\,\text{N}$에 대하여 $\phi V_c = 0.8\times 3,265,986 = 2,612,788\,\text{N} > 1,849,000\text{N}$

즉, $\phi V_c > V_u$이므로 편칭전단에 안전하다.

다음에 처음에 가정한 중량을 검사해 보자. 흙의 중량을 16 kN/m^{3}라고 하면

$25 \times 0.605 + 16 \times (12 - 0.605) = 24.645\text{kN/m}^2$

이것은 처음에 가정한 24kN/f/m^{2}와 유사하다.

(3) 긴 변 방향의 휨철근

긴 변 방향의 휨모멘트는 그림(b)의 위험단면에서

$$M_{uL} = 0.291 \times 2100 \times 1500 \times \frac{1}{2} \times 1500 = 687,487,500 \text{ N} \cdot \text{m}$$

$d - \frac{a}{2} = 0.95d$로 보면

$$d - \frac{a}{2} = 0.95d = 0.95 \times 500 = 475 \text{ mm}$$

그러면 긴 변 방향의 철근량은

$$A_{sL} = \frac{M_{uL}}{\phi f_y\left(d - \frac{a}{2}\right)} = \frac{687,487,500}{0.85 \times 300 \times 475} = 5,676 \text{ mm}^2$$

a를 검사해 보면

$$C = 0.85 f_{ck} a\, b = 0.85 \times 24 \times 2100 \times a = 42,840\, a$$

$$T = A_s f_y = 5,676 \times 300 = 1,702,800 \text{ kgf}$$

$C = T$로부터

$a = 40\text{mm}$

$$\therefore\ d - \frac{a}{2} = 500 - \frac{40}{2} = 480 \text{ mm} > \text{가정한 } 475 \text{ mm}$$

철근량을 수정하면

$$A_{sL} = 5,676 \times \frac{475}{480} = 5,617 \text{ mm}^2$$

휨철근의 최소량은

$$A_{s,}\min = \frac{0.25\sqrt{f_{ck}}}{f_y} bd = \frac{0.25 \times \sqrt{24}}{300} \times 2100 \times 500 = 4,287 \text{ mm}^2$$

$$A_{s,}\min = \frac{1.4}{f_y} bd = \frac{1.4 \times 2100 \times 500}{300} = 4,900 \text{ mm}^2 < 5,617 \text{mm}^2$$

따라서, $A_{SL} = 12 - D25 = 6,080 \text{ mm}^2$를 긴 변 방향으로 배치하되 폭 210cm에 양쪽에 피복두께 80mm를 두고 191mm 간격으로 배근한다.

장변 방향 철근은 단변 방향의 철근 아래에 배치한다.

휨에 대하여 검사해 보자.

$$d = h - \text{피복두께} - \frac{\text{철근직경}}{2} = 605 - 80 - \frac{25}{2} = 512.5 \text{mm}$$

$$C = 0.85 \times 24 \times 2100 \times a = 42,840\, a$$

$$T = 6,080 \times 300 = 1,824,000 \text{ Nf}$$

$C = T$로부터

$\therefore a = 42.6 \text{ mm}$

$$\phi M_{uL} = \phi A_s f_y\left(d - \frac{a}{2}\right) = 0.85 \times 6,080 \times 300 \times \left(512.5 - \frac{42.6}{2}\right) = 761,556,480 \text{ N} \cdot \text{mm}$$

$$= 761,556,480 \text{ N} \cdot \text{mm} > 687,487,500 \text{ N} \cdot \text{mm}$$

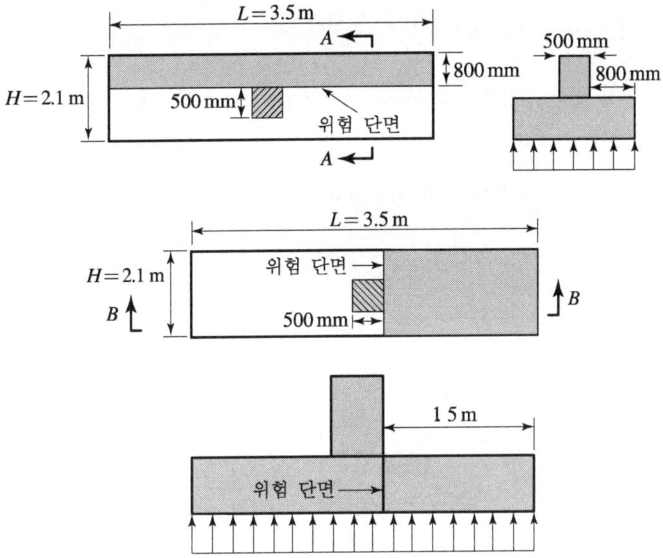

그림 9·17 휨에 대한 위험단면

즉, $M_{uL} < \phi M_{nL}$이므로 안전하다.

(4) 짧은 변 방향의 휨철근

짧은 변 방향의 휨모멘트는 그림 (a)의 위험단면에서

$$M_{us} = 0.291 \times 3,500 \times 800 \times \frac{800}{2} = 325,920,000 \text{ N} \cdot \text{mm}$$

$$d - \frac{a}{2} = 0.95d = 0.95 \times 500 = 475 \text{ cm}$$

로 가정하고 철근량을 계산하면

$$A_{ss} = 3,25,920, \frac{000}{0.85 \times 300 \times 475} = 2,691 \text{ mm}^2$$

a를 검사해 보면

$$C = 0.85 \times 24 \times 3,500 \times a = 71,400a$$

$$T = 2,691 \times 300 = 807,300 \text{ N}$$

$$\therefore a = 11 \text{ mm}$$

$$d - \frac{a}{2} = 500 - \frac{11}{2} = 494.5 \text{ mm}$$

철근량을 수정하면

$$A_{ss} = 2,691 \times \frac{475}{494.5} = 2,575 \text{ mm}^2$$

최소 철근량은

$$A_{s,}\min = \frac{0.25\sqrt{f_{ck}}}{f_y} bd = \frac{0.25 \times \sqrt{24}}{300} \times 3500 \times 500 = 7,144 \text{ mm}^2$$

$$A_{s,}\min = \frac{1.4}{f_y} bd = \frac{1.4 \times 3,500 \times 500}{300} = 8,166\ \text{mm}^2 > 2,575\text{mm}^2$$

실제 철근 사용은 $A_{s,}\min = 8,166\ \text{mm}^2$이상을 사용하여야 한다.

그러므로 사용 철근량은

$$A_{ss} = 17 - D25 = 8,614\ \text{mm}^2 > 8,166\ \text{mm}^2$$

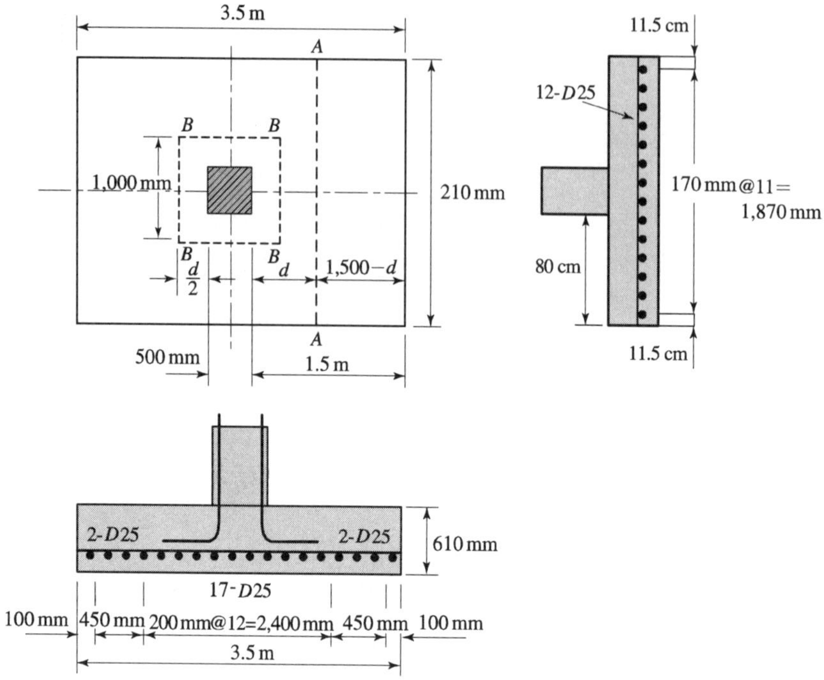

그림 9·18 휨철근의 배근

단변 방향의 총철근량은 식 (9.6)으로 계산된 철근량을 단변의 폭 S만큼의 장변의 중앙구간에 균등하게 배근하고 나머지 철근은 양뽁 구간에 등간격으로 배근해야 한다. 따라서,

$$\beta = \frac{L}{H} = \frac{3.5}{2.1} = 1.67$$

$$\frac{2}{\beta + 1} = \frac{2}{1.67 + 1} = 0.75$$

즉, 짧은 변 방향으로 배치할 철근량은 75%를 그림에 보인 것처럼 기둥을 중심으로 한 중앙구간에 배치해야 한다. 중앙구간에 배치해야 할 철근의 수는 다음과 같다.

$$A_{sc} = \frac{2}{\beta + 1} A_{ss} = 0.75 \times 17 = 12.8(\text{개})$$

즉, 중앙구간에 D25 철근 13개를 20cm의 간격으로 배치하고 나머지 4개는 양쪽 외측구간에 22.5cm 간격으로 2개씩 배치한다. 이러한 배근을 보인 것이 그림 9·18이다.

인장철근의 정착길이를 검사해보자. 인장 이형철근의 정착길이를 다음 식으로부터 상세한 계산으로 구할 수 있다.

$$l_{db} = \frac{0.9 d_b f_y}{\sqrt{f_{ck}}} \frac{\alpha\beta\gamma\lambda}{\left(\dfrac{c+K_{tr}}{d_b}\right)}$$

이식에서 $K_{tr}=0$으로 보고 인장철근 D25의 정착길이를 계산하면 $l_d = 551\,\text{mm}$ 이다. 그런데 단변 방향의 철근이 묻힐 수 있는 길이는 위험단면으로부터 80 cm이므로 정착길이는 충분하다.

(5) 기둥저부에서의 힘의 전달

기둥저부에서의 계수 지압하중은

$P_u = 1.4 \times 800 + 1.7 \times 600 = 2,140\ \text{kN} = 2,140,000\text{N}$

지지부 면적 A_2는 재하면 A_1과 중심이 일치하는 닮은꼴의 최대면적이라야 하므로

$A_2 = 2.1^2\ \text{m}^2$

따라서,

$$\alpha_b = \sqrt{\frac{A_2}{A_1}} - \sqrt{\frac{2.1^2}{0.5^2}} = 4.2 > 2.0$$

$\alpha_b \leq 2$이어야 하므로 확대기초의 설계 지압강도의 식으로부터

$B_{df} = \alpha_b \phi \times 0.85 f_{ck} A_1 = 2 \times 0.70 \times 0.85 \times 24 \times 500^2 = 7,140,000\text{N} > 2,140$

$= 7,140,000\text{N} > 2,140,000\ \text{N}$

기둥의 설계 지압강도는 식으로부터

$B_{df} = \phi \times 0.85 f_{ck} A_1 = 0.70 \times 0.85 \times 24 \times 500^2 = 3,570,000\ \text{N} > 2.140,000\text{N}$

즉, 콘크리트만으로 기둥하중이 전달될 수 있다. 그러나 4−D25를 연결철근으로 사용하여 기둥의 네 모서리에 각각 1개씩 배치한다.

연습문제

9·1 고정하중 1,500 kN, 활하중 900 kN을 받고 있는 기둥을 지지할 정사각형의 독립 확대기초를 강도 설계법으로 설계하여라. 기둥의 단면은 한 변이 50cm인 정사각형이고 기초 지반의 허용지지력 $q_a = 250\,\text{kN/m}^2$이고, $f_{ck} = 25\,\text{MPa}$, $f_y = 350\,\text{MPa}$. 콘크리트 단위질량은 $w_c = 2,500\,\text{kg/m}^3$이다.

9·2 그림 9·19와 같은 독립 확대기초에 고정하중 1,050 kN, 활하중 700 kN이 기둥을 통하여 확대기초에 안전하게 전달될 수 있도록 정사각형 확대기초로 설계하여라. 단, $q_a = 250\ \text{kN/m}^2, f_{ck} = 24\,\text{MPa}$, $\gamma_s = 2,000\,\text{kg/m}^3$. $f_y = 350\ \text{MPa}$이다.

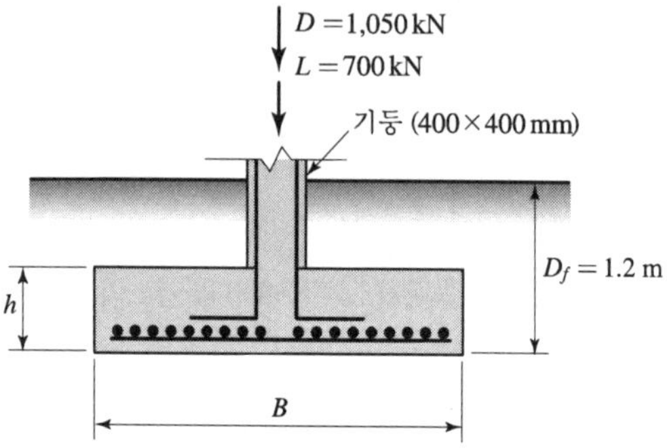

그림 9·19

9·3 한 변이 400 mm 인 정사각형 단면의 기둥이 고정하중 1,100 kN과 활하중 750 kN을 기초로 전달하고 있다. 기초 위에 단위중량이 18 kN/m^3 인 흙이 500 mm의 두께로 덮여 있을 때 이 하중을 지탱할 수 있는 정사각형 독립기초를 설계하여라. 단, 기초 하부 지반의 허용지지력은 $q_a = 350\ \text{kN/m}^2$, $f_{ck} = 28\,\text{MPa}$, $f_y = 380\,\text{MPa}$이며, 콘크리트 단위질량은 $2,500\,\text{kg/m}^3$이다.

9·4 그림 9·20과 같은 연결 확대기초를 설계하여라. 기둥 A는 고정하중 900 kN, 활하중 700 kN을 받으며, 기둥 B는 사하중 1,000 kN, 활하중 650 kN을 받는다. 이들 하중은 전부 사용하중이다. 기초 지반의 허용지지력은 230 kN/m^{2}이고, 기둥 및 확대기초의 콘크리트 설계기준강도 $f_{ck} = 25\,\text{MPa}$, 철근의 설계기준항복강도 $f_y = 350\,\text{MPa}$이다.

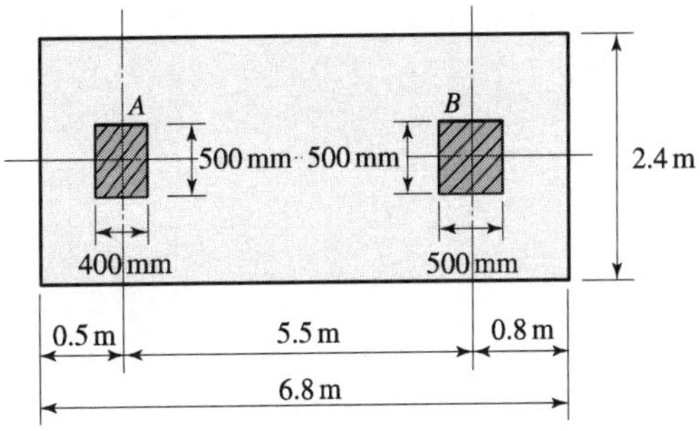

그림 9·20

9·5 외부기둥은 500 ×400 m 크기에 고정하중 850 kN, 활하중 650 kN의 하중을 지지하고 내부기둥은 500 ×500 m 크기에 고정하중 1,500 kN, 활화중 1,100 kN의 하중을 지지한다. 이들 기초를 연결확대 기초로 설계하여라. 기둥 중심간격은 6 m이고 외부기둥은 대지 경계선이 있으며, $f_{ck} = 25\,\text{MPa}$, $f_y = 400\,\text{MPa}$이고, 허용지지력은 $q_a = 300\,\text{kN/m}^2$이며, 기초와 상재하중은 $60\,\text{kN/m}^2$으로 한다. $f_{ck} = 25\,\text{MPa}$, $f_y = 400\,\text{MPa}$

10장 옹 벽

10·1 서 론

옹벽(retaining walls)은 흙깎기 또는 흙쌓기로 자연사면을 유지할 수 없을 경우에 자연사면을 안식각 이상의 급한 경사로 유지하고, 붕괴를 방지할 목적으로 석재, 콘크리트 또는 기타 보강재를 사용하여 지반에 설치되는 구조물이다.

이러한 목적으로 축조되는 옹벽은 앞, 뒷면에서 흙의 높이가 다르다. 따라서 높은 곳에서 구속된 흙은 옹벽에 전도나 파괴를 야기시키는 외력을 발생시킨다. 이와 같은 옹벽은 교량에서 교대로 사용되고 건물에서 내력벽으로 사용되며 제방으로도 사용된다.

10·2 옹벽의 종류

옹벽은 그 설계방법에 따라 다음과 같은 여러 가지 종류가 있다.

1 중력식 옹벽(gravity wall)

그림 10.1(a)와 같이 주로 무근 콘크리트 또는 석축 등으로 이루어지며, 지지될 흙의 높이가 작을 때, 즉, 3~4m 정도에 사용된다. 옹벽에 작용하는 토압에 대한 안정은 구조물의 자중으로 유지한다. 벽체와 저판 사이에 발생하는 인장응력을 무근콘크리트의 허용인장응력으로 저항하기 때문에 토압이 큰 사면에는 설치하지 않는 것이 좋으며, 또한 저판부에 매우 큰 압력이 작용하기 때문에 지반이 약한 곳에는 적용이 곤란하다

2 캔틸레버식 옹벽(cantilever retaining wall)

옹벽의 높이가 3m~7m까지에 사용되는 철근콘크리트 옹벽(그림 10.1(b))으로, 경제성과 시공의 단순성 때문에 많이 사용되며 역 T형 옹벽이라고도 하며 벽체와 가상배면 사이의 흙을 자중으로 이용한다. 이 옹벽은 저판을 앞판(toe)과 뒷판(heel)으로 하여 수직벽체(stem)와 연결된 3개의 캔틸레버 보로써 작용한다.

3 부벽식 옹벽(butteressed retaining wall)

옹벽의 높이가 7m이상으로 높게 될 경우 옹벽에 토압이 과대하게 작용되어 벽체의 밑면에 상당히 큰 휨모멘트를 발생시켜 캔틸레버 옹벽이 비경제적인 설계로 만든다. 이 경우 하나의 해결 방법은 저판과 연직벽을 잇는 횡벽(부벽)을 설치하는 것이다(그림 10.1(c), (d)).

그림 10.1(c)는 뒷부벽식 옹벽으로서 벽체의 배면에 설치하는 형식으로서, 이때 부벽은 벽체를 지지하는 인장띠로서 작용되어 T형보로 보고 설계한다. 또한 벽체와 저판은 뒷부벽 사이를 받침부로 하는 2방향 연속 슬래브로 설계한다.

앞부벽식은 그림 10.1(d)와 같이 부벽을 앞판과 연결하여 노출면에 설치한다. 이 형식은 지형상 제약으로 옹벽 배면에 터파기가 불가능할 경우에 사용된다. 이 때 부벽은 직사각형보로 설계하며, 압축 스트럿으로 작용된다. 그러나 수직벽체의 이용할 수 있는 전면공간을 부벽이 차지하므로 뒷부벽보다 많이 사용되지는 않는다.

4 교 대

교량의 양단에 설치되어 도로와 교량을 접속하고 상부구조로부터 전달되는 하중과 배면성토(뒷채움흙)의 토압 및 지표 재하중 등을 지지하고 이들 하중과 교대 자중을 기초지반에 전달하는 특수한 옹벽 구조물이다. 이 수직벽체는 저부가 고정되어 있고, 상부는 단순지지 또는 부분적으로 구속된 보로 보고 설계한다.

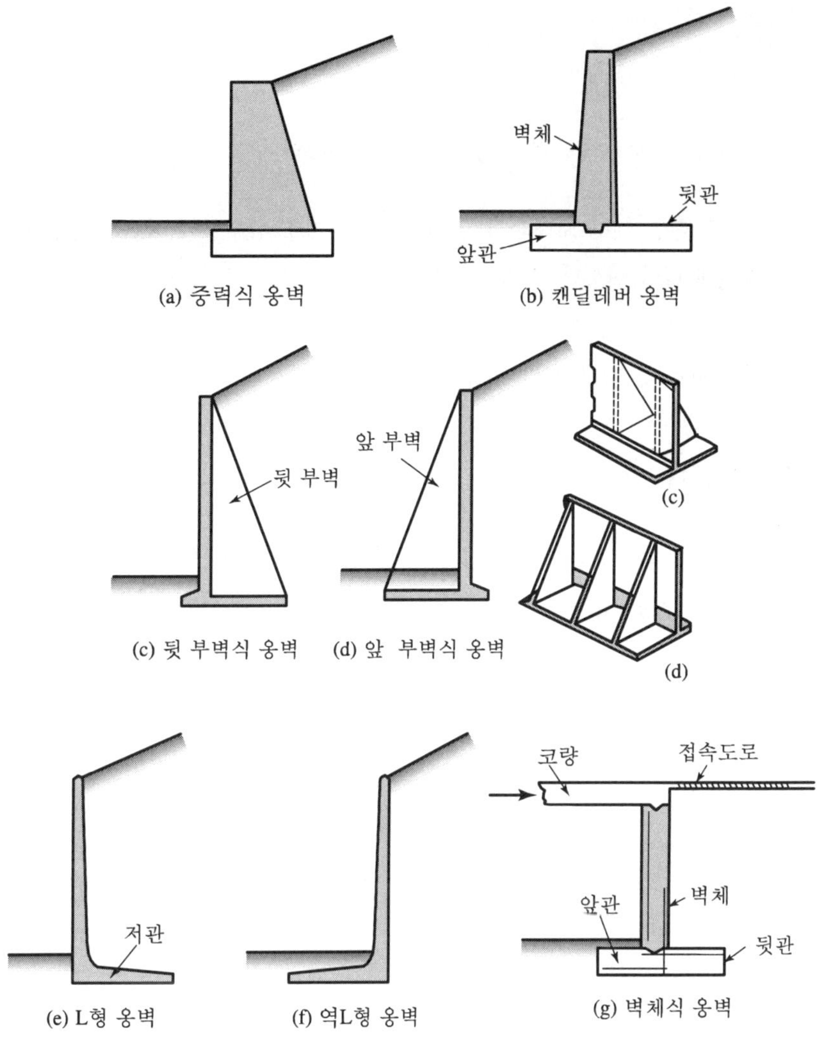

그림 10·1 옹벽의 종류

10·3 옹벽에 작용하는 토압

토압은 대체로 토질역학 또는 기초공학의 과정에서 다루어진다. 따라서 여기에서는 옹벽설계에 필요한 주요 항목만을 간단히 다룬다. 옹벽은 일반적으로 옹벽의 자중, 토압, 상재하중을 받는다. 옹벽에 작용하는 토압의 크기가 복잡하더라도 일반적으로 선형 압력 분포로 가정한다. 토압의 크기는 깊이에 따라 선형적으로 증가하고 그 값은 옹벽의 높이, 흙의 중량, 흙의 종류 등의 함수이다. 지표면 아래 h인 점에서 압력의 크기 P는 다음과 같다.

$$P = Kw_s h \tag{10·1}$$

여기서, K : 토압계수, w_s : 흙의 단위중량

토압계수 K는 모래와 같은 사질토에서 0.3, 함수량이 많은 점성토에서 1.0으로 흙의 성질에 따라 변한다. 일반적으로 옹벽의 배면에는 주동토압이 발생하지만 옹벽이 활동한다면 옹벽의 앞면에 수동토압이 발생할 수 있다. 옹벽의 작용하는 토압의 계산은 Coulomb 및 Rankine의 토압이론을 이용한다.

10·3·1 주동토압

일반적으로 그림 10·2와 같이 옹벽에 작용하는 총 주동토압 H_a는 다음 식 (10·2)으로 계산하며, 이 힘은 토압분포의 도심인 밑면에서 $\frac{h}{3}$ 점에 작용한다.

$$H_a = \frac{1}{2} K_a w_s h^2 \tag{10·2}$$

여기서, K_a : 주동토압계수

w_s : 뒷채움 흙의 단위질량

h : 옹벽의 높이

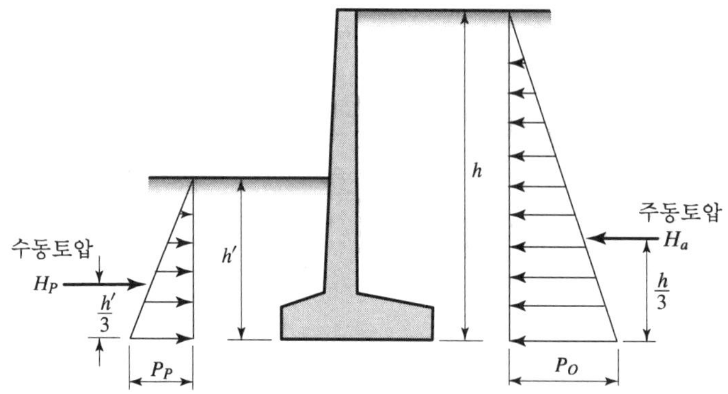

그림 10·2 주동토압과 수동토압

옹벽의 뒷채움 흙이 그림 10·3과 같이 δ의 경사각을 이룰 때 주동토압계수는 다음 식 (10·3)과 같으며, 표 10·1에서 구할 수 있다.

$$K_a = \cos\delta \left(\frac{\cos\delta - \sqrt{\cos^2\delta - \cos^2\phi}}{\cos\delta + \sqrt{\cos^2\delta - \cos^2\phi}} \right) \tag{10·3}$$

여기서 ϕ는 흙의 내부 마찰각이다.

옹벽 배후의 지표면이 수평일 때(δ =0일 때) 주동토압계수는 다음 식과 같이 간단하게 된다.

$$K_a = \frac{1 - \sin\phi}{1 + \sin\phi} \tag{10·4}$$

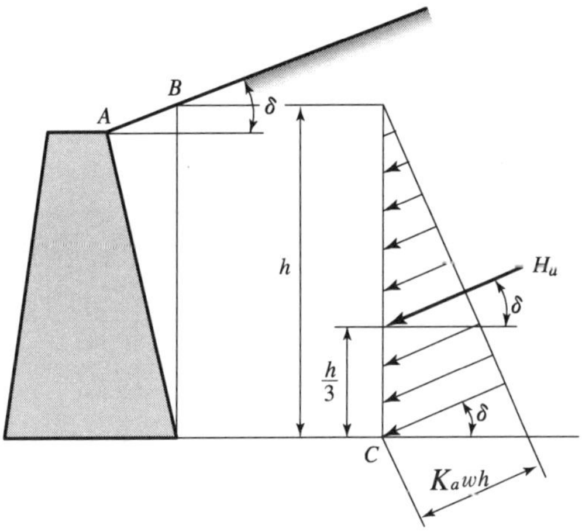

그림 10·3 지표면 경사의 주동토압

표 10·1 주동토압계수 K_a

δ	ϕ (내부 마찰각)						
(경사각)	28°	30°	32°	34°	36°	38°	40°
0°	0.361	0.333	0.307	0.283	0.260	0.238	0.217
10°	0.380	0.350	0.321	0.294	0.270	0.246	0.225
20°	0.461	0.414	0.374	0.338	0.306	0.277	0.250
25°	0.573	0.494	0.434	0.385	0.343	0.307	0.275
30°	0	0.866	0.574	0.478	0.411	0.358	0.315

10·3·2 수동토압

옹벽의 활동으로 발생하는 총 수동토압 H_p 는

$$H_p = \frac{1}{2} K_p w h^2 \tag{10·5}$$

지표면이 δ의 경사를 이룰 때의 수동토압계수는 다음과 같으며, δ와 ϕ에 의해 표 10·2에서 구할 수 있다.

$$K_p = \cos\delta \left(\frac{\cos\delta + \sqrt{\cos^2\delta - \cos^2\phi}}{\cos\delta - \sqrt{\cos^2\delta - \cos^2\phi}} \right) \tag{10·6}$$

지표면이 수평일 때($\delta = 0$일 때) 수동토압계수는 식 (10·7)과 같다.

$$K_p = \frac{1 + \sin\phi}{1 - \sin\phi} \tag{10·7}$$

표 10·2 수동토압계수 K_p

δ (경사각)	ϕ (내부 마찰각)						
	28°	30°	32°	34°	36°	38°	40°
0°	2.77	3.00	3.25	3.54	3.85	4.20	4.60
10°	2.55	2.78	3.02	3.30	3.60	3.94	4.32
20°	1.92	2.13	2.36	2.61	2.89	3.19	3.53
25°	1.43	1.66	1.90	2.14	2.40	2.68	3.00
30°	0	0.87	1.31	1.57	1.83	2.10	2.38

10·3·3 지진시의 토압

지진시의 토압 계산은 Mononobe-Okabe의 의사-정적 해석방법을 사용한다.

토압계산은 상시와 같이 벽체 위의 흙을 강체로 간주하되 흙쐐기의 자중에 수평 및 수직지지계수를 곱한 지지력을 포함하여 힘의 평형에 대하여 계산한다. 토압의 작용점은 정적 분력일 때 토압작용면 높이의 1/3이고, 동적 분력일 때 토압작용면 높이의 0.6배 위치에 작용하는 것으로 본다. 또한 토압작용각은 정적 분력일 때 상시와 동일하고, 동적 분력일 때 수평으로 작용하는 것으로 본다.

1 지진속도계수

지진시의 옹벽은 경제적인 구조물이 되도록 변위를 허용하여 설계한다. 옹벽의 변위식은 다음과 같다.

$$d=0.087\frac{v^2}{A\cdot g}\left[\frac{N}{A}\right]^{-4} \tag{10·8}$$

여기서,

d : 변위량, A : 가속도계수, g : 중력가속도, v : 최대속도, N : 최대저항계수,

가속도계수(K_h) 결정 방법으로 Richards와 Elms은 최대허용변위량 d를 결정하고 변위식을 이용하여 지진가속도계수를 다음 식으로 정의하였다.

$$K_h = A\cdot\left(\frac{5.15Av^2}{A\cdot d}\right)^{1/4} \tag{10·9}$$

지진가속도계수 적용은 직접기초로 설계된 옹벽에 대해서는 Elms와 Martin의 연구 결과를 준용한다.

$$K_h = \frac{A}{2} \tag{10·10}$$

지진시의 안정성검토시에는 구조물 및 뒷판 상면 흙의 관성력을 고려하고 벽체단면 설계시에는 벽체 자중의 관성력을 무시한다.

10·3·4 상재하중

옹벽의 뒤채움 흙 상부 가까이는 차량 또는 건물과 같은 고정하중 등 여러 가지 하중이 있을 수 있으며, 이러한 하중들은 옹벽에 횡방향 압력을 증가시킨다. 고정하중은 건물의 중량을 옹벽의 뒤채움 흙의 중량으로 환산하여 그 만큼 흙이 있는 것을 보고 토압을 계산한다. 그러나 도로의 경우 DB-24의 경우 10kN/m^2, DB-15의 경우 7kN/m^{2}를 재하하중으로 보고 설계하는 것이 일반적이다. 이와 같이 그림 10.4와 같이 단위면적에 작용하는 하중을 상재하중(surcharge load)이라고 한다.

상재하중 q를 뒷채움 흙의 단위질량 w_s로 나눈 흙의 높이만큼 뒷채움 흙의 높이 h_s가 더 놓인 것으로 보고, 이 높이의 토압이 옹벽 배면에 더 작용하는 것으로 설계한다. 상재하중에 의한 토압은 옹벽 전체에 일정하게 작용한다.

$$h_s = \frac{q}{w_s} \tag{10·11}$$

여기서, h_s: 흙의 등가높이(m), q: 상재하중(kN/m^2), w_s: 흙의 단위질량(kN/m^3)

그림 10·4는 이러한 관계를 설명한 그림이다. 상재하중으로 인한 지표면에서 토압은 $K_a h_s w_s$와 같다.

상재하중이 옹벽에서 얼마간 떨어진 곳에 작용할 경우, 오직 상재하중의 부분만이 벽에 영향을 미친다. 부분 상재하중에 의한 압력의 유효높이는 그림 10·4(b)에서와 같이 B점에서 옹벽의 밑면까지 측정된 h'이다. 이때 선분 AB가 수평선에서 40°를 이룬다고 본다.

그러나 도로교 설계기준에서는 q에 토압계수를 곱한 값만큼, 즉 $K_a q$,만큼, 더 토압이 작용하는 것으로 되어있다.

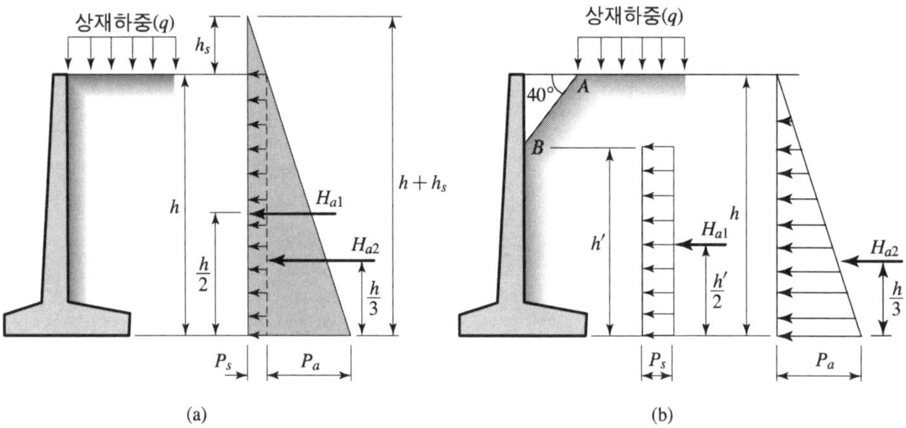

그림 10·4 (a) 등분포 상재하중, (b) 부분 등분포 상재하중

10·4 옹벽의 안정

옹벽은 단면은 외력의 작용에 대한 안정을 위하여 다음의 세 가지 조건을 만족해야 한다. 즉, 전도(overturning), 활동(sliding), 침하(settlement) 등에 대하여 안전하게 설계되어야 한다. 이와 같은 안정 검토는 강도설계법의 하중계수를 고려하지 않은 사용하중에 의하여 검토해야 한다.

10·4·1 전도에 대한 안정

옹벽에 작용하는 토압 등 모든 수평력의 합계를 $\sum H$, 옹벽의 자중 등 모든 수직력의 합계를 $\sum W$라고 하면, 전도모멘트 M_o는 다음 식과 같다.

$M_o = n(\sum H)$

이 전도모멘트에 대하여 옹벽의 안정을 유지하기 위한 저항모멘트 M_r는 다음과 같다.

$M_r = m(\sum W)$

여기서 n, m 등은 각각 모멘트의 팔길이가 된다.

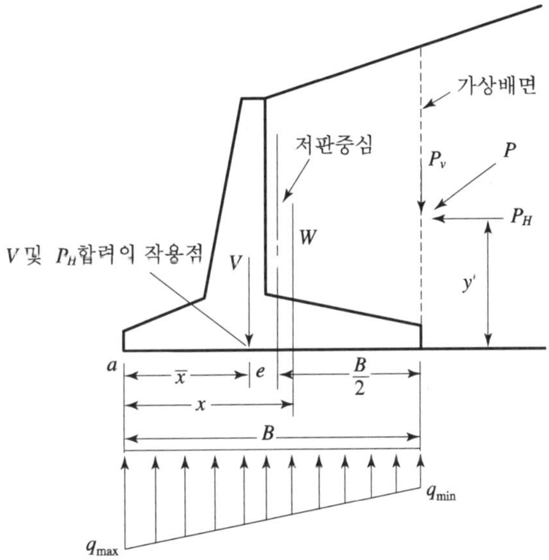

그림 10.5 옹벽에 작용하는 하중

따라서 전도에 대한 안전율은 다음의 식 (10·9)와 같으며, 안전율은 콘크리트 구조설계기준에서 2.0배 이상으로 규정하고 있다.

$$FS = \frac{\text{저항모멘트}}{\text{전도모멘트}} = \frac{M_r}{M_o} = \frac{W_x}{Phy' - P_v B} \geq 2.0 \qquad (10\cdot12)$$

한편 옹벽의 연직하중과 수평하중의 합력 작용점이 저판 중심에서 떨어져서 형성되는 편심(e)이 지나치게 크면 지반의 부등침하로 인해 옹벽이 경사져서 전도가 일어나기 쉽다. 따라서 이에 대한 옹벽의 안정을 위해서는 합력의 작용점이 기초 저판의 중앙 1/3 안에 위치하는 것이 바람직하다. 이렇게 하는 것이 일반적으로 경제적인 옹벽의 설계를 제공하지만 절대적으로 합력의 작용점이 반드시 중앙1/3 안에 들어와야 한다는 것은 아니다.

10·4·2 활동에 대한 안정

옹벽에 작용하는 모든 횡토압의 합계 ΣH는 옹벽을 기초저면에서 활동시키려고 한다. 이 활동에 저항하는 힘은 저판저면에서의 마찰력과 앞판 저면의 수동토압이다. 그러나 수동토압은 고려하지 않는 경우가 많고, 실제로 활동에 저항하는 힘은 마찰력뿐이다. 저판저면에서의 마찰력은 수직분력을 ΣW로 할 때 다음 식과 같다.

$$f \cdot (\Sigma W)$$

여기서 f는 저판저면의 마찰계수이다.

따라서, 활동에 대한 안전율은 다음의 식 (10·10)과 같으며, 콘크리트 구조설계기준에서는 1.5 이상으로 규정하고 있다.

$$FS = \frac{f(\Sigma W)}{\Sigma H} \geq 1.5 \qquad (10 \cdot 13)$$

앞굽판 저면의 지반을 흐트러지지 않게 시공한다면, 활동에 대한 수동토압의 저항을 고려해야 하지만 실제의 공사에서 어렵기 때문에 이를 무시하는 경우가 많다.

활동에 대한 안전율이 1.5를 만족하지 않을 경우에는 활동방지벽(shear key)을 설치하는 수도 있다. 활동방지벽에 작용하는 수동토압은 전면에 균등하게 분포된다고 가정한다. 그리고 저판의 마찰면은 활동방지벽의 저면의 수평선으로 이동한다. 따라서 마찰력은 흙의 내부 마찰력에 의해 결정된다.

표 10·3 콘크리트와 흙 사이의 마찰계수

기초지반의 토질	마찰계수 f
실트(silt)	0.35
실트가 섞인 모래나 자갈	0.45
실트가 섞이지 않은 모래나 자갈	0.55
암반	0.60

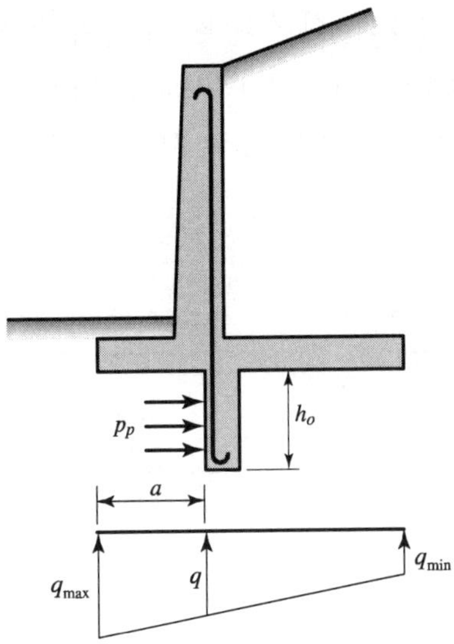

그림 10·6 활동방지벽의 수동토압

그림 10·6과 같이 수동토압에 의한 활동방지벽이 저항할 수 있는 저항모멘트는 다음의 식과 같이 된다.

$$M_p = \frac{P_p h_o^2}{2} \tag{10·14}$$

여기서, h_o는 활동방지벽의 깊이이다.

활동방지벽은 그림 10·7과 같이 보통 옹벽의 벽체의 아래에 두는 것이 일반적이다. 이때 활동방지벽의 깊이 h_o는 다음 식을 만족하도록 도로교 시방서에 요구하고 있다.

$$0.1 \le \frac{h_o}{B} \le 0.15 \tag{10·15}$$

여기서, B = 옹벽 저판의 폭

그러나 CRSI Design Handbook(1996)에서는 저판의 두께에 따라 h_o = 300~500 mm를 권장하고 있다. 이는 참고 및 권장사항이며 현장 여건에 따라 조절할 수 있다.

활동방지벽의 마찰저항에 관한 이론은 여러 가지로 소개되고 있으나 Fisher와 Mains가 제시한 흙의 inter-block 개념을 이용한 수동토압의 계산 방법이 안전측으로 계산되는 것으로 알려져 있다.

이 방법에서 그림 10·7의 BCDE 부분(흙의 inter-block)이 존재하도록 활동방지벽이 저판 아래로 깊게 연장되어야 한다. 이 때 깊이 BC에서만 수동저항(passive resistance)이 있도록 대체로 C'CDGFH로 파괴면(failure plane)을 갖는 것으로 가정한다. 수동저항력의 결정에서 보통 지표면에서 300 mm 정도의 흙의 깊이는 그림 10·7의 h_1 계산에서 무시한다.

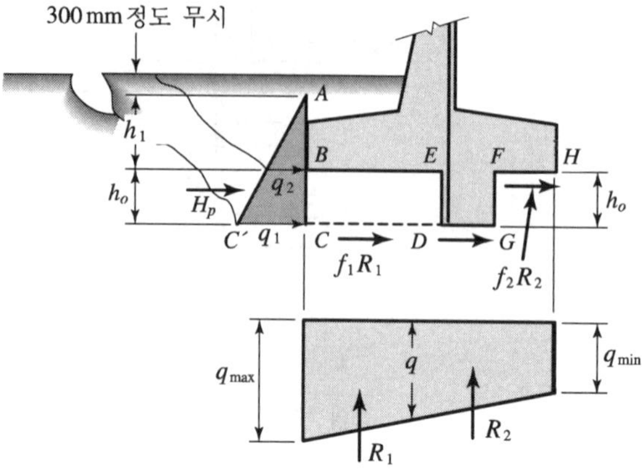

그림 10·7 활동방지벽에 작용하는 수동토압과 마찰저항력

Inter-block 개념을 이용한 수동토압 H_p는 그림 10·7의 BC 거리 내에 작용하는 빗금친 사다리꼴의 하중이다. 이 경우 수평저항력 H_r은 다음과 같다.

$$H_r = H_p + F \tag{10·16}$$

여기서 수동토압 H_p는 다음과 같다.

$$H_p = \left(\frac{q_1 + q_2}{2}\right) \times h_o \times l \tag{10·17}$$

여기서, $q_1 = C_p\omega_s(h_1 + h_2)$. $q_2 = C_p\omega_s - s h_1$, h_o =활동방지벽(shear key)의 깊이, l=옹벽의 길이(역 T형 옹벽의 경우 1m)

또한, 마찰저항력 F는 다음과 같다.

$$F = f_1 R_1 + f_2 R_2 \tag{10·18}$$

여기서, R_1 = 저판 BE 거리 내에 작용하는 지압력

R_2 = 저판 EFH 거리 내에 작용하는 지압력

f_1 = CD 구역의 흙의 내부마찰계수(=tan ϕ)

f_2 = DG, FH 구역의 콘크리트와 흙의 마찰계수(= f)

따라서 활동방지벽이 존재할 경우 활동에 대한 안전율(FS)은 다음으로 계산할 수 있다.

$$FS = \frac{H_r}{\Sigma H} = \frac{H_p + H}{\Sigma H} \geq 1.5 \tag{10·19}$$

10·4·3 침하에 대한 안정

그림 10·8에서 자중을 포함해서 옹벽에 작용하는 모든 외력의 합력을 R, 그 수직분력을 ΣW로 하자. 옹벽은 1방향 슬래브의 경우와 마찬가지로 단위폭에 대해 설계하므로 옹벽의 정면을 향하여 1 m 폭으로 생각하여 설계한다. ΣW가 저판 중앙에서 편심 e에 작용한다면 저판 밑에 일어나는 압력은 다음 식과 같이 된다.

$$\left.\begin{matrix} q_{\max} \\ \\ q_{\min} \end{matrix}\right\} = \frac{P}{A} \pm \frac{M}{I} y = \frac{(\Sigma W)}{B \times 1} \pm \frac{(\Sigma W) \cdot e}{\frac{1 \times B^3}{12}} \times \frac{B}{2}$$

$$= \frac{(\Sigma W)}{B} \pm \frac{6e(\Sigma W)}{B^2} = \frac{(\Sigma W)}{B}\left(1 \pm \frac{6e}{B}\right) \tag{10·20}$$

여기서 B는 기초저판의 폭이다.

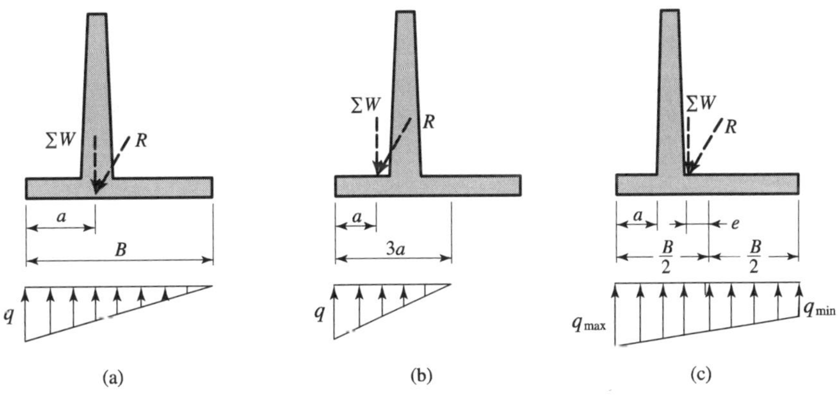

그림 10·8 기초지반의 압력분포

① $e < \frac{B}{6}$ 일 때 : 이 때는 합력이 저판 B의 중앙 $\frac{1}{3}$ 안에 있는 경우이며, 압력분포는 그림 10·8(c)와 같이 사다리꼴이 된다. 이 경우의 압력은 앞의 식으로 구할 수 있다.

② $e = \frac{B}{6}$ 일 때 : 이 때는 합력이 앞굽에서 $a = \frac{B}{3}$ 되는 거리에 작용하는 경우이며,

압력분포는 그림 10·8(a)와 같이 삼각형이 된다. 이 경우의 최대압력은 앞의 식(10·17)에 $e = \frac{B}{6}$ 를 대입하여 다음 식을 얻는다.

$$p = 2 \cdot \frac{\Sigma W}{B} \tag{10·21}$$

③ $e > \frac{B}{6}$ 일 때 : 이 경우는 $a < \frac{B}{3}$ 이며, 이 때 기초저면에 발생하는 압력은 식 10·20으로 계산할 수 없다. 콘크리트 저판과 지반 사이에 인장응력이 작용할 수 없으므로, 압력분포는 그림 10·8(b)와 같이 된다. 이 때 압력분포 삼각형의 합력 크기는 모든 외력의 수직분력과 같고, 그 작용선은 동일 직선상에 있어야 한다. 이 경우에는 $\Sigma V = 0$에 의하여 다음의 관계가 성립한다.

$$\Sigma V = \left(q \times 3a \times \frac{1}{2} \right) \times 1 = \Sigma W \tag{10·21}$$

$$\therefore \ q = \frac{2(\Sigma W)}{3a}$$

이상과 같이 계산된 저판저면의 최대압력이 기초지반의 허용지지력을 초과되지 않아야 옹벽이 침하하지 않는다. 지반의 허용 지지력은 원칙적으로 시험에 의하여 구하여야 하지만 중요치 않은 구조물에서는 표 10·4를 이용해도 좋다.

표 10·4 지반의 허용 지지력

기초지반의 종류	허용 지지력(kN / m^2)
경암반(화강암)	4,000~5,000
중간 암반	1,000~2,000
암반상의 경반(hard pan)	1,000
치밀한 자갈, 전석	1,000
연암, 풍화암	800
다져지지 않은 자갈, 풍화토(마사)	300~500
다져진 모래, 매우 굳고 수분없는 점토	500
잘 다져진 점토섞인 모래	300
비교적 굳은 점토	150
다져지지 않은 토사	기초로서 부적당

예제 10·1

반 중력식 무근 콘크리트 옹벽의 시행단면이 그림 10·9에 나타나 있다. 전도와 활동에 대한 안전과 기초의 지지력을 검토하여라. 뒷채움 흙의 단위질량 1,900 kg/m^3(19 kN/m^3), 내부 마찰각(ϕ) 35°, 콘크리트의 단위질량 2,320 kg/m^3, 콘크리트와 흙의 마찰계수(μ) 0.5, 지반의 허용지지력 150 kN/m^2, 콘크리트 설계기준강도, $f_{ck}=21$ MPa

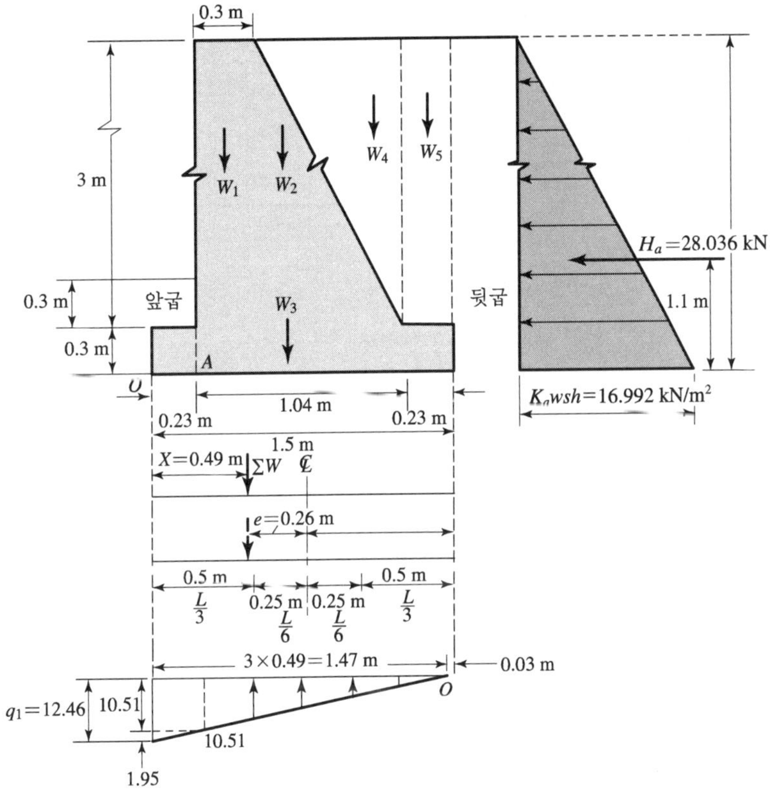

그림 10·9

풀이

(1) 토압계수 계산

$$K_a=\frac{1-\sin\phi}{1+\sin\phi}=\frac{1-0.574}{1+0.574}=0.271$$

$$H_a=\frac{K_a w h^2}{2}=\frac{0.271}{2}\times 19\times 3.300^2=28.036\text{ kN}$$

H_a는 밑면에서 높이 $h/3=3.3/3=1.1$ m인 점을 작용한다.

(2) 전도모멘트 $M_0 = 28.036 \times 1.1 = 30.840$ kN · m=30,840,000.000 N · m

(3) 압굽판의 끝점에 대한 저항모멘트를 계산한다(그림 10·8).

중량 (kN)	팔길이 (m)	모멘트(kN · m)	모멘트(N · ㎜)
$w_1 = 0.3 \times 3 \times 23.20 = 20.88$	0..38	7.934	7,934,000
$w_2 = 0.5 \times 0.74 \times 3 \times 23.20 = 25.752$	0.78	20.087	2,087,000
$w_3 = 1.5 \times 0.3 \times 23.20 = 10.44$	0.75	7.830	7,830,000
$w_4 = 0.5 \times 0.74 \times 3 \times 19 = 21.09$	1.02	21.512	21,512,000
$w_5 = 0.23 \times 3 \times 19 = 13.11$	1.385	18.157	18,157,000
$\sum w = R = 91.272$		$M_r = \sum M 75.880$	75,880,000

(4) 전도에 대한 안전율

$$\frac{75,880,000}{30,840,000} = 2.46 > 2.0 \text{ (OK)}$$

(5) 활동에 저항하는 힘 $F = \mu R$

$F = 0.5 \times 91.272 = 45.636$ kN

활동에 대한 안전율 = $\dfrac{45.6368}{28.0360} = 1.63 > 1.5$ (OK)

(6) 저판 아래의 토압 계산(앞판 끝 O에서 합력의 위치)

$$X = \frac{M_r - M_0}{R} = \frac{75.880 - 30.840}{91.272} = 0.49 \text{ m}$$

$$e = 0.75 - 0.49 = 0.26 \text{ m} > \frac{B}{6} = 0.25$$

따라서 합력 R은 밑면 중앙 $\frac{1}{3}$ 의 바로 바깥에 작용하고 편심 e는 밑면 중앙에서 e=0.26 m를 갖는다.

토압의 삼각형 응력분포의 길이 $3a = 3 \times 0.49 = 1.47$ m

토압은 $\dfrac{2(\sum W)}{3a} = \dfrac{2 \times 91.272}{1.47} = 124.180 \text{ kN/m}^2$

그러므로, $q_1 = 124.180 \text{ kN/m}^2 < 150 \text{kN/m}^2$이고 $q_2 = 0$, 따라서 침하에 안정하다.

10·5 구조세목

옹벽의 연직벽체의 전면(前面)은 1 : 0.02 이상으로 뒤로 기울어지게 하여 시공오차나 지반침하로 인하여 벽체가 앞으로 기울어지지 않게 해야 한다.

① 부벽식 옹벽은 전면벽과 저판에 의해서 부벽에 전달되는 응력을 지탱할 수 있도록 필요한 철근을 부벽에 정착해야 한다. 또한 전면벽과 저판에는 인장철근의 20% 이상의 배력철근을 두어야 한다.

② 활동에 대한 효과적인 저항을 위하여 저판의 하면에 활동방지벽을 설치하는 경우 활동방지벽과 저판을 일체로 만들어야 한다.

③ 피복두께는 벽의 노출면 30 mm 이상, 흙에 접하는 곳 80 mm 이상으로 해야 한다.

④ 콘크리트의 수화열, 온도변화, 건조수축 등 부피변화에 대한 별도의 구조해석이 없는 경우 신축이음을 20 m를 넘지 않는 간격으로 설치해야 한다. 신축이음은 완전히 끊어서 온도변화와 지반의 부등침하에 대비해야 한다. 신축이음에서는 철근도 끊어야 한다. 그런 부피변화에 대한 구조해석을 수행한 경우는 신축이음을 두지 않고 종방향 철근을 연속적으로 배치할 수 있다.

⑤ 옹벽 연직벽의 표면에는 연직방향으로 V형 홈의 수축이음을 두어야 한다. 그 간격은 9 m 이하이어야 한다. 수축이음에서는 철근을 끊어서는 안된다.

⑥ 수축 및 온도변화에 의한 균열을 방지하기 위하여 벽의 노출면에 가깝게 수평, 수직 두 방향으로 철근을 배치해야 한다. 이 철근은 다음의 철근비 이상으로 해야 하나, 어떤 경우에도 0.00140 이상이어야 한다. 여기서 수축·온도철근비는 콘크리트 전체 단면적에 대한 수축·온도철근 단면적의 비이다.

- 설계기준항복강도가 400 MPa 이하인 이형철근 ------ 0.0020
- 0.0035의 항복변형률에서 측정한 철근의 설계기준항복강도가 400 MPa를 초과하는 경우 ------ $0.0020 \times \frac{400}{f_y}$

⑦ 수축·온도철근의 간격은 벽체 두께의 5배 이하 또한 400 mm 이하로 하여야 한다.

⑧ 벽체에서 휨 주철근의 간격은 벽체 두께의 3배 이하나 400 mm 이하 중 작은 값을 초과하지 않는 것으로 하여야 한다.

⑨ 옹벽의 전면벽에는 지름 65 mm 이상의 배수구멍 을 최소한 4.5m 간격으로 두어야 하며, 뒷부벽의 경우에는 각 부벽 사이에 한 개 이상의 배수구멍을 만들어야 한다. 또 뒷채움 속에는 배수구멍으로 물이 잘 모이도록 300 mm 이상의 배수층을 만들어야 한다.

10·6 캔틸레버 옹벽의 설계

옹벽의 설계는 1방향 슬래브의 경우와 같이 단위폭에 대하여 설계한다. 따라서 설계는 우선 단면을 가정해야 한다. 이 가정된 단면은 안전성과 구조적 적합성에 대하여 검토된다. 캔틸레버 옹벽의 가정 단면의 크기 결정은 일반적으로 다음과 같은 범위로 하여 참고하면 설계에 편리하다.

1 벽체의 두께

압력의 크기는 벽체의 깊이에 따라 증가하고 맨 밑면에서 최대값에 도달한다. 결과적으로 벽체에서 최대 휨모멘트와 전단은 밑면에서 발생한다.

벽체 하부의 두께는 옹벽 높이의 10~12% 또는 저판 폭의 12~26%의 범위이고 벽체 상부의 두께는 250~300 mm 이상으로 한다.

2 기초 저판의 길이

저판의 길이는 옹벽 높이의 1/2~ 2/3의 범위이다. 그러나 수평토압에 의한 활동에 저항할 수 있는 안전을 고려한 길이로 결정해야 한다.

3 기초 저판의 두께

저판의 두께는 옹벽 높이의 7~10%의 범위이다. 저판은 일반적으로 전단강도에 의해 지배되고, 전단철근은 사용하지 않는다.

4 앞판의 길이

앞판의 길이는 저판 길이의 1/4~1/3을 취한다. 앞판의 두께는 경사를 주어 필요한 크기의 단면으로 감소시킬 수 있다.

예제 10·2

그림 10·10과 캔틸레버 옹벽을 설계하라. 옹벽 배면의 지표면은 수평이고 상재하중 5.0 kN/m^{2}가 작용하고 있다. 흙의 단위질량은 1,800 kg/m^{3}이고 내부 마찰각은 35°이다. 콘크리트와 지반사이의 마찰계수는 0.6이고 콘크리트의 설계기준강도는 24 MPa, 콘크리트의 단위질량은 2,500 kg/m^{3}이며, 철근의 설계기준항복강도는 300 MPa이다. 기초 지반의 허용 지지력은 300 kN/m^{2}이다. 지진은 발생하지 않는 것으로 본다.

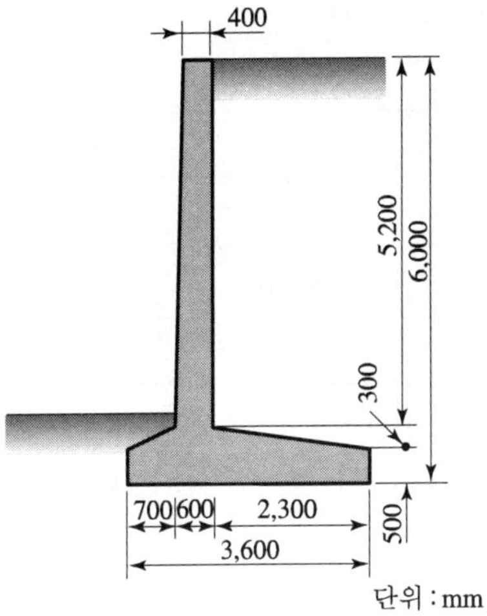

그림 10·10 일반도

풀이

(1) 토압계산

· 옹벽에 작용하는 횡토압 계산

주동토압계수는

$$K_a = \frac{1-\sin\phi}{1+\sin\phi} = \frac{1-\sin 35°}{1+\sin 35°} = 0.271$$

옹벽에 작용하는 횡토압은

$$H_{a1} = \frac{1}{2}K_a w_s H^2 = \frac{1}{2} \times 0.271 \times 18 \times 6^2 = 87.800\,\text{kN}$$

작용높이는

$$y = \frac{H}{3} = \frac{6.0}{3} = 2.0\,\text{m}$$

· 상재하중

상재하중을 흙의 높이로 환산하면

$$h_s = \frac{q}{w_s} = \frac{5}{18} = 0.278\,\text{m}$$

상재하중에 의한 토압강도는

$$P_s = K_a w_s h_s = 0.271 \times 18 \times 0.278 = 1.356\,\text{kN/m}^2$$

상재하중에 의한 횡토압은

$$H_{a2} = P_s h = 1.356 \times 6 = 8.136\,\text{kN}$$

작용위치 H/2 = 6.0/2 = 3.0

(2) 전도에 대한 안정 검토

· 횡토압에 의한 전도 모멘트

수평력	크기(kN)	팔길이(m)	Mo(kN · m)
H_{a1}	87.800	2.0	175.600
H_{a2}	8.136	3.0	24.403
합 계	$\sum H$=95.936		$\sum M_o$ = 200.003

· 자중 및 뒷채움흙 하중 계산

우선 그림 10·11처럼 옹벽 단면을 분할한다.

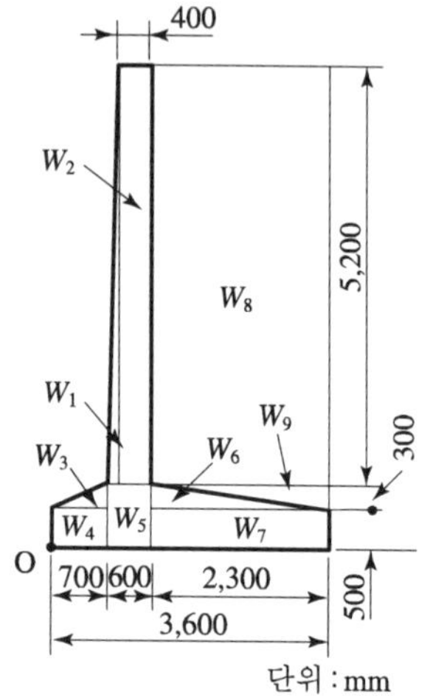

그림 10·11 분할 단면

· 콘크리트 및 배면 흙의 하중 계산 및 저항모멘트

연직력	단면적(m^2)	단위질량(KN/m^3)	크기(kN)	팔길이(m)	Mr(kN · m)
W_1	0.520	25	13.00	0.833	10.83
W_2	2.080	25	52.00	1.10	57.20
W_3	0.105	25	2.62	0.467	1.22
W_4	0.350	25	8.75	0.350	3.06
W_5	0.480	25	12.00	1.000	12.00
W_6	0.345	25	8.62	2.067	17.82
W_7	1.150	25	28.75	2.450	70.44
W_8	11.960	18	215.28	2.450	527.44
W_9	0.345	18	6.21	2.833	17.60
합계			$\sum W$ =347.24		$\sum Mr$ = 717.61

따라서 전도에 대한 안전율은

$$FS = \frac{M_r}{M_o} = \frac{717.610}{200.003} = 3.59 > 2.0, \therefore \text{OK}$$

(3) 활동에 대한 안정 검토

활동에 대한 저항력은

$f\sum W = 0.60 \times 347.24 = 208.344\,\text{kN}$

활동에 대한 안전율은

$$FS = \frac{f\sum W}{\sum H} = \frac{208.344}{95.936} = 2.17 > 1.5, \therefore \text{OK}$$

(4) 침하에 대한 검토

옹벽에 작용하는 모든 외력의 합력 R의 작용선이 기초 저면과 만나는 점을 먼저 구해야 한다. 그러기 위해서는 각각의 힘의 점 O에 대한 모멘트의 합은 합력 R의 점O에 대한 모멘트와 같다고 놓으면 된다.

위 표들로부터 $R = \sum W = 347.24$, $\sum M_o = 200.003$, $\sum M_r = 717.61$

따라서 점 O로부터 합력작용선까지의 거리 x는

$$x = \frac{\sum M_r - \sum M_o}{\sum R} = \frac{717.62 - 200.003}{347.24} = 1.489\,\text{m}$$

저판중심에 대한 편심거리는

$$e = \frac{B}{2} - x = \frac{3.60}{2} - 1.489 = 0.311\,\text{m} \le \frac{B}{6} = 0.600$$

따라서 합력의 작용선은 기초 저판의 중앙 $\frac{1}{3}$ 안에 있다. 그러므로 저판에 일어나는 지반반력의 압력분포는 사다리꼴 분포가 되고, 압력은 식 10.20에 의하여

$$\left.\begin{matrix} q_{max} \\ q_{min} \end{matrix}\right\} = \frac{(\sum W)}{B}\left(1 \pm \frac{6e}{B}\right)$$

$$= \frac{(\sum 347.24)}{3.60}\left(1 \pm \frac{6 \times 0.311}{3.60}\right)$$

$q_{max} = 146.452\,\text{kN/m}^2$, $q_{min} = 46.459\,\text{kN/m}^2$

$q_{max} = 146.452\,\text{kN/m}^2 < 300\,\text{kN/m}^2$이므로, 즉 최대압력이 기초지반의 허용 지지력을 넘지 않으므로 옹벽은 침하에 안정하다.

(5) 앞굽판 설계

앞굽판은 그림 10.12와 같이 벽체와 저판의 접합부에서 벽체의 전면(점 A)을 고정지점으로 하는 캔틸레버보 설계한다. 이 때 앞판 위에 놓이는 복토는 무시한다.

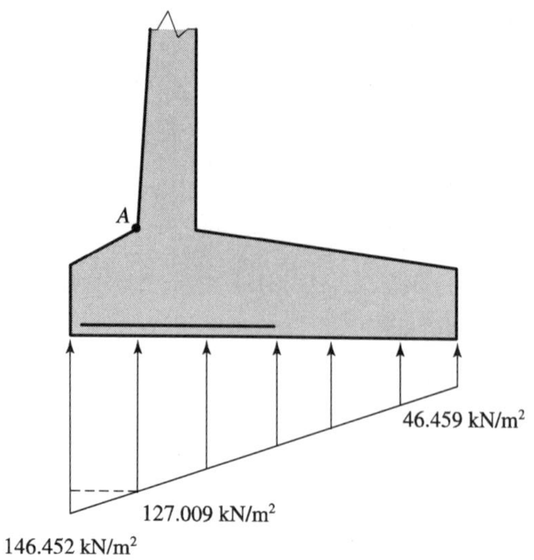

그림 10·12 저판의 지반반력 압력 분포

앞판의 자중은

$25\times(0.105+0.345)=2.625+8.625=11.25\,\text{kN/m}$

단면의 점 A 아래에 작용하는 지반반력의 상향압력의 크기는

$$46.459+(146.452-46.459)\times\frac{3.60-0.7}{3.60}=127.009\,\text{kN/m}^2$$

아판 저면의 상향압력은 근본적으로 횡토압에 기인하므로, 횡토압에 대한 하중계수는 1.8을 취하도록 되어 있다. 따라서 계수 휨모멘트는

$$M_u=1.8\left[(127.009\times0.7)\times\frac{0.7}{2}+((146.452-127.009)\times0.7\times\frac{1}{2})\times0.7\times\frac{2}{3}\right]$$
$$-1.4\times\left[(2.625\times0.7)\times\frac{0.7}{3}+(8.625\times0.7)\times\frac{0.7}{2}\right]$$
$$=58.169\,\text{kN}\cdot\text{m}=58,169,000\,\text{N}\cdot\text{mm}$$

단면 B에서의 계수 전단력

$$V_u=1.8\left[(127.009\times0.70)+(146.452-17.009)\times0.7\times\frac{1}{2}\right]-1.4(11.25\times0.70)$$
$$=161.255\,\text{kN}$$

인장철근이 앞판의 박닥에 배치되므로 피복두께를 80 mm로 하고 D25를 사용하면 유효깊이는

$$d=800-80-\frac{25}{2}=707.5\,\text{mm}$$

전단철근없이 콘크리트 만으로 부담할 수 있는 전단강도는

$$\phi V_c=\phi\frac{1}{6}\sqrt{f_{ck}}b\cdot d=0.80\times\frac{1}{6}\times\sqrt{24}\times1,000\times707.5=462,137\,\text{N}>V_u=161,225\,\text{N}.$$

즉, 전단철근이 필요없다.

인장철근을 구해보자. 우선 a를 30 mm로 가정하면

$$A_s = \frac{M_u}{\phi f_y(d-\frac{a}{2})} = \frac{58,169,000}{0.85\times300\times(707.5-\frac{30}{2})} = 329\,\text{mm}^2$$

a를 검사하면

$$a = \frac{A_S f_y}{0.85 f_{ck} b} = \frac{329\times300}{0.85\times24\times1000} = 5\text{ mm}$$

이 a를 사용하여 철근량을 다시 구하면

$$A_s = \frac{M_u}{\phi f_y(d-\frac{a}{2})} = \frac{58,169,000}{0.85\times300\times(707.5-\frac{5}{2})} = 324\,\text{mm}^2$$

$$a = \frac{A_S f_y}{0.85 f_{ck} b} = \frac{325\times300}{0.85\times24\times1000} = 5$$

최소철근비는

$$\rho_{\min} = \max\left(\frac{0.25\sqrt{f_{ck}}}{f_y} . \frac{1.4}{f_y}\right) = 0.00467$$

최소철근량은

$$A_{s,\min} = 0.00467\times1000\times707.5 = 3304\,\text{mm}^2 > 325\ \text{mm}^2$$

사용철근량은 8-D25(4054 mm^2)를 인장을 받는 쪽에 배치한다.

최대 철근비를 검토하면

$$\rho_{\max} = 0.75\rho_b = \frac{0.75\times0.85\times\beta_1\times f_{ck}}{f_y}\frac{\cdot 600}{600+f_y} = 0.0289$$

사용철근비 ρ는

$$\rho = \frac{A_s}{b\cdot d} = \frac{4054}{1000\times707.5} = 0.00573$$

$\rho_{\max} > \rho > \rho_{\min}$을 만족한다.

(6) 뒷굽판의 설계

뒷굽판은 그림 12.13에 보인 바와 같이 벽체의 배면(점 B)를 고성지점으로 하고 지간 2.3m, 폭 1m의 캔틸레버로 보고 설계한다.

뒤판의 자중은

$$25\times\left(\frac{1}{2}\times0.3\times2.3+0.5\times2.3\right) = 8.625+28.75 = 37.375\,\text{kN/m}$$

뒤판 위에 놓인 흙의 무게는

$$18\times(11.960+0.345) = 215.28+6.21 = 221.49\,\text{kN/m}$$

상재하중은 5 kN/m 사하중이 지배적이므로 1.4D 대신에 1.4D×(1.1D)를 적용하면 계수 휨 모멘트를 구하면

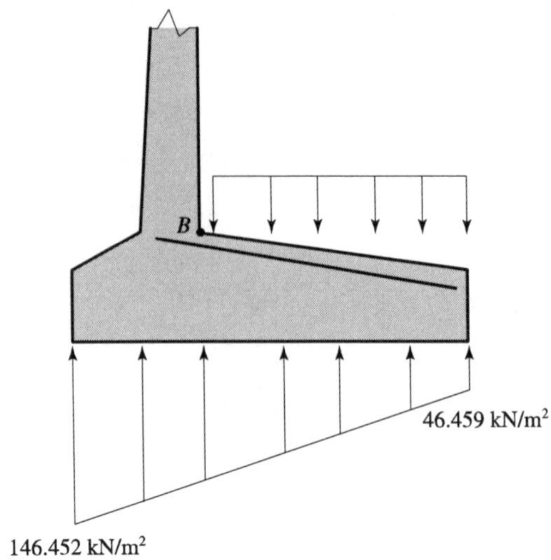

그림 10·13

$$M_u = 1.4 \times 1.1 \times \left[(8.625 \times \frac{2.3}{3} + 28.75 \times \frac{2.3}{2} + 215.28 \times \frac{2.3}{2} + 6.21 \times \frac{2 \times 2.3}{3} \right]$$
$$+ 1.7 \times 5 \times \frac{2.3}{2} = 479.507 \text{ kN} \cdot \text{m} = 479.507,000 \text{ N} \cdot \text{m}$$

저판 밑에 작용하는 상향압력은 위의 모멘트를 감소시킨다. 그러나 설계에서는 이것을 무시한다.

다음으로 단면 B에서의 전단력을 구해보자. 전단에 대한 위험단면은 반력이 부재의 단부를 압축할 경우, 즉 보의 경우에는 받침부 전면에서 d만큼 떨어진 단면이지만, 옹벽의 뒷굽판의 경우는 그렇지 않다. 이의 경우의 위험단면은 벽체와 뒷굽판의 접합부인 점 B의 단면이다.

따라서 점 B단면의 계수하중은

$$w_u = 1.4 \times 1.1 \times (37.375 + 232.52) + 1.7 \times 5 = 424.138 \text{ kN/m}$$

$$V_u = 424,138 \times 1 = 424.138 \text{ kN}$$

인장철근이 앞판의 박닥에 배치되므로 피복두께를 80 mm로 하고 D29를 사용하면 유효깊이는

$$d = 800 - 80 - \frac{25}{2} = 707.5 \text{ mm}$$

전단철근이 없이 콘크리트만으로 부담할 수 있는 전단강도는

$$\phi V_c = \phi \frac{1}{6} \sqrt{f_{ck}} b \cdot d = 0.80 \times \frac{1}{6} \times \sqrt{24} \times 1,000 \times 707.5 = 460,137 \text{ N} > \text{V}_\text{u} = 424,138\text{N}$$

즉, 전단철근은 필요가 없다.

인장철근을 구해보자. 우선 a를 30 mm로 가정하면

$$A_s = \frac{M_u}{\phi f_y \left(d - \frac{a}{2} \right)} = \frac{479,507,000}{0.85 \times 300 \times \left(707.5 - \frac{30}{2} \right)} = 2,715 \text{ mm}^2$$

a를 검사하면

$$a=\frac{A_S f_y}{0.85 f_{ck} b}=\frac{2,715\times300}{0.85\times24\times1000}=40\text{ mm}$$

이 a를 사용하여 철근량을 다시 구하면

$$A_s=\frac{M_u}{\phi f_y\left(d-\frac{a}{2}\right)}=\frac{479,507,000}{0.85\times300\times\left(707.52-\frac{40}{2}\right)}=2,735\text{ mm}^2$$

$$a=\frac{A_S f_y}{0.85 f_{ck} b}=\frac{2,735\times300}{0.85\times24\times1000}=40$$

최소철근비는

$$\rho_{\min}=\max\left(\frac{0.25\sqrt{f_{ck}}}{f_y}\ .\ \frac{1.4}{f_y}\right)=0.00467$$

최소철근량은

$$A_{s,\min}=0.00467\times1,000\times707.5=3,304\text{ mm}^2>2,745\text{ mm}^2$$

사용철근량은 8-D25(4,054 mm^2)를 인장을 받는 쪽에 배치한다.

최대 철근비를 검토하면

$$\rho_{\max}=0.75\rho_b=\frac{0.75\times0.85\times\beta_1\times f_{ck}}{f_y}\cdot\frac{\cdot 600}{600+f_y}=0.0289$$

사용 철근비 ρ는

$$\rho=\frac{A_s}{b\cdot d}=\frac{4,054}{1,000\times707.5}=0.00573$$

$\rho_{\max}>\rho>\rho_{\min}$을 만족한다.

(7) 벽체의 설계

벽체는 그림 10·14에 보인 바와 같이 벽체와 저판의접합부 상면을 고정지점으로 하는 캔틸레버로 설계한다. 벽체의 높이 5.2 m를 지간으로 하고 1방향 슬래브의 경우가 같이 폭이 1m인 직사각형보로 설계한다. 벽체에 작용하는 하중은 횡토압과 상재하중에 의한 횡방향 압력이다.

싱재하중에 의한 횡토압은

$$H_{a2}=P_s\cdot h=1.356\times5.2=7.051\text{ kN}$$

5.2 m 아래의 토압강도는

$$P_a=K_a w_s h=0.271\times18\times5.2=25.366\text{ kN/m}^2$$

$$H_{a1}=\frac{1}{2}\times29.268\times5,2=76.094\text{ kN}$$

횡토압에 대한 하중계수는 1.8이므로 계수 휨모멘트는

$$M_u=1.8\left(76.094\times\frac{5.2}{3}+7.051\times\frac{5.2}{2}\right)=270.412\text{ kN}\cdot\text{m}=270,412,000\text{ N}\cdot\text{m}$$

벽체 저면에서의 계수 전단력은

$$V_u=1.8(7.051+76.094=149.661\text{ kN}$$

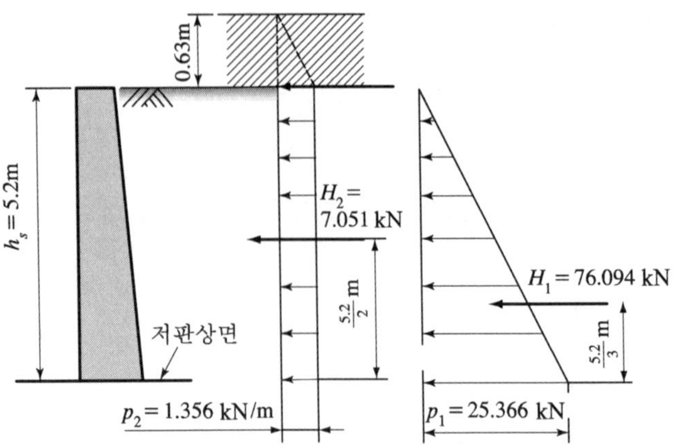

그림 10·14 벽체에 작용하는 응력

D25를 인장철근으로 사용하고 피복두께를 80 mm로 하면, 벽체 저면에서의 유효깊이는

$$d=600-80-\frac{25}{2}=507.5\text{ mm}$$

전단철근없이 콘크리트 만으로 부담할 수 있는 전단강도는

$$\phi V_c=\phi\frac{1}{6}\sqrt{f_{ck}}b\cdot d=0.80\times\frac{1}{6}\times\sqrt{24}\times1,000\times707.5$$

$$=462,137\text{ N} > \text{V}_u=149,661\text{ N}$$

따라서 전단철근이 필요없다.

인장철근을 계산한다. 우선 a를 30 mm로 가정하면

$$A_s=\frac{M_u}{\phi f_y\left(d-\frac{a}{2}\right)}=\frac{270,412,000}{0.85\times300\times\left(507.5-\frac{30}{2}\right)}=2,513\text{ mm}^2$$

a를 검사하면

$$a=\frac{A_Sf_y}{0.85f_{ck}b}=\frac{2513\times300}{0.85\times24\times1000}=37\text{ mm}$$

이 a를 사용하여 철근량을 다시 구하면

$$A_s=\frac{M_u}{\phi f_y\left(d-\frac{a}{2}\right)}=\frac{270,412,000}{0.85\times300\times\left(507.5-\frac{37}{2}\right)}=2169\text{ mm}^2$$

$$a=\frac{A_Sf_y}{0.85f_{ck}b}=\frac{2169\times300}{0.85\times24\times1000}=32\text{ mm}\fallingdotseq37\text{ mm}$$

최소철근비는

$$\rho_{\min}=\max\left(\frac{0.25\sqrt{f_{ck}}}{f_y}.\frac{1.4}{f_y}\right)=0.00467$$

최소철근량은

$A_{s,\min} = 0.00467 \times 1,000 \times 707.5 = 3,304\,\text{mm}^2 > 3169\,\text{mm}^2$

따라서 최소철근량 이상을 사용철근량으로 한다. 사용철근량은 8-D25(4,054 mm^2)를 인장을 받는 쪽에 배치한다.

최대 철근비를 검토하면

$$\rho_{\max} = 0.75\rho_b = \frac{0.75 \times 0.85 \times \beta_1 \times f_{ck}}{f_y} \cdot \frac{600}{600 + f_y} = 0.0289$$

사용철근비 ρ는

$$\rho = \frac{A_s}{b \cdot d} = \frac{4,054}{1,000 \times 507.5} = 0.00799$$

$\rho_{\max} > \rho > \rho_{\min}$을 만족한다.

벽체의 휨모멘트는 벽체 하부에서 상부로 올라감에 따라 감소한다. 그러므로 철근단면적도 휨모멘트의 감소에 따라 감소한다. 이를 위해서는 휨모멘트도를 이용하여 연장할 필요가 없는 철근을 철근의 정착 및 이음의 방법에 따라 절단한다. 일반적으로 벽체의 상부로부터 1.5~3.0 m 되는 단면에 대하여 모멘트를 계산하여 하나 건너씩 철근을 절단한다. 이 때 절단점은 계산상 필요하지 않은 점을 지나서 유효높이 이상 및 철근의 정착 및 이음의 규정을 검토해야 한다.

(8) 온도와 수축철근

옹벽의 노출면 가까이에는 온도의 변화와 콘크리트의 수축으로 인한 균열에 대비하여 수직·수평 두 방향으로 다음 값 이상의 철근을 배치해야 한다.

수평·수직철근 $A_s = 0.0020bt$

옹벽의 평균 두께를 취하여 $t = 500\,\text{mm}$로 하면

수직·수평철근량 $= 0.0020 \times 1,000 \times 500 = 1,000\ \text{mm}^2$

이것의 2/3를 노출면에 배치하고 나머지 1/3은 배면에 배치한다.

노출면의 수평철근량 $= \dfrac{2}{3} \times 1,000 = 667\,\text{mm}^2$

D16을 250 mm 간격으로 배치한다.

배면의 수평철근량 $= \dfrac{1}{3} \times 1,000 = 333\,\text{mm}^2$

D16을 250 mm 간격으로 배치한다.

수직철근량도 2/3양 만큼을 노출면에 배치한다.

노출면의 수평철근량 $= \dfrac{2}{3} \times 1,000 = 667\,\text{mm}^2$

D16를 250 mm 간격으로 배치한다.

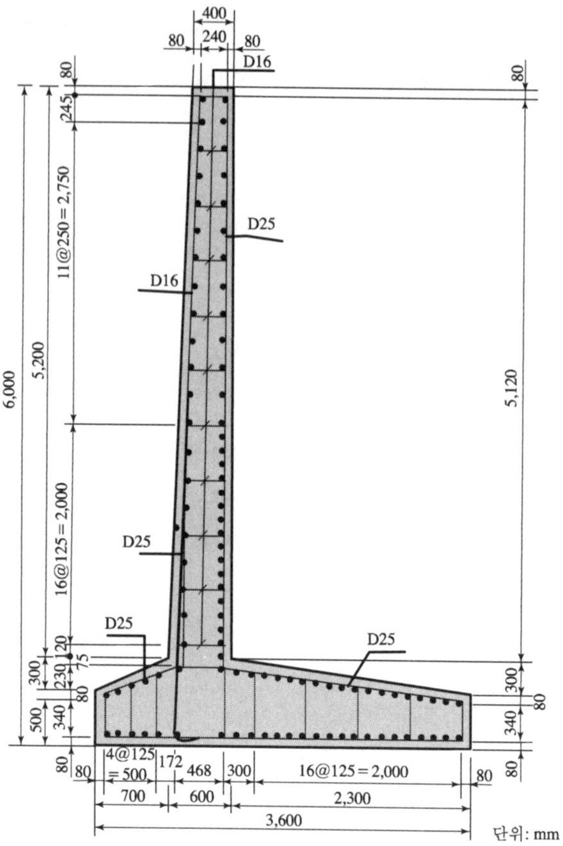

그림 10·15 철근배근도

10·7 부벽식 옹벽설계

옹벽의 높이가 7m 이상이 되면 캔틸레버 옹벽은 벽체 단면이 두꺼워져서 부벽식 옹벽으로 설계하는 것이 경제적으로 된다. 옹벽의 뒷부벽이나 앞부벽은 저판을 고정지점으로 하는 캔틸레버로 설계한다. 따라서 앞부벽은 직사각형 단면의 캔틸레버로 되고, 뒷부벽은 전면벽을 플랜지로 하고 부벽을 복부로 하는 T형 단면의 보로 된다. 공간의 활용측면에서 앞부벽식보다 뒷부벽식이 많이 사용된다. 뒷부벽식 옹벽은 인장력을 받으므로 충분한 양의 인장철근을 배근하는 동시에 전면벽과 저판의 연결을 확실하게 해야 한다.

다음은 부벽식 옹벽 설계에 대하여 요약하였다.

① 옹벽 높이가 7m 이상이면 옹벽 높이의 1/2~1/3의 간격으로 부벽을 보강하는 것이

경제적이다. 앞부벽은 직사각형 보, 뒷부벽식은 T형 단면의 캔틸레버보로 설계한다.

② 뒷부벽은 저판에 고정된 캔틸레버로써 벽체에 작용하는 휨모멘트에 대한 T형보로 설계한다. 이 때 벽체는 플랜지, 뒷부벽은 복부역할을 한다.

③ 벽체나 뒷판은 뒷부벽을 지간으로 하는 2방향 연속 슬래브로 설계한다. 벽체의 하부는 2방향 연속 슬래브로 작용하는 동시에 저판의 캔틸레버로서도 작용하므로 연직방향으로 충분한 철근보강을 해야 한다.

④ 벽체나 뒷판의 수평방향 설계는 부벽을 지간으로 하는 2방향 연속 슬래브 설계로 ACI 모멘트계수를 사용할 수 있다.

⑤ 벽체의 수직방향 설계를 고려하면, 기초부근의 벽체에 대한 수평방향 휨모멘트는 감소시킬 수 있다.

⑥ 뒷부벽식 옹벽의 앞판은 캔틸레버보로 설계한다.

⑦ 부벽설계는 전면벽 중심선간에 작용하는 모든 외력에 의한 휨모멘트 M_n를 부벽의 저항모멘트 M_r로 충분히 부담할 수 있어야 한다.

$$M_n = P_a \times \frac{h}{3} \leq M_r = T \times z$$

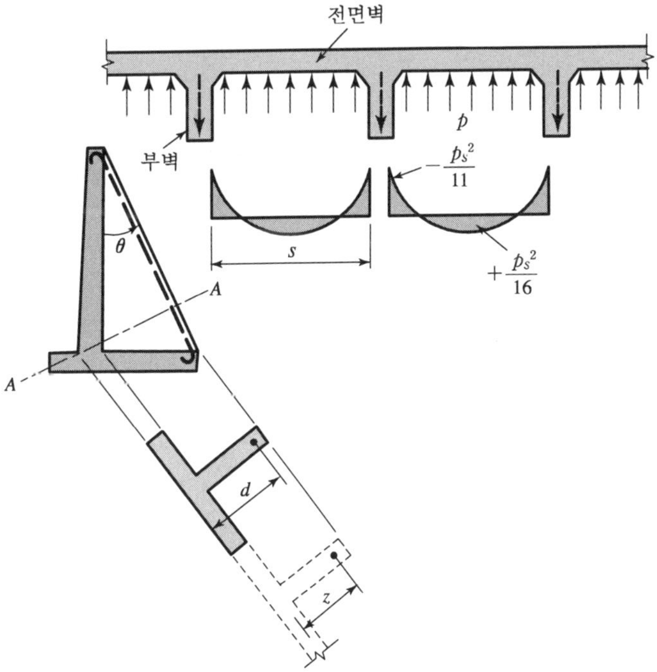

그림 10·16 뒷부벽식 옹벽의 설계단면

여기서 P_a는 생각하는 깊이 h 단면에 작용하는 모든 외력의 합력이며, z는 옹벽 깊이 h에서의 모멘트 팔 길이로서 부벽사면의 인장철근 중심에서 벽체단면 중심까지의 연직거리이다.

부벽의 인장 철근량은 $A_s = \dfrac{M_n}{f_y z}$

부벽에 작용하는 모든 외력의 합력 $P_a = \dfrac{C_a w_s h^2}{2} \times s$

여기서, C_a : 토압계수, w_s : 흙의 단위중량, s : 부벽 중심 간격이다.

부벽에는 스터럽 역할을 하는 연직철근과 수평철근을 충분히 배치해야 한다.

⑧ 뒷부벽식 옹벽의 벽체와 저판에서 부벽에 전달되는 응력을 저항하기 하기 위한 필요한 철근을 부벽에 충분히 정착시켜야 한다. 또한 벽체와 저판에는 인장철근의 20% 이상의 배력철근을 두어야 한다.

예제 10·3

뒷부벽의 설계 : 지표면이 수평이고 높이 8 m의 뒷부벽식 옹벽에서 부벽의 간격 4.0 m인 뒷부벽의 주인장 철근을 구하여라(그림 10·11). 설계조건은 뒷채움 흙의 단위중량 $w_s = 160\ \mathrm{kg/m^3}$ 내부 마찰각 $\phi = 30°$, 주동토압계수 $K_a = 0.33$이다. $f_{ck} = 21\ \mathrm{MPa}$, $f_y = 240\ \mathrm{MPa}$

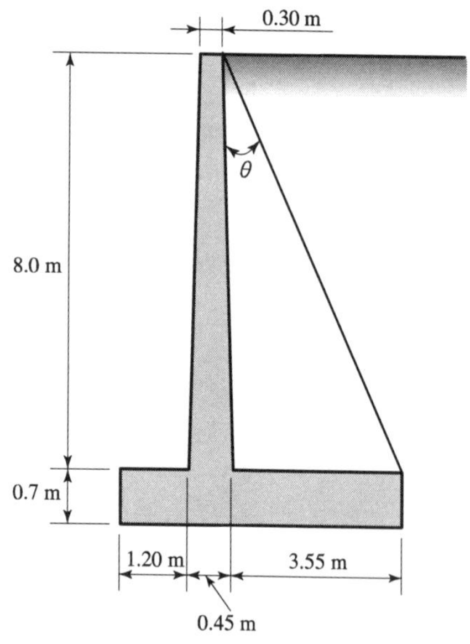

그림 10·17 뒷부벽식 옹벽

풀이

전면벽과 저판은 부벽을 지점으로 하는 1방향 슬래브로 보고 뒷부벽은 T형보로 보고 설계한다. 여기서는 부벽만을 설계하기로 한다.

부벽에 작용하는 하중은 부벽 간격 4.0m에 작용하는 토압이 된다. 하중계수는 1.8이다.

· 지표면 아래 h인 점에서의 압력의 크기

$P = K_a w_s h = 0.33 \times 16 \times h = 5.28h$

· 부벽에 작용하는 외력의 합력

$$P_a = \frac{K_a w_s h^2 s}{2} = 10.56h^2$$

· 부벽에 작용하는 외력모멘트

$$M = \frac{K_a w_s h^2 s}{2} \frac{\cdot h}{3} = 3.52h^3$$

· 높이 8 m 단면에서의 소요 철근량

높이 8 m의 극한모멘트 $M_u = 1.8 \times 3.52 \times 8^3 = 3,244$ kN · m $= 3,244,000,000$ N · mm

모멘트 팔 길이

$$z = \left(\text{저판 뒷판 길이} + \frac{\text{벽체 하면 두께}}{2} - \text{철근덮개}\right)\cos\theta$$

$$= (355 + 45/2 - 8) \times \frac{8}{\sqrt{8^2 + 3.55^2}} = 337.7\ \text{cm} = 3,377\ \text{mm}$$

소요철근

$$A_s = \frac{M_u}{\phi f_y z} = \frac{3,244,000,000}{0.85 \times 240 \times 3357} = 4,736\ \text{mm}^2$$

따라서 $10 - D25(A_s = 5067\ \text{mm}^2)$를 배치한다.

· 높이 $2h/3$의 소요 철근량

높이 $2h/3$에서 극한모멘트 :

$M_u = 1.8 \times 3.52 \times (2 \times 8/3)^3 = 961.195$ kN · m $= 961,195,000$ N · mm

모멘트 팔 길이 … $z = (355 \times 2/3 + 40/2 - 8) \times \dfrac{8}{\sqrt{8^2 + 3.55^2}} = 242.0\ \text{cm} = 2,420\ \text{mm}$

소요철근 … $A_s = 961.195.0\dfrac{00}{0.85 \times 240 \times 2420} = 1947\ \text{mm}^2$

$5 - D25(A_s = 2,534\text{mm}^2)$를 연장 배근한다. 또, 높이 $h/3$ 단면에서도 연장 배근할 수 있다.

앞의 계산값은 이론적 값으로 실제로는 정착과 연장에 대한 시방서 규정에 따라야 한다.

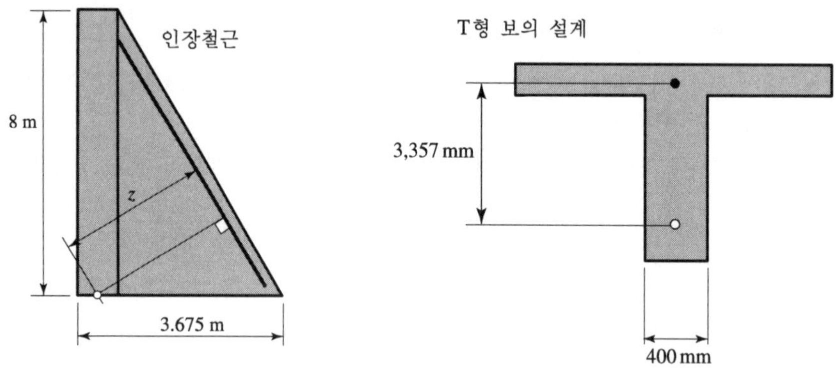

그림 10·18 뒷부벽 단면설계

연습문제

10·1 그림과 같이 지면에서 3.0 m 높이의 제방을 1.2 m 묻힌 중력식 옹벽으로 설계할 때, 안정조건을 만족하는지 검토하여라. 제방에는 상재하중 $q = 21\,kN/m^2$ 이 작용하며 설계조건은 다음과 같다.

(1) 흙의 단위질량 $w_s = 1,700\,kg/m^3$, 콘크리트 단위질량 $w_c = 2,400\,kg/m^3$

(2) 흙의 내부마찰각 $\phi = 30°$, 점착력 $c = 0$

(3) 허용지지력 $q_a = 210\,kN/m^2$, 흙과 콘크리트의 마찰계수 $f = 0.7$

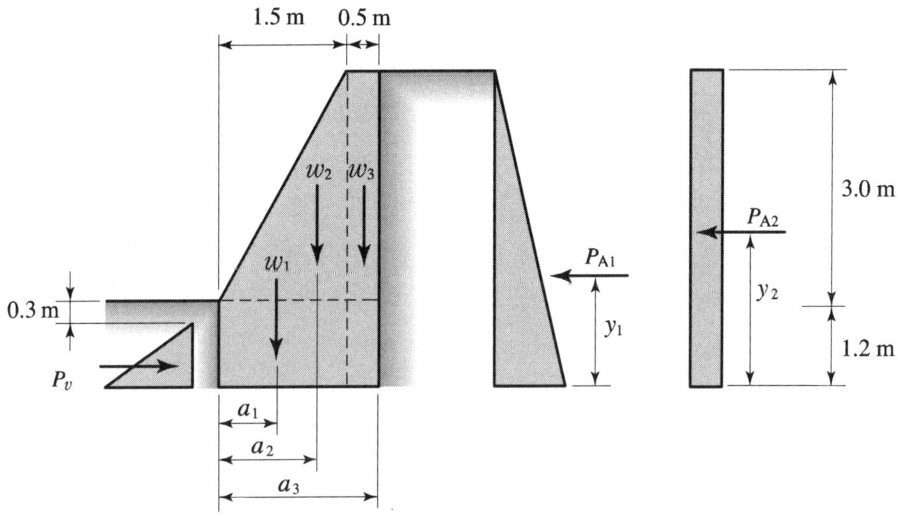

그림 10·19

10·2 그림과 같은 옹벽의 안정을 검토하여라. 흙의 단위질량은 $w_s = 17\ kN/m^3$, 콘크리트 단위질량 $w_c = 2,400\ kg/m^3$, 상재하중은 $q = 11\ kN/m^2$, 흙의 내부마찰각은 $\phi = 30°$, 지반의 허용지지력은 $q_a = 180\ kN/m^2$이고, 콘크리트와 기초 지반 사이의 마찰계수는 $f = 0.5$이다.

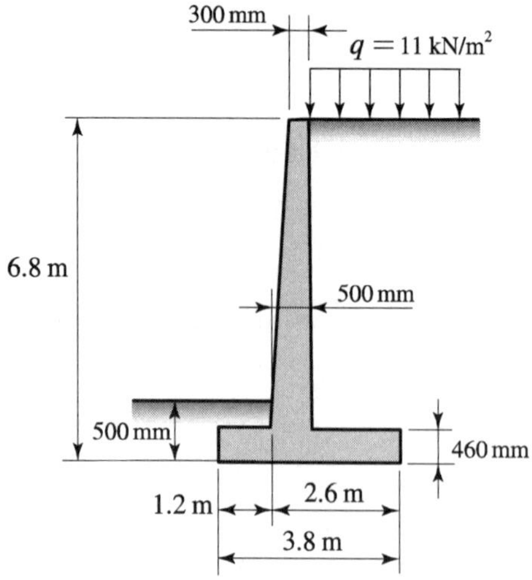

그림 10·20

10·3 6.0m 높이로 성토된 흙을 지지하기 위한 옹벽을 설계하여라. 이때 상재하중은 18 kN/m^2,뒤채움 흙의 단위질량은 1,700 kg/m^3, 흙의 내부마찰각 ϕ = 30°, 콘크리트와 흙의 마찰계수 f= 0.4, 허용지반지지력 q_a =180 kN/m^2, f_{ck} = 28 MPa, f_y = 400 MPa이다.

10·4 옹벽높이 h= 6.0 m, 옹벽배후의 토사는 수평이고, 상재하중은 12 kN/m^{2}인 역T형 옹벽을 강도설계법으로 설계하여라. 단, 흙의 단위질량은 w_s = 1,700 kg/m^3, 콘크리트의 단위질량 w_c = 2,500 kg/m^3, 흙의 내부마찰각 ϕ = 30°, 콘크리트와 기초지반 사이의 마찰계수 f = 0.5, 허용지반지지력 q_a = 210 kN/m², f_{ck} = 27 MPa, f_y = 350 MPa이다.

10·5 다음과 같은 조건의 옹벽을 설계하여라. 옹벽의 높이는 h = 6.0 m, 옹벽배후의 토사는 수평이고, 상재하중은 q = 12 kN/m^2, 흙의 단위질량은 1,700 kg/m^3, 내부마찰각은 ϕ = 30°, 마찰계수는 f = 0.5, 지반의 허용지지력은 200 kN/m^{2}이고, f_{ck} = 27 MPa, f_y = 350 MPa이다. 뒤채움 흙은 사질토이고, 그 전단저항각은 ϕ = 30°이고, 벽배면과 흙 사이의 벽면 마찰각은 ϕ / 3, 벽배면과 연직면이 이루는 각은 0°이다.

11장 프리스트레스트 콘크리트

11·1 프리스트레스트 콘크리트

콘크리트는 본질적으로 압축강도가 우수한 재료인 반면에 콘크리트의 인장강도 및 휨 인장강도는 압축강도에 비해 상당히 낮다. 그래서 콘크리트 보의 인장측에 철근을 넣어 인장응력에 저항하기 위해 보강하는데 이것이 철근콘크리트 보이다. 즉, 압축응력에 대하여 콘크리트가 저항하고, 인장응력에 대하여 철근이 저항하게 한 것이다. 그러나 인장측에 발생하는 균열은 막을 수 없다. 실질적으로, 철근콘크리트 보에서 인장철근의 응력이 400 MPa정도가 야기되면 인장측의 콘크리트에 균열이 발생한다.

철근콘크리트에 발생된 균열이 더욱 확장되어 물이 침투되면 철근이 부식되어 결국 내구성을 저하시킨다. 이러한 철근콘크리트의 결점을 제거하거나 완화하기 위해서는 사용하중 하에서 철근콘크리트에 발생하는 인장응력을 상쇄할 수 있도록 미리 콘크리트에 압축응력을 주면 될 것이다.

프리스트레스트 콘크리트의 기본 원리는 그림 11·1(a)에 나타낸 바와 같이 콘크리트만으로 제작된 부재를 견고하고 편편한 지상에 놓고 부재의 양단에서 부재의 대칭축에 따라 편심 e의 위치에서 압축력 P를 작용시키면, 부재의 단면에서는 그림 11·1(b)의 세 응력분포 중 어느 하나를 나타낼 것이고, 이 때 부재의 하면에는 큰 압축응력이 작용할 것이다. 이 부재를 그림 11·1(c)와 같이 단순지점 위에 올려놓고 압축력 P를 고려하지 않는다면, 자중과 활하중에 의하여 부재의 중앙 단면은 그림 11·1(d)와 같은 휨응력이 일어날 것이다. 이때 압축은 정(+), 인장은 부(−)로 약속한다.

다음은 이 부재를 그림 11·1(e)와 같이 단순지점에 올려놓고 압축력 P를 고려한다면, 부재는 그림 11·1(f) 중 어느 하나의 응력분포를 보일 것이다. 즉, 그림 11·1(f)와 같이, 부재의 하면에 인장응력이 발생하지 않거나 매우 작다면 부재에는 균열이 발생하지 않을 것이다. 결국 이것은 인장측의 콘크리트를 무시할 필요가 없다는 것을 의미한다.

이와 같이 사용하중(외력)에 의하여 콘크리트에 발생하는 인장응력을 상쇄할 수 있도록 미리 인위적으로 그 응력분포와 크기를 정하여 압축응력(내력)을 준 콘크리트를 프리스트레스트 콘크리트라고 하며 보통 PS 콘크리트, PSC. PC 등으로 약칭하여 사용한다(이에 반해 철근콘크리트는 RC로 약칭한다).

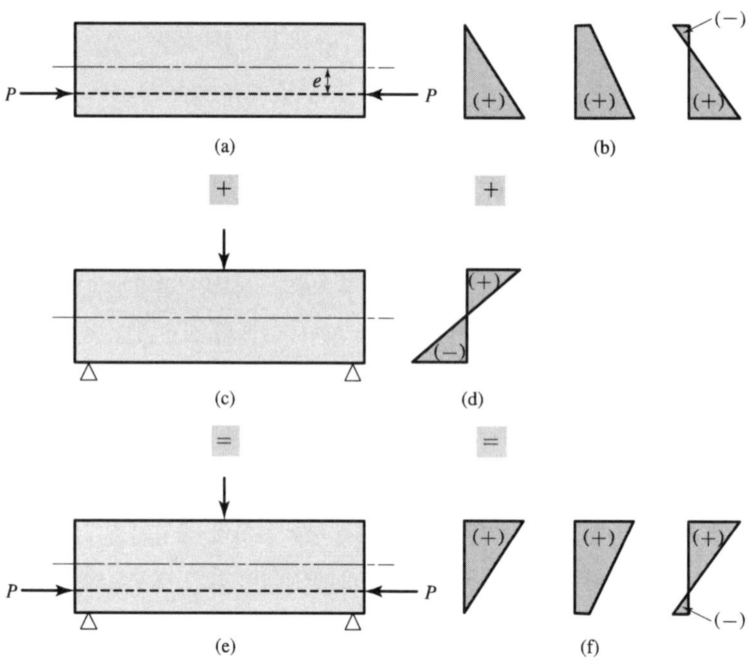

그림 11·1 프리스트레스트 콘크리트 보

11·2 프리스트레싱 방법

콘크리트에 프리스트레스를 주기 위해서는 그림 11·1과 같이 부재의 양단에서 콘크리트에 압축력(P)을 인위적으로 주어야 한다. 콘크리트에 인위적으로 압축력을 주는 일, 즉, 프리스트레스를 주는 일을 프리스트레싱(prestressing)이라고 하며, 프리스트레싱에 의하여 부재 단면에 작용하는 힘을 프리스트레스 힘(prestressed force)이라고 한다.

프리스트레싱 방법에는 여러 가지 방법이 있으나 보통은 고강도 긴장재를 이용하는 방법이 주로 이용된다. 즉, 고강도 긴장재에 인장력을 주어 긴장시킨 채로 그 끝을 콘크리트 부재의 양단에 정착시키는 것이다. 이렇게 하면 고강도 긴장재는 인장력을 받게 되고, 콘크리트는 그 반력으로 압축력을 받게 된다(그림 11·2).

이러한 목적으로 사용하는 고강도 긴장재를 프리스트레스트 긴장재(prestressed reinforcement)라고 하며, 프리스트레싱 긴장재를 1개 또는 몇개의 다발로 하여 기존 콘크리트에 프리스트레스를 주기 위하여 사용하는 프리스트레싱 강선, 강봉, 강연선과 같은 긴장재를 프리스트레싱 긴장재라고 한다.

프리스트레싱 방법은 PS 긴장재를 인장하는 시기에 따라 프리텐션 방식(pre-tensioning system)과 포스트텐션 방식(post-tensioning system)으로 구분된다.

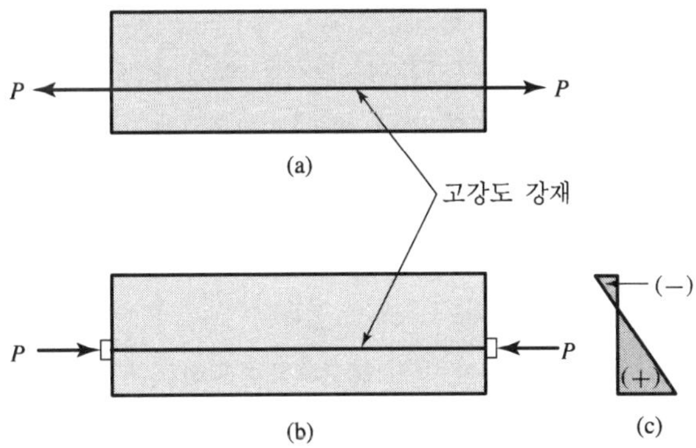

그림 11·2 프리스트레스트 콘크리트의 원리

11·2·1 프리텐션 방식

이 방식에 의한 부재의 제작순서는 인장대를 이용하여 다음과 같은 순서로 진행된다.

① 콘크리트를 치기 전에 PS 긴장재에 인장력을 주어 양쪽의 지주에 고정시키고,

② 콘크리트를 쳐서 PS 긴장재와 콘크리트가 완전히 부착되도록 경화시킨 후,

③ PS 긴장재에 주어진 인장력을 서서히 풀어서 콘크리트에 프리스트레스를 도입.

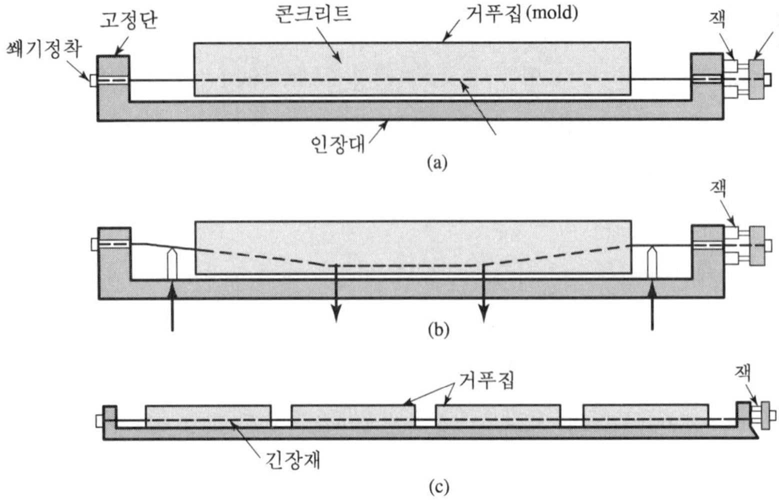

그림 11·3 프리텐션 방식

이 때 PS 긴장재는 줄어들려고 하는 경향이 있지만 콘크리트와의 부착으로 인해 줄어들지 않는다. 따라서 이 방식에 의한 프리스트레스는 콘크리트와 PS 긴장재의 부착력에 의해서 주어진다. 그림 11·3은 이 방식을 알기 쉽게 나타낸 것이다.

그림 11·3(a)는 긴장재를 직선 배치한 경우이고, 그림 11·3(b)는 긴장재를 절선상으로 배치한 경우이다. 그림 11·3(c)는 여러 개의 거푸집을 인장대 사이에 직렬로 배치하고 동시에 프리스트레스를 도입하는 방식으로서 1회에 여러 개의 부재를 제조할 수 방법을 롱 라인 방법(long line method) 또는 연속식이라고도 한다. 거푸집 자체를 인장대로 하고 긴장재의 반력을 거푸집이 받게 하여 PS 콘크리트 부재를 제작하는 방법을 단일 몰드 방법(individual mould method) 또는 단독식이라고도 하며 1회의 프리스트레싱으로 1개의 부재밖에 제작하지 못한다.

프리텐션 방식의 장점은 설비가 좋은 공장에서 제조되므로 품질에 대한 신뢰도가 높으며, 동일한 형상과 치수의 프리캐스트 부재를 대량으로 제조할 수 있고, 쉬스 및 정착장치 등이 필요하지 않다. 단점은 긴장재의 곡선 배치가 어려워서 대형부재의 제작에는 적합하지 않으며, 또한 부재의 단부에는 소정의 프리스트레스가 도입되지 않기 때문에 설계에 주의가 요구된다.

11·2·2 포스트텐션 방식

이 방식은 콘크리트가 경화한 후 PS 긴장재에 인장력을 주어 긴장하고 그 끝을 콘크리트에 정착함으로써 프리스트레스를 주는 방법이다. 이 방식의 제작순서는 다음과 같다.

① 거푸집 조립, 쉬스 배치, 콘크리트 치기와 양생

② 경화된 콘크리트 부재 양단을 받침으로 PS 긴장재를 인장하여 정착

③ 부착시킨 부재에서는 PS 긴장재와 콘크리트와의 부착을 위한 그라우팅 작업

이 방식은 그림 11·4(a)와 같이 콘크리트 부재 속에 긴장재를 배치할 구멍(덕트 : duct)을 미리 만들어 놓아야 한다. 이 턱트를 만들기 위하여 보통 쉬스(sheath)를 사용하는데 보통 얇은 금속박판으로 된 파상의 관이 사용된다.

그림 11·4는 포스트텐션 방식을 쉽게 나타낸 것이다. 그림 11.4와 같이 쉬스 안에 배치한 PS 긴장재를 긴장하는 방법으로는 잭(jack)을 사용하는 기계적 방법이 주로 쓰이며, 팽창시멘트를 사용한 화학적 방법, PS 긴장재에 전류를 흘려서 하는 전기적 방법 등이 있다. PS 긴장재의 긴장작업이 끝나면 긴장재를 정착장치에 의하여 콘크리트 부재에 정착시킨다. 정착방법으로는 쐐기식, 지압식(리벳머리식과 너트식), 루프식이 있다.

포스트텐션 방식의 특징은 PS 긴장재를 곡선 배치할 수 있어 대형구조물에 적합하고, 콘크리트 부재를 직접 받침으로 하기 때문에 현장에서 쉽게 프리스트레스를 도입할 수 있다.

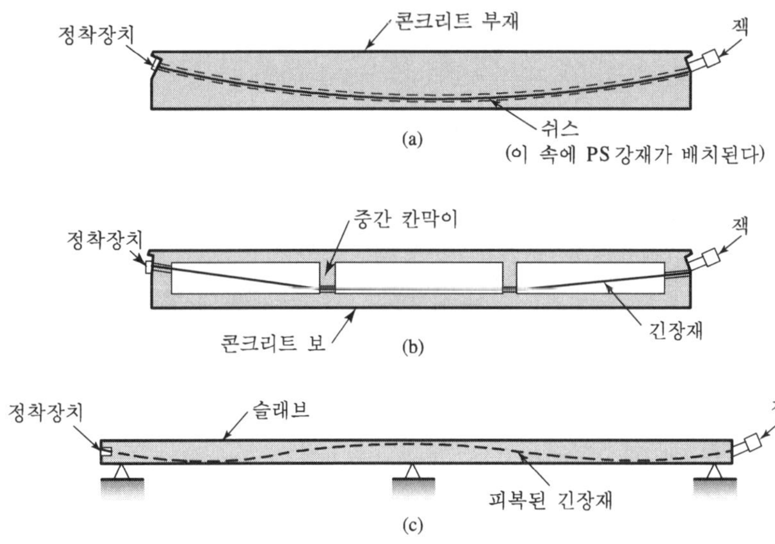

그림 11·4 포스트텐션 방식

11·3 프리스트레스트 콘크리트 재료

11·3·1 콘크리트

프리스트레스트 콘크리트는 프리스트레싱에 의하여 큰 응력을 받기 때문에 압축강도가 높고, 건조수축 및 크리프가 작아야 한다.

프리스트레스트 콘크리트의 설계기준강도 f_{ck}는 적어도 포스트텐션 방식의 경우 30 MPa 이상, 프리텐션 방식의 경우 35 MPa 이상이 되어야 한다.

콘크리트의 건조수축과 크리프는 프리스트레스 손실의 원인 중 큰 부분을 차지하므로. 이러한 손실을 줄이기 위해서는 건조수축과 크리프가 적게 일어나는 콘크리트를 사용해야 한다.

따라서 압축강도가 높고 건조수축 및 크리프가 적은 양질의 콘크리트를 만들기 위해서는 첫째, 배합설계 시에 물－시멘트비는 작게 하며, 단위 시멘트량은 소요 범위에서 최소로 하며, 시공이 가능한 내에서 사용수량을 적게 하고 적당한 입도를 갖는 양질의 골재를 사용해야 한다. 둘째, 시공 시에 밀도가 높은 콘크리트를 만들어야 하며, 품질관리 및 시공관리를 엄격히 하여 균질한 콘크리트를 만들어야 하고 국부적인 건조수축이 발생하지 않도록 하여야 한다.

콘크리트 구조설계기준에서는 프리스트레싱을 할 수 있는 콘크리트의 허용응력을 표 11·1과 같이 규정하고 있다.

표 11·1 콘크리트의 허용응력(콘크리트 구조설계기준)

(1) 프리스트레스 도입 직후 시간에 따른 프리스트레스 손실이 일어나기 전
① 휨압축응력 : $0.60\, f_{ci}$
② 휨인장응력 : $0.25\sqrt{f_{ci}}$
③ 단부지지 부재 단부에서의 인장응력 : $0.50\sqrt{f_{ci}}$
(2) 모든 프리스트레스 손실 이후 사용하중 작용시
① 휨압축응력 : $0.40\, f_{cK}$
② 휨인장응력
㉮ $0.5\sqrt{f_{ck}}$ (일반적인 경우, ㉯와 ㉰의 경우 제외)
㉯ $0.25\sqrt{f_{ck}}$ (심한 부식의 우려가 있는 경우)
㉰ $\sqrt{f_{ck}}$ (환산균열단면과 2개의 선형으로 이루어진 모멘트- 변위 관계를 기초로 해석한 결과 순간 처짐과 장기처짐 및 콘크리트 피복두께가 프리스트레스트 콘크리트 구조의 규정을 만족하는 경우, 단 2방향 슬래브 구조는 제외))

(3) 부재 단부에 적절한 철근을 배치한 포스트텐션 부재의 정착장치에 의해 발생되는 콘크리트의 지압응력
① 긴장재 정착 직후 : $0.70 f_{ci} \frac{\sqrt{A'_b}}{A_b} - 0.2 \le 1.10 f_{ci}$
② 프리스트레스 손실 발생 후 : $0.50 f_{ck} \frac{\sqrt{A'_b}}{A_b} \le 0.90 f_{ck}$

주 : f_{ci} = 프리스트레스 도입시의 콘크리트 압축강도, MPa

11·3·2 PS 긴장재

PS 긴장재로는 PS 강선, 이형 PS 강선, PS 강연선(strand), PS 강봉, 이형 PS 강봉 등이 주로 사용된다. 프리스트레스트 콘크리트는 PS 긴장재의 이완(relaxation), 콘크리트의 건조수축과 크리프 등으로 처음에 준 응력이 시간의 경과에 따라 감소한다. 초기 프리스트레스가 손실 후에도 프리스트레스트 콘크리트가 성립되기 위해서는 소요의 유효 프리스트레스를 유지하여야 한다. 이를 위하여 PS 긴장재를 높은 인장응력으로 긴장해야 한다. 따라서 PS 긴장재로 고강도 긴장재의 사용이 필요하다.

PS 긴장재는 연강의 2~4배 정도의 인장강도를 나타낸다. 예로서, PS 강선의 인장강도는 1,450~1,950 MPa, 항복강도 1,250~1,750 MPa 정도, PS 강봉의 인장강도는 950~1,450 MPa, 항복강도 800~1,300 MPa 정도를 요구하고 있다. 이것은 항복비 $\left(\frac{\text{항복점 강도}}{\text{인장강도}} \times 100\right)$로 PS 강선이 85~90%, PS 강봉이 84~90% 정도이다.

PS 긴장재에 인장력을 주어 긴장한 채 그 길이를 일정하게 유지해 두면, 시간의 경과에 따라 PS 긴장재의 인장응력이 감소한다. 이러한 현상을 릴랙세이션(relaxation)이라고 하며, PS 긴장재는 장시간에 걸쳐 릴랙세이션이 작아야 한다. PS 강선 및 PS 강연선의 릴랙세이션은 3% 이하, PS 강봉은 1.5% 이하를 요구하고 있다.

부재가 파괴될 때까지 높은 응력하에서 큰 변형에 견디는 재료의 성질을 인성(toughness)이라고 하며, 인성이 큰 재료는 연신율도 크다. PS 부재가 파괴 전에 어떤 크기의 변형이 일어나도록 하기 위해서는 PS 긴장재에 어느 정도의 연신율이 요구된다.

높은 응력을 받는 긴장재는 녹이 빠르게 진행되는 일이 있고, 또는 녹이 표면에 보이지 않더라도 조직이 취약해 지는 경우가 있다. 이러한 현상을 응력부식이라고 한다. PS 긴장재는 항상 높은 응력을 받고 있으므로 응력부식에 대한 저항성이 커야 한다. 콘크리트 구조설계기준에 규정된 PS 긴장재의 허용응력은 표 11·2와 같다.

표 11·2 PS 긴장재의 허용응력

(1) 긴장할 때 프리스트레싱 긴장재의 인장응력
0.80 f_{pu} 또는 0.94 f_{py} 중 작은 값
(2) 프리스트레스 도입 직후 프리스트레싱 긴장재의 인장응력
0.74 f_{pu} 또는 0.82 f_{py} 중 작은 값 (프리텐셔닝) 0.70 f_{pu} (포스트텐셔닝)

f_{pu} : 프리스트레싱 긴장재의 설계기준인장강도, MPa

f_{py} : 프리스트레싱 긴장재의 설계기준항복강도, MPa

11·3·3 철근과 쉬스

PS 부재에서의 철근은 전단철근, 배력철근, 긴장재의 조립용 철근, 정착부 및 지압부의 보강철근 등 상당한 양이 필요로 한다.

프리텐션 방식에서는 PS 긴장재와 콘크리트가 직접 부착되므로 쉬스가 필요 없으나, 포스트텐션 방식에서는 긴장재를 수용하기 위한 쉬스가 필요하다. 그라우팅에 의해 부착되는 경우에 쉬스의 두께는 보통 0.2~0.4 mm 정도 또는 그 이상의 강재 쉬스가 사용된다. 부착시키지 않는 경우는 강재 쉬스 또는 플라스틱 쉬스를 사용한다. 쉬스는 취급 또는 콘크리트 타설시 충격이나 진동기의 접촉 등에 쉽게 변형되거나 찌부러져서는 안 된다.

포스트텐션 방식에서 PS 긴장재가 녹스는 것을 방지하고 또한 콘크리트에 부착시키기 위하여 쉬스 안에 시멘트풀이나 몰탈을 주입한다. 이러한 목적으로 만든 시멘트풀이나 몰탈을 그라우팅(grout)라 하고, 그라우트를 주입하는 일을 그라우팅이라고 한다. 그라우트는 쉬스 안을 완전히 채워 PS 긴장재의 표면을 둘러싸게 하여 PS 긴장재가 부착에 의해 일체가 되게 해야 한다. 이를 위해서는 그라우트가 적당한 유동성과 팽창성이 있어야 한다.

11·4 PS의 기본개념

PS의 원리는 다음의 세 가지 다른 개념에 의하여 설명할 수 있다.

11·4·1 균등질 보의 개념

인장에 약하고 압축에 강한 콘크리트가 프리스트레싱에 의하여 압축됨으로써 취성재료인 콘크리트가 인장응력에 견딜 수 있게 된다. 결국 콘크리트에 인장응력이 작용하지 않으므로 균열이 생기지 않는다. 따라서 균질 탄성보와 같은 탄성해석을 할 수 있게 된다. 이것은 응력개념이라고도 알려져 있으며, 가장 널리 통용되고 있는 PS의 기본개념이다.

콘크리트 직사각형보의 단면 도심 축에 PS 긴장재를 배치하여 프리스트레싱 힘 P로 인장하여 정착하면, 이로 인해 콘크리트 단면 A에 일어나는 압축응력은 균일한 분포로 다음과 같다.

$$f = \frac{P}{A} \tag{11·1}$$

또 외력(자중과 활하중)으로 인한 휨모멘트가 작용하여 다음과 같은 휨응력이 일어난다.

$$f = \pm\frac{M}{I}\cdot y \tag{11·2}$$

여기서, I : 단면 도심축에 대한 단면 2차모멘트

y : 단면 도심으로부터의 거리

따라서 프리스트레스를 준 부재의 단면에는 식 (11·1)과 (11·2)를 합한 응력이 작용하게 된다.

$$f_c = \frac{P}{A} \pm \frac{M}{I}\cdot y \tag{11·3}$$

프리스트레스트 콘크리트에서는 압축응력을 (+), 인장응력을 (−)로 약속하고 계산하는 것이 보통이다. PS 긴장재가 콘크리트 단면 도심 축에서 편심(e)되어 배치될 때에 프리스트레싱에 의해 콘크리트에 발생하는 응력은 다음과 같다.

$$f = \frac{P}{A} \mp \frac{Pe}{I}\cdot y \tag{11·4}$$

또 외력으로 인한 휨모멘트 M에 의하여 부재 단면에는 식 (11·2)와 같은 휨응력이 발생한다. 따라서 PS 긴장재가 편심되어 배치되었을 경우 콘크리트에 일어나는 휨응력은 다음과 같다.

$$f_c = \frac{P}{A} \mp \frac{Pe}{I}\cdot y \pm \frac{M}{I}\cdot y \tag{11·5}$$

여기서, e는 단면도심에서 PS 긴장재의 편심량이다.

그림 11·5는 위의 설명을 이해하기 쉽게 나타낸 것이다.

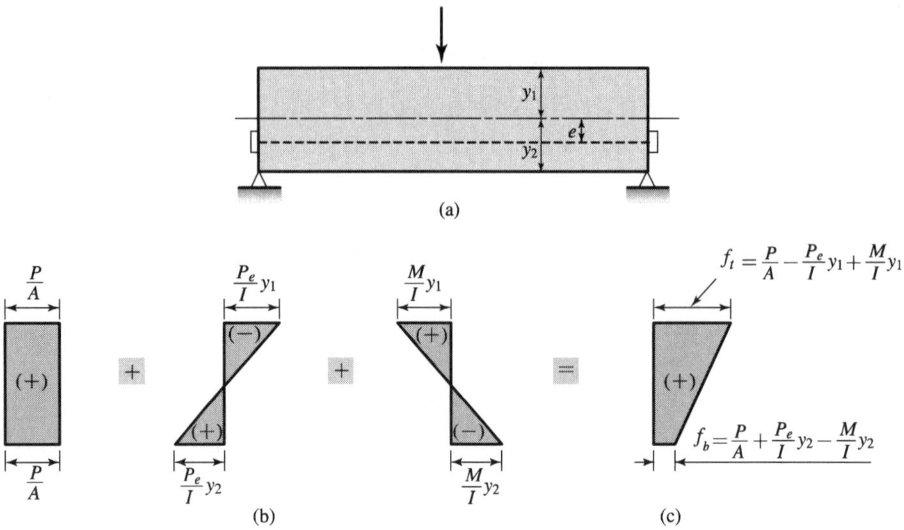

그림 11·5 균등질 보의 개념

예제 11·1

아래의 그림 11·6과 같이 긴장재를 직선 배치한 지간중앙단면의 응력을 계산하여라. 다만 PS 긴장재의 인장력 P=3,750 kN, 편심량 e=−300 mm로 한다.

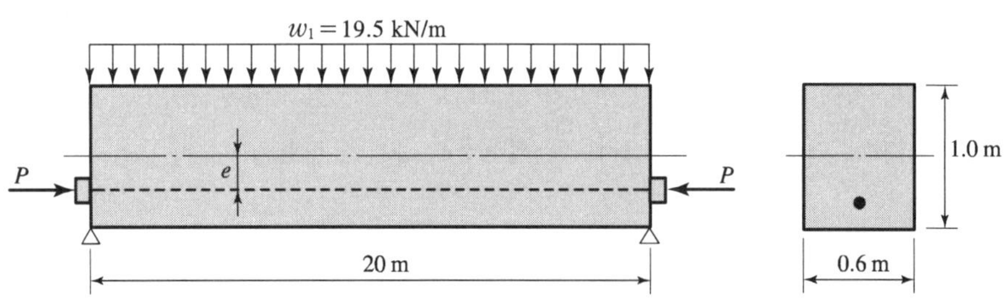

그림 11·6 PS 긴장재의 편심 배치

풀이

보의 자중 $w_d = 0.6 \times 1.0 \times 25 = 15$ kN/m

전체하중 $w = w_d + w_l = 15+19.5 = 34.5$ kN/m

하중에 의한 휨모멘트는

$$M = \frac{wl^2}{8} = \frac{1}{8} \times 34.5 \times 20^2 = 1,725\,\text{kN}\cdot\text{m} = 1,725,000,000\ \text{N}\cdot\text{mm}$$

단면 2차모멘트 $I = \frac{bh^3}{12} = \frac{1}{12} \times 600 \times 1,000^3 = 50,000,000,000\,\text{mm}^4$

단면적 $A = 600 \times 1,000 = 600,000\,\text{mm}^2$

따라서, 지간의 중앙 단면의 응력은 식(11·5)으로부터

$$f_c = \frac{P}{A} \mp \frac{Pe}{I} \cdot y \pm \frac{M}{I} \cdot y = \frac{3,750,000}{600,000} \mp \frac{3,750,000 \times 300}{50,000,000,000} \times 500$$

$$\pm \frac{1,725,000,000}{50,000,000,000} \times 500 = 6.25 \mp 11.25 \pm 17.25$$

그러므로

∴ 상연응력 $f_t = 6.25 - 11.25 + 17.25 = 12.25\,\text{MPa}$

하연응력 $f_b = 6.25 + 11.25 - 17.25 = 0.25\ \text{MPa}$

11·4·2 내력 모멘트의 개념

이 개념은 PS를 RC와 같이 생각한 것이다(그림 11·7). RC와 다른 점은 고강도 긴장재를 사용하여 미리 긴장해 정착하면 원하는 응력과 변형률을 두 재료에 일어나게 할 수 있다는 것이다. 즉, 콘크리트는 압축력을 받고 긴장재는 인장력을 받게 하여 두 힘의 우력 모멘트로 외력에 의한 휨모멘트에 저항한다는 개념이며 강도개념 또는 내력개념이라고도 한다.

전단면이 압축응력을 받으므로 RC에서 이룰 수 없었던 재료의 안전하고 경제적인 이용을 가능하게 한다. 또한 이 개념은 PS 보의 극한강도를 결정하는데도 이용된다.

지금 하중에 의한 휨모멘트를 M, PS 긴장재에 작용하는 인장력을 P라 하면, 압축력 C의 작용점은 다음의 평형조건으로부터 쉽게 구할 수 있다.

$C = T = P$

$M = Cz = Tz = Pz$

$$z = M/P \tag{11·6}$$

$$e' = z - e \tag{11·7}$$

위의 식에서 프리스트레스 힘 P는 일정하므로, 하중에 의한 휨모멘트 M이 커짐에 따

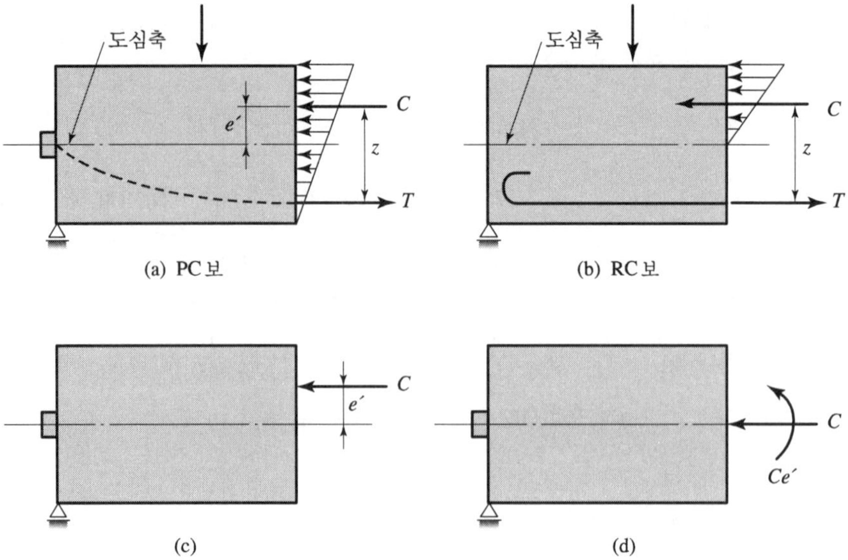

그림 11·7 내력 모멘트의 개념

라 z가 커지고 따라서 e'도 커짐을 알 수 있다. 결국 이것은 PS 보 단면의 콘크리트 응력이 그림 11·7(c)와 같은 영향을 주고, 또한 이것은 그림 11·7(d)로 대처할 수 있다. 그러므로 프리스트레스 힘에 의한 콘크리트의 응력은 다음과 같다.

$$f_c = \frac{C}{A} \pm \frac{Ce'}{I} \cdot y = \frac{P}{A} \pm \frac{Pe'}{I} \cdot y \tag{11·8}$$

11·4·3 하중평형의 개념

이 개념은 부재에 작용하는 하중과 프리스트레싱에 의해 생기는 상향력과 평형이 되도록 하는 개념이다. 즉 긴장재의 프리스트레스 힘의 작용이 부재에 작용하는 연직하중과 비긴다면, 부재는 하중에 의한 휨응력을 받지 않게 된다. 이것을 하중평형개념 또는 등가하중개념이라고 한다.

프리스트레스 힘으로 생긴 등가하중이 연직하중과 비기게 되면, 휨부재의 단면은 주어진 하중작용 하에서 휨응력을 받지 않게 된다. 결국 휨부재를 축방향의 직응력만을 받는 부재로 전환시키게 되어 해석이 매우 단순화된다. 이 경우 긴장재는 마치 현수교의 케이블과 같은 역할을 한다.

이 개념에서는 콘크리트를 자유물체도로 보아야 하고, 긴장재는 콘크리트에 작용하는 힘으로 바꾸어 놓아야 한다.

그림 11·8(a)와 같이 긴장재를 포물선으로 배치한 단순보를 예를 들어 보자.

긴장재의 양끝에 프리스트레스 힘 P로 긴장할 때, 그림 11·8(b)과 같이 긴장재가 콘크리트 속에서 포물선을 유지하려면 등분포의 하향력 u가 작용해야 한다. 긴장재의 양끝을 콘크리트에 정착하면 콘크리트에는 그림 11·8(c)와 같이 압축력 P와 상향력 u가 작용하게 된다. 이 때 콘크리트 보의 중앙단면에는 $ul^2/8$인 부(−)의 휨모멘트가 일어난다. 이것은 그림 11·8(d)의 자유물체도에 일어나는 부의 휨모멘트 Ph와 같은 성질의 것으로 다음과 같다.

$$\frac{ul^2}{8} = Ph$$

$$u = \frac{8Ph}{l^2} \qquad (11\cdot9)$$

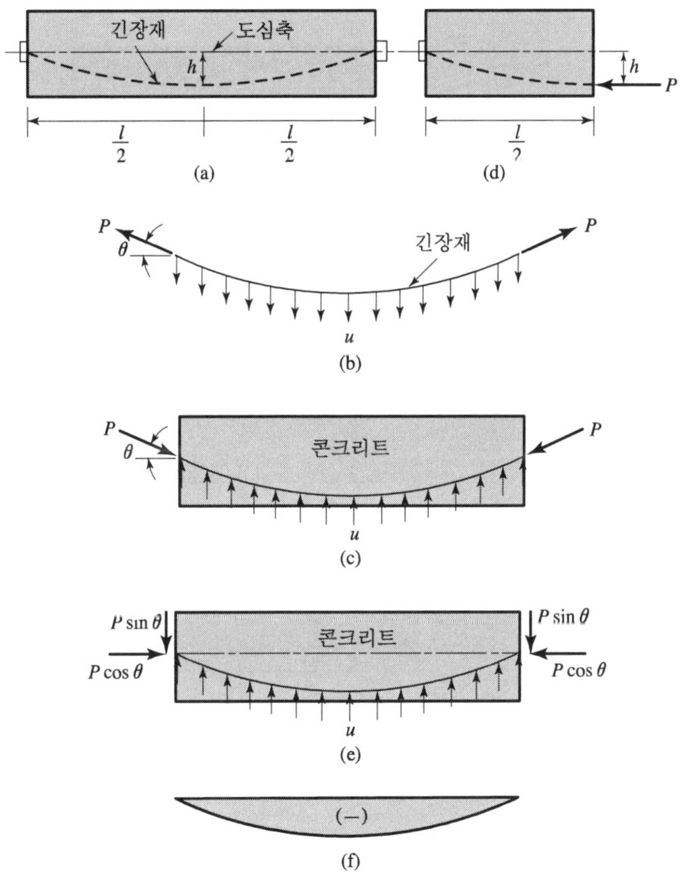

그림 11·8 하중평형의 개념(긴장재의 포물선 배치)

이 부의 휨모멘트가 하중에 의한 정(+)의 휨모멘트와 비기면, 즉 식(11·9)의 상향력 u가 외력으로 작용하는 등분포하중 w와 크기가 같으면 이 보는 휨을 받지 않고 축압축력 $P\cos\theta$만 받게 될 것이다. 그러나 등분포 상향력 u와 하중이 비기지 않을 경우에는 그 차$(w-u)$에 의한 휨모멘트$(w-u)l^2/8$를 받게 되며, 이 경우의 콘크리트 응력은 다음의 식으로 계산할 수 있다.

$$f_c = \frac{P\cos\theta}{A} \pm \frac{M}{I} \cdot y \fallingdotseq \frac{P}{A} \pm \frac{M}{I} \cdot y \qquad (11\cdot 10)$$

여기서, $M = \dfrac{(w-u)l^2}{8}$.

그림 11·9(a)와 같이 긴장재를 지간중앙에서 절곡하여 배치한 경우는 콘크리트에 압축력 P를 줄 뿐 아니라 지간중앙에 상향력 U를 주게 된다. 이 때 힘 P는 정역학적으로 쉽게 구할 수 있다. 즉 그림 11·9(b)와 같이 긴장재에 작용하는 세 힘이 비겨야 하므로,

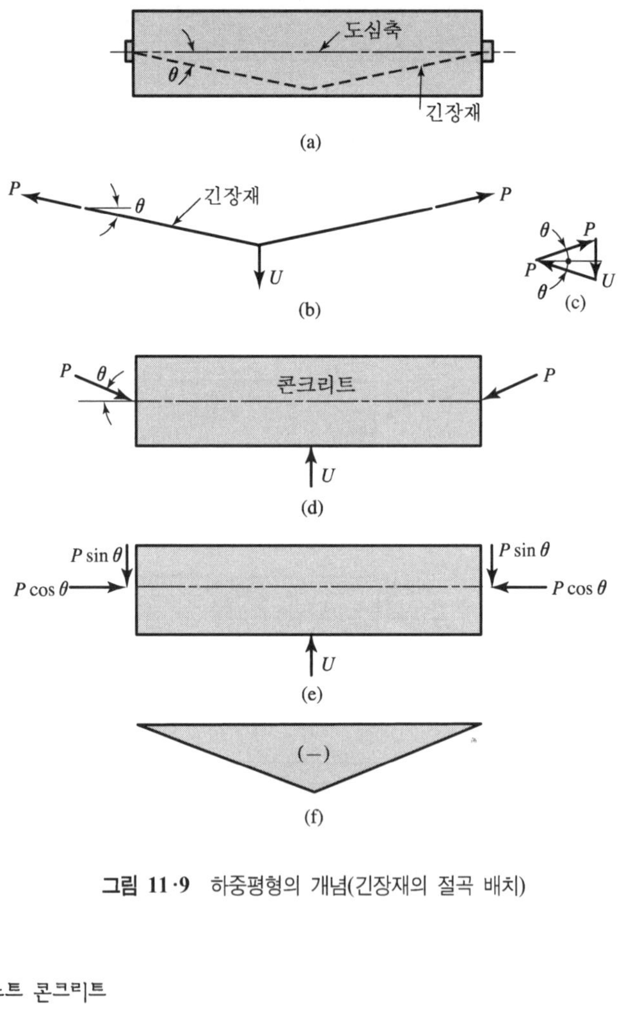

그림 11·9 하중평형의 개념(긴장재의 절곡 배치)

$\Sigma V=0$을 적용하면 U는 다음과 같이 된다(그림 11·9(c) 참조).

$$U=2P\sin\theta \tag{11·11}$$

11·5 프리스트레스트 콘크리트의 특징

11·5·1 사용재료와 역학적 성질에 관한 PS와 RC의 비교

사용재료와 역학적 성질에 관하여 PS와 RC를 비교하면 다음과 같다.

① PS는 RC에 비하여 고강도의 콘크리트와 긴장재를 사용한다.

② 설계시 RC는 인장측 콘크리트를 무시하고 계산하는 반면에 PS는 전단면이 유효하다고 보고 계산한다.

③ 사용하중 하에서 PS는 균열이 발생하지 않으며 초과하중이 작용하여 균열이 발생하더라도 그 하중을 제거하면 균열은 아문다.

④ 긴장재의 절곡 및 곡선 배치한 PS 보는 같은 크기의 전단력을 받는 RC 보에 비하여 복부의 폭을 얇게 할 수 있어 부재의 자중이 경감된다.

⑤ RC 보에서는 작용하중이 커짐에 따라 철근 및 콘크리트의 응력이 커져서 압축력과 인장력이 커지고 우력의 팔길이는 변하지 않지만, PS 보에서는 팔길이가 커지고 PS 긴장재의 응력은 매우 조금밖에 늘지 않는다.

⑥ 균열발생 후에는 보통 PS 긴장재비가 RC의 철근비보다 작기 때문에 PS가 중립축의 상승이 빠르고 균열 폭이 커진다.

11·5·2 사용성에 관한 PS와 RC의 비교

PS의 안전성, 사용성, 경제성 등에 대하여 RC와 비교해 보면 다음과 같다.

① PS는 균열이 발생하지 않도록 설계되므로 내구성과 수밀성이 우수하고 충격 및 반복하중에 대한 저항력도 RC보다 크다.

② 긴장재의 절곡 및 곡선 배치에 따른 전단력 감소에 의하여 복부의 폭을 얇게 할 수 있기 때문에 가벼운 구조물을 만들 수 있다. 따라서 장대교량이나 큰 하중을 받는 구조물에 적당하다. 또한 PS 구조물은 날씬하여 외관이 아름답다.

③ PS 부재의 처짐은 작다.

④ PS 구조는 프리스트레싱 작업을 할 때 안전하였다면 사용하중 하에서도 충분히 안

전하고 파괴의 징후가 뚜렷하다.

⑤ 포스트텐션 방식을 이용하면 프리캐스트 부재의 연결 시공이 가능하다. 또한 현장치기 PS의 경우, 이어대기 시공이나 분할시공이 가능하여 캔틸레버식 시공이 교량 등에 많이 이용된다.

⑥ PS는 RC에 비하여 강성이 작아서 변형이 크고 진동하기 쉽다.

⑦ PS는 RC에 비하여 내화성에 불리하다.

⑧ PS는 RC에 비하여 응력이나 안전성의 검토 단계가 많을 뿐 아니라 하중의 크기나 방향에 민감하므로 설계, 제조, 운반, 가설에 세심한 주의가 필요하다.

⑨ PS는 RC보다 재료는 절약되지만 단가가 비싸고 부속재료 및 그라우팅의 비용이 추가된다.

11·6 프리스트레스의 손실

PS 부재의 프리스트레스는 초기에 PS 긴장재를 긴장할 때 긴장장치에서 측정된 인장응력과 같지 않다. 이것은 긴장작업 중이나 작업 후에 일어나는 여러 가지 원인에 의하여 감소한다. 이러한 현상을 프리스트레스의 감소(reduction of prestress) 또는 프리스트레스의 손실(loss of prestress)이라고 한다.

프리스트레스의 손실의 원인은 다음과 같다.

1 프리스트레스를 도입할 때 일어나는 손실(즉시손실)

① 장착장치의 활동

② PS 긴장재와 쉬스의 마찰

③ 콘크리트의 탄성단축(탄성변형)

2 프리스트레스 도입 후에 일어나는 손실(시간적 손실)

① 콘크리트의 건조수축

② 콘크리트의 크리프

③ PS 긴장재 응력의 릴랙세이션

포스트텐션 방식은 위의 여섯 가지가 원인이 되어 프리스트레스가 손실하지만, 프리텐션 방식은 PS 긴장재와 쉬스 사이의 마찰은 해당되지 않는다.

즉시손실에 의하여 재킹힘(jacking force: 긴장재 끝에서 최초에 긴장재에 준 인장력)) P_j는 P_i로 감소한다. P_i를 도입 직후의 프리스트레스 힘 또는 초기 프리스트레스힘이라 하고, 시간적 손실이 끝나서 최종적으로 긴장재에 작용하는 인장력을 유효 프리스트레스힘 P_e라고 한다. 유효 프리스트레스힘과 초기 프리스트레스힘과의 비를 유효율이라 한다. 유효율의 대략의 값은 프리텐션 방식에서 0.80, 포스트텐션 방식에서 0.85이다.

11·6·1 콘크리트의 탄성변형에 의한 프리스트레스 손실

프리텐션 방식에서 프리스트레스 도입을 위하여 긴장된 PS 긴장재를 풀어주면 PS 긴장재의 인장력이 콘크리트 부재의 압축력으로 변환되어 콘크리트는 탄성변형으로 단축되고, PS 긴장재도 완전히 부착되어 있기 때문에 동시에 단축되어 처음 가해진 인장력이 감소한다. PS 긴장재 도심위치에서 콘크리트의 압축 변형률 ε_c와 PS 긴장재의 변형률 ε_p는 같아야 하므로

$$\varepsilon_c = \varepsilon_p$$

Hooke의 법칙에 의하여

$$\varepsilon_c = \frac{f_{cs}}{E_c}, \quad \varepsilon_p = \frac{\Delta f_{el}}{E_p}$$

따라서 PS 긴장재의 감소량 Δf_{el}은

$$\Delta f_{el} = E_p \varepsilon_p = E_p \varepsilon_c = E_p \frac{f_{cs}}{E_c} = n f_{cs} \qquad (11 \cdot 11)$$

여기서, f_{cs} : 프리스트레스 도입 직후 PS 긴장재 도심위치에서의 콘크리트 압축응력

Δf_{el} : 콘크리트의 탄성수축으로 인한 PS 긴장재의 인장응력 감소량

E_c : 프리스트레스 도입 할 때의 콘크리트의 탄성계수

E_p : PS 긴장재의 탄성계수

PS 긴장재가 편심 e_p에 있을 경우는

$$\Delta f_{el} = n f_{cs} = n\left(\frac{P_i}{A_C} + \frac{P_i \cdot e_p}{I_C} \cdot e_p\right) \qquad (11 \cdot 12)$$

그러나 포스트텐션 방식의 경우는 프리텐션 방식의 경우와 아주 다르다. 포스트텐션 부재는 많은 수의 긴장재가 배치되어 미리 정해 놓은 긴장순서에 따라 긴장 정착하는 것이 보통이다. 이러한 경우 프리스트레스가 순차적으로 도입되므로 콘크리트의 탄성변형

도 순차적으로 일어난다. 따라서 제일 먼저 정착한 긴장재는 그 시점에서의 프리스트레스 감소는 없지만, 두 번째 긴장재를 정착하면 이 탄성변형 때문에 첫 번째 긴장재의 프리스트레스가 감소한다. 또 세 번째의 긴장재를 정착하면 그 탄성변형의 영향을 받아 첫 번째와 두 번째 긴장재의 프리스트레스가 감소한다. 결국 제일 먼저 정착한 긴장재가 가장 많이 감소하고, 마지막으로 정착하는 긴장재의 프리스트레스 감소는 없다.

이와 같이 긴장재의 인장력 감소량을 정확하게 계산하는 것은 아주 복잡하다. 그래서 실용적으로는 제일 먼저 긴장한 긴장재의 감소량을 계산하여 그 값의 $\frac{1}{2}$를 모든 긴장재의 평균 감소량으로 하거나 또는 다음 식에 의하여 계산해도 좋다.

$$\Delta f_{el} = \frac{1}{2} n f_{cs} \frac{N-1}{N} \tag{11·13}$$

여기서, f_{cs} : 프리스트레스 도입 직후 PS 긴장재 도심위치에서의 콘크리트 압축응력

N : 긴장재의 긴장 횟수(긴장재의 케이블 수)

11·6·2 PS 긴장재와 쉬스의 마찰로 인한 손실

포스트텐션 방식에서는 PS 긴장재와 쉬스 사이의 마찰로 인하여 PS 긴장재의 인장력이 감소되는데 긴장재의 각도 변화에 의한 곡률마찰 손실과 PS 긴장재의 길이의 영향에 의한 파상마찰 손실로 나누어 생각할 수 있다.

PS 긴장재의 인장단에서 인장력 P_o로 긴장할 때, 여기서 x만큼 떨어진 단면에서의 PS 긴장재의 인장력 P_x는 다음 식과 같다.

$$P_x = P_o \cdot e^{-(\varkappa l_x + \mu\alpha)} \tag{11·14}$$

여기서, α: : 긴장단으로부터 임의점 x까지를 라디안으로 나타낸 긴장재의 전체 회전각변화량

l_x : 전착단으로부터 임의의 점 x까지의 프리스트레싱 긴자재의 길이(m)

μ : 곡선부에서의 곡률마찰계수

$\varkappa$: PS 긴장재 의 단위길이 1m당의 파상마찰계수

이 때 $\varkappa l_x + \mu\alpha \leq 0.3$인 경우, 식 (11·14) 대신에 다음의 근사식을 사용하여 계산해도 좋다고 규정하고 있다.

$$P_x = P_o(1 - \varkappa l_x - \mu\alpha) \tag{11·15}$$

11·6·3 정착장치의 활동으로 인한 손실

포스트텐션 부재에서 긴장한 PS 긴장재를 정착할 때 정착장치에서 PS 긴장재가 활동하거나 또는 정착장치가 변형되거나 하면 프리스트레스의 손실이 생긴다. 쐐기식의 정착장치를 사용할 때 보통 3~6 mm 정도의 활동이 생기고, 너트식 정착장치를 사용할 때 1 mm 정도의 변위가 생긴다.

프리텐션 방식의 경우에서도 긴장대에서 인장력을 잭으로부터 도입할 때 정착장치에 활동이 일어난다. 계산상으로 Δl의 변위량이 발생했을 경우 다음 식에 의하여 계산해도 좋다.

$$\Delta P = A_p E_p \frac{\Delta l}{l}, \quad \Delta f_{an} = E_p \frac{\Delta l}{l} \tag{11·16}$$

여기서 ΔP : 긴장재의 인장력 감소량

Δf_{an} : 긴장재 응력의 감소량 $\left(= \frac{\Delta P}{A_p}\right)$

11·6·4 콘크리트의 건조수축에 의한 손실

콘크리트의 건조수축에 의한 변형율이 ε_{sh}라 하면, 긴장재도 ε_{sh}만큼 압축변형을 일으켜 인장응력이 감소된다. 콘크리트의 건조수축에 의한 긴장재의 프리스트레스 감소량은 다음 식과 같다.

$$\Delta f_{sh} = E_p \varepsilon_{sh} \tag{11·17}$$

건조수축에 의한 콘크리트의 최종 변형률은 $500 \times 10^{-6} \sim 1{,}000 \times 10^{-6}$ 정도의 범위에 있다. 보, 슬래브 등의 설계에서 고려해야 할 건조수축의 변형률은 표 11·3과 같다.

표 11·3 콘크리트의 건조수축 변형률(도로교 및 철도교 설계기준, 콘크리트교 편)

프리스트레스를 도입할 때의 콘크리트 재령(일)	4~7	28	90	365
건조수축 변형률	27×10^{-5}	20×10^{-5}	14×10^{-5}	7×10^{-5}

11·6·5 콘크리트의 크리프로 인한 손실

콘크리트의 크리프에 의하여 긴장재의 인장력은 시간의 경과와 더불어 감소한다. 콘크리트의 크리프로 인한 변형률은 콘크리트의 탄성변형에 비례하며 다음 식과 같다.

$$\varepsilon_c = C_u \varepsilon_e$$

여기서 C_u는 크리프 계수이며, C_u 값은 저강도의 콘크리트일수록 큰 값을 나타내고 고강도일수록 작은 값을 보인다. 일반적으로 C_u는 1.6~3.2의 범위에 있다.

콘크리트의 크리프에 의한 프리스트레스의 감소량은 다음의 식과 같다.

$$\Delta f_{cp} = C_u n f_{cs} \tag{11·18}$$

여기서, f_{cs}는: 크리프에 의한 감소를 계산할 시점에서 긴장재 위치의 콘크리트에 작용하고 있는 응력이다.

11·6·6 PS 긴장재의 릴랙세이션에 의한 손실

PS 긴장재에 인장응력을 준 후 그 변형률을 일정하게 유지하면, PS 긴장재에 준 초기 인장응력은 시간의 경과와 더불어 점차로 감소하는데 이러한 현상을 PS 긴장재의 릴랙세이션에 의한 인장응력의 손실이라고 한다.

이와 같이 변형률을 일정하게 유지했을 때의 릴랙세이션을 순 릴랙세이션이라고 한다. 하지만 PS 부재 속에 배치된 PS 긴장재는 콘크리트의 건조수축과 크리트에 의하여 그 인장변형율이 일정학 유지되지 못하고 시간의 경과와 더불어 감소한다.

이와 같은 현상은 긴장재의 종류, 주어진 인장응력의 크기 등에 따라 다르며, 긴장재의 겉보기 릴랙세이션에 의한 일반적인 프리스트레스의 감소율은 표 11·4와 같고, 표의 값을 이용한 릴랙세이션에 의한 응력 감소량은 다음 식으로 계산해도 좋다.

$$\Delta f_{re} = \gamma f_{pi} \tag{11·19}$$

여기서 γ : PS 긴장재의 겉보기 릴랙세이션 값,

f_{pi} : 프리스트레스 도입 직후의 긴장재의 인장응력

표 11·4 긴장재의 겉보기 릴랙세이션

긴장재의 종류	겉보기 릴랙세이션율
PS 강선	5%
PS 강봉	3%
PS 강연선	5%

부록 A 허용응력 설계법

6장의 '사용성'에서 본 바와 같이 철근콘크리트 부재의 사용성은 사용하중(service load)에 의해 검토해야 한다. 따라서 부록 A에서는 사용하중하에서 보의 휨과 전단에 대한 해석 및 설계를 주로 다룬다. 휨부재에 대한 허용응력 설계법은 다음과 같은 가정을 기본으로 한 탄성이론에 의해 유도 된 것이다.

(1) 철근과 콘크리트의 응력은 변형률에 비례한다 (Hook's law)

(2) 단면내의 어느 한 점의 응력은 중립축으로 부터의 거리에 비례한다.

(3) 콘크리트의 인장응력은 무시한다. 인장측 콘크리트는 철근의 위치만 확보시켜주며 인장응력은 모두 철근이 받는다.

(4) 하중을 받기 전에 평면인 단면은 하중을 받아 변형한 후에도 평면을 유지한다.

이와 같은 가정은 콘크리트에 일어나는 응력이 매우 작은 상태일 경우를 가정한 것으로, 콘크리트의 압축응력이 $0.5f_c'$이하일 경우와 철근의 응력이 항복응력 이하에서는 합리적이다. 이와 같은 가정하의 단면해석을 선탄성 이론(linear elastic theory)에 의한 해석이라 하며, 콘크리트와 철근의 계산된 응력이 허용응력 이하로 되도록 설계하는 것이 허용응력 설계법이다.

우리나라 콘크리트 시방서에서 규정한 콘크리트 및 철근 의 허용응력(allowable stress)은 표 A-1과 같다.

표 A-1 콘크리트 및 철근의 허용응력

<table>
<tr><th>응력의 종류</th><th colspan="2">부재</th><th>허용응력 (MPa)</th></tr>
<tr><td>콘크리트의
휨 압축응력</td><td colspan="2">휨부재</td><td>$0.40f_{ck}$</td></tr>
<tr><td rowspan="2">콘크리트의
전단응력</td><td rowspan="2">보,
1방향슬래브
호가대기초</td><td>전단보강철근이 없을 경우</td><td>$0.80\sqrt{f_{ck}}$</td></tr>
<tr><td>전단보강철근이 있을 경우</td><td>$0.32\sqrt{f_{ck}}$</td></tr>
<tr><td rowspan="4">철근의
휨 인장응력</td><td colspan="2">SD30 철근</td><td>150 MPa</td></tr>
<tr><td colspan="2">SD35 철근</td><td>175 MPa</td></tr>
<tr><td colspan="2">SD40 철근</td><td>180 MPa</td></tr>
<tr><td colspan="2">경간이 4m보다 작은 경우
1방향슬래브
D10 이하 철근</td><td>$0.5f_y$<200 MPa</td></tr>
</table>

A·1 보의 휨설계

A·1·1 단철근 직사각형 보

(1) 응력계산

그림 A·1과 같은 직사각형 단면의 보가 사용하중에 의한 휨모멘트 M을 받으면 응력의 분포는 그림과 같이 된다. 단면의 유효깊이 d는 인장철근 도심에서 압축측 연단까지의 거리이다.

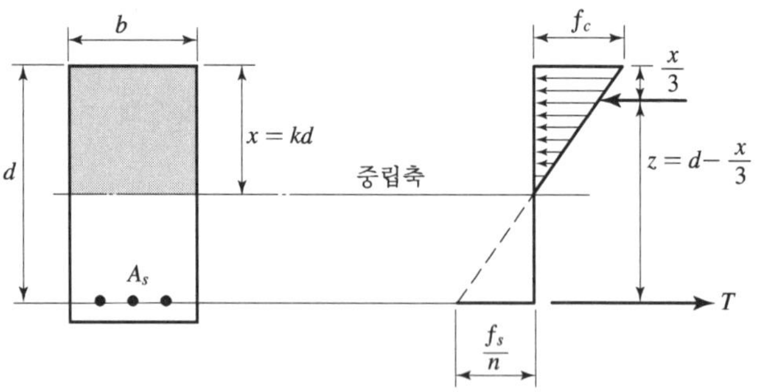

그림 A·1 단철근 직사각형 보

a. 중립축

단면의 중립축이 압축측 상단에서 x 의 거리에 있다고 가정하자. 압축측 연단의 콘크리트 응력을 f_c, 철근의 인장응력을 f_s라고 하면 압축측의 콘크리트의 총압축력 C 및 철근의 총인장력 T는 각각 다음과 같이 된다.

$$C=\frac{1}{2}f_c bx \tag{A·1}$$

$$T=f_s A_s \tag{A·2}$$

단면이 평형을 유지하기 위해서는

$$C-T=0 \tag{a}$$

이라야 한다. 즉, C와 T는 우력을 이룬다. 따라서, 식 (a)는 다음과 같이 된다.

$$\frac{1}{2}f_c bx - f_s A_s = 0 \tag{b}$$

그림 A·1의 응력도에서 삼각형의 닮음비를 이용하면

$$f_s = n f_c \frac{d-x}{x} \tag{A·3}$$

여기서

$$n=\frac{E_s}{E_c}$$

식 (A·3)을 식 (b)에 대입하면

$$\frac{1}{2}bx - nA_s\frac{d-x}{x}=0$$

$$\therefore\ \frac{1}{2}bx^2 - nA_s(d-x) = 0 \tag{A·4}$$

윗식은 휨을 받는 단면의 중심축이 도심축과 일치하며, 도심축에 대한 단면 1차 모멘트는 0이라는 조건으로부터도 얻을 수 있다. 위의 식을 x 에 관하여 풀면 중립축의 위치 x 는 다음과 같이 된다.

$$x=-\frac{nA_s}{b}+\frac{nA_s}{b}\sqrt{1+\frac{2bd}{nA_s}} \tag{A·5}$$

$\frac{x}{d}=k$, $\frac{A_s}{bd}=\rho$로 놓고 위의 식을 정리하면

$$k = -n\rho + \sqrt{(n\rho)^2 + 2n\rho} \qquad (A \cdot 6)$$

k를 중립축비, ρ를 철근비라고 한다.

b. 응 력

이 단면에 휨모멘트 M이 작용할 때 콘크리트와 철근에 일어나는 응력 f_c 및 f_s를 구해 보자. 콘크리트의 총압축력 C의 작용선은 응력분포 삼각형의 도심을 지나야 하므로 우력 C와 T 사이의 거리 z는 다음과 같이 된다.

$$z = d - \frac{x}{3} \qquad (c)$$

단면이 평형을 유지하기 위해서는 내력에 의한 우력 모멘트 Cz 또는 Tz가 외력에 의한 휨모멘트 M과 같아야 한다.

$$Cz = \frac{1}{2} f_c\, bx\left(d - \frac{x}{3}\right) = M$$

$$Tz = f_s\, A_s\left(d - \frac{x}{3}\right) = M \qquad (d)$$

따라서

$$f_c = \frac{2M}{bx\left(d - \frac{x}{3}\right)}$$

$$f_s = \frac{M}{A_s\left(d - \frac{x}{3}\right)} \qquad (A \cdot 7)$$

식 (c)는 다음과 같이 고쳐 쓰는 경우가 많다.

$$z = jd = d - \frac{kd}{2} = \left(1 - \frac{k}{3}\right)d$$

$$\therefore\ j = 1 - \frac{k}{3} \qquad (A \cdot 8)$$

위의 관계와 $x = kd,\ A_s = \rho bd$를 식 (A·7)에 대입하면

$$f_c = \frac{2M}{kjb\, d^2}$$

$$f_s = \frac{M}{\rho jb\, d^2} \qquad (A \cdot 9)$$

n과 ρ를 알면 식(A·6)으로부터 k를 알 수 있고, 식(A·8)으로부터 j를 알 수 있다. f_c와 f_s는 다음 식으로 계산해도 좋다.

$$f_c = \frac{M}{I_{cr}} x$$

$$f_s = n \frac{M}{I_{cr}} (d - x) \qquad (A \cdot 10)$$

여기서 I_{cr}는 도심축에 대한 환산단면 2차 모멘트이며 다음과 같다.

$$I_{cr} = \frac{1}{3} b x^3 + n A_s (d - x)^2 \qquad (A \cdot 11)$$

이것은 인장측 콘크리트에 균열이 발생했다고 보고 계산한 I로서, 이것을 균열 환산단면 2차 모멘트라고 한다.

예제 A·1

b=300 mm, d = 500 mm, A_s=3−D25=1520 mm²인 단철근 직사각형 단면의 보가 있다. 이 단면에 사용하중에 의한 휨모멘트 M= 90000 N·m이 작용할 때, 콘크리트 및 철근의 응력을 계산하여라. $f_{ck} = 21 MPa$, $f_y = 300 MPa$(SD 30)이다.

풀이

탄성계수비 n은

$$n = \frac{E_s}{E_c} = \frac{200,000}{4,700\sqrt{21}} = 9.3$$

n은 가장 가까운 정수를 사용해야 하므로 $n = 9$이다. 철근비는

$$\rho = \frac{A_s}{bd} = \frac{1520}{300 \times 500} = 0.0101$$

식(A·6)으로부터

$$k = -9 \times 0.0101 + \sqrt{(9 \times 0.0101)^2 + 2 \times 9 \times 0.0101} = 0.3444$$

$$\therefore \ x = kd = 0.344 \times 500 = 172 \text{ mm}$$

식(A·8)로부터

$$j = 1 - \frac{0.344}{3} = 0.885$$

구하는 응력은 식(A·7)로부터

$$f_c = \frac{2 \times 90,000,000}{300 \times 172 \times \left(500 - \frac{172}{3}\right)} = 7.88 \text{ MPa}$$

$$f_s = \frac{90,000,000}{1520 \times \left(500 - \frac{172}{3}\right)} = 133.7 \text{ MPa}$$

콘크리트의 허용 휨압축응력은 4장의 표 4·1로부터

$$f_{ca} = 0.40 f_{ck} = 0.40 \times 21 = 8.4 \text{ MPa}$$

철근의 허용 휨인장응력은 4장의 표 4·2로부터

$$f_{sa} = 150 \text{ MPa}$$

콘크리트와 철근의 응력이 각각 그 허용응력을 넘지 않으므로 휨에 대하여 안전하다.

(2) 저항 모멘트

저항 모멘트는 허용 모멘트라고도 하며, 허용응력 설계법에서 단면이 지지할 수 있는 최대 모멘트를 말한다. 단면의 저항 모멘트가 외력에 의한 휨모멘트보다 크면 단면은 안전하다. 단면의 저항 모멘트는 다음의 내력 모멘트 중 작은 값이다.

$$M_{rc} = Cz = \frac{1}{2} f_{ca} bx\left(d - \frac{x}{3}\right) = \frac{1}{2} f_{ca} kjb d^2$$

$$M_{rs} = Tz = f_{sa} A_s\left(d - \frac{x}{3}\right) = f_{sa} \rho jb d^2 \qquad \text{(A · 12)}$$

윗식은 식(d)에 f_c, f_s 대신 허용응력 f_{ca}, f_{sa}를 대입한 것이다. 윗식 가운데 M_{rc}는 압축측 콘크리트의 모멘트 용량이고, M_{rs}는 인장철근의 모멘트 저항능력이다. 두 값 가운데서 작은 값이 단면의 저항 모멘트이다.

예제 A·2

앞의 예제 A·1의 단면에 대한 저항 모멘트를 계산하여라.

풀이

콘크리트와 철근의 허용응력이 각각 8.4 MPa, 150 MPa이므로, 식 (A·12)로부터

$$M_{rc} = \frac{1}{2} f_{ca} bx\left(d - \frac{x}{3}\right) = \frac{1}{2} \times 8.4 \times 300 \times 172 \times \left(500 - \frac{172}{3}\right)$$

$$= 95{,}900{,}000 \text{ N} \cdot \text{mm} = 95{,}900 \text{ N} \cdot \text{m}$$

$$M_{rs} = f_{sa} A_s\left(d - \frac{x}{3}\right) = 150 \times 1520 \times \left(500 - \frac{172}{3}\right)$$

$$= 101{,}000{,}000 \text{ N} \cdot \text{mm} = 101{,}000 \text{ N} \cdot \text{m} > 95{,}900 \text{ N} \cdot \text{m}$$

그러므로 이 단면의 저항 모멘트는 95.9GPa이다. 즉, 이 단면이 지지할 수 있는 최대 휨모멘트는 95,900 N · m 이다.

(3) 단면설계

압축측 연단의 콘크리트 응력과 인장철근의 응력이 사용하중하에서 동시에 그들의 허용응력 f_{ca}, f_{sa} 에 도달하도록 단면치수를 정하는 것이 바람직하다. 이와 같이 콘크리트 응력과 철근응력이 최대 모멘트하에서 동시에 각각의 허용응력에 도달되는 단면을 균형단면(balanced section)이라고 한다.

균형단면의 중립축의 위치 x 는 그림 A·1의 응력도에서 $f_c = f_{ca}$, $f_s = f_{sa}$ 로 놓고 응력 삼각형의 닮음비를 이용하면 다음과 같이 된다.

$$x = \frac{n f_{ca}}{n f_{ca} + f_{sa}} d \tag{A · 13}$$

또는

$$k = \frac{n f_{ca}}{n f_{ca} + f_{sa}}$$

이 때의 철근비를 ρ_o 라고 하면 $A_s = \rho_o bd$ 이고, 또 $C = T$ 이어야 하므로

$$\frac{1}{2} f_{ca} bx - f_{sa} A_s = f_{sa} \rho_o bd$$

$$\therefore \ \rho_o = \frac{k}{2} \frac{f_{ca}}{f_{sa}} \tag{A · 14}$$

여기서

$$k = \frac{n f_{ca}}{n f_{ca} + f_{sa}}$$

직사각형 단면의 계산은 먼저 폭 b를 가정한 후, 균형단면이 되도록 유효 높이 d와 철근량 A_s를 구한다. 폭 b는 주로 철근의 배치 또는 전단응력에 의해 좌우된다.

단면의 저항 모멘트는 외력에 의한 휨모멘트 M보다 작아서는 안된다. 그러므로 식(A·12)의 첫째 식에 M_{rc} 대신 M을 대입하고 d에 관하여 정리하면 다음과 같이 된다.

$$d = C_1\sqrt{\frac{M}{b}} \tag{A · 15}$$

여기서

$$C_1 = \sqrt{\frac{2}{f_{ca}k\left(1-\frac{k}{3}\right)}} = \frac{nf_{ca}+f_{sa}}{nf_{ca}}\sqrt{\frac{6n}{3f_{sa}+2nf_{ca}}}$$

$C = T$이어야 하므로

$$\frac{1}{2}f_{ca}bx = f_{sa}A_s$$

$$\therefore\ A_s = \frac{f_{ca}}{2f_{sa}}bx = \frac{f_{ca}}{2f_{sa}}bk\times C_1\sqrt{\frac{M}{b}} = \frac{f_{ca}}{2f_{sa}}k\times C_1\sqrt{Mb} = C_2\sqrt{Mb}$$

그러므로

$$A_s = C_2\sqrt{Mb} \tag{A · 16}$$

여기서

$$C_2 = \frac{f_{ca}}{2f_{sa}}kC_1 = \frac{f_{ca}}{2f_{sa}}\sqrt{\frac{6n}{3f_{sa}+2nf_{ca}}}$$

표 A·2는 일반적으로 많이 쓰이는 C_1 및 C_2의 값을 보인 것이다. 표에서 알 수 있는 바와 같이 C_1 및 C_2는 Mpa의 단위를 사용하여 계산된 값이므로, 식 (A·15) 및 식(A·16)의 M과 b의 단위도 동일한 단위를 사용해야 한다.

C_1 및 C_2의 비를 만들어 보면 식(A·14)와 같은 결과를 얻는다.

$$\frac{C_1}{C_2} = \frac{k}{2}\frac{f_{ca}}{f_{sa}} = \rho_o$$

따라서, 철근량은 다음 식으로도 계산할 수 있다.

$$A_s = \rho_o bd \tag{A · 17}$$

또는 식(A·12)의 둘째 식에 M_{rs} 대신 M을 대입하면 A_s는 다음과 같이 된다.

$$A_s = \frac{M}{f_{sa}z} = \frac{M}{f_{sa}jd} = \frac{M}{f_{sa}\left(d - \frac{x}{3}\right)} \qquad (A \cdot 18)$$

표 A·2 C_1 및 C_2의 값

f_{sa} (MPa)	C_1 및 C_2	f_{ca} (MPa) 7.2 $\left(\begin{matrix} f_{ca}=18 \\ n=10 \end{matrix}\right)$	8.4 $\left(\begin{matrix} f_{ca}=21 \\ n=9 \end{matrix}\right)$	9.6 $\left(\begin{matrix} f_{ca}=24 \\ n=9 \end{matrix}\right)$	11.2 $\left(\begin{matrix} f_{ca}=28 \\ n=8 \end{matrix}\right)$
1,300	C_1	0.297	0.272	0.245	
	C_2	0.00293	0.00323	0.00362	
1,400	C_1	0.304	0.277	0.250	0.229
	C_2	0.00265	0.00292	0.00327	0.00358
1,500	C_1	0.310	0.283	0.255	0.234
	C_2	0.00241	0.00265	0.00298	0.00326
1,750	C_1		0.296	0.266	0.244
	C_2		0.00214	0.00241	0.00246
1,800	C_1		0.299	0.268	0.246
	C_2		0.00206	0.00232	0.00254

예제 A·3

활하중 23 kN/m, 자중을 포함하지 않은 사하중 1124 N/m을 지지해야 할 지간 96000m m의 단순보가 있다. 이 보의 단면을 단철근 직사각형으로 결정하여라. $f_{ck} = 21$ MPa, $f_y = 300$ MPa (SD 30)이다. 하중은 모두 사용하중이다.

풀이

단면에 아무 제약이 없으므로 균형단면이 되도록 설계할 수 있다. 콘크리트와 철근의 허용응력 및 n은 다음과 같다.

$$f_c = 0.40 f_{ck} = 0.40 \times 21 = 8.4\ MPa$$

$$f_{sa} = 150 MPa$$

$$n = \frac{E_s}{E_c} = \frac{200000}{4700\sqrt{21}} = 9.3$$

그러므로 $n = 9$를 사용한다.

따라서, C_1 및 C_2의 값은 식 (A·15) 및 (A·16)으로 계산할 수도 있고, 표 A·1로부터 구할 수도 있다. 즉 $C_1 = 0.283$, $C_2 = 0.00265$이다. 식 (A·13)으로부터

$$k = \frac{9\times 8.4}{9\times 8.4 + 150} = 0.335$$

$$j = 1 - \frac{k}{3} = 1 - \frac{0.335}{3} = 0.888$$

균형 철근비는 식(A·14)로부터

$$\rho_o = \frac{k}{2}\frac{f_{ca}}{f_{sa}} = \frac{0.335}{2}\times\frac{8.4}{150} = 0.00938$$

보의 자중을 120.0 kN/m로 가정하면 고정하중에 의한 휨모멘트는

$$M_d = \frac{1}{8}(11,240 + 12,000)\times 9.6^2 = 267,720 \text{ N}\cdot\text{m}$$

활하중에 의한 휨모멘트는

$$M_l = \frac{1}{8}\times 23000\times 9.6^2 = 264.96 \text{ kN}\cdot\text{m}$$

따라서 총모멘트는

$$M = 267.72 + 264.96 = 532.68 \text{ kN}\cdot\text{m}$$

1 단면계산

$b = 500$ mm로 가정하고 식(A·15)에 의하여 유효 높이 d를 계산한다.

$$d = C_1\sqrt{\frac{M}{b}} = 0.283\sqrt{\frac{5,326,800,000}{500}} = 923.7 \text{ mm}$$

철근이 1단으로 배치된다고 가정하면 보의 높이 h는 다음과 같이 될 것이다(그림 A·2 참조).

$$h = 92.4 + \text{주철근의 지름의 } \frac{1}{2} + \text{스터럽의 지름} + \text{철근의 피복두께}$$

그런데 철근의 피복두께는 일반적인 경우 4 cm 이상이고, 스터럽은 D10(지름 9.53 mm) 또는 D13(지름 12.7 mm)이 주로 쓰인다. 주철근으로 D29(지름 28.6 mm)를 사용한다면 보의 높이 h는 유효 높이 924 mm보다 64 mm~67 mm가 더 커야 한다. 그러므로 보의 높이는 $h = 924 + 67 = 991$ mm가 필요하다. 이에 대하여 보의 단면을 500×1000 mm로 하고 자중을 계산해 본다. 철근콘크리트의 단위중량은 25,000 N/m이므로 이 보의 자중은 25,000×0.5×1.0 = 12,500 N/m이며, 이것은 가정한 자중과 거의 같다. 따라서, 보의 단면을 500 mm×1000 mm로 결정한다.

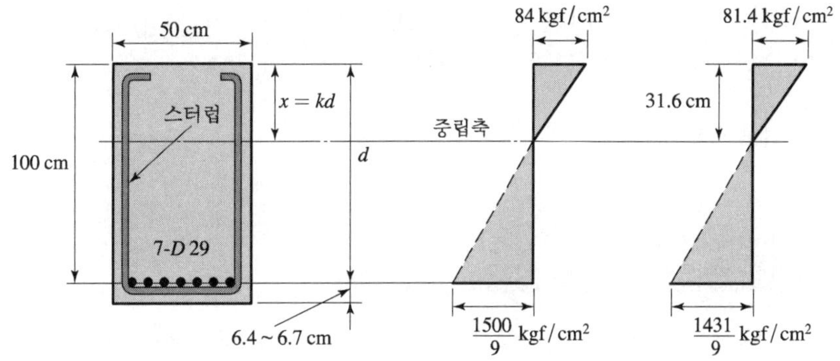

그림 A·2

2 철근량 계산

실제의 유효 깊이는

$$d = 1000 - 67 = 933\ \text{mm}$$

소요 철근량은 식(A·18)로부터

$$A_s = \frac{M}{f_{sa} jd} = \frac{532,680,000}{150 \times 0.888 \times 933} = 4,286\ \text{mm}^2$$

$A_s = 7 - D29 = 4286\ \text{mm}^2$를 사용하기로 하고 이 철근들을 그림 A·2(a)와 같이 1단으로 배치한다. 그러면 단면의 최소폭은 부록 표 C·4로부터 480 mm를 얻는다. 따라서 단면의 폭 $b=$ 500 mm는 적당하다.

3 응력검토

인장측 하단으로부터 철근도심까지는

$$40(\text{피복두께}) + 12.7(\text{스터럽}) + 28.6(\text{주철근}) \times 0.5 = 67\ \text{mm}$$

여기서 스터럽 철근은 가정된 값이다. 그러면 유효 깊이는

$$d = 1000 - 67 = 933\ \text{mm}$$

따라서, 중립축의 위치 x는 식(A·5)에 의하여

$$x = -\frac{9 \times 4497}{500} + \frac{9 \times 4497}{500}\sqrt{1 + \frac{2 \times 500 \times 933}{9 \times 4497}} = 316\ \text{mm}$$

콘크리트 및 철근의 응력은 식(A·7)로부터

$$f_c = \frac{2 \times 532,680,000}{500 \times 316\left(933 - \frac{316}{3}\right)} = 8.14\ MPa$$

$$f_s = \frac{532,680,000}{4497\left(933 - \frac{316}{3}\right)} = 143.1\,MPa$$

각각 허용응력을 초과하지 않으므로 적당하다.

예제 A·4

500 mm×1100 mm의 단면으로 사용하중에 의한 휨모멘트 M=5,326.8N · m를 받게 하고 싶다. 필요한 철근량을 계산하여라. f_{ca} = 8.4 MPa , f_{sa} = 150 MPa, n = 9이다.

풀이

설계가 과소철근으로 지배되는가 또는 과다철근으로 지배되는가, 아니면 균형단면으로 되는가를 먼저 확인해야 한다.

이 예제는 예제 A·3과 모든 조건이 동일하고, 다만 보의 높이가 100cm에서 110cm로 증가되었다. 그러므로 과소 철근보로 될 것이다. 이것을 확인해 보자. 예제 A·3으로부터 k=0.335, j= 0.888이고, 유효 높이를 d= 1100−67 = 1033로 가정하면

$$Cz = \frac{1}{2} f_{ca} bx\left(d - \frac{x}{3}\right) = \frac{1}{2} f_{ca} kjb\, d^2$$

$$= \frac{1}{2} \times 8.4 \times 0.335 \times 0.888 \times 500 \times 1033^2$$

$$= 666,620\ \text{N} \cdot \text{m} > 532,680\ \text{N} \cdot \text{m}$$

즉, $Cz > M$ 이므로 과소 철근보이다. 따라서, 인장철근의 응력이 f_{sa} (=150 Mpa)에 도달 되도록 중립축은 압축측 연단쪽으로 이동되어야 한다. 이 때의 응력도가 그림 A·3에 나타나 있다.

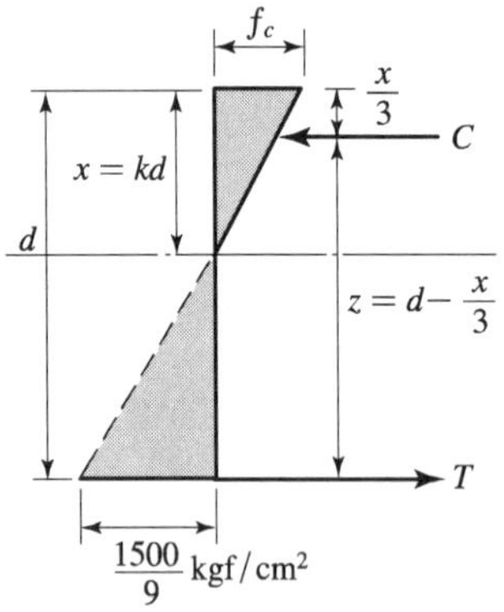

그림 A·3

중립축의 위치를 x 라고 하면, 이 때의 콘크리트 응력은 다음과 같이 된다.

$$f_c = \frac{f_{sa}}{n} \frac{x}{d-x} = \frac{150}{9} \frac{x}{1033-x}$$

따라서

$$Cz = \frac{1}{2} f_c bx\left(d - \frac{x}{3}\right) = \frac{1}{2} \times\left(\frac{150}{9} \times \frac{x}{1033 - x}\right) \times 500x \left(1033 - \frac{x}{3}\right)$$

이것이 외력 모멘트 M 과 같아야 하므로

$$\frac{1}{2} \times \frac{1,500}{9} \times \frac{x}{103.3 - x} \times 50x \left(103.3 - \frac{x}{3}\right) = 5,326,800$$

$$\therefore \ x = 314.6 \text{ mm}$$

이 x 값을 사용하여 Cz 를 검사해 본다.

$$f_c = \frac{150}{9} \times \frac{314.6}{1033 - 314.6} = 7.3 \text{ MPa}$$

$$C = \frac{1}{2} \times 7.3 \times 500 \times 314.6 = 574,150 \text{ N}$$

$$z = 1033 - \frac{314.6}{3} = 928 \text{ mm}$$

$$\therefore \ Cz = 574,150 \times 928 \text{ mm} = 532,811.2 \text{ N} \cdot \text{m} \fallingdotseq M$$

즉, 이 값은 외력에 의한 휨모멘트와 거의 같으므로 적당하다. 따라서, 필요한 철근량은

$$A_s = \frac{T}{f_{sa}} = \frac{C}{f_{sa}} = \frac{574,150}{150} = 3828 mm^2$$

이러한 과소 철근보에서는 x 에 관한 3차 방정식을 풀어야 하는 번거로움이 있고, 또 그렇게 해서 얻은 jd 의 값은 균형단면의 jd 보다 약간 클 뿐이다. 따라서, 과소철근보의 철근량을 근사적으로 다음 식으로 구하는 것이 좋고 또 실용적이다.

$$A_s = \frac{M}{f_{sa} jd} = \frac{532,680,000}{150 \times 0.888 \times 1033} = 3,871 \text{ mm}^2$$

이 값은 앞에서 구한 정확한 값과 근사하며 그 차는 안전측이다. 위의 식에서 j 값은 식 (A·13)의 k 를 사용하여 구한 값이다.

A·1·2 복철근 직사각형 보

1 압축철근의 응력

그림 A·4(a)의 단면이 정(+)의 휨모멘트를 받으면 단면의 변형률도는 평면보존의 가정에 따라 그림 (b)와 같이 된다. 지금 압축철근의 변형률을 ε_s', 압축철근과 같은 높이에 있는 콘크리트의 변형률을 ε_c' 라고 하면 철근과 콘크리트는 부착에 의하여 일체작용을 하므로, 이들 변형률의 크기는 같다.

$$\varepsilon_s' = \varepsilon_c' \tag{a}$$

압축철근의 응력을 f_s', 압축철근과 같은 높이에 있는 콘크리트의 응력을 f_{cs} 라고 하면 탄성법칙에 의하여

$$\varepsilon_s' = \frac{f_s'}{E_s}\ ,\ \ \varepsilon_c' = \frac{f_{cs}}{E_c} \tag{b}$$

위의 관계를 식(a)에 대입하면

$$f_s' = \frac{E_s}{E_c} f_{cs} = n f_{cs} \tag{A · 19}$$

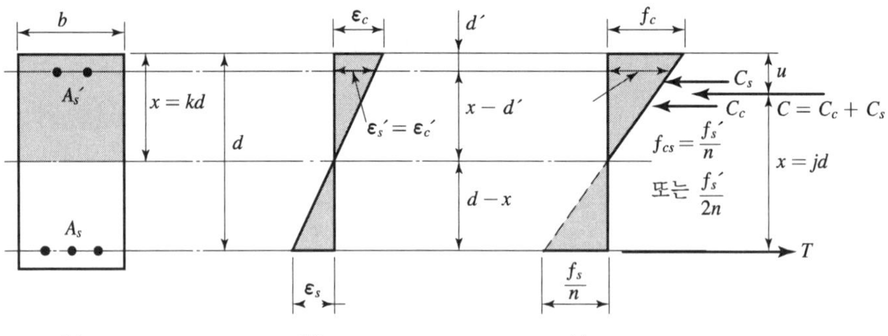

그림 A·4 복철근 직사각형 보

즉, 보의 압축철근의 응력은 같은 변형률을 일으키는 콘크리트 응력의 n 배이다.

따라서, 보의 압축철근의 단면적 A_s' 를 콘크리트로 환산하면 nA_s' 로 된다. 정확한 계산을 위하여 A_s' 에 의해 배제된 콘크리트 단면적을 고려하면 유효 환산 단면적은 $(n-1)A_s'$ 로 된다.

이러한 탄성해석이 성립하는 것은 활하중과 같은 단기하중이 작용하여 허용응력 이하의 낮은 응력이 일어날 때 뿐이고, 사하중(고정하중)과 같은 장기하중이 작용할 경우에는 콘크리트의 크리프의 영향 때문에 매우 복잡하게 된다.

철근을 비례한도까지는 탄성을 나타내지만, 콘크리트가 자중 및 기타의 지속하중에 의해 소성변형을 일으키면, 어떤 양의 응력이 콘크리트로부터 압축철근으로 옮아간다. 즉, 콘크리트의 소성변형이 압축철근에 의해 구속되어 크리프로 말미암아 콘크리트 응력은 감소하지만 그 응력은 압축철근으로 전가된다. 이러한 사실이 많은 실험에 의해 확인되었다. 즉, 단기하중에 의한 압축철근의 응력을 실측한 결과는 탄성이론에 의한 계산값과 거의 일치하지만, 시일이 경과함에 따라 압축철근의 응력의 실측값은 탄성 이론값보다 커진다. 이것은 지속하중으로 인한 콘크리트의 크리프의 영향 때문이다. 구조물은 완성 직후에 바로 설계하중이 실리는 일이 거의 없으며, 자중과 기타의 지속하중에 의한 콘크리트의 크리프로 인하여 응력의 재분배가 이루어진 후에 설계하중이 실리는 것이 보통이다. 따라서, 압축철근의 단면적을 탄성이론으로 계산한 단면적보다 적게 배치하여도 철근의 최종응력이 허용응력을 초과하는 일은 없다.

그래서 보의 압축철근의 응력을 탄성이론으로 계산한 값의 2배를 취하되, 철근의 허용인장응력을 넘지 않도록 한다. 즉

$$f_s' = 2nf_{cs} \le f_{sa}$$

여기서 f_{cs} 는 압축철근과 같은 위치에 있는 콘크리트의 응력이다. 압축철근 응력의 이러한 해석을 반탄성 해석(semi−elastic analysis)이라고 한다. 압축철근의 응력을 이렇게 해석하면 그 환산 단면적은 $2nA_s'$ 에 의해 배제된 콘크리트의 단면적을 고려하므로서 $(2n-1)A_s'$ 로 된다.

2 응력계산

a. 탄성해석

압축철근의 응력을 $f_s' = nf_{cs}$ 로 보고 모든 계산을 진행한다. 따라서, 압축철근의 환산 단면적은 정확하게는 $(n-1)A_s'$ 이지만 nA_s' 로 보고 계산한다. 그럼 A·4의 단면의 도심축에 대한 단면 1차 모멘트를 취하면

$$\frac{1}{2}bx^2 + nA_s'(x-d') - nA_s(d-x) = 0$$

$$\therefore\ x = kd = \frac{-n(A_s + A_s')}{b} + \sqrt{\left\{\frac{n(A_s + A_s')}{b}\right\}^2 + \frac{2n}{b}(A_s d + A_s' d')}$$

$$k = -n(\rho + \rho') + \sqrt{n^2(\rho + \rho')^2 + 2n\left(\rho + \rho'\frac{d'}{d}\right)} \qquad (A \cdot 21)$$

여기서

$$\rho = \frac{A_s}{bd}, \qquad \rho' = \frac{A_s'}{bd}$$

그림 A·4(C)의 응력도로부터

$$f_s' = nf_{cs} = nf_c\frac{x - d'}{x}$$

$$f_s = nf_c\frac{d - x}{x} \qquad (A \cdot 22)$$

따라서, 콘크리트의 압축력 C_c는

$$C_c = \frac{1}{2} f_c bx$$

압축철근의 압축력 C_s는

$$C_s = f_s' A_s' = nf_c A_s' \frac{x - d'}{x}$$

그러므로 총압축력은

$$C = C_c + C_s = f_c\left(\frac{1}{2} bx + n A_s' \frac{x - d'}{x}\right)$$

인장철근의 인장력 T는

$$T = f_s A_s = n f_c A_c \frac{d - x}{x}$$

압축력 C의 압축측 연단에 대한 모멘트를 취하면

$$Cu = C_c \frac{x}{3} + C_s d'$$

C, C_c 및 C_s의 값들을 대입하고 u에 관하여 정리하면

$$u = \frac{\frac{1}{6} k^2 d + n\rho' d'\left(1 - \frac{d'}{kd}\right)}{\frac{1}{2} k + n\rho'\left(1 - \frac{d'}{kd}\right)} \qquad (A \cdot 23)$$

따라서

$$z = jd = d - u, \qquad \therefore\ j = 1 - \frac{u}{d}$$

콘크리트의 응력 f_c는 $C \cdot z = M$에 의하여

$$f_c = \frac{M}{\left(\frac{1}{2}bx + nA_s' \frac{x-d'}{x}\right)z} \tag{A · 24}$$

f_c는 다음과 같이 계산해도 좋다. 즉, C_c 및 C_s의 인장철근 도심에 대한 모멘트가 외력 모멘트와 같다고 놓으면

$$C_c\left(d - \frac{x}{3}\right) + C_s(d - d') = M$$

$$\therefore\ f_c = \frac{M}{\frac{1}{2}bx\left(d - \frac{x}{3}\right) + nA_s'\left(\frac{x-d'}{x}\right)(d-d')} \tag{A · 26}$$

f_c가 구해지면 철근의 응력은 식(A·22)로 계산한다. 인장철근의 응력은 $Tz = M$에 의해 계산해도 좋다. 즉

$$f_s = \frac{M}{A_s z} = \frac{M}{\rho j b d^2}$$

b. 반탄성 해석

압축철근의 응력을 $f_s' = 2nf_{cs}$로 보고 계산한다. 그리고 A_s'에 의해 배제된 콘크리트 단면적을 고려한다. 계산방법은 앞의 탄성해석의 경우와 같다.

그림 A·4에서 도심축에 대한 단면 1차 모멘트를 계산하면

$$\frac{1}{2}bx^2 + (2n-1)A_s'(x-d') - nA_s(d-x) = 0$$

$$\therefore x = kd = -\frac{nA_s + (2n-1)A_s'}{b} + \sqrt{\left\{\frac{nA_s + (2n-1)A_s'}{b}\right\}^2 + \frac{2}{b}\{nA_s d + (2n-1)A_s' d'\}}$$

$$k = -n\left(\rho + 2\rho' + \frac{\rho'}{n}\right) + \sqrt{n^2\left(\rho + 2\rho' - \frac{\rho'}{n}\right)^2 + 2n\rho + 2(2n-1)\rho'\frac{d'}{d}} \tag{A·27}$$

여기서

$$\rho = \frac{A_s}{bd}, \qquad \rho' = \frac{A_s'}{bd}$$

A_s' 에 의해 배제된 콘크리트 단면적을 고려하면 압축철근의 환산 단면적은 $(2n-1)A_s'$ 이고, 또 압축철근과 같은 위치에 있는 콘크리트 응력 f_{cs} 는 그림 A·4(c)로부터

$$f_{cs} = f_c\,\frac{x-d'}{x}$$

이므로, A_s' 가 나타내는 압축력 C_s 는 다음과 같이 된다.

$$C_s = f_s'\,A_s' = (2n-1)\,A_s'\,f_{cs} = (2n-1)\,f_c\,A_s'\frac{x-d'}{x}$$

따라서, 총압축력 C 는

$$C = C_c + C_s = \frac{1}{2}f_c bx + (2n-1)\,f_c\,A_s'\,\frac{x-d'}{x}$$

이들을 다음 관계에 대입하여 u 를 계산하면

$$C \times u = C_c \times \frac{x}{3} + C_s \times d'$$

$$\therefore\ u = \frac{\frac{1}{6}k^2 d + (2n-1)\rho' d'\left(1-\frac{d'}{kd}\right)}{\frac{1}{2}k + (2n-1)\rho'\left(1-\frac{d'}{kd}\right)} \qquad \text{(A · 28)}$$

따라서

$$z = jd = d - u, \qquad \therefore\ j = 1 - \frac{u}{d}$$

그러므로 콘크리트 및 철근의 응력은 각각 $Cz = M$, $Tz = M$ 에 의하여 다음과 같이 된다.

$$f_c = \frac{M}{\left\{\frac{1}{2}bx + (2n-1)\,A_s'\,\frac{x-d'}{x}\right\}z}$$

$$f_s = \frac{M}{A_s z} = \frac{M}{\rho jb\,d^2} \qquad \text{(A · 29)}$$

단면의 저항 모멘트는 다음 중 작은 값이다.

$$M_{rc} = f_{ca}\left\{\frac{1}{2}bx + (2n-1)\,A_s'\,\frac{x-d'}{x}\right\}z$$

$$= \frac{1}{2}f_{ca}bx\left(d-\frac{x}{3}\right) + (2n-1)\,f_{ca}A_s'\frac{x-d'}{x}(d-d')$$

$$M_{rs} = f_{sa}\,A_s\,z = f_{sa}\,\rho\,jdb\,d^2$$

예제 A·5

b=350 mm, d=560 mm, A_s=4566 mm^2, A_s' =1420 mm^2, d' =60 mm의 복철근 직사각형 단면에 사용하중 모멘트 M=300 kN·m이 작용할 때 콘크리트와 철근의 응력을 계산하여라. 또, 이 단면의 저항 모멘트를 구하여라. f_{ck} = 28 MPa, f_y = 300 MPa(SD 30), n = 8이다.

풀이

1 응력의 계산

압축철근의 응력에 반탄성이론을 적용하고, 또 A_s'에 의해 배제된 콘크리트 단면적을 고려하여 계산한다. 도심축에 대한 단면 1차 모멘트를 계산하면

$$b \times x \times \frac{x}{2} + (2n-1)A_s'(x-d') - nA_s(d-x) = 0$$

$$350 \times x \times \frac{x}{2} + (2 \times 8 - 1) \times 1420 \times (x-60) - 8 \times 4566 \times (560-x) = 0$$

$$x^2 + 330.4x - 124192 = 0$$

$$\therefore x = 224 \text{ mm}$$

압축철근과 같은 높이에 있는 콘크리트의 응력 f_{cs}는 그림 A·4(c)를 참고하면

$$f_{cs} = f_c \frac{x-d'}{x} = \frac{224-60}{224} \times f_c = 0.732 f_c$$

압축철근 A_s'의 환산 단면적은

$$(2n-1)A_s' = (2 \times 8 - 1) \times 1420 = 21300 \text{ mm}^2$$

따라서, 압축철근의 압축력은

$$C_s = (2n-1)A_s' \times f_{cs} = 21300 \times 0.732 f_c = 15591.6 f_c$$

콘크리트의 압축력은

$$C_c = \frac{1}{2} f_c bx = \frac{1}{2} \times f_c \times 350 \times 224 = 39200 f_c$$

총압축력은

$$C = C_c + C_s = 39200 f_c + 15591.6 f_c = 54791.6 f_c$$

압축측 연단에 대하여 모멘트를 취하면

$$C \times u = C_c \times \frac{x}{3} + C_s \times d'$$

$$54791.6 f_c \times u = 39200 f_c \times \frac{224}{3} + 15591 f_c \times 60$$

$$\therefore u = 70.5 \text{ mm}$$

$$\therefore z = jd = d - u = 560 - 70.5 = 489.5 \text{ mm}$$

인장철근의 응력은

$$f_s = \frac{M}{A_s jd} = \frac{300,000,000}{4566 \times 489.5} = 134.2 \text{ MPa}$$

콘크리트의 응력은

$$C = \frac{M}{jd}$$

즉

$$54791.6 f_c = \frac{3,000,000,000}{489.5}, \qquad \therefore f_c = 11.19 \text{ MPa}$$

허용응력은 각각

$$f_{ca} = 0.40 f_{ck} = 0.4 \times 28 = 11.2 \text{ MPa} > 11.19 \text{ MPa}$$

$$f_{sa} = 150 \text{ MPa} > 134.2 \text{ MPa}$$

즉, 단면의 응력이 허용응력을 초과하지 않는다.

검사

응력도의 닮음비를 이용하면

$$f_c = \frac{f_s}{n} = \frac{x}{d-x} = \frac{134.2}{8} \times \frac{224}{560-224} = 11.18 \text{ MPa} < 11.2 \text{ MPa(만족)}$$

$$f_s' = 2nf_{cs} = 2 \times 8 \times 0.732 \times 11.19 = 131.1 \text{ MPa} < 150 \text{ MPa(만족)}$$

2 저항 모멘트의 계산

콘크리트의 허용 휨압축응력이 112 kgf/cm^{2}이므로 응력분포 삼각형으로부터

$$f_s = nf_{ca}\frac{d-x}{x} = 8 \times 11.2 \times \frac{560-224}{224} = 134.4 \text{ MPa} < 100 \text{ MPa}$$

$$f_s' = 2nf_{cs} = 2 \times 8 \times 0.732 \times 11.2 = 131.2 \text{ MPa} < 150 \text{ MPa}$$

즉, 단면의 저항 모멘트는 압축측 단면으로 지배된다. 따라서, 인장철근 도심에 대하여 모멘트를 취하면 저항 모멘트는

$$M_r = M_{rc} = C_c\left(d - \frac{x}{3}\right) + C_s(d - d')$$

$$= 39200 f_{ca}\left(d - \frac{x}{3}\right) + (f_s' - f_{cs}) A_s'(d - d')$$

$$= 39200 \times 11.2\left(560 - \frac{224}{3}\right) + (131.2 - 0.732 \times 11.2) \times 1420(560 - 60)$$

$$= 300.4 \, N \cdot m$$

3 단면설계

단면의 치수가 제한되었을 때 또는 휨모멘트가 단철근 균형단면의 저항 모멘트보다 클 때는 복철근보로 설계해야 한다. 그러므로 복철근보의 설계는 대개의 경우 단면치수를 알고 필요한 철근량을 구하는 일이 된다. 그래서 설계는 다음과 같은 절차를 밟는다. 즉, 그림 A·5와 같이 주어진 단면을 균형단면으로 되게 하는 저항 모멘트 M_1을 구하고, 이 M_1이 설계 모멘트 M보다 작으면 철근을 추가로 더 넣어서 나머지 모멘트 M_2 (= $M - M_1$)을 받도록 하는 것이다. 지금 설계 모멘트 M과 단면 b 및 d가 주어졌다고 하자. 그러면 단철근 직사각형 단면의 저항 모멘트는 다음과 같이 된다.

$$M_1 = C_c z = \frac{1}{2} f_{ca}\, bx\left(d - \frac{x}{3}\right) \qquad \text{(A · 31)}$$

위의 식에서 중립축 x는 다음 식으로 계산한다.

$$x = kd = \frac{n f_{ca}}{n f_{ca} + f_{sa}} d$$

이 때의 인장 철근량 A_{s1}은

$$A_{s1} = \rho_o\, bd = \frac{k}{2} \frac{f_{ca}}{f_{sa}} bd \qquad \text{(A · 32)}$$

로 계산하고 다음 식으로 검사한다.

$$A_{s1} = \frac{M_1}{f_{sa}\left(d - \frac{x}{3}\right)} \qquad \text{(A · 33)}$$

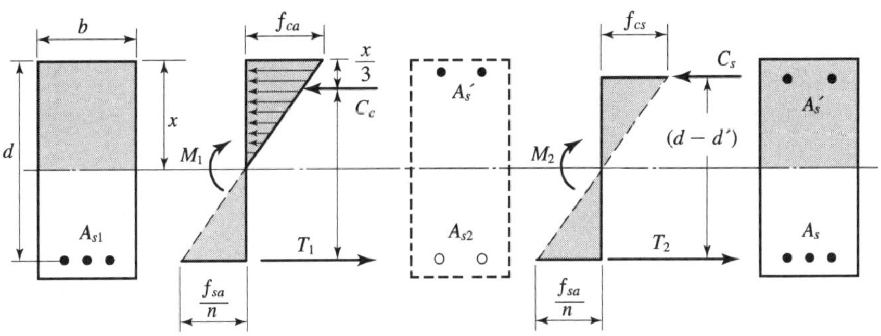

(a) 단철근 보로서의 계산 (b) 추가되는 철근의 계산 (c) 복철근 단면

그림 A·5 복철근 직사각형보의 단면계산

$M > M_1$ 이면, 나머지 모멘트 $(M - M_1)$은 압축철근과 인장철근을 추가로 더 넣어서 부담시킨다. 그림 A·5(b)를 참고하면

$$C_s = T_2 = \frac{M - M_1}{d - d'}$$

그러므로 추가해야 할 인장 철근량 A_{s2} 는

$$A_{s2} = \frac{T_2}{f_{sa}} = \frac{M - M_1}{f_{sa}(d - d')} \tag{A · 34}$$

따라서, 총 인장철근량은 다음과 같다.

$$A_s = A_{s1} + A_{s2}$$

필요한 압축 철근량 A_s' 는 다음과 같이 계산한다. 압축철근과 같은 위치에 있는 콘크리트의 응력 f_{cs} 는

$$f_{cs} = f_{ca}\frac{x - d'}{x}$$

이고, 압축철근의 응력 f_s' 는 반탄성 이론에 따르면

$$f_s' = 2nf_{cs} \leq f_{cs}$$

이다. A_s' 의 유효환산 단면적은 $(2n - 1)A_s'$ 이므로 다음 관계가 성립한다.

$$(2n - 1)A_s' \times f_{cs} = C_s$$

$$\therefore A_s' = \frac{C_s}{(2n - 1)f_{cs}} = \frac{M - M_1}{(2n - 1)f_{ca}\frac{x - d'}{x}(d - d')} \tag{A · 35}$$

만약, $2nf_{cs} > f_{sa}$ 이면 $f_s' \leq f_{sa}$로 보아야 하므로, 이 때는 A_s' 는 다음과 같이 계산해야 한다.

$$A_s' = \frac{C_s}{f_{sa} - f_{cs}} = \frac{M - M_1}{\left(f_{sa} - f_{ca}\frac{x - d'}{x}\right)(d - d')} \tag{A · 36}$$

예제 A·6

$b = 330$ mm, $d = 420$ mm인 직사각형 단면으로 사용하중 모멘트 $M = 145$ kN · m를 받게 하고 싶다. 필요한 철근량을 계산하여라. $f_{ck} = 21$ MPa, $f_y = 300$ MPa (SD 30)이다.

풀이

$n = 9$이고, 허용응력은 다음과 같다.

$$f_{ca} = 0.40 \times 20 = 8.4 \text{ MPa}$$

$$f_{sa} = 150\ MPa$$

$$k = \frac{9 \times 8.4}{9 \times 8.4 + 150} = 0.335$$

$$\therefore x = 0.335 \times 420 = 141 \text{ mm}$$

단철근 균형단면으로서의 저항 모멘트는

$$M_1 = \frac{1}{2} f_{ca} bx\left(d - \frac{x}{3}\right) = \frac{1}{2} \times 8.4 \times 330 \times 141\left(420 - \frac{141}{3}\right)$$

$$= 72,890\ N \cdot m < 145,000\ N \cdot m$$

균형 철근비는

$$\rho_0 = \frac{k}{2}\frac{f_{ca}}{f_{sa}} = \frac{0.335}{2} \times \frac{8.4}{150} = 0.00938$$

$$\therefore A_{s1} = \rho_0 bd = 0.00938 \times 330 \times 420 = 1300 \text{ mm}^2$$

또는

$$A_{s1} = \frac{M_1}{f_{sa}\left(d - \frac{x}{3}\right)} = \frac{72,894}{150\left(420 - \frac{141}{3}\right)} = 1303 \text{ mm}^2$$

$M > M_1$이므로 복철근으로 설계한다.

$$M_2 = M - M_1 - 145,000 - 72,894 = 72,106 \text{ N} \cdot \text{m}$$

$d' = 6$ cm 로 하면

$$C_s = T_2 = \frac{M - M_1}{d - d'} = \frac{72,106,000}{420 - 60} = 200,294 \text{ N}$$

$$\therefore A_{s2} = T_{\frac{2}{f_{sa}}} = \frac{200,294}{150} = 1335 \text{ mm}^2$$

따라서, 총 인장철근 단면적은

$$A_s = A_{s1} + A_{s2} = 1303 + 1335 = 2638 \text{ mm}^2$$

압축철근과 같은 위치에 있는 콘크리트 응력은

$$f_{cs} = f_{ca}\frac{x-d'}{x} = 8.4 \times \frac{141-60}{141} = 4.83 \text{ MPa}$$

압축철근의 응력은

$$f_s' = 2nf_{cs} = 2 \times 9 \times 4.83 = 86.9 \, MPa < 150 \text{ MPa}$$

따라서, 압축철근 단면적 A_s'는

$$A_s' = \frac{C_s}{(2n-1)f_{cs}} = \frac{200,294}{(2\times 9-1)\times 4.83} = 2440 \text{ mm}^2$$

A·1·3 T형보

1 응력계산

T형 단면의 응력을 계산하기 위해서는 먼저 중립축의 위치를 알아야 한다. 중립축이 플랜지 안에 있거나 또는 플랜지와 복부의 경계면에 있으면 플랜지 폭 b는 폭으로 하는 직사각형 단면으로 보고 모든 계산을 해야 한다. 중립축이 복부에 있을 때만 T형 단면으로 계산한다.

T형 단면의 중립축이 플랜지에 있는지, 복부에 있는가를 판별하기 위해서는 다음 방법 중의 하나를 사용하면 된다. 하나는 플랜지 하단에 대한 인장철근 환산 단면적의 1차 모멘트와 플랜지의 단면 1차 모멘트를 비교하는 것이다. 다른 하나는 플랜지 폭 b를 폭으로 하는 직사각형 단면의 도심축을 계산하여 플랜지 두께 t와 비교하는 것이다.

이와 같이 하여 중립축이 그림 A·6에 보인 것처럼 복부에 있다는 것이 확인되면 중립축의 위치 x는 다음 방법 중의 하나로 계산할 수 있다. 즉, $C=T$에 의해서 구하거나, 또는 도심축에 대한 단면 1차 모멘트는 0이라는 조건을 이용하는 것이다.

한편, T형 단면의 계산에 있어서는 중립축과 플랜지 하단 사이의 복부 콘크리트의 압축력을 무시하는 것이 보통이다. 그 이유는 그 부분의 압축응력의 크리가 작고 또 면적도 플랜지 면적에 비하여 작기 때문이다.

a. 복부의 압축력을 무시할 경우

복부의 압축력을 무시하면 그림 A·6과 같이 된다. 도심축에 대한 단면 1차 모멘트를 취하면

$$bt_f\left(x-\frac{t_f}{2}\right)-nA_s(d-x)=0$$

$$\left.\begin{aligned} \therefore\ \ x=kd&=\frac{nA_sd+\frac{1}{2}bt_f^{\ 2}}{nA_s+bt_f} \\ k&=\frac{n\rho+\frac{1}{2}\left(\frac{t_f}{d}\right)^2}{n\rho+\frac{t_f}{d}} \end{aligned}\right\} \qquad (A\cdot 37)$$

여기서 $\rho=A_s/bd$ 이고 T형 단면의 철근비이다.

플랜지와 복부의 경계면에 작용하는 응력 f_u는 응력분포 삼각형의 닮음비에 의하여

$$f_u=f_c\frac{x-t_f}{x}$$

따라서, 압축력 C는

$$C=\frac{1}{2}(f_c+f_u)t_fb=f_cbt_f\left(1-\frac{t_f}{2x}\right)$$

C의 작용선은 응력 사다리꼴의 도심을 지나므로

$$u=\frac{t_f}{3}\ \frac{f_c+2t_u}{f_c+f_u}=\frac{t_f}{3}\ \frac{3x-2t_f}{2x-t_f}=\frac{t_f}{3}\ \frac{3k-2\left(\frac{t_f}{d}\right)}{2k-\frac{t_f}{d}}$$

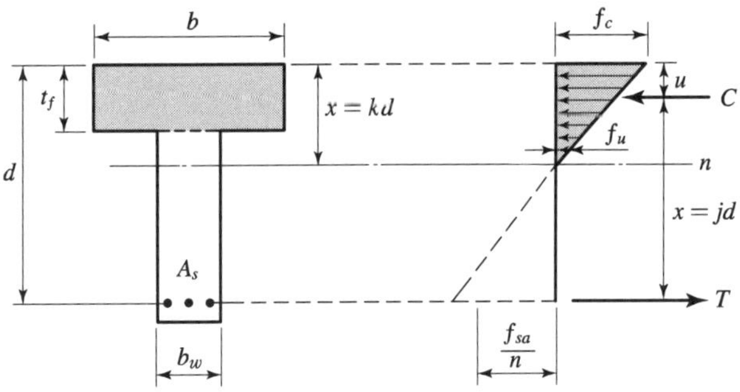

그림 A·6 복부의 압축력을 무시한 경우

$$\therefore z = jd = d - u = \left[1 - \frac{1}{3} \frac{t_f}{d} \frac{3k - 2\left(\frac{t_f}{d}\right)}{2k - \frac{t_f}{d}} \right] d \qquad (A \cdot 38)$$

식(A·37)의 k를 대입하여 정리하면

$$j = \frac{1 - \frac{t_f}{d} + \frac{1}{3}\left(\frac{t_f}{d}\right)^2 + \frac{\left(\frac{t_f}{d}\right)^3}{12n\rho}}{1 - \frac{1}{2}\left(\frac{t_f}{d}\right)} \qquad (A \cdot 39)$$

따라서, 콘크리트 및 철근의 응력은 $Cz = M$ 및 $Tz = M$으로부터 각 다음과 같이 된다.

$$\left. \begin{aligned} f_c &= \frac{M}{bt_f\left(1 - \frac{t_f}{2kd}\right)jd} \\ f_s &= \frac{M}{A_s jd} \end{aligned} \right\} \qquad (A \cdot 40)$$

b. 복부의 압축력을 무시하고, $z \fallingdotseq \left(d - \frac{t_f}{d}\right)$로 볼 경우

압축력 C의 작용선이 근사적으로 플랜지의 도심을 지난다고 보아도 실용상 지장은 없다. 즉

$$z = jd \fallingdotseq d - \frac{t_f}{2}$$

로 보면 식 (A·40)의 응력은 다음과 같이 간단해진다.

$$\left. \begin{aligned} f_c &= \frac{M}{bt_f\left(1 - \frac{t_f}{2x}\right)\left(d - \frac{t_f}{2}\right)} \\ f_s &= \frac{M}{A_s\left(d - \frac{t_f}{2}\right)} \end{aligned} \right\} \qquad (A \cdot 41)$$

응력은 또 $\frac{M}{I}y$의 공식을 써서 계산해도 좋다. 이 때 환산단면의 2차 모멘트는 다음과 같이 된다.

$$I_{cr} = \frac{1}{3}bx^3 - \frac{1}{3}b(x - t_f)^3 + nA_s(d - x)^2 \qquad (A \cdot 42)$$

예제 A·7

$b = 1600$ mm, $t_f = 120$ mm, $b_w = 400$ mm, $d = 640$ mm, $A_s = 14 - D25 = 7094$ mm^{2}인 단철근 T형 단면이 $M = 600$ kN · m(자중을 포함한 사용하중 모멘트)을 받는다. 콘크리트와 철근의 응력을 계산하여라. $f_{ck} = 21$ MPa, $f_y = 300$ MPa, $n = 9$이다. 보의 지간은 12 m이고, 주 거더(main girder)의 간격은 1.6 m이다.

풀이

플랜지의 유효폭을 검토해 본다. 대칭 T형 단면이므로

$$16t_f + b_w = 16 \times 120 + 400 = 2320 \text{ mm}$$

양쪽 슬래브의 중심간 거리 = 1600 mm

보의 지간의 $\frac{1}{4} = 12000 \times \frac{1}{4} = 3000$ mm

따라서, 플랜지의 유효폭은 $b = 1600$ mm이다. 중립축이 복부에 있는지 플랜지에 있는지를 먼저 알아야 한다. 플랜지 하단에 대하여 각 단면 1차 모멘트를 계산해 보면

압축 플랜지 ··· $1600 \times 120 \times \frac{120}{2} = 11,520,000 \text{ mm}^3$

인장철근 ··· $9 \times 7094 \times (640 - 120) = 33,200,000 \text{ mm}^3 > 11,520,000 \text{ mm}^3$

즉, 중립축은 복부에 있어야 한다. 그러므로 T형 단면으로 계산하다.

(i) 복부의 압축력을 무시할 경우

$$\rho = \frac{A_s}{bd} = \frac{7094}{1600 \times 640} = 0.00693, \qquad \frac{t_f}{d} = \frac{120}{640} = 0.1875$$

중립축은 식 (A·37)에 의하여

$$k = \frac{9 \times 0.00693 \times \frac{1}{2} \times 0.1875^2}{9 \times 0.00693 + 0.1875} = 0.320$$

$$\therefore x = kd = 0.320 \times 640 = 205 \text{ mm}$$

j는 식 (A·39)에 의하여

$$j = \frac{1 - 0.1875 + \frac{1}{3} \times 0.1875^2 + \frac{0.1875^2}{12 \times 9 \times 0.00693}}{1 - \frac{1}{2} \times 0.1875} = 0.919$$

$$\therefore z = jd = 0.919 \times 640 = 588 \text{ mm}$$

콘크리트 및 철근의 응력은 식 (A·40)으로부터

$$f_c = \frac{600,000,000}{1600 \times 120\left(1 - \dfrac{120}{2 \times 205}\right) \times 588} = 7.51\ MP$$

$$f_s = \frac{600,000,000}{7094 \times 588} = 143.8\ \text{MPa}$$

(ii) 복부의 압축력을 무시하고, $z \fallingdotseq d - \frac{t_f}{2}$로 볼 경우

$$z = jd\ \Im E\ d - t_{f2} = 640 - \frac{120}{2} = 580\ \text{mm}$$

따라서 응력은 식 (A·41)에 의하여

$$f_c = \frac{600,000,000}{1600 \times 120\left(1 - \dfrac{120}{2 \times 205}\right) \times 580} = 7.62\ \text{MPa}$$

$$f_s = \frac{600,000,000}{7094 \times 580} = 145.8\ \text{MPa}$$

이상의 근사계산의 결과는 복부 콘크리트의 압축력을 무시하지 않은 정밀곘간 결과와 대비할 때 콘크리트의 응력은 4~5% 정도 큰 값을 나타내고, 철근응력은 2% 이내의 증가를 보인다. 이것은 번거로운 정밀계산보다는 (ii)의 경우와 같은 근사계산이 실용적이고 안전측임을 말해 주는 것이다.

2 저항 모멘트

복부의 압축력을 무시하고 또 $z \fallingdotseq d - \frac{t_f}{2}$로 보면 단철근 T형 단면의 저항 모멘트는 식 (A·41)에 의하여 다음과 같이 된다. 즉, 식 (A·41)의 f_c 대신 f_{ca}를, f_s 대신 f_{sa}를 대입하면

$$\left.\begin{aligned} M_{rc} &= f_{ca} b t_f \left(1 - \frac{t_f}{2x}\right)\left(d - \frac{t_f}{2}\right) \\ M_{rs} &= f_{sa} A_s \left(d - \frac{t_f}{2}\right) \end{aligned}\right\} \qquad (\text{A} \cdot 43)$$

위의 두 값 가운데서 작은 값이 단면의 저항 모멘트이다.

❸ 단면설계

교량이나 건물에서 T형 단면보는 구조상의 이유 때문에 플랜지의 폭이 주어지는 경우가 많다. T형보의 플랜지는 슬래브로 작용하기 때문에 그 두께는 T형보의 압축 플랜지로서의 필요조건에 의해 정해지기 보다는 슬래브로서의 필요조건으로부터 정해지는 경우가 많다. 철도교와 같이 복부의 간격이 작을 경우에는 플랜지 두께는 T형보의 압축플랜지로서의 조건에 의해 정해지는 경우도 있다.

그러므로 정(+)의 휨모멘트를 받는 T형보의 설계는 플랜지의 폭 b와 두께 t_f를 알고 필요한 유효높이와 철근량을 계산하는 경우이거나, 아니면 콘크리트 단면의 치수를 알고 필요한 철근량을 계산하는 경우로 귀착된다. 여기서는 복부의 압축력을 무시하고, 또 $z \fallingdotseq d - \frac{t_f}{2}$로 보고 유효높이 d와 철근량 A_s을 구해 보기로 한다. 식 (A·43)에서 $M_{rc} = M$으로 놓고 d에 관하여 풀면

$$d = \frac{M}{2f_{ca}bt_f} + \frac{t_f}{2}\frac{1+k}{2k} + \sqrt{\left(\frac{M}{2f_{ca}bt_f} + \frac{t_f}{2} + \frac{1+k}{2k}\right)^2 - \frac{t_f{}^2}{4k}} \qquad (\text{A}\cdot 44)$$

여기서 $k = \dfrac{f_{ca}}{nf_{ca} + f_{sa}}$

또, 식 (A·43)에서 $M_{rs} = M$으로 놓으면

$$A_s = \frac{M}{f_{sa}\left(d - \frac{t_f}{2}\right)} \qquad (\text{A} \cdot 45)$$

예제 A·8

그림 A·7과 같은 단면의 구조가 있다. 이것을 T형 단면의 보로 설계하고자 한다. 이 보가 받는 사용하중 모멘트는 560 kN · m이고, 경간은 9.2 m이다. 필요한 유효높이와 철근량을 계산하여라. $f_{ck} - 21$ MPa, $f_y = 300$ MPa, $n = 9$이다.

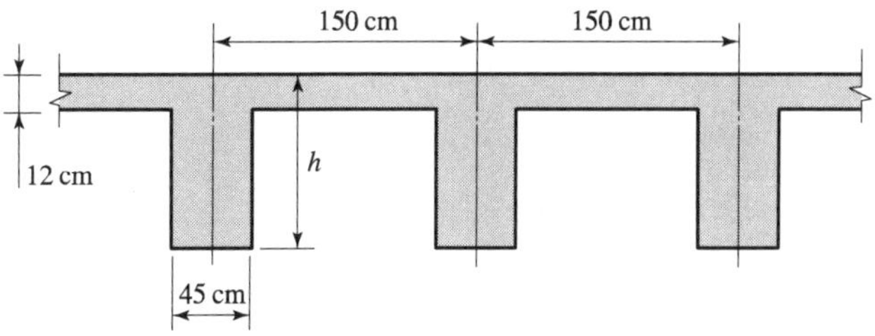

그림 A·7

풀이

❶ 플랜지의 유효폭

$$16t_f + b_w = 16 \times 120 + 450 = 2370 \text{ mm}$$

양쪽 슬래브의 중심간 거리 = 1500 mm

보의 경간의 $\frac{1}{4} = 9200 \times \frac{1}{4} = 2300$ mm

따라서, 플랜지의 유효폭은 $b = 1500$ mm이다.

❷ 중립축

콘크리트와 철근의 허용응력은

$$f_{ca} = 0.40 f_{ck} = 0.40 \times 21 = 8.4 \text{ MPa}$$

$$f_{sa} = 150 \text{ MPa}$$

$$\therefore k = \frac{nf_{ca}}{nf_{ca} + f_{sa}} = \frac{9 \times 8.4}{9 \times 8.4 + 150} = 0.335$$

중립축이 복부에 있는가 또는 플랜지에 있는가를 확인해야 한다. 그러기 위해서는 플랜지 폭 1500 mm를 폭으로 하는 직사각형 단면의 중립축을 계산하여 플랜지 두께 t_f와 비교하면 알 수 있다. 지금 플랜지 폭 1500 mm를 폭으로 하는 직사각형 단면의 유효 깊이 d를 구해 보자.

표 5·1로부터 $C_1 = 0.283$이므로 식(A·15)에 의하여

$$d = C_1 \sqrt{\frac{M}{b}} = 0.283 \sqrt{\frac{560,000}{150}} = 547 \text{ mm}$$

$$\therefore x = kd = 0.335 \times 547 = 183 \text{ mm} > 120 \text{ mm}$$

즉, 중립축은 복부에 있다. 따라서, T형 단면으로 계산하다.

❸ 단면계산

필요한 유효 깊이는 식(A·44)에 의하여

$$d = \frac{560,000,000}{2 \times 8.4 \times 1500 \times 120} + \frac{120}{2} \times \frac{1 + 0.335}{2 \times 0.335}$$
$$+ \sqrt{\left(\frac{560,000,000}{2 \times 8.4 \times 1500 \times 120} + \frac{120}{2} \times \frac{1 + 0.335}{2 \times 0.335}\right)^2 - \frac{120^2}{4 \times 0.335}}$$
$$= 609.5 \text{ mm}$$

필요한 철근량은 식 (A·45)에 의하여

$$A_s = \frac{560,000,000}{15000\left(609.5 - \frac{120}{2}\right)} = 6794.1 \text{ mm}^2$$

이에 대하여

$$A_s = 14 - D25 = 7094 \text{ mm}^2$$

를 2단으로 배치하면 보의 높이 h는

$$\begin{aligned} h &= 609.5 + 40(\text{피복두께}) + 12.7(\text{스터럽}) \\ &\quad + 25.4(D25) + 25(\text{연직순간격}) \times \frac{1}{2} \\ &= 700.1 \text{ mm} \approx 710 \text{ mm} \end{aligned}$$

따라서 $b = 1500$ mm, $t_f = 120$ mm, $b_w = 450$ mm, $h = 710$ mm, $A_s = 14 - D25 = 7094 \text{ mm}^2$인 단철근 T형 단면으로 결정된다.

4 응력검토

플랜지 폭 1500mm를 폭으로 하는 직사각형 단면의 중립축은 식(A·5)로부터

$$x = -\frac{9 \times 7094}{1500} + \frac{9 \times 7094}{1500}\sqrt{1 + \frac{2 \times 1500 \times 609.5}{9 \times 70.94}} = 189.1 \text{ mm} > 120\text{mm}$$

즉, 중립축이 복부에 있다. 따라서, T형 단면으로서의 중립축은 식(A·37)에 의하여

$$x = \frac{9 \times 7094 \times 609.5 + \frac{1}{2} \times 1500 \times 120^2}{9 \times 7094 + 1500 \times 120} = 203.9 \text{ mm}$$

응력은 식 (A·41)에 의하여

$$f_c = \frac{560,000,000}{1500 \times 12\left(1 - \frac{120}{2 \times 203.9}\right)\left(609.5 - \frac{120}{2}\right)} = 8.02 \text{ MPa} < 8.4 \text{ MPa}$$

$$f_s = \frac{560,000,000}{7094\left(609.5 - \frac{120}{2}\right)} = 143.7 \text{ MPa} < 150 \text{ MPa}$$

부록 B 설계보조자료

표 B·1 재료의 단위무게 (N/m^3)

재 료	단 위 중 량	재 료	단 위 중 량
강재, 주강, 단강	78,500	콘크리트	23,500
주 철	72,500	시멘트몰탈	21,500
알미늄	28,000	목 재	8,000
철근콘크리트	25,000	역청재(방수용)	11,000
프리스트레스트 콘크리트	25,000	아스팔트포장	23,000

표 B·2 철근의 수에 따른 단면적(mm^2)

철근	공칭지름 (mm)	철근의 수									
		1	2	3	4	5	6	7	8	9	10
D10	9.53	71.3	142.6	213.9	285.2	356.5	427.8	499.1	570.4	641.7	713
D13	12.7	126.7	253.4	380.1	506.8	633.5	760.2	886.9	1013.6	1140	1267
D16	15.9	198.6	397.2	595.8	794.4	993.0	1191	1390	1589.0	1787	1986
D19	19.1	286.5	573.0	859.5	1146	1433	1719	2006	2292	2579	2865
D22	22.2	387.1	774.2	1161	1548	1935	2322	2710	3097	3484	3871
D25	25.4	506.7	10134	1520	2027	2534	3040	3547	4054	4560	5067
D29	28.6	642.4	1285	1927	2570	3212	3854	4497	5139	5782	6424
D32	31.8	794.2	1588	2383	3177	3971	4765	5559	6354	7148	7942
D35	34.9	956.6	1913	2870	3826	4783	5740	6696	7653	8609	9566
D38	38.1	1140	2280	3420	4560	5700	6840	7980	9120	10260	11400
D41	41.3	1340	2680	4020	5360	6700	8040	9380	10720	12060	13400

표 B·3 단철근 직사각형보의 철근비의 제한 값

f_y (MPa)	f_{ck} (MPa)	β_1	ρ_b	$\rho_{max}=0.75\ \rho_b$	$\rho_{min}=\dfrac{0.25\sqrt{f_{ck}}}{f_y}$	$\rho_{min}=\dfrac{1.4}{f_y}$
300	21	0.85	0.0337	0.0253	0.0039	0.0047
	24	0.85	0.0385	0.0289	0.0041	0.0047
	27	0.85	0.0434	0.0326	0.0044	0.0047
350	21	0.85	0.0274	0.0206	0.0033	0.0040
	24	0.85	0.0313	0.0235	0.0035	0.0040
	27	0.85	0.0352	0.0264	0.0038	0.0040
400	21	0.85	0.0228	0.0171	0.0029	0.0035
	24	0.85	0.0260	0.0195	0.0031	0.0035
	27	0.85	0.0293	0.0220	0.0033	0.0035

주 $\rho_b=0.85\beta_1\dfrac{f_{ck}}{f_y}\dfrac{600}{600+f_y}$

표 B·4 휨 저항계수 R의 값 $\left[R=\rho f_y\left(1-0.59\dfrac{\rho f_y}{f_{ck}}\right)\right]$

ρ	f_y=300 MPa			f_y=350 MPa			f_y=400 MPa		
	f_{ck} (MPa)			f_{ck} (MPa)			f_{ck} (MPa)		
	21	24	27	21	24	27	21	24	27
0.0005	0.15	0.15	0.15	0.17	0.17	0.17	0.20	0.20	0.20
0.0010	0.30	0.30	0.30	0.35	0.35	0.35	0.40	0.40	0.40
0.0015	0.44	0.45	0.45	0.52	0.52	0.52	0.59	0.59	0.59
0.0020	0.59	0.59	0.59	0.69	0.69	0.69	0.78	0.78	0.79
0.0025	0.73	0.74	0.74	0.85	0.86	0.86	0..7	0.98	0.98
0.0030	0.88	0.88	0.88	1.02	1.02	1.03	1.16	1.16	1.17
0.0035	1.02	1.02	1.03	1.18	1.19	1.19	1.34	1.35	1.36
0.0040	1.16	1.16	1.17	1.34	1.35	1.36	1.53	1.54	1.54
0.0045	1.30	1.31	1.31	1.51	1.51	1.52	1.71	1.72	1.73
0.0050	1.44	1.44	1.45	1.66	1.67	1.68	1.89	1.90	1.91
0.0055	1.57	1.58	1.59	1.82	1.83	1.84	2.06	2.08	2.09
0.0060	1.71	1.72	1.73	1.98	1.99	2.00	2.24	2.26	2.27
0.0065	1.84	1.86	1.87	2.13	2.15	2.16	2.41	2.43	2.45
0.0070	1.98	1.99	2.00	2.28	2.30	2.32	2.58	2.61	2.63
0.0075	2.11	2.13	2.14	2.43	2.46	2.47	2.75	2.78	2.80
0.0080	2.24	2.26	2.27	2.58	2.61	2.63	2.91	2.95	2.98

표 B·4 <계속>

ρ	f_y=300 MPa			f_y=350MPa			f_y=400 MPa		
	f_{ck} (MPa)			f_{ck} (MPa)			f_{ck} (MPa)		
	21	24	27	21	24	27	21	24	27
0.0085	2.37	2.39	2.41	2.73	2.76	2.78	3.08	3.12	3.15
0.0090	2.50	2.52	2.54	2.87	2.91	2.93	3.24	3.28	3.32
0.0095	2.62	2.65	2.67	3.01	3.05	3.08	3.39	3.45	3.48
0.0100	2.75	2.78	2.80	3.16	3.20	3.23	3.55	3.61	3.65
0.0105	2.87	2.91	2.93	3.30	3.34	3.38	3.70	3.77	3.81
0.0110	2.99	3.03	3.06	3.43	3.49	3.53	3.86	3.92	3.98
0.0115	3.12	3.16	3.19	3.57	3.63	3.67	4.01	4.08	4.14
0.0120	3.24	3.28	3.32	3.70	3.77	3.81	4.15	4.23	4.30
0.0125	3.35	3.40	3.44	3.84	3.90	3.96	4.30	4.39	4.45
0.0130	3.47	3.53	3.57	3.97	4.04	4.10	4.44	4.54	4.61
0.0140	3.59	3.65	3.69	4.10	4.18	4.24	4.58	4.68	4.76
0.0145	3.82	3.88	3.94	4.35	4.44	4.51	4.85	4.97	5.06
0.0150	3.93	4.00	4.06	4.48	4.57	4.65	4.99	5.12	5.21
0.0155	4.04	4.12	4.18	4.60	4.70	4.78	5.12	5.26	5.36
0.0160	4.15	4.23	4.30	4.72	4.83	4.91	5.25	5.39	5.50
0.0165	4.26	4.35	4.41	4.84	4.96	5.05	5.38	5.53	5.65
0.0170	4.37	4.46	4.53	4.96	5.08	5.18	5.50	5.66	5.79
0.0175	4.48	4.57	4.65	5.07	5.20	5.31	5.62	5.80	5.93
0.0180	4.58	4.68	4.76	5.18	5.32	5.43	5.74	5.93	6.07
0.0190	4.79	4.90	4.99	5.41	5.56	5.68	5.98	6.18	6.34
0.0200	4.99	5.12	5.21	5.62	5.80	5.93	6.20	6.43	6.60
0.0210	5.18	5.32	5.43	5.83	6.02	6.17	6.42	6.67	6.86
0.0220	5.38	5.53	5.65	6.03	6.24	6.40	6.62	6.90	7.11
0.0230	5.56	5.73	5.86	6.23	6.46	6.63	6.82	7.12	7.35
0.0240	5.74	5.93	6.07	6.42	6.67	6.86	7.01	7.33	7.59
0.0250	5.92	6.12	6.27	6.60	6.87	7.08	7.19	7.54	7.81
0.0260	6.09	6.30	6.47	6.77	7.06	7.29	7.36	7.74	8.04
0.0270	6.26	6.49	6.67	6.94	7.25	7.50	7.52	7.93	8.25
0.0280	6.42	6.67	6.86	7.10	7.44	7.70	7.68	8.12	8.46
0.0290	6.57	6.84	7.05	7.26	7.62	7.90	7.82	8.29	8.66
0.0300	6.72	7.01	7.23	7.40	7.79	8.09	7.95	8.46	8.85
0.0310	6.87	7.17	7.41	7.54	7.96	8.28	8.08	8.62	9.04
0.0320	7.01	7.33	7.59	7.68	8.12	8.46	8.20	8.77	9.22

표 B·4 <계속>

ρ	f_y=300 MPa			f_y=350 MPa			f_y=400 MPa		
	f_{ck} (MPa)			f_{ck} (MPa)			f_{ck} (MPa)		
	21	24	27	21	24	27	21	24	27
0.0330	7.15	7.49	7.76	7.80	8.27	8.63	8.30	8.92	9.39
0.0340	7.28	7.64	7.93	7.92	8.42	8.81	8.40	9.05	9.56
0.0350	7.40	7.79	8.09	8.03	8.56	8.97	8.49	9.18	9.72
0.0360	7.52	7.93	8.25	8.14	8.70	9.13	8.57	9.30	9.87
0.0370	7.64	8.07	8.41	8.24	8.83	9.29	8.65	9.42	10.01
0.0380	7.75	8.21	8.56	8.33	8.95	9.43	8.71	9.52	10.15
0.0390	7.85	8.33	8.71	8.42	9.07	9.58	8.76	9.62	10.28
0.0400	7.95	8.46	8.85	8.49	9.18	9.72	8.81	9.71	10.41

표 B·5 인장철근을 1열로 배치할 수 있는 복부의 최소폭(mm)

철근의 간격 : 25 mm 이상

굵은 골재 최대치수의 3/4 이상

철근 지름 이상

철근의 피복두께 : 40 mm 이상

굵은 골재의 최대치수 : 25 mm

(1) D13(공칭지름 12.7 cm)을 스터럽으로 사용할 경우

주철근(지름) \ 주철근의 수	**5**	**6**	**7**	**8**	**9**	**10**	**11**	**12**	**13**
D16(15.9 mm)	290	330	370	410	450	500	530	580	620
D19(19.1 mm)	300	350	390	440	480	530	570	610	650
D22(22.2 mm)	320	370	410	460	510	560	600	650	700
D25(28.6 mm)	340	390	440	490	540	600	640	690	640
D29(28.6 mm)	370	420	480	540	600	650	710	770	820
D32(31.8 mm)	400	460	520	580	650	710	780	840	
D35(34.9 mm)	420	490	560	630	700	770	870		
D38(38.1 mm)	450	520	600	680	760	840			

(2) D16(공칭지름 15.9 mm)을 스터럽으로 사용할 경우

주철근의 수 / 주철근(지름)	5	6	7	8	9	10	11	12	13
D19(19.1 mm)	310	360	400	440	490	530	580	620	660
D22(22.2 mm)	330	370	420	470	520	560	610	660	700
D25(28.6 mm)	340	400	450	500	550	600	650	700	750
D29(28.6 mm)	370	430	490	540	600	660	720	770	830
D32(31.8 mm)	400	470	530	590	660	720	780	850	
D35(34.9 mm)	430	500	570	640	710	780	850		
D38(38.1 mm)	460	530	610	690	760	840			
D41(41.3 mm)	490	570	650	740	820				

표 B·6 인장철근의 기본 정착길이(mm)

기본 정착길이 $l_{ab}=\dfrac{0.6d_b f_y}{\sqrt{f_{ck}}}$

철 근	f_y (MPa)	f_{ck} (MPa)		
		21	24	28
D10	300	300	280	260
	350	350	330	310
	400	400	380	350
D13	300	400	380	350
	350	470	440	410
	400	540	500	470
D16	300	500	470	440
	350	580	550	520
	400	670	630	590
D19	300	600	560	350
	350	700	660	620
	400	800	750	710
D22	300	700	650	620
	350	820	760	720
	400	930	870	820
D25	300	800	750	710
	350	930	870	820
	400	1070	1000	940

표 B·6 <계속>

철 근	f_y (MPa)	f_{ck} (kgf / c		
		21	**24**	**27**
D29	300 300 400	900 1050 1200	840 980 1120	790 930 1060
D32	300 350 400	1000 1170 1330	940 1090 1250	880 1030 1180
D35	300 350 400	1100 1280 1470	10300 1200 1370	970 1130 1290
D38	300 350 400	1200 1400 1600	112 1310 1500	1060 1230 1410
D41	300 350 400	1300 1520 1730	1220 1420 1620	1150 1340 1530
D51	300 350 400	1600 1870 2130	1500 1740 1990	1410 1650 1880

표 B·7 압축철근의 기본 정착길이(mm)

$$\text{기본 정착길이} = \frac{0.25 d_b f_y}{\sqrt{f_{ck}}} \geq 0.04 d_b f_y$$

철 근	f_y (MPa)	f_{ck} (MPa)		
		21	**24**	**27**
D10	300 350 400	160 180 210	150 170 200	140 160 190
D13	300 350 400	210 250 280	200 230 260	190 220 250
D16	300 350 400	260 310 350	250 290 330	230 270 310

표 B·7 <계속>

철 근	f_y (MPa)	f_{ck} (MPa)		
		21	24	27
D19	300 350 400	320 370 420	300 350 390	280 330 370
D22	300 350 400	370 430 490	340 400 460	320 380 430
D25	300 350 400	420 490 560	390 460 520	370 430 500
D29	300 350 400	470 550 630	440 520 590	420 490 560
D32	300 350 400	530 610 700	490 580 660	460 540 620
D35	300 350 4,00	580 670 770	540 630 720	510 600 680
D38	300 350 4,00	630 740 840	590 690 780	560 650 740
D41	300 350 400	680 800 910	640 750 850	600 700 810
D51	300 350 400	840 980 1120	790 920 1050	760 870 990

표 B·8 주요 기호의 정의 및 표기

하중, 힘, 모멘트		응력, 재료강도		재료, 단면성질, 부재길이	
기호의 정의	표 기	기호의 정의	표 기	기호의 정의	표 기
고정하중, 단면력	D	콘크리트 압축응력	f_c	콘크리트 탄성계수	E_c
활하중, 단면력	L	콘크리트 인장응력	f_t	철근의 탄성계수	E_{cs}
풍하중, 단면력	W	콘크리트 지압응력	f_b	프리스트레싱 긴장재의 탄성계수	E_{ps}
지진하중, 단면력	E	콘크리트 설계기준강도	f_{ck}	단면 2차 모멘트	I
토압, 지하수, 단면력	H	콘크리트 배합강도	f_{cr}	경간	l
유체압, 단면력	F	콘크리트 쪼갬인장강도	f_{sp}	순경간	l_n
온도하중 등, 단면력	T	콘크리트 압축강도	f_{cu}	유효깊이	d
충격하중, 단면력	I	콘크리트 파괴계수	f_r	중립축 깊이	c
계수인장력	N_u	철근의 설계기준 항복강도	f_y	복부 폭	b_w
계수축하중	P_u	프리스트레싱 긴장재의 인장강도	f_{pu}	유효 플랜지 폭	b
계수휨모멘트	M_u			2방향 전단 둘레길이	b_0
계수전단력	V_u			인장철근의 단면적	A_s
계수비틀림모멘트	T_u			압축철근의 단면적	A_s'
공칭 축하중강도	P_n			인장철근비	ρ
공칭 휨모멘트강도	M_n			압축철근비	ρ'
공칭전단강도	V_n			나선 철근비	ρ_s
고칭 비틀림모멘트강도	T_n			균형철근비	ρ_b

표 B·9 하중계수

하중의 종류	하중계수
고정하중 D	1.4 D
활하중 L	1.7 L
풍하중 W	1.7 W
지진하중 E	1.8 E
지하수 및 토압 H	1.8 H
유체압 F	1.5 F
온도하중 등 T	1.5 T

표 B·10 강도감소계수

하중의 종류	하중계수
휨, 휨과 인장	0.85
축인장	0.85
압축(띠철근)	0.70
나선철근	0.75
전단, 비트림	0.80
지압	0.70
무근콘크리트	0.65

부록 C SI 단위 및 단위의 환산표

• **길이**

1″ = 1 inch = 25.4 mm

1′ = 1 foot = 12 inch = 0.3048 m

• **질량**

1 lb = 1 pound = 0.4536 kg

• **힘**

1 N = 1 Newton =질량 1 kg의 물체에 작용하여 1 m/sec^{2}의 가속도를 내게 하는 힘

= (1 kg)×(1 m/sec^2)

= 1 kg · m/sec^2

1 kgf = 1 kg의 중량 = 1 kg의 힘

= (1 kg)×(9.8 m/sec^2)

= 9.8 kg · m/sec^2

= 질량 1 kg의 물체에 작용하여 중력 가속도를 내게 하는 힘

= 지구상에서 1 kg의 질량을 지지할 수 있는 힘

$\therefore\ 1\text{N} = \frac{1}{9.8}\ \text{kgf} = 0.102\ \text{kgf}$

1 lbf = 1 lb의 무게 =1 lb의 힘

= (1 lb)×(32.2 ft/sec^2) $= 32.2 \frac{\text{lb} \cdot \text{ft}}{\text{sec}^2}$

$= 32.2 \times \frac{0.4536\ \text{kg} \times 0.3048}{\text{sec}^2}$ $= 4.45 \frac{\text{kg} \cdot \text{m}}{\text{sec}^2}$

= 4.45 N

$$\therefore 1\,\mathrm{N} = \frac{1}{4.45}\,\mathrm{lbf} = 0.2247\,\mathrm{lbf}$$

참고 힘(중량)을 질량과 구별하기 위하여 kgf, tonf 등과 같이 f를 붙이는 것이 바람직하나, 종래는 f를 붙이지 않고 kg, t 등으로 힘을 나타내왔다. foot−pound법에서는 f를 붙이지 않고 lb, kips(kilopounds) 등으로 힘을 나타내고 있다.

• 하 중

1 lb per ft = 1 p/f = 1 lb/ft = 1.49 kgf/m = 14.6 N/m

1 lb per sq ft = 1 psf = 1 lb/ft^2 = 4.88 kgf/m^2 = 47.9 N/m^2

1 lb per cu ft = 1 pcf = 1 lb/ft^3 = 16.026 kgf/m^3 = 157 N/m^3

표 C·1 각 단위계별 단위 대조표

양 / 단위계	길이	질량	시간	힘	응력	압력	에너지 (일)
SI계	m	kg	s	N	N/m^2 또는 Pa	Pa (pascal)	J (Joule)
CGS계	cm	g	s	dyn	dyn/cm^2	dyn/cm^2	erg
MKS계	m	kg	s	kgf	kgf/m^2	kgf/m^2	kgf · m
U.S. Customary Units	ft	lb	s	lb	1lb/in^2	lb/in^2	ft · lb

표 C·2 SI 접두어

단위에 곱하는배수	접두어의 명칭	기호	단위에 곱하는 배수	접두어의 명칭	기호
10^{12}	테라 (tera)	T	10^{-1}	데시 (deci)	d
10^{9}	기라 (giga)	G	10^{-2}	센티 (centi)	c
10^{6}	메가 (mega)	M	10^{-3}	밀리 (milli)	m
10^{3}	킬로 (kilo)	k	10^{-6}	마이크로 (micro)	μ
10^{2}	헥토 (hecto)	h	10^{-9}	나노 (nano)	n
10	데카 (deca)	da	10^{-12}	피코 (pico)	p

표 C·3 힘의 단위

N	dyn	kgf	lb
1 1	1×10^{-5}	1.01972×10^{-5}	2.2481×10^{-1}
1×10^{-5}	1	1.01972×10^{-6}	2.2481×10^{-6}
9.80665	9.80665×10^{-5}	1	2.20462
4.44822	4.44822×10^{5}	4.5359×10^{-1}	1

표 C·4 모멘트의 단위

N · m	kgf · m	ft · lb
1	0.10197	0.73756
9.80665	1	7.23305
1.35581	0.13825	1

표 C·5 응력의 단위

kPa	MPa(mm²)	kgf/mm²	kgf/cm²	psi(lb/in²)
1	1×10^{-3}	1.01972×10^{-4}	1.01972×10^{-2}	1.4504×10^{-1}
1×10^{3}	1	1.01972×10^{-1}	1.01972×10	1.4504×10^{2}
9.80665×10^{3}	9.80665	1	1	1.4504×10^{3}
9.80665×10	9.80665×10^{-2}	1×10^{-2}	1×10^{2}	1.4504×10
6.89476	9.80665×10^{-3}	7.031×10^{-2}	7.031×10^{-2}	1

주 kPa $=10^3$Pa, MPa $=10^6$Pa

표 C·6 압력의 단위

kPa	MPa(mm²)	kgf/mm²	kgf/cm²	psi(lb/in²)
1	1×10^{-5}	1.01972×10^{-5}	9.86923×10^{-6}	1.4504×10^{-4}
1×10^{5}	1	1.01972	9.86923×10^{-1}	1.4504×10
9.80665×10^{4}	9.80665×10^{-1}	1	9.67841×10^{-1}	1.4223×10
9.80665×10^{5}	1.01325	1.03323	1	1.470×10
6.89476×10^{3}	6.89476×10^{-2}	7.031×10^{-2}	6.804×10^{-2}	1

표 C·7 응력 환산표 (1)

kgf/cm²	psi	MPa	kgf/cm²	psi	MPa
1	14.2	0.098	210	2,987	20.6
4	56.9	0.39	240	3,414	23.5
12	170.7	1.18	280	3,982	27.5
16	227.6	1.57	350	4,978	34.3
60	853.4	5.88	500	7,112	49.0
70	995.6	6.86	1400	19,912	137.3
80	1138	7.85	2400	34,135	235.4
90	1280	8.83	4200	59,737	411.9
100	2560	17.65			

표 C·8 응력 환산표 (2)

psi	MPa	kgf/cm²	psi	MPa	kgf/cm²
1	0.007	0.07	4000	27.6	281
60	0.41	4.22	5000	34.5	352
150	1.03	10.5	20,000	137.9	1406
200	1.38	14.1	30,000	206.8	2109
500	3.45	35.2	33,000	227.5	2320
2500	17.2	176	40,000	275.8	2812
3000	20.7	211	60,000	413.7	4219
3500	24.1	246			

표 C·9 응력환산표 (3)

MPa	kgf/cm²	psi	MPa	kgf/cm²	psi
1	10.2	145	23	234.5	3,336
3	30.6	435	28	285.5	4,061
7	71.4	1015	35	357	5,076
9	91.8	1305	137	1,397	19,870
18	183.5	2611	235	2,396	34,084
21	214.1	3046	412	4,201	59,756

표 C·10 응력 제곱근의 환산표

psi	kgf/cm²	MPa	psi	kgf/cm²	MPa
$\sqrt{f_c}$	$0.265\sqrt{f_c}$	$0.083\sqrt{f_c}$	$3.0\sqrt{f_c}$	$0.795\sqrt{f_c}$	$0.249\sqrt{f_c}$
$1.5\sqrt{f_c}$	$0.395\sqrt{f_c}$	$0.125\sqrt{f_c}$	$4.0\sqrt{f_c}$	$1.06\sqrt{f_c}$	$0.332\sqrt{f_c}$
$1.6\sqrt{f_c}$	$0.422\sqrt{f_c}$	$0.133\sqrt{f_c}$	$5.0\sqrt{f_c}$	$1.33\sqrt{f_c}$	$0.415\sqrt{f_c}$
$1.7\sqrt{f_c}$	$0.451\sqrt{f_c}$	$0.141\sqrt{f_c}$	$6.3\sqrt{f_c}$	$1.67\sqrt{f_c}$	$0.523\sqrt{f_c}$
$2.0\sqrt{f_c}$	$0.530\sqrt{f_c}$	$0.166\sqrt{f_c}$	$8.0\sqrt{f_c}$	$2.12\sqrt{f_c}$	$0.664\sqrt{f_c}$

철근콘크리트 공학

2006년 3월 10일 1판 1쇄 발행
2007년 3월 15일 1판 2쇄 발행

저 자 ◎ **김 광 우 · 원 치 문**
윤 경 구 · 도 영 수

발행자 ◎ **조 승 식**

발행처 ◎ (주) 도서출판 **북 스 힐**
서울시 강북구 수유 2동 258-20

등 록 ◎ 제 22-457 호

(02) 994-0071(代)

(02) 994-0073

bookswin@unitel.co.kr
www.bookshill.com

값 16,000원

잘못된 책은 교환해 드립니다.

ISBN 89-5526-302-3

Tourism
&
Airline Service
English